普通高等教育"十四五"系列教材

水文学与水资源

主编 许武成

中国水利水电出版社
www.waterpub.com.cn
·北京·

内 容 提 要

本教材系统介绍了水文学与水资源的基本知识、基本理论和基本方法。全书共分为十章：第一章绪论；第二章水分循环及其环节；第三章水文统计；第四章河流；第五章湖泊、沼泽和冰川（冰冻圈）；第六章地下水；第七章海洋；第八章水资源概论；第九章水资源评价与管理；第十章人类活动的水文效应。

本教材可作为全国高校地理科学类及相关专业的本科生、专科生教材，也可供水保类、水利类、土木类、环境与安全类、地质学类等相关专业的教师、本科生和研究生及科技人员参考。

图书在版编目（CIP）数据

水文学与水资源 / 许武成主编. -- 北京 ： 中国水利水电出版社，2021.5（2023.12重印）
普通高等教育"十四五"系列教材
ISBN 978-7-5170-9623-8

Ⅰ．①水… Ⅱ．①许… Ⅲ．①水文学－高等学校－教材②水资源－高等学校－教材 Ⅳ．①P33②TV211

中国版本图书馆CIP数据核字（2021）第104154号

书　　名	普通高等教育"十四五"系列教材 **水文学与水资源** SHUIWENXUE YU SHUIZIYUAN
作　　者	主编　许武成
出版发行	中国水利水电出版社 （北京市海淀区玉渊潭南路1号D座　100038） 网址：www.waterpub.com.cn E-mail：sales@mwr.gov.cn 电话：（010）68545888（营销中心）
经　　售	北京科水图书销售有限公司 电话：（010）68545874、63202643 全国各地新华书店和相关出版物销售网点
排　　版	中国水利水电出版社微机排版中心
印　　刷	天津嘉恒印务有限公司
规　　格	184mm×260mm　16开本　21.5印张　523千字
版　　次	2021年5月第1版　2023年12月第2次印刷
印　　数	2001—4000册
定　　价	**59.00元**

编 委 会

主　编：许武成（西华师范大学）

副主编：尹义星（南京信息工程大学）
　　　　杜　忠（西华师范大学）

参　编：管　华（江苏师范大学）
　　　　赵景峰（四川师范大学）
　　　　周　旭（贵州师范大学）
　　　　张　斌（西华师范大学）
　　　　罗明良（西华师范大学）
　　　　舒秋贵（西华师范大学）

前　言

　　地球上有丰富的水，这是地球区别于太阳系其他行星的主要特征之一。水是自然环境中最活跃的因子，是一切生命活动的物质基础，是人类赖以生存、发展的最宝贵的自然资源。随着人口的剧增、经济的发展以及人类物质文化生活水平的提高，全世界对水资源的需求量迅猛增长，再加上人类活动所引起的水污染日益严重，使得世界上许多国家和地区出现了严重的水资源危机。无论是过去、现在或是将来，水始终是影响人类社会发展的重要因素。因此，人们不得不对它进行研究。

　　2018年1月30日教育部发布了《普通高等学校本科专业类教学质量国家标准》，"水文学与水资源"是地理科学专业和自然地理与资源环境专业教学质量国家标准规定的核心课程，也是水保水利类、土木类、环境与安全类、地质学类等方面的专业课或选修课。长期以来，许多高校地理科学类专业将"水文学""水资源学"作为两门独立学科开设，但近年来由于专业授课时间严重压缩，将两门学科结合开设为"水文学与水资源"为新趋势，如何有效结合是一个难点。按教育部颁布的《地理科学类教学质量国家标准》，出版一部地理科学专业认证配套的核心课程教材《水文学与水资源》势在必行。

　　本教材主要根据全国高校地理科学类专业培养目标和要求，依据课程大纲，突出特色，力求创新，但同时也兼顾水保水利类、土木类、环境与安全类、地质学类等专业对水文与水资源知识的相关需求。全书共分为十章，第一章绪论；第二章水分循环及其环节；第三章水文统计；第四章河流；第五章湖泊、沼泽和冰川（冰冻圈）；第六章地下水；第七章海洋；第八章水资源概论；第九章水资源评价与管理；第十章人类活动的水文效应。

　　本教材由西华师范大学许武成教授担任主编。第一章、第三章、第五章、第八章、第九章由许武成编写，第二章、第十章由尹义星、周旭、许武成编写，第四章由杜忠、许武成编写，第六章由管华、许武成编写，第七章由赵景峰、许武成编写。初稿完成后，编委会对书稿进行了审阅修改。全书由许武成通编、修改和定稿，由河海大学水文水资源学院教授、博士生导师王文主审。

本教材为"西华师范大学 2019 年度校级规划教材立项（Ghjc 1904）"重点建设项目。在教材立项论证过程中，华东师范大学教授、博士生导师徐建华对本教材的编写大纲提出了宝贵意见，在此表示由衷的感谢。本教材的出版得到了国家自然科学基金项目（41671022）和西华师范大学科研创新团队项目（CXTD 2020-3）的资助，同时得到西华师范大学教务处、科研处、国土资源学院等单位的关心和支持，中国水利水电出版社王菲等为本教材的编辑出版做了大量的工作，在此向所有关心和支持本教材的单位和个人表示诚挚的谢意。同时，本教材在编写过程中参阅了大量参考文献，在此谨向相关文献作者表示由衷的感谢。

由于本教材涉及学科领域较多，加上编者水平所限，书中不足之处在所难免，欢迎广大读者不吝赐教。

作　者

2020 年 11 月

目　录

第一章 绪 论

第一节 地球上的水及其作用

一、地球上水的分布

水是地球上分布最为广泛的物质之一，它以液态、固态和气态形式存在于地表、地下、空中以及生物有机体内，成为地表水、地下水、大气水以及生物水，形成了海洋、河流、湖泊、沼泽、冰川、地下水及大气水等各种水体，这些水体组成了一个统一的相互联系的地球水圈。整个地球 $5.1 \times 10^8 \mathrm{km}^2$ 的表面上，约 3/4 为水所覆盖，这是地球区别于太阳系其他行星的主要特征之一，地球因此而有"水的星球"之称。

水在地球上的分布很不均匀。在地球上的总水量中，绝大部分集中于海洋，少部分分布于陆地表面和地下，极少部分悬浮于大气中和储存于生物有机体内。海洋是地球上最为庞大的水体，水分多以液态形式存在，少部分以固态形式存在于高纬海区；陆地上的水体类型最为多样，南极大陆表面全部为冰雪所覆盖，高山雪线以上部分大多有冰川和积雪，广大的陆地表面分布着众多的河流、湖泊和沼泽；大气水的密度最小，以水滴和冰晶的形式浮游于近地大气层。

地球上究竟有多少水，这是很难精确估计的。就以海洋来讲，要知道海洋中有多少水，首先要测量海洋地形。可是直到 20 世纪 70 年代，世界大洋中仅 5% 的面积具有足够可靠的等深线，大部分测量工作是在 1957—1958 年国际地球物理年期间完成的。美国海洋学家弗·普·舍帕尔德曾指出，人们对海底的了解比对月球可见到的那一面的了解还少。至于地下和两极冰盖中蕴藏的水量，同样也是很难估计的。因此，至今地球上水的分布，存在不同的估计数据，也就不足为怪了。尽管估算数据不尽相同，其分布的大体比例基本一致。

根据联合国教科文组织（United Nations Educational，Scientific and Cultural Organization，UNESCO）1978 年发表的数据（表 1-1、图 1-1），地球上的总水量约为 $13.86 \times 10^8 \mathrm{km}^3$，其中含盐量较高的海水为 $13.38 \times 10^8 \mathrm{km}^3$，占地球总水量的 96.53%，目前尚不能作为淡水资源被人类直接利用。地球上的淡水约为 $3503 \times 10^4 \mathrm{km}^3$，仅占地球总水量的 2.53%，其中的 68.69% 为极地冰川和冰雪，主要储存于南极和格陵兰地区，目前的经济技术条件下尚难开发利用。目前易被人类利用的淡水是河流、湖泊水和地下水，仅是地球上淡水储量的很小一部分。

表 1-1　　　　　　　　　　　地 球 上 的 水 储 量

水 的 类 型	分布面积/ $10^4 km^2$	水量/ $10^4 km^3$	水深/ m	占全球总量比例/%	
				占总水量	占淡水量
1. 海洋水	36130	133800	3700	96.5	—
2. 地下水（重力水和毛管水）	13480	2340	174	1.7	—
其中地下水淡水	13480	1053	78	0.76	30.1
3. 土壤水	8200	1.65	0.2	0.001	0.05
4. 冰川与永久雪盖	1622.75	2406.41	1483	1.74	68.7
（1）南极	1398	2160	1545	1.56	61.7
（2）格陵兰	180.24	234	1298	0.17	6.68
（3）北极岛屿	22.61	8.35	369	0.006	0.24
（4）山脉	22.4	4.06	181	0.003	0.12
5. 永冻土底冰	2.100	30.0	14	0.222	0.86
6. 湖泊水	205.87	17.64	85.7	0.013	—
（1）淡水	123.64	9.10	73.6	0.007	0.26
（2）咸水	82.23	8.54	103.8	0.006	—
7. 沼泽水	268.26	1.147	4.28	0.0008	0.03
8. 河流水	14.880	0.212	0.014	0.0002	0.006
9. 生物水	51.000	0.112	0.002	0.0001	0.003
10. 大气水	51.000	1.29	0.025	0.001	0.04
水体总储量	51000	138598.461	2718	100	—
其中淡水储量	14800	3502.921	235	2.53	100

注　表中数据引自参考文献 [9]。

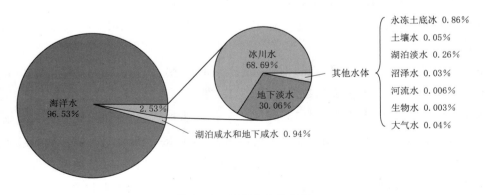

图 1-1　地球上水的分布

地球上各种水体的水量处于动态的变化之中，在一定的时期之内，全球的总水量在各种水体之间的分配关系会发生一定的变化，这种变化曾被称为世界性水量平衡。20世纪60年代以来，全球气候变暖的趋势明显，导致海平面上升，直接威胁到世界沿海地区的安全，同时全球冰川、湖泊、地下水储量减少（表1-2）。所以，世界性水量平衡问题一经提出，很快就引起全世界的广泛关注，并成为重要的热点研究问题之一。

表1-2　　各种水体蓄水变化量及其对海平面变动的影响

水体	蓄水变化量/(km³/a)	海平面变化量/(mm/a)
冰川	-250	0.7
湖泊	-80	0.2
地下水	-300	0.8
水库	50	-0.1
海洋	580	1.6

二、水的物理性质

水作为地球上普遍存在和一切生命赖以生存的物质，水分子具有极强的极性和生成氢键的能力，水有着一些特殊的物理性质。

（一）水分子结构

每个水分子（H_2O）都是由一个氧原子和两个氢原子组成。水分子的键角∠HOH为

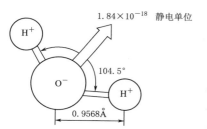

图1-2　水分子结构示意图

$104°31'$，O—H键的键长为$0.9568Å$（埃米，即纳米的1/10），形成等腰三角形，如图1-2所示。由于氧原子对电子的吸引力比氢原子大得多，所以在水分子内部，电子就比较靠近氧原子。这样，电子就有在氧原子周围相对集中的趋势，形成较浓厚的电子云，掩盖了原子核的正电核。所以在氧原子一端显示出较强的负电荷作用，形成负极；相反，在氢原子周围，电子云相对稀薄，于是显示出原子核的正电核作用，形成正极，使水分子具有极性结构。

水分子在结构上不仅具有很强的极性特点，水分子之间还有很强的氢键。每个水分子可以同相接近的4个水分子生成4个氢键。因为每个水分子在正极一方有两个裸露的氢核，在负极一方有氧的两对孤对电子，每个水分子都可以把自己的两个氢键交出，与其他两个水分子共有，同时又可以由两对孤对电子接受第三个及第四个水分子的氢核。这样在这五个水分子之间就形成了4个氢键，而每一外围分子又可再与另外的分子继续生成氢键，从而无限地伸展下去。由于水分子内的键角是一定的，所以水分子之间的氢键结合也具有方向性，彼此按照四面体顶点的方式排列起来，构成立体空间结构。

（二）冰点和沸点

在一个大气压下，水的冰点为0℃，沸点为100℃，我们可能觉得这是十分正常的现象。但是，若与水同类的化学物质相比，就会发现其实是相当反常的。

水分子由两个氢原子和一个氧原子构成，氧在化学元素表中处于第六族。与水相似，还有一些由两个氢原子、一个第六族的元素的原子组成的物质，如氢与碲的化合物（H_2Te）、氢与硒的化合物（H_2Se）、氢与硫的化合物（H_2S）等。在这些化合物中，它们的分子量分别为130、81和34，相应的沸点分别为-2℃、-41℃和-60℃，冰点分别

为−48℃、−66℃和−83℃，见表1−3。与此三种化合物相比，水具有最小分子量18，如果它的特性与其他相似分子结构的物质一样，那么它的沸点和冰点按分子量排列，应该是−70℃和−100℃，但实际上水的沸点是100℃，冰点是0℃。同样，与同属第二周期的元素的氢化物相比，水的习性也都与其他物质不同，其沸点和冰点也是最高的。从这样的比较中可以充分显示水的异常特性。

表1−3　　　　　　　　　　　　　　水和其他氢化物的热学性质

氢 化 物		分子量	冰点/℃	沸点/℃	融化潜热/(kcal[①]/mol)	蒸发潜热/(kcal/mol)
第二周期元素的氢化物	甲烷 CH_4	16	−182.8	−161.5	0.23	1.96
	氨 NH_3	17	−77.7	−33.4	1.35	5.58
	水 H_2O	18	0.0	100.0	1.44	9.72
	氟化氢 HF	20	−83.0	19.5	1.09	1.8
第六族元素的氢化物	水 H_2O	18	0.0	100.0	1.44	9.72
	硫化氢 H_2S	34	−82.9	−59.6	0.57	4.5
	硒化氢 H_2Se	81	−65.7	−41.3	0.60	4.6
	碲化氢 H_2Te	130	−48	−1.8	1.0	5.55

① 　1kcal＝4.184kJ。

正是由于水异常高的冰点和沸点，在地球的常温条件下才有如此多的液态存在，并有频繁的水的三相变化。

（三）融化和蒸发潜热

当水改变物态时，要吸收或释放大量热能，称为潜热。从表1−3可以看出，无论是与第二周期的还是与第六族的其他元素的氢化物相比，水的融化潜热1.44kcal/mol（80cal/g）和蒸发潜热9.72kcal/mol（539cal/g），都是最大的。水的融化潜热比其他一些常见物质如铅（潜热为6cal/g）、铜（51cal/g）、铁（65cal/g）也都要大。

当1g水从1℃升温到100℃，只需要消耗100cal的热量。而水从液态变为气态需要消耗蒸发潜热539cal/g。这个量等于将水从冰点升到沸点所需要热量的5倍。巨大的蒸发潜热对地球上水的状态有很大的影响。如果这个数值很小，所有的水体都会干涸，降雨在降落地面之前就将蒸发到空气中，田野和森林都会迅速变为沙漠，那将是一场灾难。

（四）比热

常见物质中，氢气比热容（简称比热）是最大的。但在常见液体和固体物质中，水的比热容则是最大的。表1−4给出几种物质的比热与水的比热的比值。水的比热大约是铁的10倍、沙的5倍、空气的4倍。

表1−4　　　　　　　　　　　　几种物质的比热与水的比热的比值

比较物质及其分子式	分子量	比值（相对于水）	温度/℃	状态
水 H_2O	18	1.000	15	液态
冰 H_2O	18	0.502	−1	固态
氨 NH_3	17	0.498	25	气态

续表

比较物质及其分子式	分子量	比值（相对于水）	温度/℃	状态
氟化氢 HF	20	0.348	25	气态
甲烷 CH_4	16	0.533	25	气态
苯 C_6H_6	78.1	0.417	25	液态
氖 Ne	20.2	0.246	25	气态
氯化钠 NaCl	58.5	0.203	25	固态
硫酸钡 $BaSO_4$	233	0.104	25	固态
铝 Al	27	0.216	25	固态
铁 Fe	55.8	0.107	25	固态
石墨 C	12	0.170	25	固态
金刚石 C	12	0.121	25	固态

　　由于水具有特别大的热容量，也就是说，具有很大的热惰性，因而海洋就成为巨大的恒温器，成为全球气候的调节器。虽然海洋占去了地球 7/10 的表面积，但也正是海洋给地球上的生命创造了合适的气候。同样，在植物和动物细胞内，对温度敏感的蛋白质，也因受液体浸泡而得到保护。

　　（五）热膨胀和密度变化

　　酒精、水银等液体，从冰点开始加热，其容积增加与温度升高成正比。但是，与大多数物质不一样，水在加热时表现反常。从冰点 0℃ 开始加热，在达到 4℃ 前，水容积不但不增加，反而缩小，超过 4℃ 后，水才开始随加热而膨胀，如图 1-3 所示。

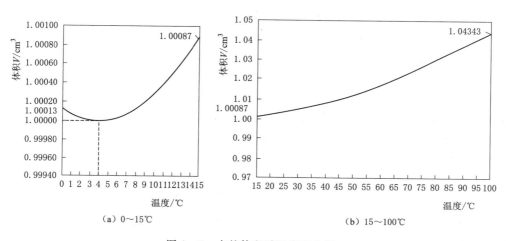

（a）0～15℃　　　　　　　　　　　　（b）15～100℃

图 1-3　水的体积随温度变化图

　　一般液体容积随温度上升成正比增加，温度和容积的关系表现为一条直线，或接近于直线。这样的图形说明温度每增加 1℃，体积增加相同的量。例如，水银加热 1℃，体积的膨胀量是其原来体积的 0.00018，与处于什么温度（从 0℃ 到 1℃ 或从 99℃ 到 100℃）无关。但水的热膨胀却与所处的温度有关，图 1-3 中水的体积随温度的变化表现为一条曲线。热膨胀的变化相应的也就是密度的变化，从图中可以得知，水的温度在4℃左右，密度最大。

水的密度变化异常，还表现在0℃的冰与0℃的液体水密度不同上，0℃的冰的密度仅为0.917g/cm^3，比0℃的液体水的密度约小10%。水的这种特性，使得在寒冷的冬季，水面结冰后，水底常可维持在4℃左右，保护了许多水生生物的生存，对地球上生物的生存十分重要。

（六）超强的溶解力

水是一种极性物质。极性特性的度量是介电常数，水的介电常数在20℃时为80.4，大多数其他液体的介电常数为10～50，而一般非极性液体的介电常数为1.6～2.6。由于水的介电常数高，多数离子物质都容易溶解于水，使水成为良好的溶剂，包括气体和最坚硬的岩石。有些物质，如氧气和氮气，不能分解成离子，但却能够溶解于水中。虽然金和银是实际上不可溶解的物质，但在海水中还是能够探测到它们的痕迹。因此水被认为是万能溶剂。水的这种特性在生命机体的新陈代谢中十分重要，因为，细胞膜只能透过溶解了的物质。

三、地球上水的作用

水圈中的水广泛渗透于地球表面的岩石圈和大气圈，积极参与地表的各种物理、化学过程，不仅改变了岩石圈的面貌，也使大气圈的大气现象变得复杂多样，而且导致生物圈的出现，从而水又积极参与地表的生物过程。水对地理环境和生态系统的形成与演化具有重大的影响。

水是生命活动的物质基础。水是生物圈中光合作用的基本原料，是生命原生质的主要成分。水的光解是氧气的重要来源，供生物和人类呼吸。动物与人类的生存最终要依赖于光合产物。因此，水是生命形成的基本条件，没有水便没有生命，没有植物和动物，更不会有人类和人类社会。现代科学证明，每人每天要摄入2000mL的水才能维持生命，断水7～10d，人可能会死亡，失水15%～20%，人就会产生脱水症状。

水是人类赖以生存、发展的最宝贵的自然资源。水的溶解能力极强而黏滞性很低，是地球上最好的天然溶剂和输送介质，具有生物体养分输送、水生生物供氧、物体洗涤除污、污染物处理、物质运输等多方面的经济社会功能，还具有景观构成、文化形成等多种社会价值，在工业、农业、交通运输、城市卫生、环境保护、旅游等经济社会各个生产领域都有着十分广泛的应用。无论是过去、现在或是将来，水始终是影响人类社会发展的重要因素。

水在人类生活和生产过程中发挥着重要作用。人类生活用水分为城市生活用水和农村生活用水，前者主要是家庭用水，还包括公共建筑用水、消防用水、浇灌绿地等市政用水。受城市性质、经济水平、气候、水源、水量、居民用水习惯、收费方式等影响，城市生活用水人均用水量变化较大，一般发达地区高于欠发达地区，丰水地区高于缺水地区。世界城市生活用水约占全球用水量的7%，我国城市用水则占全国总用水量的4.5%。

生产用水分为农业用水和工业用水。农业用水主要包括农业灌溉、牧业灌溉和渔业用水。受气候和地理条件、作物品种、灌溉方式和技术、管理水平、土壤、水源和工程设施等影响，农业用水量在时空分布上存在很大变化。工业用水主要包括原料、冷却、洗涤、传送、调温和调湿等用水，工业用水量与工业发展布局、产业结构、生产工艺水平等多种因素密切相关。世界工业用水量约占全球用水量的 22%，我国工业用水量所占的比例为 20.2%。我国工业用水量集中在火力发电、纺织、造纸、钢铁和石油石化行业，五大行业用水量占全国工业用水量的 79.1%。

水在生态环境保护方面还发挥着重要作用。在生态环境脆弱地区，生态用水必须优先得到满足，否则会导致生态环境的恶化。生态用水是一个宽泛的概念，如河流水质保护、水土保持、水热平衡、植被建设、维持河流水沙平衡、维持陆地水盐平衡、保护和维护河流生态系统的生态基流、回补超采地下水所需水量、城市绿地用水等都属于生态用水范畴。按照国际通行标准，河流水资源的利用率不应超过 40%，而我国黄河水资源的利用率已达到 70% 以上，海河水资源的利用率接近 90%。对河流水资源的过度利用使生态用水被严重挤占，使河流维持生态平衡的功能减弱，流域生态环境恶化。生态用水的功能还包括维持河流物种的生存繁衍和稀释城乡排放的工农业和生活废水等。从人与自然的关系角度看，以挤占生态用水发展经济的做法严重违背自然规律，会受到大自然的惩罚和报复。

第二节　水文学的研究对象及学科体系

一、水文学的研究对象

水是自然环境中最活跃的因子，是一切生命活动的物质基础，是人类赖以生存、发展的最宝贵的自然资源。无论是过去、现在或是将来，水始终是影响人类社会发展的重要因素。因此，人们不得不对它进行研究。研究地球上水的科学就是水文学（hydrology）。具体地讲，水文学是研究地球上水的性质、分布、循环、运动变化规律及其与地理环境、人类社会之间相互关系的科学。自然界的水总是以一定的水体形态存在的，如江河、湖泊、海洋、地下水等，这些水体就成为水文学的主要研究对象。

水文学既是地球科学中一门独立的基础科学，与气象学、地质学、地理学、植物生态学等有着密切的联系，又是一门应用科学，广泛地为水利、农业、林业、城市、交通等部门服务。

二、水文学的研究方向和学科体系

（一）水文学的研究方向

水文学经过长期的发展，逐步形成了三个研究方向，即地理研究方向、物理研究方向和工程研究方向。

地理研究方向将水作为自然地理环境的一个构成要素，探索其时空分布和变化规律以及其与其他自然地理环境要素和人类社会的关系。地理研究方向是水文学的传统研究方向，最初被称为"水文地理学"，后改称为"地理水文学"，着重研究水体运动变化的自然规律和总体演化趋势，重点分析水文现象的地域差异性，尤其重视研究一些宏观的水文现象，如全球水量平衡、人类活动的水文效应、水文要素与其他自然地理要素间的相互作用和影响关系等。

物理研究方向着重运用数学和物理学的原理、定理和定律，建立和运用水文模型，模拟水文现象及其演化过程，探讨水文现象的物理机制。

工程研究方向着重在全面了解水文过程的基础上，探讨与水利工程规划、设计、施工和运营管理关系密切的问题，如河流的最大流量、最高水位等的推算等。

（二）水文学的学科体系

作为基础科学，水文学是地球科学的一个分支，可以从不同角度划分。

按水体在地球圈层中的存在位置，水文学可以分为水文气象学、地下水文学和地表水文学三个分支。

水文气象学主要研究大气水分形成过程及其运动变化规律，是水文学与气象学之间的边缘学科，也可解释为研究水在大气中和地面上各种活动现象（如降水过程、蒸发过程）的学科。如可能最大降水的推求，即属于水文气象学中的问题。

地下水文学研究地壳表层内地下水的形成、分布与运动的规律及其物理与化学性质、对所处环境的反应、包括与生物的关系的学科。严格地说，地下水文学与水文地质学有区别，地下水文学从水文学角度研究地下水，而水文地质学从地质学角度研究地下水。

地表水文学是研究地球表面不同水体水文现象形成、发展变化规律及其相互联系的科学，由于发生在海洋和陆地上水文过程的差异，研究方法也不相同，因此可以分为海洋水文学和陆地水文学。

海洋水文学又称为海洋学，主要研究海水的物理、化学性质，海水运动和各种现象的发生、发展规律及其内在联系。海水的温度、盐度、密度、水色、透明度、水质以及潮汐、波浪、海流和泥沙等与海上交通、港口建筑、海岸防护、海涂围垦、海洋资源开发、海洋污染、水产养殖和国防建设等有密切关系。

陆地水文学是水文学的传统分支学科，发展最为成熟和细化，狭义的水文学仅指陆地水文学，其分支学科有河流水文学、湖泊水文学、沼泽水文学、冰川水文学和河口水文学等。

按研究目的和方法不同，水文学可以分为水文测验与水文查勘、水文预报、水文水利计算等分支学科。

水文测验与水文查勘学主要研究获得水文资料的手段和方法，布设水文站网的理论、整理和汇编水文资料的方法和野外水文资料的收集与分析等。水文科学主要是通过定点观测、野外查勘和室内室外实验等手段，获得水体时空分布规律和运动变化的信息，因而又分别形成了水文测验学、水文调查学和水文实验学三个分支。

水文预报是根据实测及调查的水文资料，在研究水文现象变化规律的基础上，预报未来短期内或中长期（数天或数月）的水文情势，为防洪抗旱及水利工程建设、管理、运用提供依据。

水文水利计算是根据长期实测及调查的水文资料，加以科学的统计，并结合成因分析，计算推估未来长期（数十年甚至上百年）的水文情况，为水利、水电工程建设、规划、设计提供依据。

近些年来，随着新理论、新方法和新技术在水文学研究中的成功应用，水文学形成了多个方法技术性的新的分支研究领域，如实验水文学、比较水文学、随机水文学、模糊水文学、系统水文学、水文模拟技术、同位素水文学、水文信息系统技术、水文遥感技术等。

按研究内容不同，水文学可以分为区域水文学、部门水文学和应用水文学三个主要分支。

区域水文学又称水文地理学，是地理学和水文学相互交叉和渗透而形成的边缘学科，主要研究水文现象的区域差异，重点研究特殊地区的水文规律，分支学科有流域水文学、河口水文学、山地水文学、平原水文学、山坡（坡地）水文学、干旱区水文学、喀斯特水文学、黄土水文学、岛屿水文学、行政区水文学等。

部门水文学主要研究水分循环的各个环节，分支研究领域有蒸发研究、大气水分输送研究、降水（precipitation）研究、径流学等。

应用水文学是水文学与相关技术学科相交叉而形成的边缘学科和研究领域，主要研究水文学在特殊领域的应用问题，分支学科和研究领域有工程水文学、农业水文学、城（都）市水文学、森林水文学、雨水利用研究等。

第三节　水文现象的基本特点及研究方法

一、水文现象的基本特点

水循环过程中，水的存在和运动的各种形态，统称为水文现象，例如河湖中的水位涨落、冰情变化、冰川进退、地下水的运动和水质变化等。水文现象在各种自然因素和人类活动的影响下，时空分布变化上具有下列特点。

（一）水循环永无止境

任何一种水文现象的发生，都是全球水文现象整体中的一部分和永无止境的水循环过程中的短暂表现。也就是说，一个地区发生洪水和干旱，往往与其他地区水文现象的异常变化有联系；今天的水文现象是昨天水文现象的延续，而明天的水文现象则是在今天的基础上向前发展的结果。任何水文现象在空间上或时间上总是存在一定的因果关系的。

（二）在时间变化上既具有周期性又具有随机性

1. 周期性

周期性指水文现象有以一定周期循环变化的性质，分别有以多年、年、月、日为单位的周期。例如河流、湖泊一般每年均有一个汛期与一个枯季，同时河湖还存在连续丰水年与连续枯水年相交替的多年周期。海洋和潮汐河口的水位则既存在以日或半日为周期的涨落潮的变化，还存在以半月为周期的大小潮的变化等。以冰雪融水为水源的河流受制于气温的日周期变化，其水文现象也具有日周期的变化规律。

形成上述周期变化的原因主要是受地球公转及自转、地球和月球的相对运动以及太阳黑子的周期性运动所导致的昼夜、四季交替的影响。

这种在一定条件下必然出现某种水文现象的特点，称为水文现象的确定性（必然性）。

2. 随机性（多变性、不重复性）

随机性指水文现象在发生的时间和数值上不会完全重复，具有一定的偶然性特点。

虽然河流每年均会出现汛期或枯水期，但是每年汛期和枯水期出现的时间、水量和过程通常是不会完全重复的，即每年汛期出现的时间和量值却具有随机性。

这是因为影响水文现象的因素众多，有气象气候因素、下垫面因素、人类活动等，再加上各因素本身在时间上也在不断地变化，并且相互作用、相互制约所致。

因此，我们不能根据短期观测资料对未来情势作出准确的判断，只能根据长期的观测资料，研究水文现象的统计规律性。

（三）在地区分布上既存在相似性，又存在特殊性，即具有区域性

1. 相似性

不同的流域，如果所处的地理位置（指纬度、距海远近等）相似，由于纬度地带性的影响，水文现象也就具有一定程度的相似性。

例如，我国南方湿润区的河流，水量充沛，年内分配较均匀，含沙量较小，而北方干旱地区的河流则水量不足，年内分配不均，含沙量大。

地带相似性反映水文现象在空间变化上存在确定性的一面。

2. 特殊性（差异性）

不同流域虽然处在相似的地理位置，但由于各流域的地质、地形等非地带性下垫面条件的差异，水文现象就会有很大的差异。例如，同一气候带，山区河流与平原河流、岩溶区与非岩溶区，其水文现象就有很大的差别。这种地域上的变化反映水文现象在空间变化上也存在不确定性的一面。

总之，任何水文现象无论在时间或空间上均同时存在确定性和不确定性这两方面的性质。只是在某种情况下，更多地表现出确定性规律，而在另一种情况下，更多地表现出不确定性的特性。

二、水文学的研究方法

研究水文现象的运动规律，必须以实测资料为依据。获取水文资料的方法很多，主要有考察法和定位观测法。考察法是通过对一个地区的实地考察和调查，包括搜集历史资料，获得该地区的水文资料。通过考察和调查获得的水文资料具有局限性，要获得长时间的系列水文资料，必须建立水文站，进行定点定位观测。近年来，在研究水文过程中，广泛采用实验法，并建立水文模型，获得实验资料。在占有大量水文资料后，就可根据水文现象的特点，按不同的目的要求进行水文过程和水文规律的研究，同时，以此为基础，对将来的水文状况进行预测预报。

根据上述水文现象的特点，水文研究方法一般可以划分为成因分析法、数理统计法、地理综合法。

（一）成因分析法

成因分析法是以物理学原理为基础，研究水文现象的形成、演变过程，揭示水文现象的本质、成因及其与各因素之间的内在联系，以及其定性和定量的关系，通常是建立某种形式的确定性模型。

（二）数理统计法

数理统计法是以随机性水文模型为基础的揭示水文现象统计规律的经验型水文研究方法。该方法基于水文特征值的出现具有随机性的基本特点，以长期水文观测数据资料为基础，运用概率论与数理统计及其他随机数学方法，建立和运用随机性水文模型，分析水文

现象的统计规律，进行水文现象的长期预测。

（三）地理综合法

地理综合法是运用地理比拟方法研究水文现象基本规律的水文研究方法。该方法以水文现象地域分异规律为依据，通过建立经验公式和绘制等值线图，揭示水文要素特征值的区域分布特征。这种方法多用于无资料地区。

第四节 水文学的发展

人类自在地球上出现之后，就与水结下了不解之缘。人类在漫长的防御水旱灾害和水资源开发利用的实践中，不断认识水文现象，积累水文知识，发展和引入新的理论和方法技术，逐步形成和发展了水文学。水文学的发展最早可以追溯到 17 世纪 70 年代，1674年，佩罗（Perrault）和马略特（Mariotte）定量研究了降水形成的河流和地下水量大小，标志着水文学的产生。但是，由于人们认识能力的限制和相关的数学、力学等学科研究的局限，水文学发展十分缓慢。1856 年达西（H. Darcy）提出著名的地下水 Darcy 定律。之后，人类积累的水文学知识越来越多，水文观测实验仪器不断被发明和使用，水文学理论体系逐步完善。

水文学的发展经历了由萌芽到成熟、由定性到定量、由经验到理论的过程，我们可以把它大致分为以下四个阶段。

1. 萌芽阶段（16 世纪末以前）

这一时期开始出现原始的水位、雨量观测和水流特性观察，并对水文现象进行了定性描述和推理解释。公元前 3500—前 3000 年古埃及人开始观察尼罗河水位，公元前 2300年古代中国人开始观测河水涨落，公元前 4 世纪古印度人开始观测雨量。1500 年，达·芬奇（Leonardo da Vinci）提出了浮标测流速的方法，发现了过水断面面积、流速和流量之间的关系，提出水流连续性原理。

这一时期，古代哲学家对水的循环运动及其起源等问题产生了兴趣，提出了相关假说或见解。公元前 450—前 350 年，柏拉图（Platon）和亚里士多德（Aristotle）提出了水循环的假说。公元前 27 年，维特鲁维厄斯（Marcus Vitruvius）提出了具有现代概念意义的水循环理论。15 世纪末，达·芬奇和伯纳德·帕里希（Bernard Palissy）对水循环均有较高水平的认识和理解。

这一时期，尤其是早期，受到人类对自然界认识能力的限制，人们对水循环等水文现象的了解和认识还不全面，主要是产生了一些基于猜想的假说，而没有基于观测数据的推理，缺乏对水文现象的理论解释。虽然积累了丰富的水文学知识，但是缺少水文科学的归纳和总结，尚未出现科学意义上的水文学。

2. 学科形成阶段（17 世纪初至 19 世纪末）

17 世纪，水文观测实验仪器不断被发明和使用，各国普遍建立起水文站网和制定了统一的观测规范，使实测水文数据成为科学分析水文现象的依据，从而使水文研究走上了科学的道路，促进了现代水文学的形成。当时，佩罗、马略特、哈雷（Halley）等开展的一系列研究工作，被认为是现代水文学诞生的标志。佩罗应用他对塞纳河流域的降雨和径流进行 3 年观测所获得的数据和流域面积数据，说明了径流的降雨成因，首次将对水循环的认识提高到定量描述的高度。马略特在塞纳河上，建立了基于流速和河流横断面面积的流量计算方法。哈雷通过对地中海海水蒸发率的观测，提出了蒸发是河流径流的主要支出途径的观点，发展了水循环理论。

这一时期，近代水文理论发展迅速。18 世纪，水文学理论和水力学理论不断涌现。19 世纪，实验水文学兴起，地下水文学得到大的发展。1738 年，伯努利（D. Bernoulli）提出了水流能量方程，即著名的伯努利定理。1775 年，谢才（A. de Chezy）提出了明渠均匀流公式，即著名的谢才公式。1802 年，道尔顿（J. Daiton）提出了阐述蒸发量与水汽压差比例关系的道尔顿定理。1856 年，达西基于实验提出了地下水渗流基本定律，即著名的达西多孔介质流动定律。1871 年圣维南（A. C. B. de Saint-Venant）推导出了明槽一维非恒定渐变流方程组，即著名的圣维南方程组。1889 年，曼宁（R. Manning）提出了计算谢才系数的曼宁公式。1895 年，雷诺（O. Reynolds）提出了描述紊流运动的雷诺方程组和紊流黏滞力的概念。1899 年，斯托克斯（G. G. Stokes）推导出了计算泥沙沉降速度的斯托克斯公式。这些卓越的研究成果的出现，为水文学的形成奠定了理论基础。

这一时期，近代水文观测仪器开始出现，18 世纪以后发展更为迅速，为水文学定量研究的发展提供了技术基础，同时水文观测也取得了重大进展。1610 年圣托里奥（Santorio）研制出了流速仪。1639 年卡斯泰利（B. Castelli）研制出了雨量筒，1732 年皮托（Henri Pitot）发明了新的测速仪皮托管，1790 年沃尔特曼（R. Woltmann）研制出了转子式流速仪，1870 年埃利斯（T. G. Ellis）发明了旋桨式流速仪，1885 年普赖斯（W. G. Price）发明了旋杯式流速仪。对河流的系统观测始于 19 世纪。19 世纪初，欧洲国家开始对莱茵河、台伯河、加龙河、易北河、奥得河等开展水情观测，并结合理论推算等综合方法，建立流量资料序列，1965 年开始观测死海水位。在中国，1742 年北京开始记录逐日天气和雨雪起讫时间和入土雨深，1736 年黄河老坝口开始设立水尺并观测水位和报汛，1841 年北京开始以现代方法观测降水量。

这一时期实现了对水文现象的定性描述向定量表达的转变，初步建立起了水文学的理论基础，但是很多成果都是经验性的，水文学基本理论尚未完全建立起来。

3. 应用水文学形成阶段（20 世纪初至 20 世纪 60 年代）

进入 20 世纪，为满足世界上大规模兴起的防洪、灌溉、水力发电、交通运输、农业、林业和城市等建设事业的需要，服务于社会和水利工程建设的水文预报和水文水利计算得到快速发展，极大地促进了水文学研究方法的理论化和系统化。

在这一时期，出现了许多实用性水文学研究成果。1914 年黑曾（A. Hazen）提出了应用正态概率格纸选配流量频率曲线的方法，1942 年福斯特（H. A. Foster）提出了应用皮尔逊Ⅲ型曲线选配频率曲线的方法，从此概率论与数理统计的理论与方法开始被系统地应用于水文研究。1930—1950 年，水文现象理论分析得到发展并开始取代经验分析，这一进展的具体体现，就是谢尔曼单位线、霍顿渗透理论、泰斯方程、彭曼水面蒸发计算公式等的提出。

这时期的水文观测也得到进一步发展，美国等西方国家开始实施水文研究方案，水文站逐渐在世界范围内发展成为国家规模的站网。我国的水文观测也取得突破性进展，1910

年在天津设立了我国第一个水文站——海河小孙庄水文站，1912年在长江吴淞口设立了潮位观测站。

这一时期的水文学以服务社会的应用性分支学科大发展为特色。在此时期，水文学理论体系进一步完善，水文观测技术进一步成熟，应用水文学得到极大发展，首先形成了分支学科工程水文学，之后农业水文学、森林水文学、城市水文学等分支学科相继诞生。因此，有学者将该阶段称为应用水文学时期、实践时期、近代化时期等。

4. 现代水文学阶段（20世纪60年代至今）

20世纪60年代以来，全球性水资源、水环境问题日益突出，社会向水文学提出的全新的重大研究课题日益增多，使水文学面临着前所未有的机遇和挑战，促使水文学加快现代化步伐，尽快进入现代水文学阶段。同时，以"三论"（系统论、信息论、控制论）、计算机技术和"3S技术"（地理信息系统技术、遥感遥测应用技术、全球定位系统技术）为代表的新理论、新方法和新技术大量涌现，为水文学研究提供了新的途径和手段，使水文学的现代化成为可能。水文学的这种发展形势，极大地丰富了水文学的研究内容，促使水文学派生出许多新的分支学科，并促进了水文学研究方法的现代化。因此，有学者将水文学发展的这一时期称为现代化时期。

参 考 文 献

[1] 邓绶林. 普通水文学 [M]. 2版. 北京：高等教育出版社，1985.
[2] 南京大学地理系，中山大学地理系. 普通水文学 [M]. 北京：人民教育出版社，1978.
[3] 黄锡荃. 水文学 [M]. 北京：高等教育出版社，1993.
[4] 许武成. 水资源计算与管理 [M]. 北京：科学出版社，2011.
[5] 姜弘道. 水利概论 [M]. 北京：中国水利水电出版社，2010.
[6] 芮孝芳. 水文学原理 [M]. 北京：中国水利水电出版社，2004.
[7] 管华，李景保，许武成，等. 水文学 [M]. 北京：科学出版社，2010.
[8] 左其亭，王根中. 现代水文学 [M]. 郑州：黄河水利出版社，2002.
[9] UNESCO. World water balance and water resources of the earth [M]. Paris：The UNESCO Press，1978.

第二章 水分循环及其环节

第一节 地球上的水分循环与水量平衡

一、地球上的水分循环

（一）水分循环的过程与机理

1. 水分循环的过程

地球上的水并非是静止不动的。海洋、大气和陆地的水随时随地都通过相变和运动进行着连续的大规模的交换。这种交换过程就是水分循环。

地球表面的水在太阳辐射作用下，大量水分不断地从海洋、河流、湖泊等水面、陆面和植物表面蒸发和蒸腾，化为水汽升入空中，被气流带动输送至各地，在适当条件下遇冷凝结而以降水形式降落到地表面或水体上。降落到陆地表面的水又在重力作用下，一部分渗入地下，一部分形成地表径流（地面径流），注入江河汇流大海，还有一部分又重新蒸发返回空中。其中渗入地下的水，一部分也逐渐蒸发，一部分也形成径流最终汇集于海洋。在太阳辐射、地球重力等作用下，地球上各种形态的水通过蒸发、水汽输送、凝结降水、下渗和径流等环节，不断地发生相态转换和空间位置的转移过程，称为水分循环，又称为水文循环，简称水循环（图 2-1）。

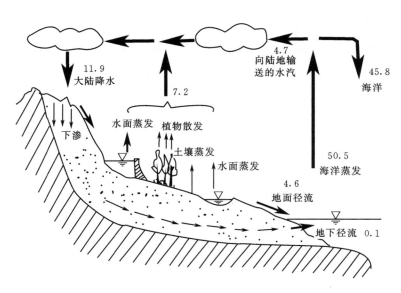

图 2-1 地球上的水分循环示意图（图中数字的单位为万 km^3）

整个水分循环包括大气部分（包括水汽阶段、降水阶段）、地面部分（径流与下渗阶段、蒸发阶段）和蒸发、水汽输送、凝结降水、下渗（又称为入渗）和径流 5 个环节。

2. 水分循环的机理

第一，水分循环服从于质量守恒规律。水分循环从实质上讲是物质与能量的传输、储存和转化过程，并且整个过程具有连续性。

第二，水分循环形成的内因是水的物理属性，即在目前大气环境下，水的固、液、气三态并存和在常温条件下相互转化，外因是太阳辐射和重力的作用，它们是水分循环的基本动力。外部环境包括地理纬度、海陆分布、地貌形态等则制约了水循环的路径、规模与强度。

第三，水分循环广及整个水圈，并深入大气圈、岩石圈及生物圈。其循环路径并非单一的，而是通过无数条路线实现循环和相变的，所以水分循环系统是由无数不同尺度、不同规模的局部水循环所组合而成的复杂巨系统。

第四，全球水循环是闭合系统，但局部水循环却是开放系统。因为地球与宇宙空间之间虽亦存在水分交换，但每年交换的水量还不到地球上总储水量的 1/（15 亿），所以可将全球水分循环系统近似地视为既无输入又无输出的一个封闭系统，但对地球内部各大圈层，对海洋、陆地或陆地上某一特定地区、某个水体而言，既有水分输入，又有水分输出，因而是开放系统。

第五，地球上的水分在交替循环过程中，总是溶解并携带着某些物质一起运动，诸如溶于水中的各种化学元素、气体以及泥沙等固体杂质等。不过这些物质不可能像水分那样，构成完整的循环系统，所以通常意义上的水文循环仅指水分循环，简称水循环。

（二）水分循环的类型

按规模和路径，水循环可分为大循环和小循环两类。

1. 大循环（外循环）

从海面蒸发的水汽，部分被气流输送到大陆上空，在适当条件下遇冷凝结并降落到陆地地表，除一部分蒸发返回空中外，其余的降水则形成地表径流或渗入地下形成地下径流，经河槽汇集，最终又回归海洋。这种发生在海洋与陆地之间的水分交换过程称为大循环，又叫外循环或全球性的水分循环。

水分大循环通常经历蒸发、水汽输送、凝结降水、下渗和径流等环节，一方面在天空、地面和地下之间通过蒸发、降水和入渗进行纵向水分交换（垂直方向）；另一方面又在海洋与陆地之间以水汽输送和径流形式进行横向交换（水平方向）。海洋从空中向大陆输送大量水汽，大陆则通过地面和地下径流把水分输送到海洋里去。大陆上蒸发的水汽也可随气流来到海洋上空。但总的来说，水汽输送方向是从海洋输向大陆的。海洋向陆地输送的水汽减去陆地向海洋输送的水汽，称为有效水汽输送量。

2. 小循环（内循环）

除了大循环外，还存在着水分的局部循环。从海洋表面蒸发的水分以降水形式直接降落到海面上，这种发生在海洋与海洋上空之间的水分交换过程称为海洋小循环（内循环）。从陆地上蒸发的水汽随同从海洋输送来的水汽一起，被气流输向内陆，遇冷凝结，仍降落到陆地上。这种发生在陆地与陆地上空之间的水分交换过程，称为陆地小循环或陆上内循环。

陆地小循环对内陆地区的降水具有重要作用。内陆地区距海洋遥远，从海洋直接输送到内陆的水汽不多，需要通过内陆局部地区的水分循环运动，使水汽不断向内陆输送、推进，这就是内陆地区的主要水汽来源。由于水分向内陆输送过程中，沿途会逐步损耗，故由沿海向内陆，降水逐渐减少；另外，水分向内陆推进或告退，也会造成降水在时间上的渐变规律，由沿海向内陆，雨季推迟和缩短。

（三）水体的更替周期

水体的更替周期是指水体在参与水循环过程中全部水量被交替更新一次所需的时间，通常可用式（2-1）进行近似计算：

$$T = \frac{W}{\Delta W} \tag{2-1}$$

式中：T 为更替周期，a、d 或 h；W 为水体总储水量，m^3；ΔW 为水体年平均参与水循环的活动量，m^3/a。

以世界大洋为例，总储水量为 $13.38 \times 10^{17} m^3$，每年海水总蒸发量为 $50.5 \times 10^{13} m^3$，以此计算，海水全部更新一次约需要 2650a；如果以入海径流量 $4.7 \times 10^{13} m^3$ 为准，则更新一次需要 28468a。又如世界河流的河床中瞬时贮水量为 $21.2 \times 10^{11} m^3$，而其全年输送入海的水量为 $4.7 \times 10^{13} m^3$，因此一年内河床中水分可更替 22 次，平均每 16d 就更新一次。大气水更替的速度还要快，平均循环周期只有 8d（表 2-1），然而位于极地的冰川，更替速度极为缓慢，循环周期长达万年。

表 2-1　　　　　　　　　各种水体的更替周期

水　体	更替周期	水　体	更替周期
极地冰川	10000a	沼泽	5a
永冻地带地下水	9700a	土壤水	1a
世界大洋	2500a	河流	16d
高山冰川	1600a	大气水分	6d
深层地下水	1400a	生物水分	12h
湖泊	17a		

水体的更替周期是反映水循环强度的重要指标，也是反映水体水资源可利用率的基本参数。因为从水资源永继利用的角度来衡量，水体的储水量并非全部都能利用，只有其中积极参与水循环的那部分水量，由于利用后能得到恢复，才能算作可资利用的水资源量。而这部分水量的多少，主要决定于水体的循环更新速度和周期的长短，循环速度越快，周期越短，可开发利用的水量就越大。以我国高山冰川来说，其总储水量约为 $5 \times 10^{13} m^3$，而实际参与循环的水量年平均为 $5.46 \times 10^{11} m^3$，仅为总储水量的 1/100 左右，如果我们想用人工融冰化雪的方法，增加其开发利用量，就会减少其储水量，影响到后续的利用。

（四）水分循环的意义

水循环是地球上的物质大循环，巨大的能量流，对自然界和人类具有重大的作用和意义。

第一，水循环不仅将地球上的各种水体组合成连续、统一的水圈，而且在循环过程中渗入大气圈、岩石圈与生物圈，将地球上的四大圈层联系在一起，形成相互联系、相互制约的统一整体。因此水循环深刻地影响着地球表层结构的形成，以及今后的演化与发展。

第二，地球上的水循环是巨大的物质和能量流动，是具有全球意义的能量传输过程。水循环通过对地表太阳辐射能的重新再分配，使不同纬度热量收支不平衡的矛盾得到缓解。

第三，水循环是海陆间联系的主要纽带。海洋通过蒸发源源不断地向大陆输送水汽，形成降水，进而影响陆地上一系列的物理、化学和生物过程；而陆地上的径流又源源不断地向海洋输送大量的泥沙、有机质和各种营养盐类，从而影响海水的性质、海洋沉积、海洋生物等。

第四，水循环不断塑造地表形态。水循环过程中的流水以其持续不断的冲刷、侵蚀作用、搬运和堆积作用以及水的溶蚀作用，在地质构造的基底上重新塑造了全球的地貌形态。

第五，由于存在水循环，水才能周而复始地被重新利用，成为可再生资源。水循环的强弱和时空变化是制约一个地区生态环境平衡和失调的关键，是影响地区内生物体活动的主要因子。对同一地区来说，水循环强弱的时空变化又是造成本地区洪、涝、旱等自然灾害的主要原因。

二、地球上的水量平衡

（一）水量平衡原理

地球上的任何区域或任何地段都是一个开放系统，既有水分的输入，又有水分的输出。根据物质不灭定律（质量守恒定律），地球上的任何一个地区（或地段、流域、水体）在任意时段内，收入的水量与支出的水量之差额必然等于该地区在该时段内的蓄水变化量，这就叫水量平衡。水量平衡是水循环内存的规律，是水分循环的定量表达。水量平衡原理是研究各种水文要素之间数量关系的基本原理，也是水资源量估算的基本出发点。

事实上，地球可以从宇宙空间获取水分，也可以向宇宙空间散失水分，还可以从地球内部析出化合水。水从宇宙空间进入地球通过两种途径：一是随降落的陨石而来，据估计这一项每年平均 $0.5km^3$；二是在大气圈上层从太阳来的质子形成水分子，这一项数量难以估计。

与此同时，每年也有少量水分从地球上消失，这是通过紫外线或宇宙线的作用，使水分子离解为氢原子和氧原子，在大气上界飘逸出地球引力场，消失在宇宙空间。据研究，从地球上消失的水量，大体上等于进入地球的水量，因此可以认为，在现今的宇宙背景下，地球上的总水量接近于一个常数。

（二）水量平衡方程

1. 通用水量平衡方程

基于水量平衡原理，水量平衡的基本方程为

$$I-O=S_2-S_1=\Delta S \qquad (2-2)$$

式中：I 为区域在给定时段内收入（输入）水量；O 为区域在给定时段内支出（输出）水量；S_1、S_2 为区域在给定时段内的始、末蓄水量；ΔS 为区域在给定时段内的蓄水变量。

在多水期 ΔS 为正值，表示蓄水量增加；在少水期 ΔS 为负值，表示蓄水量减少。在多年情况下 ΔS 为零，表示多年中蓄水量平均起来是保持不变的。

式（2-2）为水量平衡方程的最基本的形式，对于不同的地区和不同的问题，还需进一步分析收入项 I 和支出项 O 的具体组成，而后列出适合该地区的水量平衡方程。现以陆地上任一地区为研究对象，取其三维空间的闭合柱体，其上界为地表面，下界为地下无水分交换的深度。这样，对任一闭合柱体，任一时间内的水量收入 I 为

$$I=P+E_1+R_表+R_{地下} \tag{2-3}$$

式中：P 为区域在给定时段内的降水量；E_1 为水汽凝结量；$R_表$、$R_{地下}$ 分别为在给定时段内地表、地下流入区域内的径流量。

区域在给定时段内支出水量 O 为

$$O=E_2+R'_表+R'_{地下}+q \tag{2-4}$$

式中：E_2 为区域在给定时段内地表总蒸散发量；$R'_表$、$R'_{地下}$ 分别为地表、地下径流流出量；q 为研究时段内工农业和生活净用水量（即区域在给定时段内人类净用水量）。

则通用水量平衡方程式为

$$\Delta S=S_2-S_1=I-O=(P+E_1+R_表+R_{地下})-(E_2+R'_表+R'_{地下}+q) \tag{2-5}$$

或

$$P=(R'_表-R_表)+(E_2-E_1)+(R'_{地下}-R_{地下})+(S_2-S_1)+q \tag{2-6}$$

由于式（2-6）中 E_1 为负蒸发量，令 $E=E_2-E_1$ 为时段内净蒸发量；$\Delta S=S_2-S_1$ 为时段内蓄水变化量，则区域在任意时段内的通用水量平衡方程式为

$$P=(R'_表-R_表)+(R'_{地下}-R_{地下})+E+\Delta S+q \tag{2-7}$$

2. 全球水量平衡方程

水量平衡方程式是水分循环的数学表达式，根据不同的区域可建立不同的水量平衡方程。

对于任意时段的全球海洋，收入水量有大气降水 $P_洋$ 和入海径流量 R；支出水量有蒸发量 $E_洋$，则全球海洋水量平衡方程为

$$P_洋+R-E_洋=\Delta S_洋 \tag{2-8}$$

式中：$\Delta S_洋$ 为海洋蓄水量的变化量。

式（2-8）即为任意时段的海洋水量平衡方程。

若是多年平均情况，则海洋水量平衡方程为

$$\overline{P_洋}+\overline{R}=\overline{E_洋} \tag{2-9}$$

式（2-9）说明，全球海洋蒸发量大于降水量，海洋是大气水分和陆地降水的来源。海洋提供了海洋降水量的 85％ 和陆地降水量的 89％。

对于任意时段的全球陆地，有

$$P_陆-R-E_陆=\Delta S_陆 \tag{2-10}$$

式中：$P_陆$ 为陆地降水量；R 为流出陆地的径流量（入海径流量）；$E_陆$ 为陆地蒸发量；$\Delta S_陆$ 为陆地蓄水量的变化量。

式（2-10）即为任意时段的陆地水量平衡方程。

若是多年平均情况，则陆地水量平衡方程为

$$\overline{P_陆}-\overline{R}=\overline{E_陆} \tag{2-11}$$

式（2-11）说明，全球陆地降水量大于蒸发量，以径流形式补充海洋，实现全球水量平衡。

若考虑全球的多年平均情况，将式（2-9）和式（2-11）相加，则得多年平均全球水量平衡方程：

$$\overline{P}_{洋} + \overline{P}_{陆} = \overline{E}_{洋} + \overline{E}_{陆} \tag{2-12}$$

或

$$\overline{P}_{全球} = \overline{E}_{全球} \tag{2-13}$$

式（2-12）和式（2-13）表明，全球海陆降水量之和等于全球海陆蒸发量之和，说明全球水量保持平衡，基本上长期不变。

据估算，全球海洋平均每年有 $50.5 \times 10^4 \, \text{km}^3$ 的水蒸发到空中，而总降水量约为 $45.8 \times 10^4 \, \text{km}^3$，总降水量比总蒸发量少 $4.7 \times 10^4 \, \text{km}^3$，这与陆地注入海洋的径流量相等（表2-2），说明全球的总水量是保持平衡的。

表 2-2　　　　　　　　　　　　　地 球 上 的 水 量 平 衡

区 域	多年平均蒸发量		多年平均降水量		多年平均径流量	
	km³	mm	km³	mm	km³	mm
海洋	505000	1400	458000	1270	−47000	130
陆地外流区	63000	529	110000	924	47000	395
陆地内流区	9000	300	9000	300		
全球	577000	1130	577000	1130		

3. 流域水量平衡方程

对于闭合流域来讲，由于地表分水线与地下分水线完全重合，在任一时段内的收入水量只有大气降水 P，支出水量有蒸发量 E 和径流量 R（含地表径流量 R_s 和地下径流量 R_g），则闭合流域水量平衡方程为

$$P - (E + R) = \Delta S \tag{2-14}$$

流域蓄水变量 ΔS 可正可负。但就多年平均情况，蓄水变量 ΔS 趋于零，即有

$$\overline{P} = \overline{E} + \overline{R} \tag{2-15}$$

式中：$\overline{P}$、$\overline{E}$、$\overline{R}$ 分别为流域多年平均降水量、蒸发量和径流量。

严格地讲，地球上几乎不存在闭合流域。对于非闭合流域，由于地表分水线与地下分水线不一致，有相邻流域的地下径流的流入，也可能有流到相邻流域的地下径流，则水量平衡方程中存在着该流域与相邻流域之间的地下径流交换量 ΔW，即有

$$P = R + E + \Delta W + \Delta S \tag{2-16}$$

在喀斯特地区，地下水系发达，通常要考虑与相邻流域的地下水交换量。但在其他地区，尤其大型流域，与相邻流域间的地下水交换量所占比重很小，常常忽略不计。当流域内存在跨流域调水时，也应考虑在水量平衡方程中增加相关项目以予反映。

第二节 降 水

大气中的水分以液态或固态的形式到达地面，称为降水。其主要形式有降雨和降雪，以及雹、露、霜等。降水是水循环过程的最基本环节，又是水量平衡方程中的基本参数，

是一种水文要素,又是一种气象要素,是水文学和气象学共同研究的对象。

一、降水成因及其特征值

(一)降水成因

大气中的水分是从海洋、河流、湖泊等各种水体及土壤、植物蒸发而来的。在一定温度条件下,大气中水汽含量有一最大值,空气中最大的水汽含量称为饱和湿度。饱和湿度与气温成正比,气温越低,饱和湿度越低。当空气中的水汽含量超过饱和湿度时,空气中的水汽开始凝结成水,如果这种凝结现象发生在地面,则形成霜和露;如果发生在高空则形成云,随着云层中的水珠、冰晶含量不断增加,当上升的气流的悬浮力不能再抵消水珠、冰晶的重量时,云层中的水珠、冰晶在重力作用下降到地面形成降水,即地面暖湿空气→抬升冷却→凝结为大量的云滴→降落地表形成降水。可见,水汽、上升运动和冷却凝结是形成降水的三个因素。

(二)降水特征值(降水要素)

描述降水特征的要素有降水量、降水历时和降水时间、降水强度、降水面积、暴雨中心等。其中降水量、降水强度和降水历时称为降水三要素。

1. 降水量

降水量是指一定时段内降落在某一点或某一面上、未经蒸发和渗漏损失所形成的水层深度,以 mm 计。降落在某一点上的水量称为点降水量,如雨量站的观测值;降落在某一面积上的水量称为面降水量,又称平均降水量,如区域或流域降水量。根据时段的长短不同,降水量有时段降水量、日降水量、次降水量、月降水量、年降水量以及多年平均降水量之分。日降水量指一日内(北京时间 8 时至次日 8 时)的降水总量,次降水量指某次降水过程的降水总量。

2. 降水历时和降水时间

降水历时是指一次降水过程自始至终所经历的时间,以 min、h、d、月、a 计。降水时间是指对应于某一降水量的时间长度,如最大 1d 降水量,其中的 1d 即为降水时间。降水时间的长短是人为划定的,如 1h、3h、6h、12h 或 1d、5d、9d,降水时间内降水过程不一定连续。

3. 降水强度

降水强度是指单位时间内的降水量,简称雨强,以 mm/min、mm/h、mm/d 计。实际工作中通常根据降水强度的大小来划分降水的等级(表 2-3、表 2-4)。

表 2-3　　　　　　　　　　降水(降雨)强度分级　　　　　　　　　　单位:mm

等级	12h 降水量	24h 降水量	1h 降水量
小雨	0.1~5.0	<10	<2.5
中雨	5~15	10~25	2.5~8
大雨	15~30	25~50	8~16
暴雨	30~70	50~100	>16
大暴雨	70~140	100~200	
特大暴雨	>140	>200	

表 2-4		降 雪 强 度 分 级			单位：mm
等级	12h 降水量	24h 降水量	等级	12h 降水量	24h 降水量
小雪	<1.0	<2.5	大雪	3.0~6.0	5.0~10.0
中雪	1.0~3.0	2.5~5.0	暴雪	>6.0	>10.0

4. 降水面积

降水面积即降水所笼罩的面积，以 km² 计。

5. 暴雨中心

暴雨集中的较小的局部地区称为暴雨中心。在一次降雨过程中，暴雨中心一般会移动。

二、降水的类型

（一）按降水性质分类

（1）连续性降水（绵雨）。连续性降水指从雨层云或高层云中的降水，具有持续时间较长、强度变化小、降水面积较大的特点。

（2）阵性降水（阵雨）。阵性降水指从积雨云和浓积云中的降水，具有持续时间短、强度变化大、降水范围小、分布不均的特点，有明显的阵性，在中低纬地区夏季最为常见。

（3）毛毛状降水（毛毛雨）。毛毛状降水指从层云或层积云中降下的雨、雪，具有降水强度很小、落在水面无波纹、落在地面无湿斑等特点。

（二）按气流上升冷却的原因分类

1. 气旋雨

气旋就是低气压，低气压过境形成的降雨为气旋雨。气旋雨分为非锋面雨和锋面雨两种，非锋面雨是指气流向低压区辐合引起气流上升冷却造成的降水。锋面雨又分为冷锋雨和暖锋雨（图 2-2）。

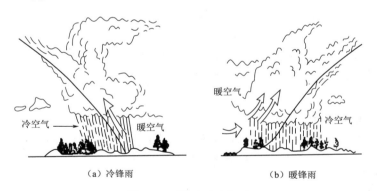

（a）冷锋雨　　　　　　　　（b）暖锋雨

图 2-2　锋面雨示意图

冷锋雨是冷气团向暖气团推进时，暖气团迅速爬升，爬升过程中暖空气冷却后在冷暖空气团的交界面（锋面）上形成巨大的积雨云。冷锋雨的降雨强度大、历时较短、降雨笼罩面积较小。冷锋雨在锋面的后面。

暖锋雨是当暖气团向冷气团移动时，暖气团缓慢在锋面上爬升，逐渐冷却后形成降雨，暖锋雨出现在地面锋线的前面，降水强度小，历时长，降雨笼罩面积大。我国大部分地区锋面雨占全年降水的 60% 以上，是降水的主要形式之一。

2. 对流雨

对流雨是由于冷暖空气上下对流形成的降雨。在夏季暖湿空气笼罩在一个地区时，由于地面局部地区受热，下层热空气膨胀上升，上层冷空气下降，形成对流。上升的空气冷却后形成降雨。这种降雨常出现在酷热的夏季午后，特点是降雨强度大、历时短、降水笼罩面积小，常伴有雷电。

3. 地形雨

地形雨是指暖湿气流受地形抬升而形成的降雨。地形雨多在迎风坡的山坡上，背风坡则雨量很少。

4. 台风雨

当台风（热带风暴）登陆后，将大量的湿热空气带到大陆，造成狂风暴雨。台风雨的特点是强度大、雨量大，很容易造成大的洪水灾害。

（三）按降雨量和降雨过程特征分类

1. 暴雨

暴雨主要由对流作用形成，其特征是：历时短、强度大、笼罩面积不大。按气象方面有关规定：24h 降水量超过 50mm 或 12h 降水量超过 30mm 或 1h 降水量超过 16mm 的降雨称为暴雨。其中 24h 降水超过 100mm 为大暴雨，超过 200mm 为特大暴雨。

2. 暴雨型淫雨

暴雨型淫雨由冷暖气团间的锋面交绥或暖湿气团的上升所致。其特点是历时较长，往往长达几个昼夜，降雨强度变化剧烈，平均强度较大，个别时段降雨强度可能很大。这种类型降雨常造成灾害性的洪水。

3. 淫雨

淫雨通常也是由锋面产生的。其特点是：历时很长，但强度很小，降雨期间可能断断续续，空气中湿度较大，笼罩面积常常很大。

对研究雨洪径流形成过程而言，最重要的是暴雨型淫雨。而历时短、强度大的暴雨因笼罩面积小，主要对小流域有意义。淫雨因历时长、强度小、面积大，主要对大流域有意义。

三、降水特征的表示方法

为了充分反映降水的空间分布与时间变化规律，常用降水过程线、降水累积曲线、等降水量线以及降水特性综合曲线表示降水的特性。

（一）降水过程线

降水过程线是指以时间为横坐标，以降水量为纵坐标绘制成的曲线，即反映降水量随时间的变化曲线，可用降水量柱状图或曲线图表示，一般用以时段平均雨强或时段降水量为纵坐标，以时间为横坐标的柱状图表示。

根据每日降水量可绘制逐日降水量过程线，根据每月降水量可绘制逐月降水量过程线，根据历年降水量可绘制逐年降水量过程线。逐日降水量过程线大都不连续，因为在一月内或一年中不是每日都有降水。常用逐时降水量过程线（雨强过程线）反映暴雨过程。其水文站一次降雨的雨强过程线如图 2－3 所示。

（二）降水累积曲线

累积降水量是指自降水开始到某一时刻降水量的累积值。降水累积曲线是以时间为横坐标，以自降水开始某一时段的累积降水量为纵坐标所作的降水特征曲线（图 2-3）。自记雨量计所记录的曲线就是降水累积曲线。降水累积曲线的平均坡度为该时段内的平均降水强度，即

$$\bar{i} = \Delta P / \Delta t \qquad (2-17)$$

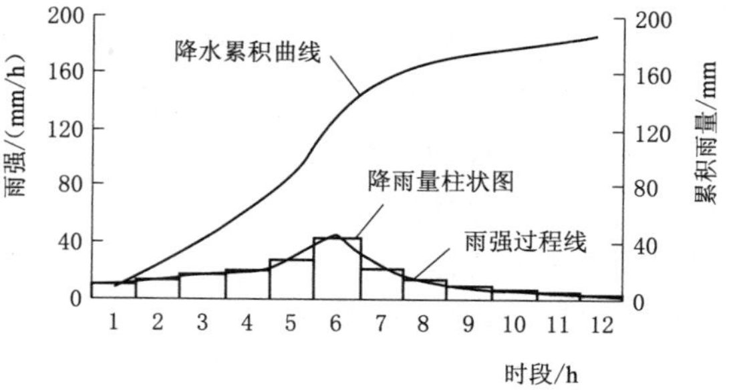

图 2-3 某水文站一次降雨的过程线和降水累积曲线

式中：$\bar{i}$ 为 Δt 时段内的平均降水强度；ΔP 为 Δt 时段内的降水量；Δt 为降水时段长。

若 Δt 时段很短，即 $\Delta t \to 0$，则可得瞬时降水强度 i，即

$$i = \mathrm{d}p / \mathrm{d}t \qquad (2-18)$$

所以，降水累积曲线任一点切线斜率就为相应时刻的瞬时降水强度。如果将同一流域各雨量站的同一次降水的累积曲线绘制在一起，可用来分析降水在流域上的空间分布和时程上的变化特征，并可用来校验各雨量站的观测资料。

（三）等降水量线

对于面积较大的区域，为表示次、日、月、年降水量的分布情况，可绘制等降水量线。等降水量线也称等雨量线，是指区域内降水量相等各点的连线。等雨量线图的绘制方法类似于地形图上等高线图的作法。利用等雨量线图可以确定各地的降水量和降水面积，分析区域降水的空间分布规律，但无法判断降水强度及其变化和降水历时。如图 2-4 所示为海南岛 1962 年 8 月 10 日一次降雨的等雨量线图，其中图 2-4（a）是根据该地区 105 个雨量站的实测资料绘制成的，而图 2-4（b）则是根据该地区 26 个雨量站的实测资料绘制成的。

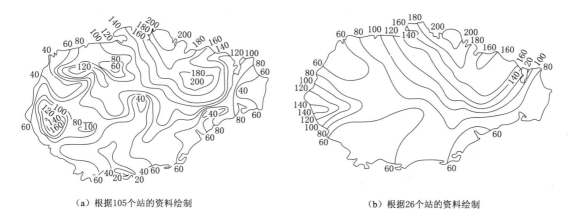

（a）根据 105 个站的资料绘制　　　　　　　（b）根据 26 个站的资料绘制

图 2-4 海南岛等雨量线图（单位：mm）

根据雨量站网观测的资料绘制等雨量线一般必须使用内插技术。如果相邻雨量站之间在地形上没有明显的高地或低洼地，则一般假设两站之间降雨量呈线性变化。因此，线性插值方法在绘制等雨量线中就得到广泛的应用。

绘制等雨量线的精度与雨量站网密度和雨量站的代表性有关。一般而言，雨量站网密度大，雨量站代表性好，则绘制成的等雨量线的精度就较好。例如图 2-4（a）所示的等雨量线的精度就比图 2-4（b）好。

（四）降水特性综合曲线

降水特性综合曲线是反映降水特性的一些曲线，常用的有降水强度-历时曲线、平均降水深度-面积曲线、平均降水深度-面积-历时曲线三种。

1. 降水强度-历时曲线

降水强度-历时曲线是根据一场降水的记录，统计其不同历时内最大的平均雨强，而后以雨强为纵坐标、历时为横坐标点绘而成（图 2-5）。降水强度-历时曲线是随历时增加而递减的曲线，其经验关系式为

$$i_t = s / t^n \tag{2-19}$$

式中：t 为降水历时，h；s 为暴雨参数，又称为雨力，相当于 $t=1\text{h}$ 的雨强，mm/h；n 为暴雨衰减指数，一般为 $0.5 \sim 0.7$；i_t 为相应历时 t 的平均降水强度，mm/h。

2. 平均降水深度-面积曲线

平均降水深度-面积曲线是反映同一场降水过程中，平均雨深与面积之间对应关系的曲线，一般规律是面积越大，平均雨深越小。曲线的绘制方法是对于一场降水，从等雨量线中心起，分别量取不同等雨量线所包围的面积以及此面积内的平均降水深度，以面积为横坐标、以平均降水深度为纵坐标绘制（图 2-5）。

3. 平均降水深度-面积-历时曲线

平均降水深度-面积-历时曲线绘制方法是，对一场降水，分别选取不同历时（例如，1d，2d…）的等雨量线，以降水深度、面积为参数作出平均降水深度-面积曲线并综合点绘于同一图上，如图 2-6 所示。

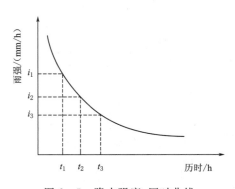

图 2-5 降水强度-历时曲线

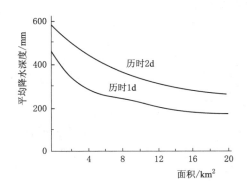

图 2-6 平均降水深度-面积-历时曲线

其一般规律是，面积一定时，历时越长，平均雨深越大；历时一定时，则面积越大，平均雨深越小。

四、区域平均降水量的计算

通常，雨量站所观测的降水记录，只代表该地小范围的降水情况，称点降水量。实际工作中常需要大面积以至全区域的降水量值，即面降水量值（区域平均降水量）。常用的区域平均降水量的计算方法主要有算术平均法、泰森（Thiessen）多边形法、等雨量线法和客观运行法等。

（一）算术平均法

此法是以所研究的区域内各雨量站［图 2-7（a）］同时期的降水量相加，再除以站数（n）后得出的算术平均值作为该区域的平均降水量（$\overline{P}$），即

$$\overline{P} = \frac{1}{n}(P_1 + P_2 + \cdots + P_n) = \frac{1}{n}\sum_{i=1}^{n} P_i \qquad (2-20)$$

式中：n 为区域内雨量站数目；P_i 为各雨量站的同期降水量，mm。

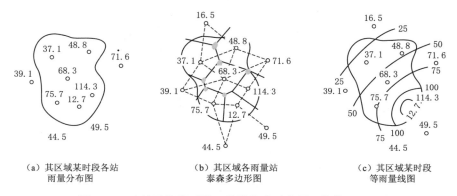

(a) 某区域某时段各站　　　(b) 某区域各雨量站　　　(c) 某区域某时段
　　雨量分布图　　　　　　泰森多边形图　　　　　等雨量线图

图 2-7　流域平均降雨量三种计算法示意图（单位：mm）

算术平均法简单易行，适用于流域（区域）内地形起伏不大、雨量站稠密且分布均匀的地区。

（二）泰森多边形法

若流域内雨量站分布不均匀，且有的站偏于一角，此时采用泰森多边形法更为合理［图 2-7（b）］。泰森多边形法也称垂直平分法，其作法是在雨量站分布图上将流域内和流域附近的雨量站用直线连接起来，构成若干个三角形，形成三角网。然后对每个三角形各边作垂直平分线，连接这些垂直平均线的交点，得到若干个多边形，即泰森多边形。各多边形内都有一个且只有一个雨量站，假定每个多边形的雨量以其内的雨量站的雨量为代表，该多边形区域就是其内雨量站的控制面积。区域平均降水量为各多边形雨量的面积加权平均值，其计算公式为

$$\overline{P} = \frac{a_1 P_1 + a_2 P_2 + \cdots + a_n P_n}{a_1 + a_2 + \cdots + a_n} = \frac{1}{A}\sum_{i=1}^{n} a_i P_i \qquad (2-21)$$

式中：a_i 为第 i 个多边形在区域内的面积，hm^2；A 为区域总面积，hm^2；其他符号意义同前。

泰森多边形法基于雨量站间降水量线性变化的假设，适用于地形起伏不大、雨量站分布不均的区域。若区域内有高大山脉，此法的误差较大。另外，此法假定各雨量站控制面

积在不同的降水过程中视作固定不变，不符合降水分布的实际情况，实际应用具有一定的局限性。如果某一测站出现漏测，则必须重新计算各测站的权重系数，才能计算出全流域的平均降水量。

（三）等雨量线法

等雨量线法的计算步骤是：绘制等雨量线〔图2-7（c）〕；用求积仪或其他方法量算出流域在相邻等雨量线间的面积，以相邻两等雨量线降水量的平均值作为两等雨量线间区域的平均降水量；计算各区域平均降水量的面积加权平均值，即为区域平均降水量，计算公式为

$$\overline{P} = \frac{a_1 P_1 + a_2 P_2 + \cdots + a_n P_n}{a_1 + a_2 + \cdots + a_n} = \frac{1}{A}\sum_{i=1}^{n} a_i P_i \qquad (2-22)$$

式中：a_i 为各相邻等雨量线间在区域内的面积，hm^2；A 为流域（区域）总面积，hm^2；P_i 为各相邻等雨量线间的雨量平均值，mm。

等雨量线法是计算区域平均雨量最完善的方法。它的优点是考虑了地形变化对降水的影响，理论上较充分，计算精确度较高，并有利于分析流域产流、汇流过程。因此对于地形变化较大（一般是大流域）、流域内又有足够数量的降水观测站，能够根据降水资料结合地形变化绘制出等雨量线图，则应采用本方法。其缺点是对雨量站的数量和代表性有较高的要求，而且每次降雨都须绘制等雨量线图，在实际应用上受到一定限制。

（四）客观运行法

客观运行法于20世纪60年代末提出，近年来在美国气象系统得到广泛应用。该方法的计算步骤为：将区域划分成若干网格，每个网格均为长和宽分别为 Δx 和 Δy 的矩形，得到若干个格点（图2-8）；依据各格点周围邻近各雨量站的雨量，确定各格点的雨量；计算各格点雨量的算术平均值，即为区域平均降雨量。此法中，各格点的雨量是用各格点周围邻近雨量站到该点距离平方的倒数进行插值而求得的，计算公式为

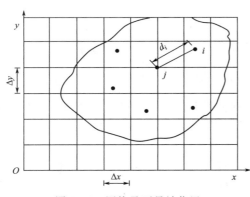

图2-8　网格及雨量站位置

$$x_j = \frac{\sum\limits_{i=1}^{m}(P_i/d_i^2)}{\sum\limits_{i=1}^{m}(1/d_i^2)} \qquad (2-23)$$

式中：x_j 为第 j 个格点雨量，mm；m 为第 j 个格点周围邻近的雨量站站数（图2-8上站数为4）；P_i 为第 j 格点周围邻近的第 i 个雨量站的降雨量，mm；d_i 为第 j 格点到其周围邻近的第 i 个雨量站的距离，km。

由式（2-23）计算出的每个格点的降雨量的算术平均值即为区域平均降水量。该法虽比较复杂，但是便于应用计算机进行处理，同时改进了各雨量站间雨量呈线性变化的假设，更符合实际情况。此外，该法可根据实际雨量站网的降雨量插补出各个格点的降雨

量，为分布式流域水文模型的降雨输入提供了可能性。

五、影响降水的因素

降水是地理位置、地形、气旋和台风路径、森林、水体以及人类活动等因素综合作用与影响的产物，这些因素决定了降水量的多少和时空分布特征。对降水影响因素的研究，有利于掌握降水特性、分析径流情势及洪水特点、判断降水资料的合理性和可靠性等。

（一）地理位置

一般来说，低纬地区气温高，蒸发量大，空气中水汽含量大，故降水多。地球上有2/3的雨量降落在南北纬30°之间，以赤道带最多，逐渐向两极递减。

海洋是水汽的主要源地，因而距海远近直接影响空气中水汽的含量，进而影响陆地上的降水量。我国降水量大致从东南沿海向西北内陆递减。例如，我国华北地区的降水量为500～800mm，明显小于华南地区的1300～2200mm；沿海的青岛年降水量为646mm，向西至济南为621mm，西安为566mm，兰州为325mm。

（二）地形

地形主要是通过气流抬升作用和屏障作用对降水强度和时空分布产生影响。地形对降水的影响程度决定于地面坡向、气流方向以及地表高程的变化。

当暖湿气流与山地走向（坡向）垂直或交角较大，则迎风坡多形成"雨坡"，背风坡则成为"雨影"区域。从世界降水量分布图可以看出，在中纬西风带的大陆西岸山地的西坡降水量很多，如挪威的斯堪的纳维亚山地的西坡，年雨量为1000～2000mm，但东坡为背风坡，其年雨量只有300～500mm。我国华夏系山地（北东向）受东南季风影响，东南坡雨量多，西北坡雨量少。凡是山脉走向与盛行气流平行的山地，则山地两侧的降水量差异较小。如欧洲阿尔卑斯山脉与盛行风向平行，山脉南北坡降水量差别很小。

由于山地对气流有屏障和抬升的作用，对降水有促成作用，因而降水一般随地势增高而增多。但地形的抬升增雨并非是无限制的。若山体足够高大，则从山脚向山顶，降水量起初受地形抬升作用而随高度增加而增多，但到一定高度降水量达到最大值，此高度称最大降水高度（H）。超过最大降水高度以后，由于空气柱缩短，空气中水汽含量减少，气流通畅，则随高度增高，降水量反而减少（图2-9）。最大降水高度H因气候条件和地区而不同。一般地，湿润地区大气不稳定，最大降水高度较干燥地区小。如印度西南沿海山地异常潮湿，其最大降水高度H一般为500～700m，我国浙皖山地如黄

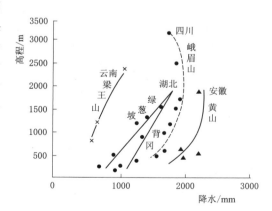

图2-9　长江流域部分山地降水与高程的关系

山、天目山最大降水高度在1000m左右，而气候干燥的新疆山地最大降水高度出现在2000～4000m。

降水随高度的递增率也有地区差异。一般地，湿润地区和迎风坡降雨随高程的递增率较大。例如，我国台湾地区中央山脉的降水垂直递增率最大可达105mm/100m，而甘肃

省祁连山地仅为 7.5mm/100m。

地形对降水的影响还可通过地面坡度、山体及其完整性等产生作用。地面坡度越陡，对气流的抬升作用越强烈。高大山脉对气流的阻挡作用，会使气流停滞于山前，增加当地的降水量。山脉缺口和海峡是气流的通道，在此气流运动速度加快，水汽难以停留，降雨机会减少。例如，台湾海峡和琼州海峡两侧地区、阴山山脉和贺兰山脉之间的缺口所在地鄂尔多斯、陕北高原的降水量相对较少，均与当地的海峡和山地缺口地形有关。

（三）气旋和台风路径

青藏高原使西风环流被阻形成南北两支，在我国的西南部易产生波动，导致气旋向东移动，春夏之间经江淮平原入海，形成梅雨；7—8 月锋面北移，华北地区降水量增大。气旋经过的区域降水量大一些。台风对东南沿海地区的降水影响很大，是这一地区雨季的主要降水形式，有些台风还能深入内地，减弱后变成低气压，给内地带来较大的降水。

（四）森林

森林对降水的影响比较复杂。一方面森林可以截留降水，使得森林下降水量减少，茂密的森林全年截留的水量可达到当地降雨量的 10%～20%，供雨后蒸发；另一方面森林对降水量有着复杂的影响。关于森林对降水的作用，至今存在不同的观点。第一种观点认为，森林有增加降水作用。F. 哥里任斯基根据对美国东北部大流域的研究，得出大流域上森林覆盖率增加 10%，年降水量将增加 3% 的结论。苏联学者对林区与无林地区的对比观测表明，马里波尔平原林区上空所凝聚的水平降水，平均可达年降水量的 13%。吉林省松江林业局的森林区、疏林区和无林区的对比观测表明，森林区的年降水量分别比疏林区和无林区约多 50mm 和 83mm。第二种观点认为，森林无增加降水的作用。K. 汤普林认为，森林不会影响大尺度的气候，只能通过森林中的树高和林冠对气流的摩阻作用，起到微尺度的气候影响，它最多可使降水增加 1%～3%。彭曼（H. L. Penman）收集亚洲、非洲、欧洲和北美洲地区 14 处森林的多年实验资料，经分析也认为森林没有明显的增加降水的作用。第三种观点认为，森林有减少降水的作用。赵九章认为，森林能抑制林区日间地面增温，削弱对流，从而可能使降水量减少。实际观测表明，茂密的森林可截留年降水量的 10%～20%。这些截留水主要耗于雨后蒸发，从流域水循环和水量平衡的角度看，是水量损失，应从降水总量中扣除。以上三种观点都有一定的根据，森林对降水的影响肯定存在，至于影响的性质和程度，目前尚难得出定论。

（五）水体

陆地上的江河、湖泊、水库等水域对降水量的影响，主要由水面上方的热力学、动力学条件与陆面上存在的差别而引起。大型水体上空的气流因阻力减小而运动速度加快，对流作用减弱，从而减小了降水的概率。水域对降水的影响总的来说是减少降水量，但这种影响存在季节差异。新安江、巢湖及长江沿岸的观测资料表明，水体分布地区比周围地区的夏季降水量少 50～60mm，而冬季降水量稍多，但不足 10mm，全年降水量是减少的。然而，在水体周边的迎风坡地带，因风速减小、气流上升运动增强而形成的增加降水现象明显。

（六）人类活动

人类活动对降水的影响一般都是通过改变下垫面条件而间接形成的，影响结果大多具有不确定性。例如，植树造林或大规模砍伐森林、修建水库、灌溉农田、围湖造田、疏干沼泽等，有的可减少降水量，有的可增大降水量。人工干预降水的行为，如人工降雨、驱散雷雨云、消除雷雹等，影响作用则是直接的，而且影响方向十分明确，但耗资较大，而且影响区域较小。城市化的快速发展，一定程度上改变了城市地区的局部气候条件，使得城市的降水量增加，特别是暴雨、雷电、冰雹的增多。例如，南京市区年降水量比郊区多22.6mm，而且增加了大雨发生的概率，雷暴和降雪的日子也较多。城市产生的降水影响的强弱，视城市规模、工厂多少、当地气候湿润程度等情况而定。

第三节 土壤水与下渗

一、包气带和饱和带

地表土层是能吸收、储存和向任何方向输送水分的多孔介质。某流域上垂向的土柱结构如图2-10所示，以地下水面为界，土层可分为两个不同的土壤含水带。在地面与地下水面之间的土层，土壤含水量未达饱和，是土粒、水分和空气同时存在的三相系统，称为包气带。地下水面下边的土层，土粒间的空隙完全被水充满，故称饱水带，为水分、土粒二相系统。

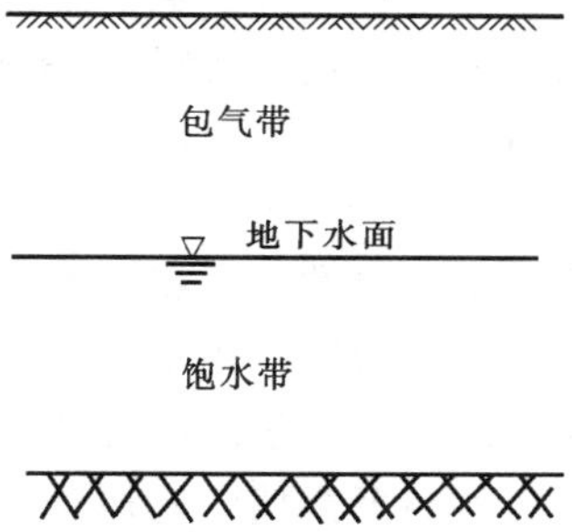

二、土壤水

水文学中把存在于包气带中的水称为土壤水，而将饱水带中的水称为地下水，包括潜水和承压水。包气带的上界直接与大气接触，它既是大气降水的承受面，又

图2-10 包气带与饱水带示意图

是土壤蒸散发水分的逸出面。因此，包气带是土壤水分剧烈变化的土壤带。土壤含水量的大小直接影响到蒸发、下渗的大小，并决定了降雨量中产生径流（包括地面径流、表层流径流和地下径流）的比例，把降雨、下渗、蒸发及径流等水文要素在径流形成过程中有机地联系起来。因此，研究土壤水的运动和变化，对认识水文现象有重要意义。

（一）土壤水分的存在形式

土壤水是指吸附于土壤颗粒和存在于土壤孔隙中的水。当水分进入土壤后，在分子力、毛管力或重力的作用下，形成不同类型的土壤水。

1. 吸湿水

土壤颗粒（土粒）表面的分子对水分子的吸引力称为分子力。由分子力所吸附的水分子称为吸湿水。吸湿水被紧紧地束缚在土粒表面，不能流动也不能被植物利用。

2. 薄膜水

由土粒剩余分子力所吸附在吸湿水层外的水膜称为薄膜水。薄膜水受分子吸力作用，不受重力的影响，但能从水膜厚的土粒（分子引力小）向水膜薄的土粒（分子引力大）缓慢移动。

3. 毛管水

由土壤中毛管现象引起的力称为毛管力。毛管现象是指水在细小管子中沿管壁上升的

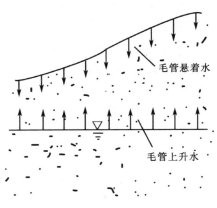

图 2-11　不同部位的毛管水

现象。土壤孔隙中由毛管力所持有的水分称为毛管水。毛管水又分为毛管上升水和毛管悬着水（图 2.11）。

（1）毛管上升水（支持毛管水）。地下水通过毛管作用上升而进入土壤孔隙中的水分称为毛管上升水。由于孔隙大小分布不均匀，毛管水上升高度也不相同。孔隙越细，毛管水上升高度越大。

（2）毛管悬着水。当地面获得降雨或灌溉后，凭借毛管作用而保持在靠近地面的土层中的水分称为毛管悬着水。因其与地下水无毛管上的联系，又与下层土层有明显界限而呈"悬挂"状态存在于土层中而得名。

虽然毛管上升水从下面接触自由水（地下水），而毛管悬着水从上面接触自由水（降雨或灌溉），但它们都是由毛管作用引起的。因此，它们均表现为从毛管力小或湿度大的地方向毛管力大或湿度小的地方运动，且移动速度与土壤的质地和结构有关。

4. 重力水

当土壤水的含量超过土壤颗粒分子力和毛管力作用范围而不能被土壤所保持时，在重力（地心引力）作用下将沿土壤孔隙流动，这部分水称为重力水。重力水能传递压力，在任何方向只要有静水压力差存在，就会产生水流运动。渗入土中的重力水，当到达不透水层时，就会聚集使一定厚度的土层饱和形成饱和带。当它到达地下水面时，补充了地下水，使地下水面升高。重力水在水文学中有重要的意义。

（二）土壤含水量和水分常数

土壤中的水分与周围介质中的水分不断地发生交换，土壤内部的水分也时刻处于运动中。这种水分的交换和变化不仅受土壤物理性质的制约，还受到降雨、下渗、蒸散发和其他水分运动的影响。为描述土壤水分随时间和空间的这种动态变化，通常用土壤含水量来表示它们的大小，另用某些特征条件下的土壤含水量来反映它们的变化特性。这些特征土壤含水量称为土壤水分常数，它们是土壤水分的形态和性质发生明显变化时土壤含水量的特征值。

1. 土壤含水量（率）

土壤含水量（率）又称为土壤湿度，它表示一定量的土壤中所含水分的数量。在实际工作中，为了便于同降雨、径流及蒸发量进行比较与计算，将某个土层所含的水量以相应水层深度来表示，即为土壤含水量，以 mm 计。此外，还可用土壤重量含水率和土壤容积含水率表示土壤含水量。

2. 土壤水分常数

水文学中常用的土壤水分常数有以下几种。

（1）最大吸湿量。在水汽达到饱和的空气中，干燥土壤的吸湿水达到最大数量时的土壤含水量称为最大吸湿量，又称吸湿系数。这时被吸附的水分子层的厚度相当于 15～20 个水分子厚，为 4～5μmm，其最外层的水分子所受到的土壤颗粒的分子引力为 31 个大气压。

（2）最大分子持水量。由土粒分子力所结合的水分的最大量称为最大分子持水量。薄膜水厚度此时达到最大值。

（3）凋萎含水量（凋萎系数）。植物根系无法从土壤中吸收水分，开始凋萎，即开始枯死时的土壤含水量称为凋萎含水量。植物根系的吸力约为 15 个大气压，所以，当土壤对水分的吸力等于 15 个大气压时的土壤含水量就是凋萎含水量。显然，只有大于凋萎含水量的水分才是参加水分交换的有效水量。

（4）毛管断裂含水量。毛管悬着水的连续状态开始断裂时的含水量称为毛管断裂含水量。当土壤含水量大于此值时，悬着水就能向土壤水分的消失点或消失面（被植物吸收或蒸发）运行。低于此值时，连续供水状态遭到破坏，这时，土壤水分只有吸湿水和薄膜水，水分交换将以薄膜水和水汽的形式进行。一般来说，毛管断裂含水量约为田间持水量的 65%。

（5）田间持水量。土壤中所能保持的最大毛管悬着水量称为田间持水量。当土壤含水量超过这一限度时，多余的水分不能被土壤所保持，将以自由重力水的形式向下渗透。田间持水量是划分土壤持水量与向下渗透水量的重要依据，对水文学有重要意义。

（6）饱和含水量。土壤中所有孔隙都被水充满时的土壤含水量称为饱和含水量，它取决于土壤孔隙的大小。从田间持水量到饱和含水量之间的水量，就是在重力作用下向下运动的自由重力水分。

三、下渗的物理过程

下渗又称入渗，是指降落到地表的雨水或水从地表面渗入地下岩石、土壤空隙中的运动过程。下渗是径流形成的重要因素之一，它不仅直接决定着地表径流量的大小，同时也影响土壤水和地下水的动态，直接决定壤中流和地下径流的形成，而且影响河川径流的组成。在超渗产流地区，只有当降水强度超过下渗率时才能产生径流。可见，下渗是将地表水与地下水、土壤水联系起来的纽带，是径流形成过程、水循环过程的重要环节。

（一）下渗阶段

降水和地表水渗入地表以下后，水分在土壤中的运动受到分子力、毛管力和重力的控制，其过程是水分在各种作用力的综合作用下寻求平衡的过程。根据下渗中作用力的组合变化及水分的运动特征，可将下渗过程划分为三个阶段。

1. 渗润阶段

在土壤十分干燥时，下渗水分主要是在分子力作用下，被土壤颗粒吸附形成吸湿水，进而形成薄膜水（膜状水），当土壤含水量大于岩土最大分子持水量（薄膜水的最大数值）时，这一阶段逐渐消失，并向下一阶段过渡。

2. 渗漏阶段

随着土壤含水率的不断增大，当表层土壤中薄膜水得到满足后，影响下渗的作用力由分子力转化为毛管力和重力。在毛管力和重力的共同作用下，下渗水分在土壤孔隙中做不稳定运动，并逐步充填毛管孔隙、非毛管孔隙，使表层土含水达到饱和。当土壤表层的非毛管孔隙被充满水后，下渗进入第三阶段。

通常将以上两个阶段统称为渗漏阶段。

3. 渗透阶段

在土壤孔隙被水分充满、达到饱和状态后，水分主要在重力作用下继续向深层运动，此时，下渗的速度基本达到稳定。水分在重力作用下向下运行，称为渗透。渗漏是非饱和水流运动，而渗透则属于饱和水流运动。

（二）下渗水的垂向分布

下渗过程中，不仅水分运动的控制力和水流状态在改变，同时土壤含水量也在变化。1943 年包德曼（Bodman）和考尔曼（Colman）对表面积水条件（保持 5mm 水深）下渗水流在均质土壤的垂向运动规律和含水量分布进行了系统的实验研究，发现下渗水在土体中的垂向分布可以划分为 4 个区别明显的水分带（图 2-12）。

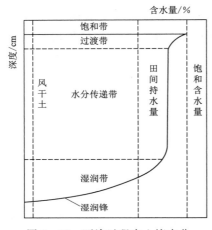

图 2-12 下渗过程中土壤水分
的垂向分布

1. 饱和带

饱和带位于土壤表层，在持续不断供水下，土壤含水量处于饱和状态。但是无论下渗强度多大，土壤浸润深度多深，饱和层的厚度一般不超过 15mm。

2. 过渡带

过渡带为在饱和带之下土壤含水量随深度增加而急剧减少的水分带，厚度一般在 50mm 左右。

3. 水分传递带

水分传递带位于过渡带之下，其特点是土壤含水量沿垂线均匀分布，基本保持在饱和含水量与田间持水量之间，在数值上为饱和含水量的 60%～80%。该带内毛管势的梯度极小，带内水分的传递运行主要靠重力作用，因此，在均质土中，带内水分下渗率接近于一个常值，即到达稳渗。

随着供水历时的增长，湿润锋不断下移，水分传递带不断向下延伸加厚，而其土壤含水量仍保持在上述数值范围内，没有什么变化。

4. 湿润带

水分传递带之下是一个含水量随深度迅速减少的水分带，称为湿润带。湿润带的末端称为湿润锋。湿润锋两边土壤含水量突变，是上部湿土与下层干土之间的界面。

随着下渗历时的延长，湿润锋面向土层深处延伸，直至与地下潜水面上的毛管水上升带相衔接。在此过程中，如中途停止供水，地表下渗结束，但土壤水仍将继续运动一定时间。在这种情况下，土层内的水将发生再分配的运动过程，其分布情况则决定于土壤特性，如图 2-13 所示。

（三）下渗要素

水分下渗物理过程研究和农田灌溉生产实践中，通常用下渗要素来定量描述下渗过程。常用的下渗要素有下渗率、下渗能力和稳定下渗率。

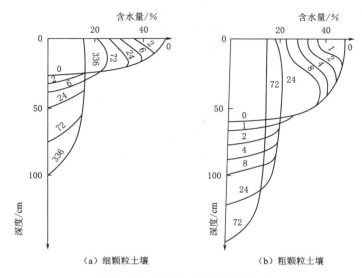

（a）细颗粒土壤　　　　　　　（b）粗颗粒土壤

图 2-13　土壤水分再分布示意图

（曲线上的数字为小时数）

1. 下渗率

单位面积上单位时间内渗入土壤中的水量称为下渗率 f，也称下渗强度，常用 mm/min 或 mm/h 计。

2. 下渗能力

充分供水条件下的下渗率称为下渗能力 f_p，又称为下渗容量。

3. 稳定下渗率

通常在下渗初期，由于土层干燥，下渗能力很强，下渗率具有较大的数值，称为初渗（f_0），其后随着下渗过程的持续进行，土壤含水量的增加，下渗能力迅速递减，下渗率也逐步减小，直到满足土壤最大持水量后，多余的水分在重力作用下沿土壤空隙向下运动补给地下水，下渗率趋于一个稳定的常数，此常数称为稳定下渗率 f_c。这个过程可用下渗曲线表示。下渗能力随时间的变化曲线称为下渗曲线，如图 2-14 所示。

从下渗开始至某时刻下渗到土壤中的总水量称为累积下渗量（F）。累积下渗量随时间的变化曲线称为累积下渗曲线（$F-t$）（图 2-14）。累积曲线上任一点的坡度，表示该时刻的下渗率，即 $\mathrm{d}F/\mathrm{d}t = f$。

四、下渗的确定方法

下渗量和下渗速率的确定方法有多种，归纳起来可以分为直接实验测定法、下渗理论法和经验公式法三类。

（一）直接实验测定法

自然条件下的下渗一般是根据土壤、地形、植被及农作物等的具体情况选择有代表性的场地，通

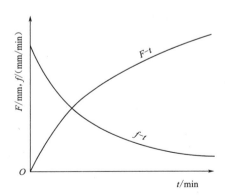

图 2-14　下渗曲线及累积下渗量曲线

过入渗实验测定下渗能力曲线。目前测定土壤入渗的方法有同心环法、人工降雨法和径流场法，其中同心环法较为简便实用，径流场法实质上与人工降雨法相类似。直接实验测定法虽然仅适用于很小面积，但其成果仍可反映一定条件下的单点下渗特性，对了解某种土壤、植被条件下的下渗过程有重要作用。

1. 同心环法

同心环法是采用同心环下渗仪进行积水入渗实验来确定土壤下渗能力。同心环下渗仪由直径 30cm 和 60cm 或更大的内外两个金属圆环组成。实验时，将两环同心打入土中约 10cm，然后向内外环连续注水并保持 50mm 的固定水深，记录内环各时段内加入的水量，用单位时段加入的水量除以内环面积即可得到下渗率，再由各时刻的下渗率绘制下渗能力曲线。同心环法设备简单、操作容易，可较准确测定测点的下渗过程，在农业水土工程和土壤学研究中得到广泛应用。

2. 人工降雨法

该法需一套模拟降雨的专门设备和一个小型实验场，同时装有测流设备。试验时，按设计雨强控制人工降雨，连续记录出流过程，直至流量稳定后停止供水。对于 $1m^2$ 以内的小实验面积，可忽略不计坡面滞蓄量及填洼水量。下渗过程可按式（2-24）和式（2-25）直接求得。

下渗累积量

$$F(t) = P(t) - R(t) \qquad (2-24)$$

下渗率过程

$$f(t) = p(t) - r(t) \qquad (2-25)$$

式（2-24）和式（2-25）中：$P(t)$ 为降雨累积量；$R(t)$ 为径流累积量；$p(t)$ 为降雨率；$r(t)$ 为径流率。

（二）下渗理论法

应用土壤水分运动的一般原理来研究下渗规律及其影响因素的理论称为下渗理论。下渗过程中，水分运移的孔隙有非饱和与饱和之分，相应地就有非饱和下渗理论和饱和下渗理论。

1. 非饱和下渗理论

非饱和下渗理论是在包气带水动力平衡原理（达西定律）和质量守恒定律基础上建立的。从水动力平衡角度分析，非饱和土中的水主要依靠负压（即水和土粒表面之间的吸附力）克服重力而存在，土壤水势能 H 为基质势和重力势之和，即 $H = \varphi - z$。在只考虑垂向一维水流的情况下，非饱和土壤水分运动受控于势能梯度 $-\partial H/\partial z$，服从达西定律，其基本表达式为

$$V_z = -\frac{\partial H}{\partial z} K(\varphi) = -K(\varphi)\frac{\partial \varphi}{\partial z} + K(\varphi) \qquad (2-26)$$

式中：V_z 为 z 处地下水渗透速度；K 为非饱和土壤的水力传导系数；φ 为基质势。

据质量守恒原理，单位时间内某给定土体空间的进入水量与流出水量之差值等于该土体内储水量变化量，获得非饱和土壤一维垂向水分运动的连续方程：

$$\frac{\partial \theta}{\partial t} + \frac{\partial V_z}{\partial z} = 0 \qquad (2-27)$$

式中：θ 为包气带或土壤含水量。

联立式（2-26）和式（2-27），转化成以含水量为变量，可得

$$\frac{\partial \theta}{\partial t} = \frac{\partial}{\partial z}\left[D(\theta)\frac{\partial \theta}{\partial z}\right] - \frac{\partial}{\partial z}K(\theta) \tag{2-28}$$

式中：D 为扩散系数。

此方程即为非饱和水流下渗方程，又称为理查兹（Richards）方程。

菲利普在上述方程的基础上，推导出了土壤均匀、起始含水量均匀、充分供水条件下累积下渗量的近似计算公式：

$$F(t) = st^{\frac{1}{2}} + [A_2 + K(\theta_i)]t \tag{2-29}$$

式中：$F(t)$ 为累积下渗量；s 为吸水系数；A_2 为函数；$K(\theta_i)$ 为非饱和土壤的水力传导系数；θ_i 为包气带或土壤初始含水量。

式（2.29）对 t 求导，得下渗率 $f(t)$：

$$f(t) = \frac{\mathrm{d}}{\mathrm{d}t}F(t) = \frac{1}{2}st^{-\frac{1}{2}} + [A_2 + K(\theta_i)] \tag{2-30}$$

非饱和下渗理论只有在特定条件下才能得到下渗曲线的解析解或近似解，往往都是通过运用程序求解土壤水分运动的偏微分方程获得数值解。

2. 饱和下渗理论

饱和下渗理论是根据包德曼和考尔曼于 1943 年提出的下渗过程的土壤含水量剖面特点（图 2-15），对复杂的下渗过程进行概化和条件假定而建立的。其基本假定为：①土层为无限深的均质土壤，原有含水量均匀分布；②是充分供水条件下的积水下渗，地面积水深度为 H_0；③湿润锋上部土壤含水量始终为饱和含水量 θ_s，下部土壤含水量为原有含水量 θ_i，具有明显的分界面；④湿润锋下移的条件是上部土壤达到饱和。

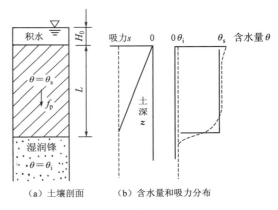

（a）土壤剖面　（b）含水量和吸力分布

图 2-15　饱和下渗示意图

在上述假定前提下，根据饱和水流的达西定律和水量平衡方程，可建立饱和下渗理论。据达西定律，有

$$f_p = K_s \frac{H_0 + s + L}{L} \tag{2-31}$$

式中：f_p 为水流向下渗透速度（在此条件下等于下渗能力）；K_s 为饱和水力传导系数，$K_s = K(\theta_s)$，通常称为渗透系数；s 为湿润锋面受到的下部土壤的吸力，分布如图 2-15（b）所示；L 为下渗水柱的长度，随下渗进行而增大；H_0 为地面积水深度。

据水量平衡原理，全下渗时段的累积下渗量（F）为

$$F = (\theta_s - \theta_i)L \tag{2-32}$$

将式（2-32）代入式（2-31），并假定 H_0 相对于 L 很小而可以不计，得

$$f_p = K_s\left(1 + \frac{\theta_s - \theta_i}{F}s\right) \tag{2-33}$$

式（2-33）反映了下渗率和累积下渗量之间的相互关系，是饱和下渗理论的模式之一。

根据下渗率的定义，将 $\mathrm{d}F/\mathrm{d}t = f_\mathrm{p}$ 代入式（2-33），可得

$$\frac{\mathrm{d}F}{\mathrm{d}t} = K_\mathrm{s}\left(1 + \frac{\theta_\mathrm{s} - \theta_\mathrm{i}}{F}s\right) \tag{2-34}$$

并以下渗开始时刻为 0，以 $0 \to t$，$0 \to F$ 对式（2-34）积分：

$$\int_0^t K_\mathrm{s}\mathrm{d}t = \int_0^F \frac{1}{1 + (\theta_\mathrm{s} - \theta_\mathrm{i})s/F}\mathrm{d}F \tag{2-35}$$

可得

$$K_\mathrm{s}t = F - s(\theta_\mathrm{s} - \theta_\mathrm{i})\ln\left(1 + \frac{L}{s}\right) = (\theta_\mathrm{s} - \theta_\mathrm{i})s\left[\frac{L}{S} - \ln\left(1 + \frac{L}{s}\right)\right] \tag{2-36}$$

一般而言，$L \ll s$，对 $\ln(1 + L/s)$ 做泰勒级数展开，并取前两项就能满足精度要求：

$$\ln\left(1 + \frac{L}{s}\right) \approx \frac{L}{s} - \frac{1}{2}\left(\frac{L}{s}\right)^2 \tag{2-37}$$

将式（2-37）代入式（2-36），可得

$$L = \sqrt{\frac{2K_\mathrm{s}st}{\theta_\mathrm{s} - \theta_\mathrm{i}}} \tag{2-38}$$

将式（2-38）代入式（2-32）和式（2-33），分别可得

$$F = \sqrt{2K_\mathrm{s}(\theta_\mathrm{s} - \theta_\mathrm{i})st} \tag{2-39}$$

和

$$f_\mathrm{p} = K_\mathrm{s} + \sqrt{0.5K_\mathrm{s}(\theta_\mathrm{s} - \theta_\mathrm{i})s/t} \tag{2-40}$$

式（2-39）和式（2-40）是累积下渗量和下渗率随时间变化的关系式，是饱和下渗理论的另一种表达形式。式（2-39）最早由格林（Green）和安普特（Ampt）于 1911 年提出，也称格林-安普特公式，因此饱和下渗理论也称格林-安普特理论。

基于饱和和非饱和下渗理论的下渗曲线中都含有 $t^{-1/2}$ 项，说明建立饱和下渗理论的基本假定是合理的。饱和下渗理论的下渗曲线是在积水深度固定不变且可不计的情况下才适用的，而自然界的饱和下渗的地面积水深度是随时间变化的，降雨强度远大于土壤下渗率时的积水深度也不可忽略。因此，奥费顿于 1967 年根据饱和下渗的达西定律推导出了地面积水深度随时间变化情况下的下渗曲线，更符合实际下渗过程。基于饱和下渗理论推导出的下渗方程多为常微分方程，所以饱和下渗理论往往比非饱和下渗理论更方便处理下渗问题，应用也更为广泛。

（三）经验公式法

对下渗的研究最初是为了适应灌溉工程的建设需要而开展的，随后在水文学科的降雨径流计算工作中得到了发展。先是通过下渗观测试验获得下渗资料，选配合适的函数关系，并率定其中的参数，从而获得模拟下渗曲线的数学表达式。这种确定下渗曲线的方法就是经验公式法。此类经验公式的类型颇多，下面介绍一些有代表性的经验下渗公式。

1. 科斯加柯夫公式

1931 年，苏联学者科斯加柯夫（Kostiakov）给出了下列形式的下渗曲线经验公式：

$$F = at^{1/2} \quad 或 \quad f = ct^{-1/2} \tag{2-41}$$

式中：a、c 为参数，且 $c=a/2$。

科斯加柯夫公式简单实用，但当入渗时间趋于无穷大时下渗率等于 0，这与下渗率趋于稳定值的实际情况不符。我国黄土高原多种土壤的下渗都可以用科斯加柯夫公式来描述。

2. 霍顿公式

1940 年，霍顿（R. E. Horton）为研究降雨产流而根据实验资料提出的下渗经验公式为

$$f=f_c+(f_0-f_c)e^{-\beta t} \tag{2-42}$$

式中：f_c 为稳定下渗率；f_0 为初始下渗率；β 为常数，即下渗曲线的递减参数。

霍顿公式是在充分供水的条件下下渗能力随时间变化的经验公式。霍顿认为，下渗强度随时间是逐步递减的，并最终趋于稳定，因此，下渗过程是一个土壤水分的消退过程，其消退速率为 df/dt。由于下渗过程中 f 逐步减小，所以 df/dt 为负值。据此可得

$$-\frac{df}{dt}=\beta(f-f_c) \tag{2-43}$$

对式（2-43）进行积分得

$$\ln(f-f_c)=-\beta t+c \tag{2-44}$$

当下渗初始时，即 $t=0$ 时，$f=f_0$，则有

$$f=f_c+(f_0-f_c)e^{-\beta t} \tag{2-45}$$

根据式（2-45）还可进一步推导出下渗累积曲线的公式：

$$F=\int_0^t f dt=f_c t+\frac{1}{\beta}(f_0-f_c)(1-e^{-\beta t}) \tag{2-46}$$

由式（2-46）可以看出，f_0-f 与 $F-f_c t$ 呈正比例关系。

霍顿公式结构简单，在充分供水条件下与实测资料符合较好，因此半个多世纪以来仍然广泛应用于水文实践中。

3. 霍尔坦公式

1961 年美国农业部霍尔坦（H. N. Holtan）提出了一种下渗概念模型，下渗率 f 是土壤缺水量的函数，其公式为

$$f=f_c+a(s-F)^n \tag{2-47}$$

式中：a 为系数，随季节而变，一般为 0.2～0.8；s 为表层土壤可能最大含水量；F 为累积下渗量或初始含水量；n 为指数，通常取 1.4。

霍尔坦公式的优点是易于在降雨条件下使用，同时考虑了前期含水量对下渗的影响，缺陷在于控制土层的确定比较困难。

五、影响下渗的因素

天然条件下，降雨的时空变化较大，下渗呈现出不稳定性和不连续性，下渗过程远比前面讨论的充分供水、均质土壤、一维垂向等条件下的下渗复杂，会受到土壤性质、降雨特性、植被与地形以及人类活动的影响。

（一）土壤性质

土壤性质对下渗的影响主要取决于土壤的物理性质和土壤前期含水量，土壤颗粒组

成、孔隙率、含水率等对下渗特征有显著影响。一般而言，土壤下渗能力与土壤粒径、孔隙率呈正相关关系（图 2-16），与土壤前期含水量呈负相关关系（图 2-17）。岩石的节理、裂隙越发育，其下渗率就越大。

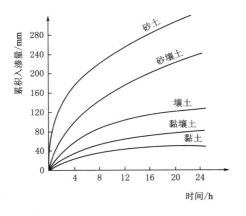

图 2-16　不同土壤的累积下渗曲线

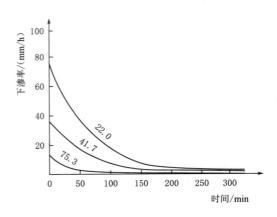

图 2-17　土壤（20cm 厚的土层）前期含水量对下渗的影响（单位：mm）

（二）降水特性

降水特性包括降水强度、历时、降水过程及降水的空间分布等。降水强度直接影响土壤下渗强度及下渗水量。在降水强度（雨强）小于下渗能力 f_p 时，尤其雨强 i 小于稳定下渗率 f_c 时，降水全部渗入土壤，下渗过程受降水过程制约；当降水强度 i 大于下渗强度 f 时，则产生超渗雨，形成地表径流。一般地，降雨强度大，供水充分，有利于下渗；降雨强度大，雨滴大，对土粒及土壤孔隙口的压力大，能增大土壤饱和度和下渗率。尤其在有草皮覆盖的情况下，下渗率随雨强增大而增大的趋势更为明显。但是，在无植被覆盖的赤裸土壤，下渗率却随降雨强度增大而减小。例如，我国的黄土高原，因植被稀疏，降雨强度增大时，雨滴将相应增大，雨滴将以较大能量充填及阻塞土壤孔隙，从而使下渗率减小。

降雨历时越长，则下渗历时也越长，湿润深度越大，下渗总量越大；降雨历时短则相反。

若降雨先小后大，先降的雨水使土壤湿润，颗粒膨胀，孔隙变小，使下渗强度减小，后期降雨量虽大，但不能大量下渗，使下渗总量较小；相反，降雨过程为先大后小，下渗总量较大。尤其在土壤含水量比较小时，降雨过程对下渗量的影响比较显著。

（三）植被与地形

植被系统具有降低雨滴冲击作用和增加土壤孔隙的功能，有利于滞留雨水，增加下渗时间，减少地表径流，增大下渗量。地面的起伏、坡度、坡向、切割程度等，会影响地面漫流速度和汇流时间，从而影响下渗。在其他条件相同的情况下，地面坡度越大，供水强度就越小，地面越不容易形成积水，越不易于下渗；地面有积水时，大坡面上的漫流速度较快，历时较短，下渗量相对较小。

（四）人类活动

人类活动的影响，既有增大下渗的作用，也有抑制下渗的作用。例如，坡地修造梯田、植树造林、修建蓄水工程、地下水人工回灌等，均能增加水分在地表的滞留时间，增加下渗量。相反，砍伐森林、过度放牧、不合理耕作等，可加剧水土流失，减少下渗量。城市建设过程中，城市土壤往往被压实，会减弱下渗，使城市更容易形成暴雨洪水。基本农田建设中修建集水区、秸秆覆盖等措施，可增加下渗，为作物提供更多的水分。而在低洼易涝地区开挖排水沟渠，可以有目的地控制下渗，控制地下水位上升，降低洪涝灾害的发生概率和程度。从这个意义上来说，人们研究水的入渗规律，正是为了有计划、有目的地控制入渗过程，使之向人们所期望的方向发展变化。

第四节 蒸 发 与 散 发

水从液态水面或固态冰雪表面不断变成气态，散逸到大气中的过程叫蒸发（evaporation）。植物根系吸收的水分，经由植物的茎叶散逸到大气中的过程称为散发（transpiration）或蒸腾。蒸散发是蒸发与散发的统称，发生在具有水分子的物体表面，是水分由于分子热运动而逸出物体表面的现象。具有水分子的物体表面称为蒸发面。根据蒸发面性质的不同，蒸发可分为水面蒸发、冰面蒸发、土壤蒸发和植物散发等。其中土壤蒸发和植物散发合称为陆面蒸发。流域（区域）上各部分蒸发和散发的总和，称为流域（区域）总蒸发。另外，蒸发面按供水状况可分为饱和蒸发面和非饱和蒸发面两种。在水文学上，蒸散发是指液态水分或固态冰雪不断地从水面、陆面、植物表面化为水汽升入空中的过程，是水循环过程中地表水转化为大气水的重要阶段。大陆上一年内的降水约有 60% 消耗于蒸散发，显然蒸散发是水循环的重要环节。对陆地水来讲，蒸散发是降水转变为径流过程中的一项主要损失。

一、水面蒸发

（一）水面蒸发的物理机制

水面蒸发是充分供水条件下的蒸发现象。在蒸发面水面上，同时有两种水分子运动过程。一方面，进入水体的热能增加水分子的能量，使一些水分子所获得的能量大于水分子之间的内聚力时，就会突破水面由液态变为气态而跃入空中，这就是蒸发现象。另一方面，水面上的水汽分子受水面水分子的吸力作用或本身受冷的作用，由气态变为液态从空中返回水面，这就是凝结现象。因此，蒸发和凝结是同时发生、具有相反物理过程的两种现象。蒸发必须消耗能量，单位质量的水从液态变为气态所吸收的热量称为蒸发潜热。凝结则要释放能量，单位水量从气态变为液态凝结所释放的热量称为凝结潜热。物理学已经证明，蒸发潜热与凝结潜热相同，其计算公式为

$$L = 2491 - 2.177T \tag{2-48}$$

式中：L 为蒸发或凝结潜热，J/g；T 为水面温度，℃。

所以蒸发不仅是水的交换过程，也是热量的交换过程，是水和热量的综合反映。

随着蒸发的不断进行，从水面跃入空气中的水汽分子越来越多，以致水面以上大气中的水汽含量越来越多，水汽压也就越大，水面与空气中的水汽压差减小，水汽分子由水面

进入大气的速率明显减小，而空气中的水汽分子返回水面的速率则明显增大。对于一个封闭的系统来说，当两者进行到一定程度时，必然会出现跃出水面的水汽分子数等于进入水面的水汽分子数的情况，此时空气与水面的水汽压差为零，蒸发因此停止。水汽压差为零时，空气中的水汽分子达到饱和，此时的水汽压称为饱和水汽压。饱和水汽压随着温度的升高而增大，气温越高，空气容纳水汽的能力越强。因此，对于封闭的自由水面来说，蒸发速率主要取决于水面和水面以上大气之间的水汽压差。

在自然条件下，由于空气的体积是无限的，水面上空气中的水汽分子存在一定的浓度梯度，由水面进入大气的水汽分子会通过空气对流、紊动以及水汽的扩散等作用不断地沿水汽梯度方向向上输送，从而减少了水面以上空气中的水分子数，降低了水汽压，使其很难达到饱和状态，因此实际上不可能出现空气与水面的水汽压差为零的情况。所以自然条件下的蒸发量不仅与饱和水汽压差有关，还与空气的对流和紊动以及水汽的扩散等作用有关，而影响这些作用的因素主要有风速、气压、湿度等气象条件。

（二）水面蒸发的控制条件

在蒸发和凝结的水分子运动过程中，从水面跃出的水分子数量和返回水面的水分子数量之差为实际蒸发量 E，即有效蒸发量，通常用蒸发掉的水层厚度的 mm 数表示。单位时间内的蒸发量称为蒸发率，一般用 mm/d 表示。蒸发量或蒸发率是蒸发现象的定量描述指标。

蒸发率或蒸发量的大小取决于 3 个条件：①蒸发面上储存的水分多少，这是蒸发的供水条件；②蒸发面上水分子获得的能量多少，这是水分子脱离蒸发面向大气逸散的能量供给条件；③蒸发面上空水汽输送的速度，这是保证大气逸散的水分子数量大于从大气返回蒸发面的水分子数量的动力条件。供水条件与蒸发面的水分含量有关，不同蒸发面的供水条件是不一样的。例如，水面蒸发有足够的水分供给蒸发。而裸露土壤表面只有在土壤含水量达到田间持水量以上，才能有足够的水分供给蒸发，否则蒸发就会受到供水的限制。天然条件下的蒸发所需的能量主要来自太阳能。

蒸发所需的动力条件一般有 3 个方面。①水汽分子的扩散作用，其作用力大小和方向取决于大气中水汽含量的梯度。通常蒸发面上空的水汽分子在垂向分布极不均匀，越靠近水面层，水汽含量就越大，因此存在水汽含量垂向梯度和水汽压梯度，水汽分子有沿梯度方向扩散的趋势。垂向梯度越显著，蒸发面上的水汽扩散就越强烈。但是，一般情况下水汽分子的扩散作用是不明显的。②上、下层空气之间的对流作用，这主要是由蒸发面和空中的温差所引起的。对流作用将把近蒸发面的暖湿空气不断地输送到空中，而使上空的干冷空气下沉到近蒸发面，从而促进蒸发作用。③空气紊动扩散作用，这主要是由风引起的。刮风时空气就会发生紊动，风速作用越大，紊动作用就越强。紊动作用将使蒸发面上空的空气混合作用加快，冲淡空气中的水汽含量，从而促进蒸发作用。蒸发大小控制的能量和动力条件均与气象因素如日照时间、气温、饱和差、风速等有关，故将两者合称为气象条件。

在供水不受限制，也就是供水充分的条件下，单位时间从单位蒸发面面积逸散到大气中的水分子数与从空气返回到蒸发面的水分子数之差值（当为正值时）称为蒸发能力，又称蒸发潜力或潜在蒸发。显然，蒸发能力只与能量条件和动力条件有关，而且它总是大于或等于同气象条件下的蒸发率的。水面蒸发是充分供水条件下的蒸发，因此水面蒸发率与水面蒸发能力是完全相同的。

（三）水面蒸发的影响因素

影响水面蒸发的因素可以归结为气象因素和水体因素两大类，其中前者主要有太阳辐射、水面温度、水汽压差、气温、湿度、气压、风速等，后者主要有水面大小、水深、水质等。

1. 太阳辐射

自然界水的汽化所需要的热能主要来自太阳辐射，蒸发强弱与太阳辐射强弱密切相关。太阳辐射越强烈，所提供的热能越多，蒸发面温度越高，从水面逸出的水分子就越多，蒸发就越强烈。太阳辐射随纬度变化而有差异，并有强烈的季节变化和昼夜变化，因此水面蒸发也呈现强烈的时空变化特性（图 2-18）。太阳辐射最强的赤道地区年蒸发量约为 1100mm，最弱的两极地区仅为 120mm 左右。水面蒸发的地区差异很大，一般是干旱地区大于湿润地区。

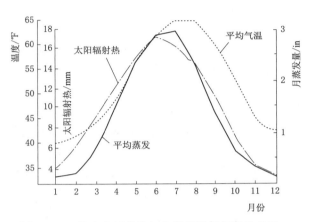

图 2-18 某地水面蒸发与太阳辐射和气温的关系

2. 水面温度

水温反映水分子运动能量的大小，水温高时，水分子运动速度快，运动能量大，从水面跃入空气中的水分子就多，蒸发就强烈。因此，水面蒸发量随着水温的增加而增加。地表水体的热量主要来源于太阳辐射，水温高低取决于气温高低，因此，水面蒸发与气温年变化有着相似的规律（图 2-18），通常是冬季最小，夏季最大，春季和秋季呈过渡状态。

3. 水汽压差

水汽压差是指水面上的水汽压与水面上空一定高度的水汽压之差，它反映水汽压梯度的大小。通常认为，贴近水面附近的空气是饱和的。在水面上空存在水汽压差是维持水面蒸发的先决条件。水汽压差（水汽压梯度）越大，水面蒸发速率越快。

4. 气温

气温决定空气中水汽含量的能力和水汽分子扩散的速度。气温高时，空气的饱和水汽压和饱和差比较大，有利于蒸发。当其他气象因素变化不大时，蒸发量与气温的变化一般呈指数关系，但其影响的程度没有像水温影响水面蒸发那样直接密切。

5. 湿度

空气湿度与气温有关，通过空气饱和差间接影响蒸发。空气湿度常用饱和差表示，也可用相对湿度来表示。空气湿度越小，饱和差越大，蒸发越快；相反，空气越潮湿，空气饱和差越小，蒸发率就越小。

6. 气压

空气密度增大，气压就会增高，从而抑制水分子逸出水面，水面蒸发减小。但是气压增高同时会降低空气湿度，这又有利于水面蒸发。因此在自然条件下气压对蒸发的影响往往被其相关的气象因素所掩盖。例如气压对蒸发的影响会在某种程度上因水汽压随纬度的变化而抵消。

7. 风速

风与气流能加强对流扩散作用，带走水面上的水分子，促进水汽交换，使水面上水汽饱和层变薄，有利于增加水面水分子的逸出。一般而言，水面蒸发量随风速的增加而增加。但风对蒸发的影响有一定的限度，当风速超过某一临界值时，水层表面的水分子会随时被风完全吹走，此时风速再大也不会影响蒸发强度。相反地，冷空气的到来还会减少蒸发甚至导致凝结。

8. 水面大小

水体蒸发表面是水分子汽化时必经的通道。一般来说，水面面积越大，则蒸发量越大，蒸发作用进行得越快。对于局部区域来说，水面面积越大，其上空的水汽越不易被带离水面区域，水面上空的水汽含量越多，越不利于水面蒸发的进行。

9. 水深

水深是通过水温变化而影响蒸发的。浅水的水温变化较快，与气温关系密切，夏季水温高，水面蒸发量大；冬季则相反。深水则因水面受冷热影响会产生水的对流作用，使整个水体的水温变化较为缓慢，滞后于气温变化的时间较长，并且深水能够蕴藏更多的热量，对水温起一定的调节作用，因此，水面蒸发量的时间变化相对稳定。总之，春、夏两季浅水比深水的蒸发量大，秋冬两季浅水比深水的蒸发量小。

10. 水质

当水中溶解有化学物质时，水面蒸发量一般会减少。例如，含盐度每增加 1%，蒸发就会减少 1%。所以，平均含盐度为 3.5% 的海水的蒸发量比淡水小 2%～3%。水质可以影响蒸发过程的原因是，含有盐类的水溶液常常在水面上形成一层抑制蒸发作用的薄膜。水的浑浊度（含沙量）通过影响水的反射率从而影响热量平衡与水温，间接影响蒸发。水的颜色不同，可导致水吸收太阳辐射的热量不同，对蒸发也有影响。深色水体吸收的热量较大，故而深色污水的蒸发量一般比清水大 15%～20%。

（四）水面蒸发量的确定方法

水面蒸发量的确定方法有多种，归纳起来有三类，即应用仪器进行直接测量，根据水面蒸发物理机制建立理论公式进行计算，根据典型数据资料建立地区蒸发量计算经验公式进行估算，它们分别被称为器测法、理论模型法和经验公式法。

1. 器测法

器测法是直接用陆面蒸发器、蒸发池及水面漂浮蒸发器来测定水面蒸发量的方法。我国使用的蒸发器主要有 E-601 型蒸发器、口径 80cm 带套盆的蒸发器和口径为 20cm 的蒸发器 3 种，其中我国水文部门普遍采用的 E-601 型蒸发器的代表性和稳定性最好。一般每日 8 时观测一次，得到蒸发器一日的蒸发水深，即日蒸发量。由于蒸发器受到自身结构和周围气候的影响，其水热条件与天然条件会有所差异，故观测的蒸发量必须要通过折算转化成天然水面蒸发量，其折算关系为

$$E = KE' \qquad\qquad (2-49)$$

式中：E 为水面实际蒸发量；E' 为蒸发器观测值；K 为折算系数。

折算系数 K 因蒸发器的结构、口径大小以及季节、气候等条件的不同而有所差别，一般而言冬季小于夏季，各年各月的也不相同。国内外试验资料表明，面积为 $20m^2$ 或 $100m^2$ 的大型蒸发池观测到的水面蒸发量比较接近天然条件下的水体蒸发量。为增强蒸发观测数据可比性，世界气象组织的站网指南中规定：以苏联埋设地下的 ГГИ $3000cm^2$ 型蒸发器和美国埋设地下的 A 级蒸发器（$\Phi-120\times25m^3$）作为国际上观测水面蒸发的标准仪器。我国以 E-601 型蒸发器为水面蒸发的标准仪器，各地不同类型蒸发器的观测资料通过实验总结出的折算系数 K 值进行换算（表 2-5）。

表 2-5　　　　　　　　　我国部分地区不同类型蒸发器的折算系数

地区	型式	月份												年
		1	2	3	4	5	6	7	8	9	10	11	12	
北京（官厅）	E-601				0.92	0.81	0.83	0.96	1.06	1.02	0.93			
	$\Phi-80$				0.69	0.71	0.74	0.82	0.85	0.93	0.92			
	$\Phi-20$				0.44	0.45	0.50	0.53	0.62	0.63	0.54			
重庆	E-601	0.77	0.71	0.73	0.76	0.89	0.90	0.87	0.91	0.94	0.94	0.90	0.85	0.85
	$\Phi-80$	0.70	0.62	0.53	0.53	0.62	0.60	0.58	0.66	0.73	0.83	0.89	0.83	0.68
	$\Phi-20$	0.55	0.47	0.46	0.48	0.56	0.56	0.60	0.63	0.68	0.74	0.73	0.72	0.60
武汉（东湖）	E-601	0.96	0.96	0.89	0.88	0.89	0.93	0.95	0.97	1.03	1.03	1.06	1.02	0.97
	$\Phi-80$	0.92	0.78	0.66	0.62	0.65	0.67	0.67	0.73	0.88	0.87	1.01	1.04	0.79
	$\Phi-20$	0.64	0.57	0.57	0.46	0.53	0.59	0.59	0.66	0.75	0.74	0.89	0.8	0.65
江苏（太湖）	E-601	1.02	0.94	0.90	0.86	0.88	0.92	0.95	0.97	1.01	1.08	1.06	1.09	0.97
	$\Phi-80$	0.93	0.75	0.71	0.66	0.66	0.70	0.73	0.77	0.88	0.81	1.02	1.22	0.82
	$\Phi-20$	0.81	0.68	0.63	0.86	0.66	0.60	0.63	0.69	0.79	0.79	0.81	0.72	0.69
广州	E-601	0.89	0.90	0.82	0.91	0.97	0.99	1.03	1.03	1.06	1.06	1.02	0.96	0.97
	$\Phi-80$	0.72	0.70	0.62	0.61	0.62	0.68	0.68	0.72	0.76	0.81	0.81	0.78	0.71
	$\Phi-20$	0.66	0.65	0.58	0.58	0.62	0.68	0.69	0.72	0.76	0.79	0.80	0.73	0.69

注　E-601 是面积为 $3000cm^2$、有水圈的水面蒸发器；$\Phi-80$ 为 80cm 套盆式蒸发器；$\Phi-20$ 为 20cm 小型蒸发器。

随着水文水资源评价精度要求的提高，水面蒸发观测仪器正在向诸如 FZZ-1 型、AG1 型、FS-01 型的遥测、超声波以及数字式蒸发器发展。

2. 理论模型法

水面蒸发是水分和热量的交换过程，同时主要受到空气动力学和热力学因素的影响。因此水面蒸发量可以通过热量平衡、水量平衡和空气动力学等原理进行理论推导而获得，具有较强的物理基础。

（1）热量平衡法。热量平衡法是基于水面蒸发既是水分交换过程，也是热量交换过程，并遵循能量守恒原理的基础建立的。假设一个从水面到一定深度的水柱体的底部无垂直热交换（图 2-19）。根

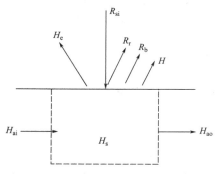

图 2-19　假设水柱的热量平衡

据热量平衡原理，可建立任一时段的热量平衡方程式：

$$R_n - H - H_e + H_a = H_s \tag{2-50}$$

式中：R_n 为太阳净辐射，是太阳辐射 R_{si}、反射辐射 R_r、水体长波辐射 R_b 三者之间的平衡值，即 $R_n = R_{si} - R_r - R_b$；H 为传导感热损失量；H_e 为蒸发耗热量；H_a 为出入水流带进带出的热量平衡值（H_{ai} 为入流带进热量，H_{ao} 为出流带出热量，即 $H_a = H_{ai} - H_{ao}$）；H_s 为水体储热变量。

$H_e = LE$，其中 L 为蒸发潜热。由于 H 通过传导由水体向空中散热，不便观测或推算，用一比值 β 将两者结合起来，即 $H = \beta H_e$，代入式（2-51）中，可得

$$E = \frac{R_n + H_a - H_s}{L(1+\beta)} \tag{2-51}$$

式中，β 为波温比（感热损失量与蒸发耗热量之比），有

$$\beta = \frac{H}{H_e} = C_B P \frac{T_s - T}{e_{0s} - e} \tag{2-52}$$

式中：C_B 为波温常数，$C_B = 6.1 \times 10^{-4} /℃$；$P$ 为大气压强；T_s 为水面温度，℃；T 为近表面温度，℃；e_{0s} 为水面温度 T_s 的饱和水汽压；e 为 T 温度下的空气水汽压。

因此，式（2-52）可改写为

$$E = \frac{R_n + H_a - H_s}{L\left(1 + 0.61\dfrac{P}{1000}\dfrac{T_s - T}{e_{0s} - e}\right)} \tag{2-53}$$

式中的各项热量收支、热储量及温度和湿度必须进行观测或计算才能获得水面蒸发量，而各项的观测或计算在实际中难度比较大，因此限制了热量平衡法在实际中的应用。

（2）水汽输送动力学法。水汽输送动力学法是以水汽输送扩散过程中的空气动力学理论为基础建立的。假定一个稳定、均匀、有紊动气流越过的无限的自由水面，可以认为靠近水面处的流态仅沿垂直方向变化，那么无论是分子扩散还是紊动扩散，根据扩散理论垂直方向上的水汽通量 E 为

$$E = -\rho K_w \frac{dq}{dz} \tag{2-54}$$

式中：E 为水汽垂直通量即水面蒸发率；ρ 为湿空气密度；K_w 为水汽紊动扩散系数，为 z 的函数；q 为比湿，即水汽含量；z 为从水面垂直向上的距离。

空气中的水汽含量不仅用比湿来表示，也经常用水汽压 e 来表示，二者的关系为

$$q \approx 0.622 e / p \tag{2-55}$$

将式（2-55）代入式（2-54）中可得

$$E = -0.622 K_w \frac{\rho}{p} \frac{de}{dz} \tag{2-56}$$

式中：p 为大气压。

根据空气紊动力学中的一系列关系式，可将式（2-56）转化为

$$E=\left(\frac{K_w\rho\overline{u}_2}{K_m p}\right)f[\ln(z_2/k_s)](e_{0s}-e_2) \tag{2-57}$$

式中：K_m 为紊动黏滞系数；$\overline{u}_2$ 为水面以上 z_2 高度处的平均风速；k_s 为表面糙度的线量度；e_2 为水面以上 z_2 处的水汽压；$f(\cdots)$ 为某一函数关系；其他符号意义同前。

式（2-57）还可以表示成更简捷的形式：

$$E=A(e_0-e_2) \tag{2-58}$$

$$A=\left(\frac{K_w\rho\overline{u}_2}{K_m p}\right)f[\ln(z_2/k_s)] \tag{2-59}$$

由式（2-58）可知，水面蒸发 E 与饱和差（e_0-e_2）成正比，这与 19 世纪的达尔顿定律是一致的。由式（2-59）可知，A 是与风速、表面糙度相关的函数。

水汽输送动力学法计算水面蒸发需要专门的气象观测资料，特别是需要蒸发面温度以便求得饱和水汽压，而这些资料往往不易获取，故此法的应用受到限制。但是水汽输送动力学法主要考虑了饱和差和风速对水面蒸发的影响，有助于理解蒸发的物理机制和选择公式中的参数。

（3）彭曼法。热量平衡法考虑了影响水面蒸发的热量条件和水汽扩散作用，而水汽输送动力学法仅关注了影响水面蒸发的风速和水汽输送的主要动力条件。彭曼在热量平衡基础上考虑水汽输送，结合上述两种方法，于 1948 年首次提出了既具有一定理论基础又较为实用的蒸发量计算方法，其公式为

$$LE=\frac{(\Delta/\gamma)(R_n+H_a+H_s)+LB(e_{2s}-e_2)}{1+\Delta/\gamma} \tag{2-60}$$

$$\Delta=\frac{e_{0s}-e_{2s}}{T_s-T_2} \tag{2-61}$$

$$B=\left(0.662\frac{k_w\rho}{k_m p C_1^2}\right)\frac{\overline{u_2}}{[\ln(Z_2/Z_1)]^2} \tag{2-62}$$

$$\gamma=C_B P \tag{2-63}$$

式（2-60）～式（2-63）中：L 为蒸发潜热；E 为水面实际蒸发量；R_n 为太阳净辐射；H_a 为出入水流带进带出的热量平衡值；H_s 为水体储热变量；C_B 为波温常数；P 为大气压强；e_{2s}、e_2 分别为 2m 高处饱和水汽压和实际水汽压；T_s、T_2 分别为水面和高度 2m 处的温度；e_{0s} 为水面饱和水汽压；k_w 为水汽紊动扩散系数；ρ 为湿空气密度；C_1 为常数；Z_1、Z_2 为计算时分别取用的两个高程；$\overline{u_2}$ 为水面上 Z_2 处的平均风速。

由彭曼公式可知，计算时除需热量收支项资料外，再就是某一高度处（通常定为 2m）风速、气温、水汽压资料，这些都是常规气象观测的要素。如果热量收支情况简单，H_a、H_s 均可忽略不计，则彭曼公式使用就相当简便。在实际应用中为了计算方便常将有关参数值制成诺模图以供查算。

（4）水量平衡法。水量平衡法实质上是质量守恒定律的应用。对于任一水体，在任何时段内的水量平衡方程可表示为

$$S_2 = S_1 + \overline{I}\Delta t - \overline{O}\Delta t + P - E \tag{2-64}$$

式中：Δt 为计算时段长；S_1、S_2 分别为 Δt 时段初、末的水体蓄水量；$\overline{I}$ 为 Δt 时段内从地面和地下进入水体的平均入流量；$\overline{O}$ 为 Δt 时段内从地面和地下流出水体的平均出流量；P 为 Δt 时段内水面上的降雨量；E 为 Δt 时段内水体水面蒸发量。

通过式（2-64）可得到水面蒸发计算公式：

$$E = P + \overline{I}\Delta t - \overline{O}\Delta t - (S_1 - S_2) \tag{2-65}$$

水量平衡法原理简明且严密，但由于各水量平衡项目的观测和计算都有一定的误差，而这些误差最终都累积到蒸发量上，造成计算结果与实际水面蒸发量有较大差别，因此，水量平衡法一般用于较长时段如年蒸发量或多年平均蒸发量的计算。

3. 经验公式法

尽管确定水面蒸发的理论方法物理基础明确、理论完善，但观测项目较多，仪器要求较高，费用较大，实际应用较为困难。在一定理论指导下，分析一些地区有代表性的水面蒸发观测资料，选择饱和水汽压、风速等作为主要参数，可以获得计算水面蒸发的经验公式，在实际中应用广泛。

大多数的经验公式是以道尔顿定律为基础的，其一般形式为

$$E = k f(u)(e_{0s} - e_z) \tag{2-66}$$

式中：$f(u)$ 为风速函数；e_z 为水面上 z 高度的实际水汽压；k 为系数。

国外主要的经验公式如下：

（1）彭曼公式：

$$E = 0.35(1 + 0.2u_2)(e_{0s} - e_2) \tag{2-67}$$

（2）Kuzmin 公式：

$$E = 6.0(1 + 0.21u_8)(e_{0s} - e_8) \tag{2-68}$$

式（2-67）和式（2-68）中：e_2、e_8 分别为水面上 2m 和 8m 处的水汽压；u_2、u_8 分别为 2m 和 8m 高处的风速。

（3）迈耶（Mayer）公式：

$$E = 2.54C(e_{0s} - e_a)\left(1 + \frac{u}{10}\right) \tag{2-69}$$

式中：e_a 为空气水汽压；u 为风速；C 为经验系数，一般取 0.36。

我国应用较为广泛的蒸发经验公式有 2 种。

（1）华东水利学院 1966 年综合国内 12 个大型蒸发池观测资料所提出的经验公式：

$$E = 0.22(e_{0s} - e_{200})\sqrt{1 + 0.31u_{200}^2} \tag{2-70}$$

式中：e_{200} 和 u_{200} 分别为水面上 200cm 处的水汽压和风速。

（2）重庆蒸发站公式：

$$E = 0.14n(e_{0s} - e_{200})(1 + 0.64u_{200}) \tag{2-71}$$

式中：E 为月蒸发量；n 为某月日数；其余符号意义同前。

水面蒸发的经验公式中各项物理量的单位是特定的，而且有其特定的适用地区和适用

条件，因此在使用经验公式时要加以注意，不能随意扩展区域和条件。

二、土壤蒸发

（一）土壤蒸发的物理机制

土壤蒸发是指土壤中的水分离开土壤表面向大气逸散的现象。湿润土壤在蒸发过程中逐渐干燥，含水量逐渐降低，供水条件越来越差，土壤蒸发量也随之降低。根据土壤供水条件差别及蒸发率的变化，土壤蒸发可分成 3 个阶段（图 2-20）。

1. 定常蒸发率阶段

当土壤含水量达到田间持水量（最大悬着毛管水）以上或达到饱和时，土壤十分湿润，土壤毛管孔隙全部被水充满，并有重力水存在，土壤层的毛管全部沟通，即供水条件充分，通过毛管作用，土壤中的水分源源不断地输送到土壤表层供蒸发用。在该阶段，土壤的蒸发率大而且稳定，按蒸发能力进行（属于饱和面蒸发）；蒸发速率的大小主要取决于气象条件的影响。

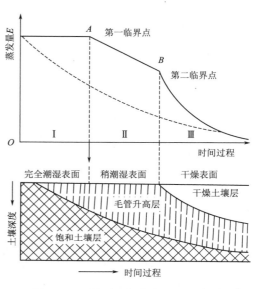

图 2-20　裸露土壤蒸发过程示意图

2. 蒸发率下降阶段

随着第一阶段的不断进行，土壤中的水分不断减少。当土壤含水量减少到某一临界土壤含水量（其值与田间持水量接近）时，毛管水的连续状态遭到破坏，毛细管的传导作用下降，从土层内部向土壤表层输送水分的能力降低，蒸发率随着土壤含水量的减少而减小，即土壤蒸发进入蒸发率下降阶段。此阶段土壤蒸发的供水条件不充分，随土壤含水量减少，土壤蒸发率明显下降。此阶段，蒸发率大小取决于土壤含水量，而气象因素对它的影响逐渐减小。

3. 蒸发率微弱阶段

当土壤含水量减少到第二临界点毛管断裂含水量以下时，土壤通过毛管作用向土壤表面输送水分的机制完全被破坏，土壤水只能靠分子扩散作用而运动，土壤蒸发十分微弱，数量极少且比较稳定。该阶段的蒸发受气象因素和土壤水分含量的影响都很小。实际蒸发量只取决于下层土壤的含水量和与地下水的联系状况。

土壤蒸发与水面蒸发由于介质的不同而存在很大差异：①蒸发面性质不同，土壤蒸发是一个水土共存的界面；②供水条件不同，土壤蒸发在第一阶段是充分供水，在第二、第三阶段水分供给不足，土壤蒸发是充分与不充分供水条件共存的过程；③水分子运动克服的阻力不同，水面蒸发时主要克服分子内聚力，土壤蒸发时既要克服水分子内聚力，还要克服土壤颗粒对水分子的吸附力，消能更多。

（二）土壤蒸发的影响因素

影响土壤蒸发的因素较多，除前述的气象因素外，还有土壤要素，如土壤含水率、土壤孔隙性、地下水位和土壤温度梯度等。

1. 土壤含水率

图 2-21 为不同土壤的土壤含水率与土壤蒸发比 $\dfrac{E}{E_M}$ 之间的关系。图中每种土壤的关

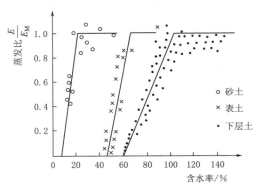

图 2-21　不同土壤的含水率与蒸发比

系线都存在一个转折点。与此转折点相应的土壤含水率（量），称为临界含水量。这个临界含水量为土壤田间含水量。当土壤含水率大等于田间持水量时，土壤蒸发比 $\dfrac{E}{E_M}=$ 1，土壤蒸发量最大，等于土壤蒸发能力；当土壤含水量在田间持水量和毛管断裂含水量之间时，土壤蒸发比与土壤含水率呈线性关系，蒸发比随土壤含水率减小线性下降；当土壤含水率小于毛管断裂含水量时，土壤蒸发量很小。

2. 土壤孔隙性

土壤孔隙性是指土壤孔隙的形状、大小和数量等指标的状况，它可通过影响土壤水分存在形态和连续性来影响土壤蒸发。一般而言，直径为 0.001～0.1mm 孔隙的毛管作用最强，直径大于 0.1mm 和直径小于 0.001mm 的孔隙不受毛管作用影响。

土壤孔隙性与土壤质地、结构和层次等密切相关。例如，砂粒土和团聚性强的黏土因毛管多数断裂而使其蒸发小于砂土、重壤土和团聚性差的黏土。在分层明显的土壤中，上轻下重的层次结构使土壤层次界面附近的孔隙呈上大下小的"酒杯"状，反之呈上小下大的"倒酒杯"状（图 2-22）。由于毛管力总是使土壤水分从大孔隙体系向小孔隙体系输送，因此"酒杯"状孔隙不利于土壤蒸发，而"倒酒杯"状孔隙则有利于土壤蒸发。

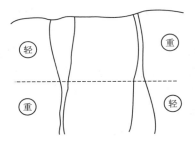

图 2-22　土壤层次与孔隙形状

3. 地下水位

地下水位主要是通过地下水位高低对地下水面以上土层中的土壤含水量的分布的影响来影响土壤蒸发。土层中的土壤含水量一般分为毛管水活动区和含水量稳定区。当土层全部处于毛管水活动区内时，水分向土层表面运行迅速，土壤蒸发较大；当处于土壤含水量稳定区时，水分运移困难，土壤蒸发小。总之，土壤蒸发随地下水埋深的增加而递减。

4. 土壤温度梯度

从热量角度看，土壤温度的高低显著影响着土壤蒸发。温度高蒸发快，温度低蒸发慢。此外，温度梯度还影响到水分运行的方向。事实上，各处温度不同，水的表面张力和水汽压也不同，温度高的地方水汽压力大，表面张力小；反之，水汽压小而表面张力大。由于汽态水总是由水汽压大的地方向小的地方运行，液态水总是从表面张力小的地方向表面张力大的地方运行。所以温度梯度对水流的影响总是从温度高的地方向温度低的地方运

行。但是，温度梯度影响下水分运动的数量与土壤的最初含水量有关。水分移动的数量在含水量太多或太少时都较少，只有在含水量中等时才比较多，这时大体上相当于毛管断裂含水量。

（三）土壤蒸发量的确定方法

土壤蒸发量的确定方法有水汽输送法、能量平衡法、水量平衡法、器测法和经验公式法等，此处仅介绍与水面蒸发有所不同的器测法和经验公式法。

1. 器测法

土壤蒸发的测定常用称重式土壤蒸发器，通过直接称重或静水浮力称重的方法测出某一时段（一般为1d）蒸发器内土体重量的变化，并考虑到观测时段内降水和土壤渗漏水量，应用水量平衡原理计算土壤蒸发量。目前我国采用的仪器是 ГГИ－500 型土壤蒸发器。

据水量平衡原理，时段土壤蒸发量计算公式为

$$E_\pm = 0.02(G_1 - G_2) - (R + F) + P \qquad (2-72)$$

式中：$E_\pm$ 为土壤蒸发量；R 为径流量；F 为渗漏量；P 为降雨量；G_1、G_2 分别为前后两次筒内土样重量；0.02 为 500cm^2 面积蒸发量的换算系数。

也可利用张力计测定土壤水吸力，再利用土壤含水量与土壤水吸力的关系换算获得土壤的含水量变化，从而确定土壤蒸发量。此外，利用 γ 射线、中子仪及时域反射仪等物理手段测定土壤含水量的方法，已在黄土高原土壤蒸发量的确定中得到广泛应用。迄今为止，器测法主要适宜于单点土壤蒸发测量，由于受到下垫面条件复杂的影响，应用于大面积范围土壤蒸发量测定具有一定的局限性。

2. 经验公式法

土壤蒸发公式建立的原理与水面蒸发相同，基本公式的结构也基本相似：

$$E_\pm = A_s(e'_{0s} - e_a) \qquad (2-73)$$

式中：A_s 为反映气温、湿度、风等外界条件质量交换系数；e'_{0s} 为土壤表面水汽压，表土饱和时 e'_{0s} 等于饱和水汽压；e_a 为大气水汽压。

三、植物散发

（一）植物散发的物理机制

植物散发是植物根系从土壤中吸取水分并通过根、茎、叶、枝逸散到大气中的一种生理过程，是以植物为蒸发面的蒸发。

植物根系从土壤中吸水并向茎叶传输的动力是根土渗透势和散发拉力，植物散发在二者的共同作用下而实现。植物根系中溶液浓度与四周土壤水浓度之间存在着梯度差，导致根土渗透势的产生，渗透压差可达十余个大气压，使得根系可以不断地吸取土壤中的水分。散发拉力是由于叶面的散发作用而引起叶肉细胞缺水，水溶液浓度增加，而向叶脉直至根系吸水的一种植物力，由其所形成的吸收水量可达植物总需水量的 90% 以上。

植物根系从土壤中吸水后，经根、茎、叶柄和叶脉输送至叶面，其中约 0.01% 用于光合作用，不足 1% 成为植物的组成部分，近 99% 为叶肉细胞所吸收，在太阳能作用下汽化，然后通过气孔向大气中逸散。因此，植物散发既是物理过程，又是生理过程，是发生于土壤—植物—大气系统中的现象，与土壤环境、植物生理和大气环境之间存在着密切关系。

（二）植物散发的影响因素

植物散发的影响因素亦有气象因素、土壤含水量和植物生理条件三类。

1. 气象因素

影响植物散发的气象因素与影响水面蒸发、土壤蒸发的气象条件相同，主要有温度、湿度、日照和风速等，但对植物散发而言，温度和日照的影响更为重要。

当气温在 1.5℃ 以下时，植物几乎停止生长，散发极弱。当气温超过 1.5℃ 时，散发随气温的升高而增强。土温对植物散发有明显的影响。土温较高时，根系从土壤中吸收的水分增多，散发加强。土温较低时，这种作用减弱，散发减弱。

植物在阳光照射下，散发加强。散射光能使散发增强 30%～40%，直射光则能使散发增强数倍。白天叶片气孔开启度大，水分散发强。因此，植物散发主要是在白天进行，中午达到最大，约 95% 的日散发量在白天发生；夜间气孔关闭，散发很弱，散发量约为白天的 10%。

2. 土壤含水量

土壤水中能被植物吸收的是重力水、毛管水和一部分膜状水。当土壤含水量大于一定值时，植物根系就可以从周围土壤中吸取充足的水分以满足散发需要，植物散发强度可达到散发能力，散发量大小与植物种类关系不大，主要是与气象因素有关。当土壤含水量减小时，植物散发率随之减小。当土壤含水量下降至凋萎系数时，植物因不能从土壤中吸取水分来维持正常生长而逐渐枯死，植物散发也因此而趋于零。此时，植物类型成为控制散发的重要因素。在持续干旱期，深根植物比浅根植物散发的水量要多。在干旱条件下，旱生植物即荒漠树种的单位面积气孔较少，且接受辐射的表面积较少，散发的水分极少。湿生植物具有深达地下水位的根系，散发速率多与通气层含水量无关。所有的植物都在一定程度上能控制气孔开口，即使是中生植物即温带植物，也有一定的在旱季减弱散发的能力。

3. 植物生理条件

植物生理条件在这里仅指植物的种类和植物在不同生长阶段生理上的差别。不同种类的植物因其生理特点不同，散发率也有较大差异。例如，针叶树种的散发率小于阔叶树种和草本植物，针叶林带的散发率仅为草原的 80%～90%。同一植物在不同的生长阶段的散发率也不相同。度过冬天的老针叶树的散发量仅为幼针叶树的 2/7～1/3。水稻整个生长期内几乎都是按散发能力散发的，但在不同的生长阶段，散发率相差很大（表 2-6）。

表 2-6　　　　江苏珥陵灌溉实验站 1975 年水稻各生长阶段平均田间蒸发量　　　单位：mm/d

水稻	稻苗复青期	分蘖期	拔节-抽穗期	成熟期
早稻	5.1	6.2	7.7	6.2
中稻	4.2	5.4	5.8	4.4
晚稻	3.8	5.2	5.9	4.0

（三）植物散发量的确定方法

植物散发量的确定较为复杂，大面积的植物散发可以通过各种散发模型等来计算，个体和小样本的植物散发可以根据植物生理特点直接测定，这样就形成了确定植物散发的分析估算和直接测量两类方法。

分析估算方法主要有基于水量平衡和热量估算等的各种散发模型，如林冠散发模型。林冠散发模型的基本原理是，林冠覆盖水平面积上的散发量等于较大的总叶面面积上各部分水汽通量的总和，因此任意森林面积上的散发量，是该森林覆盖面积与林冠综合散发率的乘积。设全部树叶平均散发率为 $\overline{E}_t$，森林覆盖面积为 F，森林的总叶面积为 F'，F'/F 为树叶面积指数，则林冠的综合散发率 E_t 为

$$E_t = \overline{E}_t F'/F \tag{2-74}$$

直接测量方法有器测法、坑测法、棵枝称重法等。器测法是将植物栽种在不漏水的容器内，土壤表面密封以防止土壤蒸发，这样水分只能通过植物散发逸出，视植物生长需要随时浇水，定时对植物及容器进行称重，最后求出总浇水量及实验时段始末植物重量差，就可以计算出散发量。坑测法是通过两个试验坑进行对比观测，其中一个栽种植物，另一个不栽种植物，二者土壤含水量之差即为植物散发量。棵枝称重法是通过裹在植枝上的特制收集器，直接收集植物棵枝分泌出的水分来确定其散发量。器测法和坑测法都在一定程度上限定了植物生态环境，测量精度受到一定影响，加之它们不可能模拟天然条件，只能在实验条件下对小样本进行研究，因此测定结果仅具有理论价值，很难直接应用。

四、区域蒸散发

区域表面通常由裸露岩土、植被、水面、不透水面等组成，所以把区域上所有蒸发面的蒸散发综合称为区域蒸散发，也称区域总蒸发。如果气候条件一致，区域内各处的水面蒸发量大致相等。区域内水面面积所占比重通常较小，约为 1%，因此区域蒸散发量的大小主要取决于土壤蒸发与植物散发，也可把二者合称为陆面蒸发，其规律主要受土壤蒸发规律和植物散发规律所支配。理论上讲，确定区域蒸散发最直接、最合理的方法应是先分别确定各类蒸发面的蒸散发量，然后加和得出区域总蒸散发量。但是由于区域内的气象条件和下垫面条件十分复杂，土壤蒸发和植物散发的确定十分困难，因此，实际工作中一般是从区域综合的角度出发，将区域蒸散发作为整体来间接估算确定区域总蒸发量，其方法有水量平衡法、水热平衡法和经验公式法等。

（一）水量平衡法

当区域内有较长时段的降雨、径流资料时，根据任意时段的区域水量平衡方程，即可推算区域的总蒸发量。任意时段区域水量平衡方程的基本形式为

$$E_i = P_i - R_i \pm \Delta W \tag{2-75}$$

式中：E_i 为时段内流域总蒸发量；P_i、R_i 分别为时段内区域平均降水量和平均径流量；ΔW 为时段内流域蓄水量的变化量。

该方法在计算过程中将各项观测误差和计算误差最终归入蒸发项内，影响到估算的精度。此外，较短时段的区域内蓄水变量往往难以估算，使该方法的适用性受到限制。当时段内流域的蓄水量变化甚微时，如计算多年平均总蒸发量，其精度和结果较为可靠。该方法适用于较大区域，也常用作检验其他方法的标准。

当时段内区域的蓄水量变化较大时，根据流域的蓄水情况，可将区域蒸散发分为 3 个阶段（图 2-23）。3 个阶段之间，第一个临界流域蓄水量 W_a 应略小于田间持水量，第二

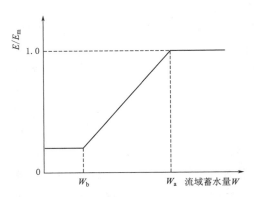

图 2-23 流域蒸散发与蓄水量的关系

个临界流域蓄水量 W_b 也应略小于毛管断裂含水量。

根据图 2-23 所示流域蒸散发的特点建立的区域蒸散发的计算公式为

$$E = \begin{cases} E_m & , \quad W \geqslant W_a \\ \left[1 - \dfrac{1-C}{W_a - W_b}(W_a - W) \right] E_m & , \quad W_b < W < W_a \\ CE_m & , \quad W \leqslant W_b \end{cases} \quad (2-76)$$

式中：E 为流域蒸散发量；E_m 为流域蒸散发能力；W 为流域蓄水量；C 为小于 1 的系数，取值一般为 0.05～0.15。

流域水量平衡的验证表明，一般情况下该方法的计算精度能够满足实际工作需要。

应用式（2-76）的关键是要确定区域的蒸散发能力 E_m。区域蒸散发能力难以通过直接观测获得，实际工作中多是根据水面蒸发资料通过蒸散发系数折算获得，缺乏水面蒸发观测资料时可用经验公式来估算。桑斯威特（Thornthwaite）公式是一个在美国和日本广泛使用的流域蒸散发能力估算经验公式。它以月平均气温为主要影响因素，计算获得月平均热能指数，然后累加得到年热能指数，建立起一年中任一月份的区域蒸散发能力计算公式，为

$$\left. \begin{array}{l} E_m = 16b \left(\dfrac{10T}{I} \right)^a \\[2mm] I = \sum_{j=1}^{12} i_j \\[2mm] i = \left(\dfrac{T}{5} \right) 1.514 \end{array} \right\} \quad (2-77)$$

式中：i 为月热能指数；I 为年热能指数；T 为月平均气温；a 为与年热能指数有关的函数，$a = 6.7 \times 10^{-7} I^3 + 7.7 \times 10^{-5} I^2 + 1.8 \times 10^{-2} I + 0.49$；$b$ 为修正系数，为最大可能日照时数与 12h 的比值。

（二）水热平衡法

基于水热平衡的区域总蒸发量一般表达式为

$$\frac{E}{P} = \phi \left(\frac{R}{LP} \right) \quad (2-78)$$

式中：E/P 为蒸发系数，体现水量平衡关系；$R/(LP)$ 为辐射干燥指数，R 为辐射平衡值，体现热量平衡关系；ϕ 为蒸发系数与辐射干燥指数之间的函数关系。

（三）经验公式法

在流域蒸散发影响因素分析基础上，利用水量平衡、热量平衡原理，可推导出计算流域蒸散发的经验公式。

史拉别尔根据许多地区的长期观测资料，建立了蒸发量与降水量、辐射平衡值之间的

关系式：

$$E = P(1 - e^{-R/LP}) \tag{2-79}$$

奥里杰科普则提出了利用降水量 P、蒸发能力 E_m 计算流域蒸发量的公式：

$$E = E_m \tanh \frac{LP}{R} = \frac{R}{L} \tanh \frac{LP}{R} \tag{2-80}$$

布德科在根据世界不同气候类型实测资料验证了史拉别尔、奥里杰科两个公式的基础上，认为取式（2-79）和式（2-80）的几何平均所得到的区域蒸散发量更接近实际，其计算公式为

$$E = \left[\frac{RP}{L} \tanh \frac{LP}{R} \left(1 - \cosh \frac{R}{LP} \sinh \frac{R}{LP} \right) \right]^{\frac{1}{2}} \tag{2-81}$$

式中：tanh、sinh、cosh 分别为双曲正切、双曲余弦、双曲正弦函数。

布德科应用式（2-81）计算了苏联、欧洲南部 20 个流域的年蒸发量，结果与应用水平衡方法计算得出的结果相比，相对误差平均为 6%。

第五节 径 流

径流是陆地上的重要水文现象，是水循环和水量平衡的基本环节和要素，也是自然地理环境中最活跃的因素之一。从狭义的水资源角度来说，在当前的技术经济条件下，径流则是可供人类长期开发利用的水资源。河川径流的运动变化，又直接影响着防洪、灌溉、航运和发电等工程设施。

一、径流的含义及其组成

径流是指流域内的大气降水，除掉部分被蒸发等耗损外，其余的在重力或静水压力作用下从流域地表面和地下汇入河网，并向出口断面汇集和输送的全部水流。其中，从地表和地下汇入河川后，向流域出口断面汇集、输送和排泄的水流称为河川径流。液态降水形成降雨径流，固态降水则形成冰雪融水径流。按照径流途径的不同，可将径流分为三种。沿地表（坡面与河槽）流动的水流称为地表径流；在土壤中相对不透水层界面上形成的一种水流称为壤中流，又称表层流；形成地下水后从水头高处向水头低处流动的水流叫作地下径流（图 2-24）。

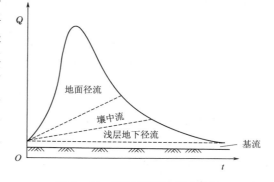

图 2-24 河川径流组成示意图

二、径流特征值（径流表示方法）

为了便于对河川径流的分析研究和对不同河川径流进行比较，就必须使用具有一定物理意义的，又能反映径流变化尺度的径流特征值。它是说明径流特征的数值。最常用的径流特征值有以下几种。

（1）流量 Q。流量是指单位时间内通过某过水断面的水量，单位是 m^3/s。测出断面流速和面积，就可以得到流量：

$$Q = Av \tag{2-82}$$

式中：A 为过水断面面积，m^2；v 为过水断面的平均流速，m/s。

流量有瞬时流量、日平均流量、月平均流量、年平均流量、多年平均流量等。

（2）径流总量 W。径流总量是指在一定时段内通过河流某一横断面的总水量（一般指出口断面），常用单位为 m^3，其计算式为

$$W = \overline{Q}T \tag{2-83}$$

式中：$\overline{Q}$ 为时段平均流量，m^3/s；T 为时段长，s。

（3）径流深度 R。径流深度是指单位流域面积上的径流总量，即把径流总量平铺在整个流域面积上所得到的水层深度，常用单位为毫米（mm）。若 T 时段内的平均流量为 $\overline{Q}$（m^3/s），流域面积为 F（km^2），则径流深度 R 可由式（2-84）计算：

$$R = \frac{W}{1000F} = \frac{\overline{Q}T}{1000F} \tag{2-84}$$

（4）径流模数 M。径流模数是指单位流域面积上产生的流量，常用单位为 $dm^3/(s \cdot km^2)$。其计算式为

$$M = \frac{1000Q}{F} \tag{2-85}$$

其中，1000 为单位换算系数（即 $1m^3 = 1000dm^3$）。在所有计算径流的常用量中，径流模数最能说明与自然地理条件相联系的径流的特征。通常用径流模数来比较不同流域的单位面积产水量。

（5）径流系数。径流系数是指任一时段的径流深度（或径流总量）与该时段的降水量（或降水总量）之比值。其计算式为

$$\alpha = \frac{R}{P} \tag{2-86}$$

式中：P 为降水量，mm。

径流系数常用百分数表示。降水量大部分形成径流则 α 值大，降水量大部分消耗于蒸发和下渗，则 α 值小。

（6）模比系数 K。模比系数又称为径流变率，是指某一时段的径流值（M_i、Q_i 或 R_i 等），与同时段的多年平均径流值（M_0、Q_0 或 R_0 等）之比。其计算式为

$$K = \frac{M_i}{M_0} = \frac{Q_i}{Q_0} = \frac{R_i}{R_0} \tag{2-87}$$

三、径流形成过程

由降水到达地面时起，到水流流经出口断面的整个物理过程，称为径流形成过程。降水的形式不同，径流的形成过程也各异。我国的河流以降雨径流为主，冰雪融水径流只是在西部高山和高纬度地区的局部地区或河流的局部地段发生。

径流形成过程是一个极为错综复杂的连续物理过程，很难用一个数学模式描述这一复杂过程，为便于说明，常将降雨径流形成过程概化为四个阶段：流域降雨阶段、流域蓄渗阶段、坡地产流和漫流阶段、河网汇流阶段。

（一）流域降雨阶段

降雨过程为降雨径流的形成提供了必要的物质基础，降雨引起径流。因此，降雨过程

是降雨径流形成过程的首要环节。

降雨量大小、降雨历时、降雨强度及其时空变化对径流形成过程有着直接的影响。

（二）流域蓄渗阶段

降雨初期，除小部分（一般不超过 5%）雨水直接降落到河槽水面上（称为槽上降水 C）直接形成径流外，绝大部分降水降落在流域表面上（图 2-25），并不立即产生径流，而是消耗于植物截留（I_n）、地表填洼（D）、下渗（f）与蒸散发，并在满足植物截留、地表填洼、下渗与蒸散发之后，才能产生地表径流。因此，降雨初期，流域内的植物截留、地表填洼、下渗与蒸散发过程，对于径流形成来讲，是降雨的耗损过程；但从减少水土流失和增加下渗补给地下水来说，这个阶段具有重要意义。

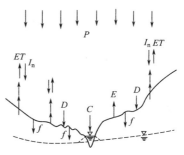

图 2-25　流域蓄渗过程

P—降雨；I_n—植物截留；ET—植物散发；f—下渗；E—土壤蒸发；D—地表填洼；C—槽上降水

通常把降雨开始之后，到地表径流产生之前，降雨的截留、下渗、填洼及蒸散发等雨水的耗损过程概化为流域的蓄渗阶段（停蓄阶段）。

截留是指植物茎叶（树干、树冠、林冠）或建筑物拦截雨水的现象。降雨初期，在没有满足最大截留量之前，植物下面的地面仅能获得少量降雨（透过雨量）。在截留水量达到最大值（即截留饱和）（枝叶充分湿润，叶面开始滴水，茎叶上出现水流）后，后续的降雨除满足植物茎叶雨间蒸发外，其余的水量全部降落到地表。由于降雨期间空气湿度很大，则蒸发量很小。植物截留量与降水量、植被类型及郁闭程度有关。森林茂密的植被，年最大截留量可达年降水量的 20%～30%，截留的雨水最终消耗于蒸发。

下渗是指降落到地表的雨水或地表水在重力、分子力和毛管力的综合作用下渗入地下岩石、土壤空隙中的运动过程。下渗发生在降雨期间及雨停后地面尚有积水的地方。下渗能力在空间上和时程上都是变化的。降雨初期，土壤干燥，雨水受到土壤分子力、毛管力及雨滴的重力作用，下渗能力很大。随着土壤含水量增加，下渗能力迅速下降，直到土壤含水量达到饱和后，便在重力作用下稳定下渗补给地下水，形成地下径流。在降雨过程中，当降雨强度小于下渗能力时，雨水将全部渗入土壤中。渗入土壤中的水分，首先满足土壤吸收水分的需要，一部分滞蓄于土壤中，在无雨期耗于蒸发；另一部分补给地下水，产生地下径流，补给河流。因此，前者才是真正的下渗损失量。影响下渗的因素众多，主要与降雨特性、岩石、土壤性质、植物覆盖度等有关。一般地，降雨强度越大、降雨历时越长、岩石、土壤透水性能越好、植物覆盖度越高，则下渗量就越大。

当降雨强度大于下渗能力或包气带蓄水量达到饱和时，超出下渗强度的降雨（也称超渗雨）或超过包气带蓄水量的降雨（也称超蓄雨），形成地面积水，蓄积于地面上大大小小的坑洼，称为填洼（洼蓄）。地面洼地通常都有一定的面积和蓄水容量。在没有满足其蓄水容量前，该面积上将不会产生地表径流。填洼的雨水在雨停后最终消耗于蒸发和下渗。填洼的水量大小与闭合洼地数量、大小有关。平原和坡地流域，地面洼地较多，填洼量可高达 100mm，一般流域的填洼水量约 10mm。

降雨损失除植物截留、下渗、填洼外，还应包括蒸散发。蒸散发贯穿于降雨径流形成过程的始终。

总之，在蓄渗过程中，植物截留、下渗、填洼和蒸散发，都是降雨的损失过程，只有当蓄渗得到满足之后才会产生地表径流。

（三）坡地产流和漫流阶段

当流域内的降雨量满足了流域蓄渗之后，若降雨持续进行，则开始产生地表或地下径流，称为产流。

地下水面以下的土层处于饱和含水状态，是土壤颗粒和水分组成的二相系统，称为饱水带或饱和带；地表面与地下水面之间的土层带，土壤含水量未达饱和，是土壤颗粒、水分和空气同时存在的三相系统，故称包气带或非饱和带（图 2-10）。包气带是由岩石、土壤（包含风化壳）构成的有孔介质蓄水体，是大气水和地表水同地下水发生联系并进行水分交换的地带。

包气带是径流的发生场，依靠其本身所具有的吸水、持水、阻水及输水等特性对降水起着调节和再分配作用，在水分的垂向运行过程中，包气带对降雨进行两次再分配。第一次再分配发生在包气带上界面即地表面。雨水降落到地表面以后，当降雨强度 i 超过下渗能力 f_p 时形成超渗雨，超过下渗能力部分的雨水形成地表径流，则实际的入渗率为 $f=f_p$，在时段 T 内的入渗量 F 为

$$F = \int_0^T f_p \mathrm{d}t \tag{2-88}$$

所形成的地表径流量 R_s 为

$$R_s = \int_0^T i - f_p \mathrm{d}t \tag{2-89}$$

当降雨强度 i 小于下渗能力 f_p 时，全部雨水渗入土壤中，不产生地表径流，则实际的下渗率为 $f=i$，入渗量 F 为

$$F = \int_0^T i \mathrm{d}t \tag{2-90}$$

对于一场降雨，总雨量为 P，$t=t_0 \sim t_1$ 时，$i<f_p$；$t=t_1 \sim t_2$ 时，$i>f_p$，则入渗量为

$$F = \int_{t_0}^{t_1} i \mathrm{d}t + \int_{t_1}^{t_2} f_p \mathrm{d}t \tag{2-91}$$

地表径流量为

$$R_s = \int_{t_1}^{t_2} i - f_p \mathrm{d}t \tag{2-92}$$

可见，第一次再分配的结果是将雨水分成地表径流量 R_s 与入渗量 F 两部分（图 2-26）。

包气带对降雨的第二次再分配发生于包气带内部，主要是对渗入土壤中的水分进行再分配。这一次再分配远比第一次分配复杂。总体来讲，下渗的水分一部分以蒸发形式逸出地面，剩余部分又在运行中被分成两个部分：蓄存部分和径流部分。

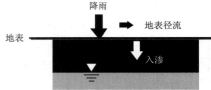

图 2-26 降雨、入渗、地表径流之间的平衡关系

蓄存部分是指下渗补给包气带田间缺水量部分（包气带缺水量等于包气带田间持水量 W_m 减去实际含水量 W_0）。若下渗量 F 小于包气带缺水量（$W_m - W_0$），下渗水量全部为滞蓄水量，在无雨期蒸发，即不产生壤中流和地下径流，即

$$F = E + W_e - W_0 \tag{2-93}$$

式中：E 为蒸发量；W_0 为降雨开始时的包气带的蓄水量（初始含水量）；W_e 为降雨结束时的包气带的蓄水量。

产生的径流部分是指当下渗水量超过包气带缺水量时以自由重力水形式运行的部分。雨末包气带蓄水量达到田间持水量时，有

$$F = E + W_m - W_0 + R_G \tag{2-94}$$

式中：W_m 为田间持水量（最大蓄水容量）；R_G 为包气带中能自由运动的重力水。

若流域上持续不断降雨，渗入土壤中的水使包气带含水量不断增加。当土层中的水达到饱和后，在一定条件下，部分水沿坡地土层侧向流动，形成壤中流（R_{ss}），也称表层径流。下渗水流达到地下水面后，以地下水的形式沿坡地土层汇入河槽，形成地下径流（R_g）。因此，流域上的降水经过包气带的两次再分配作用，可以同时产生三种径流成分：地表径流（R_s）、壤中流（R_{ss}）、地下径流（R_g）。

蓄满产流和超渗产流是两种基本产流方式。无论哪一种产流方式，总是首先在蓄渗得到满足的地方，局部产流。随着降雨过程的持续进行，产流面积不断扩大，最后达到全流域产流。

超渗雨水或超蓄雨水在重力作用下沿着坡面流动的细小水流，叫作坡地漫流或坡面漫流。当降雨满足填洼后，开始产生大量的地表径流，沿坡面流动进入正式的漫流阶段。在漫流过程中，坡面水流一方面继续接受雨水的补给，分别注入不同的河槽；另一方面又继续消耗于下渗和蒸发。其中下渗的水，一部分在一定条件下形成壤中流；另一部分补给地下水，以地下径流形式流入河槽。

坡地漫流是地表径流向河槽汇集的中间环节，分片流、沟流和壤中流三种形式，其中网状细沟流为主要形式，但无固定的槽沟。只有在地面坡度相当大的山区，降雨强度大的情况下，才可能在坡面上形成小的侵蚀沟。片流不很常见，分布在坡度不大但坡面较平整的地区，大暴雨（降雨强度很大）情况下，可能产生片流。一般地，坡地漫流的流程不超过数百米，甚至仅几米，汇流历时很短，故对小流域很重要，而对大流域则因历时短而在整个汇流过程中可以忽略。地表径流经过坡地漫流汇入河网。

壤中流和地下径流也同样具有沿坡地土层的汇流过程，它们都是在有孔介质中的水流运动。壤中流汇流速度比地表径流慢，但比地下径流快得多，有时与地表径流相互转化，所以时常将二者合称为直接径流。地下径流运动慢、变化也慢，补给河水的地下径流平稳而持续时间长，构成河流的基流。

地表径流、地下径流和壤中流三种径流成分的汇流过程，构成了坡地汇流的全部内容（图 2-27）。流域上的净雨量（径流量）有 $85\% \sim 95\%$ 都是通过坡地汇流而进入河网的，只有 $5\% \sim 15\%$ 的净雨

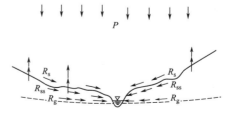

图 2-27 坡地汇流过程示意图

量直接降入河网。可见，坡地汇流在流域汇流过程中占有十分重要的地位。

在径流形成过程中，坡地汇流过程起着对各种径流成分在时程上的第一次再分配作用。降雨停止后，坡地汇流仍将持续一段时间。

（四）河槽集流（河网汇流）阶段

由降雨产生的地表径流 R_s、壤中流 R_{ss} 和地下径流 R_g 通过不同路径注入河网后，在河网内沿河槽由上游向下游做纵向的流动和汇集，直到最后流出出口断面的整个物理过程，称为河槽集流或河网汇流。它是降雨径流形成的最终环节。

在河槽集流过程中，随着地表径流和壤中流不断地汇入河网（河槽），河网水量增加、水位上涨、流量增大，成为流量过程线上的涨洪段（涨水段）。在涨水过程中，由于大量地表径流和壤中流的汇入，河流水量增加，大部分水量沿河网迅速下泄，最后流出出口断面；而有一部分水量被河网容蓄起来，使河网水位升高；还有一小部分水量渗入河谷两岸堆积物中，补给地下水。当降雨和坡地漫流停止时，河网蓄水和河谷冲积层蓄水达到最大值，而河网汇流过程仍在继续进行。当上游河网补给量（河网总入流量）小于出口断面排泄量时，灌网蓄水开始消退，水位降低、流量减小，形成流量过程线上的退水段。

可见，在涨水段河网（河槽）滞蓄一部分水量，而退水段河网蓄水消退，称为河网调蓄（河槽调节）。另外，在河水与地下水有水力联系情况下，涨水时，河水位高于两岸冲积层地下水位，河水向两岸冲积层渗漏补给地下水，即河岸蓄水；退水时，河水位低于河岸地下水位，河流冲积层地下水流出来补给河水，即河岸蓄水消退，称为河岸调节。

在径流形成中，河网汇流过程起着对净雨量（有效雨量）在时程上进行第二次再分配作用，通过河网调节和河岸调节使降雨径流过程历时拉长，出口断面流量过程线变得平缓。

河网汇流的水分运行过程，是河槽中不稳定水流运动过程，是河道洪水波的形成和运动过程，而河流断面上的水位、流量的变化过程是洪水波通过该断面的直接反映，当洪水波全部通过出口断面时，河槽水位及流量恢复到原有的稳定状态，一次降雨的径流形成过程即告结束。

在径流形成中通常把从降雨开始，到地表径流和壤中流产生的过程，称为产流过程；而把坡地汇流和河网汇流过程，统称为流域汇流过程。降雨量扣除截留、填洼、下渗、蒸发等损失之后，剩下的部分称为净雨量，净雨量和其产生的径流量在数量上是相等的，在我国常称净雨量为产流量。降雨转化为净雨的过程称产流过程，净雨转化为河川流量的过程称汇流过程。净雨沿坡面和坡地汇入河网，称坡地汇流，然后沿河网汇集到流域出口断面，称河网汇流。径流形成过程实质上是雨水在流域内的再分配与运行过程。产流过程是流域上各种径流成分的生成过程，水分以垂向运行为主，空间上再分配；汇流过程是流域上各种径流成分从它产生的地点向流域出口断面的汇集过程，水分以侧向水平运行为主，时程上再分配。

四、流域产流方式

蓄满产流和超渗产流是两种基本产流方式。

（一）蓄满产流

蓄满产流又叫饱和产流或超蓄产流，指包气带土壤含水量达到田间持水量时的产流方式（图2-28）。即在土壤含水量未达到田间持水量之前不产流，雨水全部被土壤吸收，在满足田间持水量之后，所有的降雨量均产流。其中稳定下渗的水量 f_c 产生地下径流 R_g，逐渐补给河流；降雨强度 i 超过下渗率 f 部分的水量产生地表径流 R_s。则包气带缺水量为 $W_m - W_0$，即下渗损失量，产流条件是：$P > W_m - W_0$。对于一个流域来讲，W_m 是大体不变的。因此，降雨量 P 和 W_0 为产流

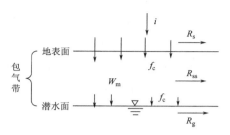

图2-28　蓄满产流示意图

的决定因素。若降雨量大，雨前土壤含水量多，则产流量多；反之，则产流量少。在一次降雨过程中，不管包气带是产流前还是产流过程中，只要达到饱和，则其下渗损失量均为 $W_m - W_0$，与降雨强度无关。由蓄满产流概念可知，蓄满产流的模型可用下列水量平衡方程表示：

$$R = P - (W_m - W_0) - E \qquad (2-95)$$

式中：R 为降雨产生的径流量，包括地表径流 R_s、地下径流 R_g 和壤中流 R_{ss}；P 为一次降雨总量；E 为雨间蒸发量。

蓄满产流多发生在湿润地区，尤其发生在地下水位较高、包气带薄、土壤透水性好的流域。但干旱地区的多雨季节也可产生蓄满产流。我国淮河流域及以南的大部地区和东北的东部，以蓄满产流为主（图2-28）。

（二）超渗产流

降雨形成超渗产流的条件是：$i > f$，$W_e < W_m$，$F < W_m - W_0$。产流决定因素是 i，

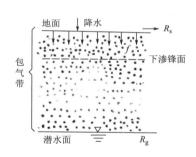

图2-29　超渗产流示意图

与 P 关系不大。当 $i > f_p$ 时，开始产流。产流过程中，雨水不断下渗，下渗锋面（图2-29）不断下移，在整个降雨过程中，包气带土壤含水量总是达不到田间持水量（蓄水容量），这时降雨对地下水的补给量为零。超渗产流的模型可用下列水量平衡方程表示：

$$R = P - E - (W_e - W_0) \qquad (2-96)$$

式中：P 为一次降雨总量；E 为雨间蒸发量。因此超渗产流的特点是：降雨强度 i 大于土壤下渗能力 f_p 时产流，在整个降雨过程中，包气带土壤含水量总是达不到田间持水量（蓄水容量），径流量 R 中仅是地表径流，没有地下径流和壤中流，即 $R = R_s$。超渗产流多发生在干旱、半干旱地区，但湿润地区久旱初雨时期也可发生，尤其发生在地下水位低、包气带厚、土壤透水性差、植被差的地区。我国黄河流域和西北地区，以超渗产流为主。

在降雨过程中，流域上产生径流的区域称为产流区，产流区所包围的面积称为产流面积；流域产流面积随降雨过程而变化，这是流域产流的一个重要特点。流域产流面积的变化与降雨特性和流域下垫面特性有关。

五、流域汇流计算

流域汇流是指在流域各点产生的净雨，经过坡地和河网汇集到流域出口断面，形成径

流的全过程。它可划分为坡地汇流和河网汇流两个阶段。坡地汇流一般又可分为坡面径流汇流、壤中流汇流、地下径流汇流等汇流形式。可见流域汇流是一种很复杂的水流运动。汇流计算就是将降雨引起的净雨过程演算为出口断面的流量过程。在汇流计算中，等流时线法和单位线法是广泛采用的两种方法。

（一）等流时线法

1. 基本概念及含义

同一时刻在流域各处形成的净雨距流域出口断面远近、流速不相同，所以不可能全部在同一时刻到达流域出口断面。但是，不同时刻在流域内不同地点产生的净雨却可以在同

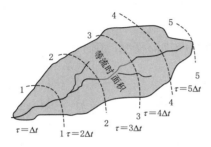

图 2-30 等流时线示意图

一时刻流达流域的出口断面。净雨从流域上某点流至出口断面所经历的时间，称为该点至流域出口断面的汇流时间 τ。流域距出口断面最远点的汇流历时称作流域最大汇流时间 τ_m。把流域内汇流时间 τ 相等的各点连接成的线，称为等流时线，如图 2-30 所示。降落在同一条等流时线上的降水形成的径流，将同时到达流域出口断面。相邻两条等流时线间的面积 $\Delta\omega$，称等流时面积，在 $\Delta\omega$ 上同时产生的径流，在同一时段内到达出口断面。由于在汇流过程中，流域内各点的水深不断地变化，流速相应改变，所以等流时线的位置也是变化的。利用流域等流时线来计算在不同净雨情况下流域出口断面的流量过程的方法称为等流时线法。

2. 等流时线的绘制

（1）选定汇流时段 $\Delta\tau$，即两相邻等流时线的汇流历时差。一般取 $\Delta\tau$ 等于降雨时段 Δt，即 $\Delta\tau = \Delta t$。

（2）确定流域平均汇流速度 $\overline{v}$。对于较大的河流，因坡面汇流历时很短，河网汇流历时很长，故坡地汇流可以忽略，这时流域平均汇流速度 $\overline{v}$ 可取河槽的平均流速，可用明渠稳定流谢才公式计算。对于小流域，坡地汇流所占比重大，则流域汇流历时为坡地汇流与河网汇流之和，流域平均汇流速度为

$$\overline{v} = \frac{L_1 + L_2}{\tau_1 + \tau_2} \tag{2-97}$$

式中：L_1 为流域最长坡地的长度；L_2 为主河槽长度；τ_1 为坡地汇流历时；τ_2 为河槽汇流历时。

（3）绘制等流时线和汇流曲线。以 $\Delta s = \overline{v}\Delta\tau$ 为相邻等流时线的间距，自流域出口逐条向上游绘等流时线，如图 2-31（a）所示，把流域分成若干等流时面积：$\Delta\omega_1$，$\Delta\omega_2$，…，$\Delta\omega_n$。以汇流时间 τ 为横坐标，以等流时面积 $\Delta\omega_i$ 为纵坐标，绘图得到等流时面积分配曲线，如图 2-31(b) 所示，可

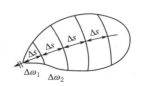

（a）等流时线 　　（b）等流时线面积分配曲线

图 2-31 等流时线和等流时线面积分配曲线示意图

用 $\Delta\omega = f(\tau)$ 表示。若取 $\Delta\tau = 1$，则 $\dfrac{\Delta\omega}{\Delta\tau} = f(\tau)$，即为汇流曲线。

3. 等流时线法的汇流计算

流域出口断面时刻 t 的流量 Q_t 是由第一块等流时面积 $\Delta\omega_1$ 上本时段净雨 h_t，第二块等流时面积 $\Delta\omega_2$ 上前一时段净雨 h_{t-1}，第三块等流时面积 $\Delta\omega_3$ 上前两个时段净雨 h_{t-2}……共同形成的。公式如下：

$$Q_t = \frac{h_t \Delta\omega_1 + h_{t-1}\Delta\omega_2 + h_{t-2}\Delta\omega_3 + \cdots}{\Delta t} \qquad (2-98)$$

流域出口断面的径流历时等于净雨历时 t_c 和流域（最大）汇流时间 τ_m 之和，即 $T = t_c + \tau_m$。

现假定把流域分成 5 块等流时面积 $\Delta\omega_1$、$\Delta\omega_2$、$\Delta\omega_3$、$\Delta\omega_4$、$\Delta\omega_5$（图 2-32），现有 h_1、h_2、h_3 三个时段的均匀净雨量，根据等流时线的概念，第一块等流时面积 $\Delta\omega_1$ 上的第一时段净雨量 h_1，在第一时段内流到出口断面，则第一时段内平均流量 Q_1 为

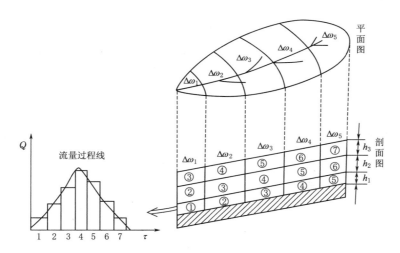

图 2-32 等流时线法汇流计算示意图

$$Q_1 = \frac{\Delta\omega_1 h_1}{\Delta t} = \frac{\text{图中}\sum\text{①}}{\Delta t}$$

第二时段内流出的水体为 $\Delta\omega_1$ 上第二时段净雨量 h_2 和 $\Delta\omega_2$ 上第一时段的净雨量 h_1，即 $\Delta\omega_1 h_2 + \Delta\omega_2 h_1$，则第二时段末的平均流量 Q_2 为

$$Q_2 = \frac{\Delta\omega_1 h_2 + \Delta\omega_2 h_1}{\Delta t} = \frac{\text{图中}\sum\text{②}}{\Delta t}$$

同理有

$$Q_3 = \frac{\Delta\omega_1 h_3 + \Delta\omega_2 h_2 + \Delta\omega_3 h_1}{\Delta t} = \frac{\text{图中}\sum\text{③}}{\Delta t}$$

$$Q_4 = \frac{\Delta\omega_2 h_3 + \Delta\omega_3 h_2 + \Delta\omega_4 h_1}{\Delta t} = \frac{\text{图中}\sum\text{④}}{\Delta t}$$

$$Q_5 = \frac{\Delta\omega_3 h_3 + \Delta\omega_4 h_2 + \Delta\omega_5 h_1}{\Delta t} = \frac{\text{图中}\sum⑤}{\Delta t}$$

$$Q_6 = \frac{\Delta\omega_4 h_3 + \Delta\omega_5 h_2}{\Delta t} = \frac{\text{图中}\sum⑥}{\Delta t}$$

$$Q_7 = \frac{\Delta\omega_5 h_3}{\Delta t} = \frac{\text{图中}\sum⑦}{\Delta t}$$

利用求得的 Q_1，Q_2，$\cdots$，Q_7 就可以绘制出口断面流量过程柱状图或过程线图 [图 2-32（a）]。

应用等流时线法推算出流量过程的示例表 2-7。

表 2-7　　　　　应用等流时线法推算出流过程的示例

日 期		$\Delta\omega$	h	$\Delta\omega h / 10^3 \text{m}^3$				$Q\Delta t$	Q
日	时	/km^2	/mm	5	28	44	3	/10^{3}m^3	/(m^3/s)
3	6	58	5	290				290	27
	9	120	28	600	1620			2220	206
	12	130	44	650	3360	2550		6560	607
	15	115	3	575	3640	5280	174	9670	895
	18	82		410	3220	5720	360	9710	900
	21	60		300	2300	5060	390	8050	745
4	0	24		120	1680	3610	345	5760	534
	3				670	2640	246	3560	330
	6					1060	180	1240	115
	9						72	72	7

4. 等流时线法存在的问题

（1）实际流域的汇流速度是变化的，等流时线也应是变化的，但绘制等流时线时，采用流域平均汇流速度，等流时线固定不变，不符合实际情况。

（2）降落在同一等流时面积上的净雨量，在同一时段内全部流出，没有考虑河槽的调蓄作用，故推得的流量过程线偏尖瘦，洪峰流量偏大。

（3）实际降雨中时段净雨量在流域上分布是不均匀的。

（二）单位线法（谢尔曼单位线）

1. 单位线的基本概念

在汇流计算中常用的方法是1932年美国学者谢尔曼（J. K. Sherman）所提出的单位线法，即经验单位线法或时段单位线法。

单位线是指在给定的流域上，单位时段内均匀降落单位深度的地面净雨，在流域出口断面形成的地面径流过程线，如图2-33所示。单位净雨 h 一般取 10mm，单位时段 Δt 可取 1h、3h、

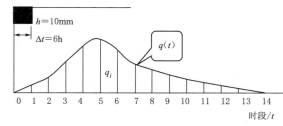

图 2-33　6h经验单位线

6h、12h、24h 等，依流域大小而定。

由于实际的净雨不一定正好是一个单位和一个时段，所以分析使用时有如下两条假定。

（1）倍比假定：如果单位时段的净雨深不是一个单位，而是 n 个单位，则它所形成的地表径流过程线的流量值为单位线流量的 n 倍，其历时仍与单位线的历时相同 ［图 2-34（a）］。

（2）叠加假定：如果净雨历时不是一个时段而是 m 个时段，则各时段净雨所形成的径流过程线之间互不干扰，出口断面的流量等于各时段净雨量所形成的流量之和 ［图 2-34（b）］。

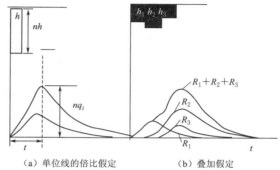

（a）单位线的倍比假定　　　（b）叠加假定

图 2-34　单位线的倍比假定与叠加假定示意图

上述两个假定就是把流域视为线性系统，符合倍比和叠加原理，如果流域内降雨分布均匀，每个单位时段降雨强度大致不变，单位线方法就可以应用。

2. 单位线的分析与推求

推求单位线并不像推求等流时线那样根据地图来分析，而是根据出流断面的实测流量过程来分析，其步骤如下。

（1）根据实测的暴雨径流资料制作单位线时，首先应选择历时较短的暴雨及该次暴雨所产生的明显的孤立的洪峰作为分析对象。

（2）求出本次暴雨各时段的流域平均雨量，扣除损失，得出各时段的净雨深 h_i，净雨时段 Δt。

（3）由实测流量过程线上分割地下径流及计算地表径流深，务使净雨深等于地表径流深，即 $\sum h_i = y$。

（4）将流量过程线割去地下水以后得到的地表径流过程线各时段纵坐标值，除以净雨量的单位数（一个单位为 10mm）就可得出单位线。将该单位线代入其他多时段净雨的洪水中进行验算，将算得的流量过程与实测洪水进行对比，如发现明显不符，可对单位线进行修正，直到最后由单位线推出的流量过程符合实际为止。

实际水文资料中恰好有一个符合规定时段的洪水过程线一般是不多见的，因此，需要从多时段净雨的洪水资料分析出单位线，常用的方法是分析法。

分析法的原理是逐一求解，如地表径流过程为 Q_1，Q_2，Q_3…，单位线的纵坐标为 q_1，q_2，q_3…，时段净雨量为 h_1，h_2，h_3…，根据上述假定可得

$$Q_1 = \frac{h_1}{10}q_1, \qquad q_1 = \frac{10Q_1}{h_1}$$

$$Q_2 = \frac{h_1}{10}q_2 + \frac{h_2}{10}q_1, \qquad q_2 = \frac{Q_2 - \dfrac{h_2}{10}q_1}{h_1/10}$$

$$Q_3 = \frac{h_1}{10}q_3 + \frac{h_2}{10}q_2 + \frac{h_3}{10}q_1, \qquad q_3 = \frac{Q_3 - \dfrac{h_2 q_2}{10} - \dfrac{h_3 q_1}{10}}{h_1/10}$$

$$\vdots$$

$$Q_n = \frac{h_1}{10}q_n + \sum_{i=2}^{n} \frac{h_i q_{n-i+1}}{10}, \qquad q_n = \frac{Q_n - \sum\limits_{i=2}^{n} \dfrac{h_i q_{n-i+1}}{10}}{h_1/10}$$

将已知的 Q_1，Q_2，Q_3……及 h_1，h_2，h_3……代入上式，即可求得 q_1，q_2，q_3……，即为单位线的纵坐标，算例见表 2-8。表中净雨量为 20mm，由地表径流量算出来的净雨量也是 20mm，如果不相等，可调整净雨，务使两者相等。如果计算正确，分析得到的单位线的径流量应为 10mm。

表 2-8　　　　　　　　　　某站单位线计算分析法示例

日　期			流量 /(m³/s)	基流 /(m³/s)	地表径流 /(m³/s)	降雨量 /mm	净雨量 /mm	净雨 15.0 所产生之 地表径流 /(m³/s)	净雨 5.0 所产生之 地表径流 /(m³/s)	单位线 纵高 /(m³/s)	备　注
月	日	时									
8	4	0	180			20.0					
		12	110	110	0	24.2	15.0	0		0	
	5	0	230	110	120	10.8	5.0	120	0	80	
		12	460	120	340			300	40	200	
	6	0	1060	120	940			840	100	560	
		12	1030	120	910			630	280	420	
	7	0	750	120	630			420	210	280	地表径流深 $y = \dfrac{\sum Q_i \Delta t}{F}$ $= \dfrac{3740 \times 43200}{8100 \times 10^3}$ $= 20.0\,(\text{mm})$
		12	540	130	410			270	140	180	
	8	0	370	130	240			150	90	100	
		12	260	135	125			75	50	50	
	9	0	160	135	25			0	25	0	
		12	140	140	0				0		
	10	0	120								
		12	100								
总计					3740 (20mm)		20.0			1870 (10mm)	

注　$F = 8100\,\text{km}^2$，$\Delta t = 12\text{h}$。

3. 单位线的应用

应用单位线推算出口断面处地表径流过程线的步骤如下。

（1）根据降雨资料，扣除损失，求出各时段净雨量。

（2）用与净雨时段相同的单位线推算出口断面处的地表径流过程线。示例见表 2-9。

表 2-9　　　　　　　　　　　　　单位线推求流量过程示例

时间		净雨量 /mm	单位线 /(m³/s)	部分径流/(m³/s)					流量（计算） /(m³/s)	流量（实际） /(m³/s)
日	时			19.7mm	9.6mm	7.0mm	6.0mm	5.0mm		
18	8	19.7	0							
	14	9.6	44	87					87	0
	20	7.0	182	359	4.2				401	440
19	2	6.0	333	656	175	31			862	1020
	8	5.0	281	554	320	127	26		1027	1200
	14		220	445	270	233	109	22	1079	1150
	20		158	311	217	197	200	91	1016	1040
20	2		121	238	152	158	169	167	884	850
	8		83	164	116	111	136	141	668	640
	14		60	118	80	85	95	113	491	410
	20		40	79	58	58	73	79	347	250
21	2		23	45	38	42	50	61	236	180
	8		11	22	22	28	36	42	150	120
	14		6	12	11	16	24	30	93	70
	20		4	8	6	8	14	20	56	40
22	2				4	4	7	12	27	
	8					3	4	6	13	
	14						2	3	5	
	20							2	2	

4. 单位线法存在的问题及处理方法

单位线的两个假定不完全符合实际，一个流域上各次洪水分析的单位线常常有些不同，有时差别还比较大。在洪水预报或推求设计洪水时，必须分析单位线存在差别的原因并采取妥善的处理办法。

（1）净雨强度对单位线的影响及处理方法。在其他条件相同情况下，净雨强度越大，流域汇流速度越快，由此洪水分析出来的单位线的洪峰比较高，峰现时间要提前；相反，由净雨强度小的中小洪水分析单位线，洪峰低，峰现时间也要滞后，如图 2.35 所示。针对这一问题，目前的处理方法是：分析出不同净雨强度的单位线，并研究单位线与净雨强度的关系。进行预报或推求设计洪水时，可根据具体的净雨强度选用相应的单位线。

（2）净雨地区分布不均匀的影响及处理方法。同一流域，净雨在流域上的平均强度相同，但当暴雨中心靠近下游时，汇流途径短，河网对洪水的调蓄作用小，从而使单位线的峰偏高，出现时间提前；相反，暴雨中心在上游时，大多数的雨水要经过各级河道的调蓄才流到出口，这样使单位线的峰较低，出现时间推迟，如图 2-36 所示。针对这种情况，应当分析出不同暴雨中心位置的单位线，以便洪水预报和推求设计洪水时，根据暴雨中心的位置选用相应的单位线。

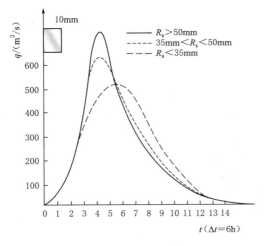

图 2-35　单位线受地面净雨强度影响示意图

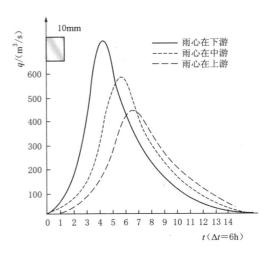

图 2-36　单位线受暴雨中心位置影响示意图

当一个流域的净雨强度和暴雨中心位置对单位线都有明显影响时，则要对每一暴雨中心位置分析出不同净雨强度的单位线，以便将来使用时能同时考虑这两方面的影响。

六、径流形成和变化的影响因素

径流形成和变化的影响因素众多而复杂，概括起来有气象气候因素、河流下垫面因素和人类活动因素。

（一）气象气候因素

气象气候因素是影响河川径流的决定性因素，对径流的形成起着主导作用。气象气候因素包括降水、蒸发、气温、风、湿度等。降水是径流的源泉，径流过程通常是由流域上降水过程转换来的，降水和蒸发的总量、时空分布、变化特性，直接导致径流组成的多样性、径流变化的复杂性。气温、温度和风是通过影响蒸发、水汽输送和降水而间接影响径流的。因此，说"河流是气候的产物"是不无道理的。

1. 降水

流域上的大气降水是径流形成的本源，径流过程是由流域上降水过程转换而来的，即"降水过程 $P(t) \rightarrow$（经流域转换）流量过程 $Q(t)$"。一般来说，对多数具有一定数量和足够强度的降水都有一个与之对应的流量过程，次降水对应次洪峰。降水的形式、总量、强度、降水过程及降水在流域空间上的分布对径流有直接影响。

不同的降水形式形成的径流过程完全不同，由降雨形成的径流主要发生在雨季，其过程一般陡涨陡落、历时短，而由融雪水形成的径流一般发生在春季，其过程较为平缓，历时较长。

河川径流的直接和间接水源都是大气降水，因此，径流量的多少取决于降水量的大小，即河川径流量与降水量呈正相关。降水量的分布特点决定了径流分布的总趋势。我国降水量由东南沿海向西北内陆递减，则年径流深度分布的总趋势也由东南向西北递减。

降雨强度对径流形成过程影响十分明显。同一降雨量情况下，降雨强度大（大暴雨），历时就短，下渗量小，地表径流成分比重大，汇流快，径流集中，可形成较大洪水，流量过程线尖瘦，陡涨陡落。相反，雨强小（绵雨）则降雨历时长，下渗量大，地表径流比重小，集流慢，汇流时间长，径流分散，流量过程线较缓、矮胖，甚至不能形成洪水。如四川 1981 年和河南 1975 年 8 月的洪水都是暴雨洪水。

降雨笼罩面积和暴雨中心移动方向路径对洪水的形成影响很大。暴雨笼罩面积越大，雨区越广，则流域平均雨量就越大，形成的径流就越多，相反则越少。若暴雨中心从下游向上游移动，先降的雨水先宣泄，逐渐排出后来的雨水，径流不集中，则洪水持续时间长，但洪峰流量较小；但暴雨中心自上游向下游移动，雨洪同步，由上游排泄出的洪水与下游形成的洪水叠加在一起，很容易形成较大的洪峰流量，造成灾害性洪水。

降雨过程对径流也有较大影响，如降雨过程（雨型）先小后大，则降雨开始时的小雨使流域蓄渗达到一定程度，下渗率下降，河网内也大量蓄水，后期较大的降雨因蓄渗量较少而几乎全部形成径流，再加上河槽调蓄作用已被大大削弱，易形成洪峰流量较大的洪水；如果降雨过程先大后小，则情况正好相反。

2. 蒸发与散发

蒸散发是降水转变为径流过程中的一项主要损失。在北方干旱地区，80％～90％的降水消耗于蒸发，在南方湿润地区也有 30％～50％。根据水量平衡方程，在一个较长的时间范围内，蒸发量越大，径流量越小。

如前所述，其他气象因素如气温、湿度和风等，均是通过影响蒸发、水汽输送和降水而间接影响径流的。

（二）流域下垫面因素

流域下垫面因素包括：地理位置，如纬度、距海远近等；流域面积、形状；地貌特征，如山地、丘陵、盆地，平原、谷地、湖沼等；地形特征，如高程、坡度、坡向等；地质条件，如构造、岩性等；植被特征，如类型、分布、水理性质（阻水、吸水、持水、输水性能）等。

1. 地理位置

流域的地理位置表明它与海洋的距离、所处的地貌部位、所属的气候、土壤和植被地带，是自然地理要素的综合体现，可以反映当地径流的综合特征，可以通过影响流域水分循环的强弱而影响径流过程。例如，热带低纬度地区径流量大而极地高纬度地区径流量小，我国东南沿海地区径流量大而西北内陆地区径流量小，均是地理位置所致。

2. 地形特征

流域地形特征包括流域的平均高程、坡度、切割程度等，直接决定着汇流速度的快慢。地形坡度越大，切割越深，坡地漫流和河槽汇流的流速越大，汇流时间越短，地表径流的损失量就越小，径流过程越急促，洪水流量越大。相反，地形坡度越小，切割越浅，坡地漫流和河槽汇流速度越小，汇流时间越长，洪水流量越小。因此，山区河流的径流变化要比平原河流强烈一些。

3. 流域形状和面积

在其他条件相同时，不同的流域形状会产生不同的流量过程。流域的长度决定了地表径流汇流的时间，狭长流域的汇流时间较长，径流过程平缓；扁形流域因汇流集中，洪水

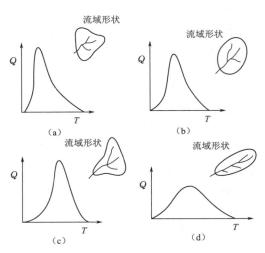

图 2-37 流域形状对流量过程线影响示意图

涨落急剧，峰形尖瘦（图 2-37）。大流域的径流变化过程要比小流域相对稳定，这是由于流域面积较大，各种影响因素更宜于相互平衡，径流调节作用更强。

4. 植被

由于植物枯叶对降水有一定的截流作用，可吸收部分降水，同时植物枯枝落叶的覆盖增大了地面的粗糙程度，改变了土壤结构，减小了坡地漫流速度和水分蒸发量，可增加雨水下渗的机会，使得径流过程变得平缓和径流量减小。

5. 湖泊和沼泽

湖泊和沼泽可通过影响区域蓄水量调节作用和蒸发而影响径流变化。湖泊和沼泽率大的区域，河流的洪峰流量较低，径流年内分配较为均匀。湖泊和沼泽对径流的影响在干旱地区比湿润地区更为显著。

（三）人类活动因素

人类活动对径流的影响广泛而深远，并且越来越大。人类活动主要是通过改变区域的下垫面条件而直接或间接影响径流，对径流的过程、数量、质量及其变化发生作用。对径流有显著影响的人类活动主要有以下两个方面。

1. 农田水利措施

对径流有显著影响的农田水利措施主要如下：通过林牧、水土保持等坡面措施增大土壤入渗能力，减少水土流失；通过旱地改水田、坡地改梯田等农业措施增大土壤蓄水能力；修建塘堰、水坝，扩大蓄水面积；修建蓄水、引水、调水工程，调剂地区间的水量余缺。这些农田水利措施改变流域的自然地理面貌，影响内陆水文循环、径流量以及时程上的分配，从而影响径流的形成过程。

2. 城市化

城市人口的密集和高层建筑的增多使得城市气温升高、水循环加快、降水量增大和降水次数增加，从而径流量增大。由于现代城市的快速发展，不透水面积大量增加，雨水排水系统也日益完善，这将导致地表入渗率大幅度下降，地下径流及枯水径流减小，从而造成洪峰流量过大，径流过程发生陡急，给城市带来很大的洪水威胁。此外，城市化所引起的水质恶化和地下水开采过量等问题都会间接影响径流的形成。

参 考 文 献

［1］ 邓绶林. 普通水文学［M］. 2 版. 北京：高等教育出版社，1985.

［2］ 南京大学地理系，中山大学地理系. 普通水文学［M］. 北京：人民教育出版社，1978.

［3］ 黄锡荃. 水文学［M］. 北京：高等教育出版社，1993.

［4］ 许武成．水资源计算与管理［M］．北京：科学出版社，2011．

［5］ 姜弘道．水利概论［M］．北京：中国水利水电出版社，2012．

［6］ 胡方荣，侯宇光．水文学原理：一［M］．北京：水利电力出版社，1988．

［7］ 管华，李景保，许武成，等．水文学［M］，2版．北京：科学出版社，2015．

［8］ 舒展，邸雪颖．水文与水资源学概论［M］．哈尔滨：东北林业大学出版社，2012．

［9］ 天津师范大学地理系，华中师范大学地理系，北京师范大学地理系，等．水文学与水资源概论
［M］．武汉：华中师范大学出版社，1986．

［10］ 沈冰，黄红虎．水文学原理［M］．北京：中国水利水电出版社，2008．

［11］ 芮孝芳．水文学原理［M］．北京：中国水利水电出版社，2004．

［12］ 詹道江，叶守泽．工程水文学［M］．北京：水利电力出版社，1987．

第三章 水 文 统 计

第一节 水文统计的意义

一、水文现象的随机性

影响水文现象的因素众多，有气象气候因素、下垫面因素、人类活动等，再加上各因素本身及其组合在时间上变化上也是错综复杂的，使得水文现象在发生的时间和数值上不会完全重复，具有一定的偶然性和不确定性特点，即具有随机性。如任一河流，不同年份的流量过程不会完全一致。即使在同一地区，由于大气环境的不同，不同年份汛期和枯水期出现的具体时间及水量不可能完全重复。

因此，我们不能根据短期观测资料对未来水文情势作出完满的判断，只能根据长期的观测资料，研究水文现象的统计规律性。

二、水文现象的统计规律

水文现象是一种自然现象，在时程变化上存在着周期性与随机性的对立统一特点，在其发生、发展和演变过程中，包含着必然性的一面，又包含着偶然性的一面。

必然现象是指事物在发展、变化中必然会出现的现象；水文学中称水文现象的这种必然性为确定性。对于必然现象，一般而言，通过物理成因分析，将描述现象的数学物理方程列出并求解，即可预测以后任意时刻的状态。例如，依据流域上降落的暴雨量和流域的前期湿润状况，通过对暴雨洪水的成因分析，便可作出洪水过程的预报。

偶然现象或称随机现象是指事物在发展、变化中可能出现也可能不出现的现象。对于随机现象，它在每次试验中出现与否表面上看起来好像是无规律可循的，但是观察了大量的同类随机现象之后，还是可以看出其规律性的。例如投掷一枚硬币，出现正面或反面是事先无法确定的，是一种随机现象，但多次重复投掷，就可发现出现正面和反面的次数接近相等。又如，河流上任一断面的年径流量，由于受到许多因素的影响，每年都不相同，所以是一种随机现象。但多年长期观测的结果表明，年径流量的平均值是一个趋于稳定的数值，并且特大或特小的年径流量出现的机会都较小，而中等大小的年径流量出现的机会较大。这种在大量重复试验中，随机现象所呈现出来的规律，称为随机现象的统计规律或偶然性规律。统计规律与必然性规律的根本区别就在于统计规律只能给出在一定条件下某种随机事件发生或不发生的可能性大小，而不是给出确定的回答。

三、水文统计及其任务

数学中研究随机现象统计规律的学科称为概率论，而由随机现象的一部分试验资料去研究总体现象的数字特征和规律的学科称为数理统计学。概率论与数理统计学应用到水文分析与计算上则称为水文统计。

水文统计的任务就是研究和分析水文随机现象的统计变化特性，并以此为基础对水文现象未来可能的长期变化作出在概率意义下的定量预估，以满足工程规划、设计、施工以及运营期间的需要。

水文统计的基本方法和内容具体有以下三点。

（1）根据已有的资料（样本），进行频率计算，推求指定频率的水文特征值。

（2）研究水文现象之间的统计关系，应用这种关系延长、插补水文特征值和做水文预报。

（3）根据误差理论，估计水文计算中的随机误差范围。

第二节　概率的基本概念

一、随机试验

在概率论中，对随机现象的观测叫作随机试验，用 E 表示。随机试验具有以下三个特点。

（1）在相同条件下重复地进行。

（2）每次试验的可能结果不止一个，并且能事先明确试验的所有可能结果。

（3）进行一次试验，试验之前不能确定哪一个结果会出现。

二、事件

事件是概率论中最基本的概念之一。所谓事件是指在一定的条件组合下，随机试验的结果。事件可以是数量性质的，如某河某断面处的最大洪峰流量的值。也可以是属性性质的，如天气的风、雨、晴等。按照事件发生的情况，事件可以分为三类。

1. 必然事件

在一定的条件组合下，不可避免地发生的事件，称为必然事件。例如，流域内大面积降雨且产流的情况下，河中水位上升是必然事件。

2. 不可能事件

在一定的条件组合下，肯定不会发生的事件，称为不可能事件。例如流域内没有降水，也没有冰雪消融和大坝溃决，发生洪水是不可能事件。

3. 随机事件

在一定的条件组合下，随机试验中可能发生也可能不发生的事件，称为随机事件。例如在流域自然地理条件保持不变的情况下，某河流某断面洪水期出现的年最大洪峰流量可能大于某一个数值，也可能小于某一个数值，事先不能确定，因而它是随机事件。必然事件与不可能事件，本来没有随机性，但为了研究方便，我们把它看成是随机事件的特殊情况。通常把随机事件简称为事件，并用大写字母 A，B，C…表示。

三、概率

随机事件在试验结果中可能出现也可能不出现，其出现（或不出现）的可能性的大小也不相同。为了比较随机事件出现的可能性大小，要有个数量标准，这个数量标准就是随机事件的概率。随机事件的概率（也称古典概率）可由式（3-1）计算：

$$P(A) = \frac{k}{n} \tag{3-1}$$

式中：$P(A)$ 为在一定的条件组合下，出现随机事件 A 的概率；k 为有利于随机事件 A 的可能结果数；n 为在试验中所有可能出现的结果数。

因为有利的可能结果数是介于 0 与 n 之间，即 $0 \leqslant k \leqslant n$，所以 $0 \leqslant P(A) \leqslant 1$。对必然事件 $k = n$，$P(A) = 1$；对不可能事件 $k = 0$，$P(A) = 0$。

上述计算概率的公式，只适用于古典概率事件。所谓古典概率，是指试验的所有可能结果都是等可能的，且试验可能结果的总数是有限的。显然，水文事件一般不能归结为古典概率事件。在这种情况下，下面将引入频率这一重要概念。

四、频率

设事件 A 在 n 次试验中出现了 m 次，则比值 m/n 称为事件 A 在 n 次试验中出现的频率。

$$W(A) = \frac{m}{n} \tag{3-2}$$

当试验次数 n 不大时，事件的频率是很不稳定的，具有明显的随机性。但当试验次数足够大时，事件的频率与概率之差会达到任意小的程度，即频率趋于概率。这一点不仅为大量的实验和人类的实践活动所证实，而且在数学理论上也得到了证明。

第三节　随机变量及其概率分布

一、随机变量

若随机事件的试验结果可用一个数 X 来表示，X 随试验结果的不同而取得不同的数值，它是带有随机性的，则将这种随试验结果而发生变化的变量 X 称为随机变量。例如，掷一颗骰子，出现点数 ξ 是一种随机试验结果，可能取值为 1、2、3、4、5、6 这 6 个数字之一，是一个随机变量。结果不是数量性的随机试验，也可以用一个变量来表示这个试验的结果。例如抛掷硬币，可用"$Z=1$"表示"正面朝上"；"$Z=0$"表示"反面朝上"。水文现象中的随机变量，一般是指某种水文特征值，如某站的年径流量、洪峰流量等。随机变量可分为两大类型。

1. 离散型随机变量

若某随机变量仅能取得有限个或可列无穷多个离散数值，则称此随机变量为离散型随机变量。例如，掷一颗骰子，出现点数 ξ 的可能取值为有限个数：1，2，3，4，5，6；某河一年内出现洪峰的次数 k 只可能取 0，1，2…，而不能取得相邻两数间的任何中间值。

2. 连续型随机变量

若随机变量可以取得某一个有限区间内的任何数值，则称此随机变量为连续型随机变量。水文现象大多属于连续型随机变量。例如，某站流量，可以在 0 和极限值之间变化，因而它可以是 0 与极限流量之间的任何数值。

二、总体和样本

在数学上，把研究对象的全体称为总体，而把组成总体的各个元素称为个体，代表总体的指标 ξ 是一个随机变量，所以总体就是指某个随机变量 ξ 可能取值的全体。随机变量的总体可以是有限序列，如掷一颗骰子后出现的点数 ξ 为 1～6 的自然数。但有些随机变量的总体是无限的。水文现象的总体通常是无限的，它是指自古乃来以至未来长远岁月所有的水文系列。显然水文现象的总体是无法取得的。人们所能掌握的实测水文资料仅仅是总体中的一部分，甚至是很小的一部分，属于有限序列。这种从总体中任意抽取的一部分叫作样本。总体好比全局，样本好比局部，总体可分为许多样本。

为了研究随机变量的变化规律，常用样本的变化规律来近似代替总体的变化规律。这不仅合理，而且也很有必要。即使随机变量的总体是有限可知的，也常常通过样本分析来了解总体。例如，在产品质量的检查验收工作中，因产品数量太多，不可能而且也没有必要检查每件产品，往往是抽出一部分产品作为样本来进行检查，以样本的合格率近似代替总体的合格率。

样本中所包括的项数称为样本容量。很明显，样本容量越大，反映总体的变化规律就越真实。在水文分析计算中，资料年限越长，计算结果的精度就越高。

三、随机变量的概率分布

随机变量可以取所有可能值中的任何一个值，但是取某一可能值的机会是不同的，有的机会大，有的机会小，随机变量的取值与其概率有一定的对应关系。一般将这种对应关系称为概率分布。

通常随机变量用大写字母 X 表示，它的种种可能取值用相应的小写字母 x 表示。若取 n 个，则 $X=x_1$，$X=x_2$，$\cdots$，$X=X_n$。一般将 x_1，x_2，$\cdots$，x_n 称为系列。可能取值出现的概率用 P 表示。

1. 离散型随机变量的概率分布

设随机变量 X 为离散型随机变量，则 X 只能取有限个数值 x_1，x_2，$\cdots$，x_n 或可列无穷多个数值 x_1，x_2，$\cdots$，$x_n\cdots$。若 X 取任一可能值 x_i（$i=1,2\cdots$）的概率为 P_i，即 $P(X=x_i)=P_i$（$i=1,2\cdots$），则随机变量 X 的概率分布见表 3-1。

表 3-1　　　　　　　　　　离散型随机变量及其概率分布

X	x_1	x_2	$\cdots$	x_i	$\cdots$
$P(X=x_i)$	P_1	P_2	$\cdots$	P_i	$\cdots$

概率分布 P_i 的性质如下：① $P_i \geqslant 0$（$i=1,2\cdots$）；② $\sum\limits_{i=1}^{\infty} P_i = 1$。

2. 连续型随机变量的概率分布

连续随机变量 X 的特征是可以取得某一区间内的任何数值，但 X 取它的任一可能值 x_i 的概率却等于零，即 $P(X=x_i)=P_i=0$，但事件 $X=x_i$ 绝非不可能事件，只能说它发生的可能性很小。因此，对于连续型随机变量，无法研究个别值的概率，只能研究某个区间的概率，或是研究事件 $X \geqslant x$ 的概率，以及事件 $X \leqslant x$ 的概率，后面二者可以相互转换，水文统计中常用 $X \geqslant x$ 的概率及其分布。

（1）分布函数。设事件 $X \geqslant x$ 的概率用 $P(X \geqslant x)$ 来表示，它是随随机变量取值 x 而变化的，所以 $P(X \geqslant x)$ 是 x 的函数，称为随机变量 x 的概率分布函数，记为 $F(x)$，即

$$F(x)=P(X \geqslant x) \tag{3-3}$$

它代表随机变量 X 大于等于某一取值 x 的概率。其几何图形如图 3-1（b）所示，图中纵坐标表示变量 x，横坐标表示概率分布函数值 $F(x)$，在数学上称此曲线为分布曲线，水文统计中称为随机变量的累积频率曲线，简称频率曲线。

在图 3-1（b）中，当 $x=x_P$ 时，由分布曲线上查得 $F(x)=P(X \geqslant x_P)=P$，这说明随机变量大于 x_P 的可能性是 $P\%$。

（2）分布密度。分布函数导数的负值称为密度函数，记为 $f(x)$，即

$$f(x)=-F'(x)=-\frac{\mathrm{d}F(x)}{\mathrm{d}x} \tag{3-4}$$

密度函数的几何曲线称为密度曲线。水文中习惯以纵坐标表示变量 x，横坐标表示概率密

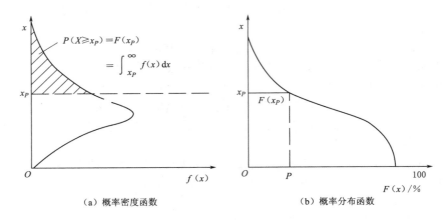

（a）概率密度函数　　　　　　　（b）概率分布函数

图 3－1　随机变量的概率密度函数和概率分布函数

度函数值 $f(x)$，如图 3－1（a）所示。

实际上，分布函数与密度函数是微分与积分的关系。因此，已知 $f(x)$，则

$$F(x)=P(X \geqslant x)=\int_x^\infty f(x)\mathrm{d}x \tag{3-5}$$

其对应关系可从图 3－1 中看出来。

（3）不及制累积概率。当研究事件 $X \leqslant x$ 的概率时，数理统计学中常用分布函数 $G(x)$ 表示：

$$G(x)=P(X \leqslant x) \tag{3-6}$$

称为不及制累积概率形式，相应的水文统计用的分布函数 $F(x)$ 称为超过制累积概率形式，两者之间有如下关系：

$$F(x)=1-G(x) \tag{3-7}$$

四、随机变量的统计参数

从统计数学的观点看，随机变量的概率分布曲线（频率分布曲线）或分布函数完整地刻画了随机变量的统计规律。但在一些实际问题中，随机变量的分布函数不易确定，而且有些实际问题也不一定都需要用完整的形式来说明随机变量，而只要知道某些特征数值，能说明随机变量的主要特性就够了。例如，某地的年降水量是一个随机变量，各年不同，有一定的概率分布曲线，但有时只要了解该地年降水量的概括情况，那么，其多年平均降水量就是反映该地降水量多寡的一个重要数量指标。这种能说明随机变量统计规律的某些特征数字称为随机变量的分布参数。

水文现象的统计参数能反映其基本的统计规律。而且用这些简明的数字来概括水文现象的基本特性，既具体又明确，便于对水文统计特性进行地区综合。这对计算成果的合理性分析，以及解决缺乏资料地区中小河流的水文计算问题具有重要的实际意义。

统计参数有总体统计参数与样本统计参数之分。水文计算中常用的统计参数有均值、均方差、变差系数、偏态系数和矩。

1．均值

均值表示系列中变量的平均情况。设某水文变量的观测系列（样本）为 x_1，x_2，…，

x_n，则其均值为

$$\overline{x} = \frac{x_1 + x_2 + \cdots + x_n}{n} = \frac{1}{n} \sum_{i=1}^{n} x_i \qquad (3-8)$$

将式（3-8）两边同除以均值 $\overline{x}$，则得

$$1 = \frac{1}{n} \sum_{i=1}^{n} \frac{x_i}{\overline{x}}$$

令 $k_i = \dfrac{x_i}{\overline{x}}$，$k_i$ 称模比系数，则

$$\overline{k} = \frac{k_1 + k_2 + \cdots + k_n}{n} = \frac{1}{n} \sum_{i=1}^{n} k_i = 1 \qquad (3-9)$$

式（3-9）说明，当变量 x 的系列用其相对值模比系数 k 表示时，则其均值等于 1。因此，对于以模比系数 k 所表示的随机变量，在其频率曲线方程中，可以减少均值这样一个参数。

2. 均方差

离散特征参数可用相对于分布中心的离差（差距）来计算。设以平均数 $\overline{x}$ 代表分布中心，由分布中心计量随机变量的离差为 $x - \overline{x}$，因为随机变量的取值有些是大于 $\overline{x}$ 的，有些是小于 $\overline{x}$ 的，故离差 $(x - \overline{x})$ 有正有负，其平均值为零。因此，以离差本身的平均值来说明系列的离散程度是无效的。为了使离差的正值和负值不致相互抵销，用离差 $(x - \overline{x})$ 的平方的平均值来描述随机变量 x 的分布的离散程度，并把其称为 x 的方差，记作 D_x。

$$D_x = \frac{1}{n} \sum_{i=1}^{n} (x_i - \overline{x})^2 \qquad (3-10)$$

因为方差的量纲是随机变量的量纲的平方，故在使用上有时不方便，此时可改用其算术平方根 $\sqrt{D_x}$，并记作 σ，称为随机变量 x 的均方差（或标准差），即

$$\sigma = \sqrt{\frac{\sum_{i=1}^{n} (x_i - \overline{x})^2}{n}} \qquad (3-11)$$

均方差（或标准差）σ 的量纲与 x 一致。显然，分布越分散，均方差越大；分布越集中，均方差越小。图 3-2 表示均方差对密度曲线的影响。

3. 变差系数

均方差虽然能很好地说明一个系列的离散程度，但对于两个不同的随机变量系列，如果它们的均值不同，用均方差来比较这两个系列的离散程度就不合适了。水文计算中，将均方差与均值之比作为衡量系列的相对离散程度的一个参数，称为变差系数，或称为离差系数、离势系数，用 C_V 表示，其计算式为

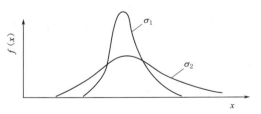

图 3-2　均方差对密度曲线的影响
示意图（$\sigma_2 > \sigma_1$）

$$C_V = \frac{\sigma}{\overline{x}} = \sqrt{\frac{\sum_{i=1}^{n}(k_i - 1)^2}{n}} \qquad (3-12)$$

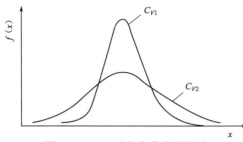

图 3-3 C_V 对密度曲线的影响
示意图（$C_{V2} > C_{V1}$）

式（3-12）说明，变差系数 C_V 是变量 x 换算成模比系数 k 以后的均方差，为一无因次数，用小数表示。C_V 越大，分布越分散；C_V 越小，分布越集中，如图 3-3 所示。

4. 偏态系数

在水文统计中主要采用偏态系数 C_S 作为衡量系列不对称程度的参数，其计算式为

$$C_S = \frac{\dfrac{\sum_{i=1}^{n}(x_i - \overline{x})^3}{n}}{\sigma^3} = \frac{\sum_{i=1}^{n}(x_i - \overline{x})^3}{n\sigma^3} \qquad (3-13)$$

式（3-13）右端的分子、分母同除以 $\overline{x}^3$，则得

$$C_S = \frac{\sum_{i=1}^{n}(k_i - 1)^3}{nC_V^3} \qquad (3-14)$$

偏态系数 C_S 也是一个无因次数。当系列对于 $\overline{x}$ 对称时，$C_S = 0$；当系列对于 $\overline{x}$ 不对称时，$C_S \neq 0$，若 $C_S > 0$，称为正偏；若 $C_S < 0$，称为负偏，如图 3-4 所示。

5. 矩

矩在统计学中常用来描述随机变量的分布特征，均值等统计参数有些可以用矩来表示。矩可分为原点矩和中心矩两种。

（1）原点矩。随机变量 X 对原点离差的 r 次幂的数学期望 $E(X^r)$，称为随机变量 X 的 r 阶原点矩，以符号 m_r 表示，即

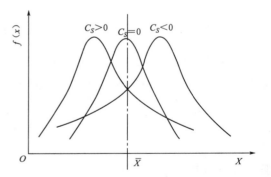

图 3-4 C_S 对密度曲线的影响示意图

$$m_r = E(X^r) \quad (r = 1, 2, \cdots, n)$$

对离散型随机变量，r 阶原点矩为

$$m_r = E(X^r) = \sum_{i=1}^{n} x_i^r P_i \qquad (3-15)$$

对连续型随机变量，r 阶原点矩为

$$m_r = E(X^r) = \int_{-\infty}^{+\infty} x^r f(x) \mathrm{d}x \qquad (3-16)$$

当 $r = 0$ 时，$m_0 = E(X^0) = \sum_{i=1}^{n} P_i = 1$，即零阶原点矩就是随机变量所有可能取值的概

率之和，其值等于 1。

当 $r=1$ 时，$m_1=E(X^1)=\overline{x}$，即一阶原点矩就是数学期望，也就是算术平均数（均值）。

（2）中心矩。随机变量 X 对分布中心 $E(X)$ 离差的 r 次幂的数学期望 $E\{[X-E(x)]^r\}$，称为随机变量 X 的 r 阶中心矩，以符号 μ_r 表示，即

$$\mu_r=E\{[X-E(x)]^r\}$$

对离散型随机变量，r 阶中心矩为

$$\mu_r=E\{[X-E(x)]^r\}=\sum_{i=1}^{n}[X_i-E(X)]^r P_i \tag{3-17}$$

对连续型随机变量，r 阶中心矩为

$$\mu_r=E\{[X-E(x)]^r\}=\int_{-\infty}^{+\infty}[X-E(X)]^r f(x)\mathrm{d}x \tag{3-18}$$

当 $r=2$ 时，$\mu_2=E\{[X-E(x)]^2\}=\sigma^2$，即二阶中心矩就是均方差的平方（称方差）。

五、正态分布

自然界中许多随机变量，例如水文测量误差、抽样误差等，都服从或近似服从正态分布。正态分布具有如下形式的概率密度函数：

$$f(x)=\frac{1}{\sigma\sqrt{2\pi}}\mathrm{e}^{-\frac{(x-\overline{x})^2}{2\sigma^2}}\quad(-\infty<x<+\infty) \tag{3-19}$$

式中：$\overline{x}$ 为平均数（均值）；σ 为标准差；e 为自然对数的底。

正态分布的密度曲线（图 3-5）有下面几个特点。

（1）单峰。

（2）关于均值 $\overline{x}$ 对称，$C_S=0$。

（3）曲线两端趋于 $\pm\infty$，并以 x 轴为渐近线。

正态分布函数中，只包含两个参数：均值 $\overline{x}$ 和均方差 σ。因此，若某个随机变量呈正态分布，只要求出它的均值 $\overline{x}$ 和均方差 σ，则其分布便完全确定了。

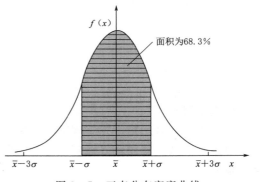

图 3-5　正态分布密度曲线

可以证明正态分布曲线在 $\overline{x}\pm\sigma$ 处出现拐点，并且

$$P_{\sigma}=\frac{1}{\sigma\sqrt{2\pi}}\int_{\overline{x}-\sigma}^{\overline{x}+\sigma}\mathrm{e}^{-\frac{(x-\overline{x})^2}{2\sigma^2}}\mathrm{d}x=0.683$$

$$P_{3\sigma}=\frac{1}{\sigma\sqrt{2\pi}}\int_{\overline{x}-3\sigma}^{\overline{x}+3\sigma}\mathrm{e}^{-\frac{(x-\overline{x})^2}{2\sigma^2}}\mathrm{d}x=0.997$$

正态分布的密度曲线与 x 轴所围成的面积显然等于 1。这就是说，$\overline{x}\pm\sigma$ 区间所对应的面积占全面积的 68.3%，$\overline{x}\pm3\sigma$ 区间所对应的面积占全面积的 99.7%。正态分布的这种特性，在误差估算时将会用到。

六、频率格纸（概率纸）的选用

正态频率曲线在普通格纸上是一条规则的 S 形曲线，它在 $P=50\%$ 前后的曲线方向虽

然相反，但形状完全一样。水文计算中常用的一种频率格纸横坐标的分划就是按把标准正态频率曲线拉成一条直线的原理计算出来的。这种频率格纸的纵坐标仍是普通分格，但横坐标的分格是不相等的，中间分隔较密，越往两端分格越稀，其间距在 $P=50\%$ 的两端是对称的。现以横坐标轴的一半（0～50%）为例，说明频率格纸间距的确定。通过积分或查有关表格，可在普通格纸上绘出标准正态频率曲线（图 3-6 中的①线）。由①线知，$P=50\%$ 时，$x=0$；$P=0.01\%$ 时，$x=3.72$。根据前述概念，在普通格纸上通过（50%，0）和（0.01%，3.72）两点的直线即为频率格纸上对应的标准正态频率曲线（图 3-6 中的②线）。由①线和②线即可确定频率格纸上横坐标的分格。为醒目起见，将它画在 $O'P'$ 上。例如，在普通分格（横轴）的 $P=1\%$ 处引垂线交 S 形曲线（①线）于 A 点，作水平线交直线（②线）于 B 点，再引垂线交 $O'P'$ 轴于 C 点，C 点即为频率格纸上 $P=1\%$ 的位置。同理可确定频率格纸上其他横坐标分格（$P=5\%$，10%，20%…）的位置。

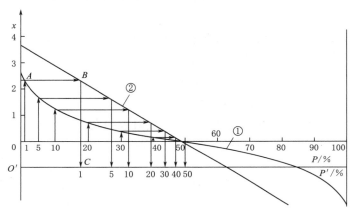

图 3-6　频率格纸横坐标的分割

把频率曲线 $F(x)=P(X\geqslant x)$ 画在普通方格纸上，因频率曲线的两端特别陡峭，又因图幅的限制，对于特小频率或特大频率，尤其是特大频率的点很难点在图上。现在，有了这种频率格纸，就能较好地解决这个问题，所以在频率计算时，一般都是把频率曲线点绘在频率格纸上。

第四节　水文频率分布线型

水文分析计算中使用的概率分布曲线俗称水文频率曲线，习惯上把由实测资料（样本）绘制的频率曲线称为经验频率曲线，而把由数学方程式所表示的频率曲线称为理论频率曲线。水文频率分布线型是指所采用的理论频率曲线（频率函数）的型式（水文中常用线型为皮尔逊Ⅲ型分布型等），它的选择主要取决于与大多数水文资料的经验频率点据的配合情况。分布线型的选择与统计参数的估算是频率计算的两大内容。

一、经验频率曲线

经验频率曲线是由实测资料绘制而成的，是水文频率计算的基础，具有一定的实用性。

1. 经验频率曲线的绘制

对水文现象进行实地观测，可以得到一系列观测值，称为水文变量系列。实测水文变量系列是水文变量总体的样本，样本中个体的数量 n 称为样本容量。

根据实测水文资料（设有 n 项），将水文系列按从大到小的顺序排列（$x_1, x_2, \cdots, x_m, \cdots, x_n$），如图 3-7 所示，然后用经验频率公式计算系列中各项的频率，称为经验频率。以水文变量 x 为纵坐标，以经验频率 P 为横坐标，在频率格纸上点绘经验频率点据，根据点群趋势绘出一条平滑的曲线，称为经验频率曲线。图 3-8 为某站年最大洪峰流量经验频率曲线。有了经验频率曲线，即可在曲线上求得指定频率 P 的水文变量值 x_P。

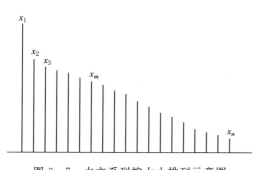

图 3-7 水文系列按大小排列示意图

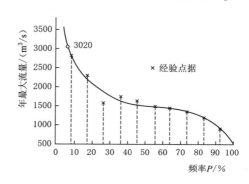

图 3-8 某站年最大洪峰流量经验频率曲线

对经验频率的计算，目前我国水文计算上广泛采用的是数学期望公式：

$$P = \frac{m}{n+1} \times 100\% \tag{3-20}$$

式中：P 为等于和大于 x_m 的经验频率；m 为 x_m 的序号，即等于和大于 x_m 的项数；n 为系列的总项数。

2. 经验频率曲线存在的问题

经验频率曲线计算工作量小、绘制简单、查用方便，但受实测资料所限，往往难以满足设计上的需要。若将曲线延长，则因无实测点据控制，有较大的主观任意性，会直接影响设计成果的正确性。在分析水文要素的地区分布规律时，很难直接利用经验频率曲线进行地区综合，无法解决无实测水文资料的小流域的水文计算问题。为了克服经验频率曲线的上述缺点，使设计成果标准统一，便于综合比较，实际工作中常常采用数理统计中已知的频率曲线来拟合经验点据，这种曲线人们习惯上称为理论频率曲线。

二、理论频率曲线

1. 理论频率曲线的概念

根据实测水文资料的频率特性和统计参数，按照水文现象的一般统计规律性选择一种数学方程式来加以描述，这种用数学方法确定的适合实测经验频率点据分布规律的频率曲线称为理论频率曲线。这里的所谓"理论"，并非从物理意义上得到严格证明，它只是水文现象总体情况的一种假想模型，作为定线和外延的工具。适合于水文现象频率密度特征的数学模型很多，诸如皮尔逊Ⅲ（P-Ⅲ）型曲线、对数皮尔逊Ⅲ（LP-Ⅲ）型曲线、耿贝尔型曲线以及克里茨基-闵凯里（K-M）型曲线等，其中在我国最常采用的是皮尔逊

Ⅲ型曲线。

2. 皮尔逊Ⅲ型曲线

1895 年英国生物学家皮尔逊注意到物理学、生物学以及经济学上有些随机变量不具有正态分布，因此致力于研究各种非正态的分布函数曲线形式，最后提出了 13 种分布曲线类型，其中Ⅲ型曲线被引入水文计算中，并被我国采纳。

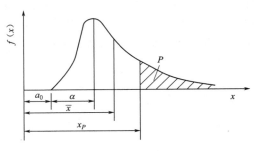

图 3-9 皮尔逊Ⅲ型概率密度曲线

（1）皮尔逊Ⅲ型曲线的概率密度函数。皮尔逊Ⅲ型曲线是一条一端有限一端无限的不对称单峰、正偏曲线（图 3-9），数学上常称伽玛分布，其概率密度函数为

$$f(x) = \frac{\beta^\alpha}{\Gamma(\alpha)} (x - a_0)^{\alpha-1} e^{-\beta(x-a_0)} \tag{3-21}$$

式中：$\Gamma(\alpha)$ 为 α 的伽玛函数；α、β、a_0 分别为皮尔逊Ⅲ型分布的形状尺度和位置未知参数，$\alpha > 0$，$\beta > 0$。

显然，3 个参数确定以后，该密度函数随之可以确定。可以推论，这 3 个参数与总体 3 个参数 $\overline{x}$、C_V、C_S 具有如下关系。

$$\left. \begin{aligned} \alpha &= \frac{4}{C_S^2} \\ \beta &= \frac{2}{\overline{x} C_V C_S} \\ a_0 &= \overline{x} \left(1 - \frac{2C_V}{C_S} \right) \end{aligned} \right\} \tag{3-22}$$

（2）皮尔逊Ⅲ型频率曲线及其绘制。水文计算中，一般需要求出指定频率 P 所相应的随机变量取值 x_P，也就是通过对密度曲线进行积分，即

$$P = P(x \geqslant x_P) = \frac{\beta^\alpha}{\Gamma(\alpha)} \int_{x_P}^{\infty} (x - a_0)^{\alpha-1} e^{-\beta(x-a_0)} dx \tag{3-23}$$

求出等于及大于 X_P 的累积频率 P 值。显然 X_P 取决于 P、α、β 和 a_0 4 个参数，并且当 α、β 和 a_0 3 个参数为已知时，则 X_P 只取决于 P。而 α、β、a_0 与分布曲线的 $\overline{x}$、C_V、C_S 3 个参数有关，因此，只要 $\overline{x}$、C_V、C_S 3 个参数确定，就可由 P 来计算 x_P。但是直接由式（3-23）计算非常麻烦，实际做法是通过变量转换，根据拟定的 C_S 值进行积分，并将成果制成专用表格供查用，使计算工作大大简化。

为便于制表，取标准化变量 $\Phi = \dfrac{x - \overline{x}}{\overline{x} C_V}$，则 Φ 的均值为零，均方差为 1，水文计算中将 Φ 称为离均系数。由标准化变量 Φ 得

$$\left. \begin{aligned} x &= \overline{x}(1 + C_V \Phi) \\ dx &= \overline{x} C_V d\Phi \end{aligned} \right\} \tag{3-24}$$

将式（3-24）代入式（3-23），同时将式中的 α、β、a_0 用相应的 $\overline{x}$、C_V、C_S 表

示，通过简化后可得积分式：

$$P(\Phi \geqslant \Phi_P) = \int_{\Phi_P}^{\infty} f(\Phi, C_S) \mathrm{d}\Phi \tag{3-25}$$

式（3-25）中被积函数只含有一个待定参数 C_S，其他两个参数 $\bar{x}$、C_V 都包含在 Φ 中。因此，只需要假定一个 C_S 值，便可通过积分求出 P 与 Φ 之间的关系。对于若干个给定的 C_S 值，Φ_P 和 P 的对应数值表已先后由美国工程师福斯特和苏联工程师雷布京制作出来，见附表1。

（3）皮尔逊Ⅲ型频率曲线的应用。在频率计算时，由已知的 C_S 值，查 Φ 值表（附表1）得出不同频率 P 的 Φ_P 值，然后利用已知的 $\bar{x}$、C_V 值，通过式（3-24）或 $K_P = 1 + \Phi_P C_V$，$x_P = K_P \bar{X}$ 即可求出与各种 P 相应的 x_P 或 K_P 值，从而可绘制出皮尔逊Ⅲ型频率曲线。

当 C_S 等于 C_V 的一定倍数时，P-Ⅲ型频率曲线的模比系数 K_P 值也已制成表格，见附表2。频率计算时，由已知的 C_S 和 C_V 可以从附表2中查出与各种频率 P 对应的 K_P 值，然后即可算出与各种频率对应的 x_P。有了 P 和 x_P 的一些对应值，即可绘制出皮尔逊Ⅲ型频率曲线。

三、频率与重现期的关系

频率曲线绘制后，就可在频率曲线上求出指定频率 p 的设计值 x_P。由于"频率"这个词较为抽象，水文上常用"重现期"来代替"频率"。所谓重现期是指某随机变量的取值在长时期内平均多少年出现一次，又称多少年一遇。根据研究问题的性质不同，频率 P 与重现期 T 的关系有两种表示方法。

（1）当为了防洪研究暴雨洪水问题时，一般设计频率 $P < 50\%$，则

$$T = \frac{1}{p} \tag{3-26}$$

式中：T 为重现期，以年计；p 为频率，以小数或百分比（%）计。

（2）当考虑水库兴利调节研究枯水问题时，设计频率 $P > 50\%$，则

$$T = \frac{1}{1-p} \tag{3-27}$$

例如，当暴雨或洪水的频率采用 $p = 1\%$ 时，$T = 100a$，称此暴雨为百年一遇的暴雨或洪水。对于 $p = 80\%$ 枯水流量，或称为保证率为 80% 的设计流量，$T = 5a$，称此为五年一遇的枯水流量。

必须指出，由于水文现象并无固定的周期性，所谓百年一遇的暴雨或洪水，是指大于或等于这样的暴雨或洪水在长时期内平均100年发生一次，而不能认为每隔100年必然遇上一次，也许某100年中出现好几次，而在另外的100年中一次也未出现。

第五节　频率曲线参数估计方法

在概率分布函数中都含有一些表示分布特征的参数，如皮尔逊Ⅲ型分布曲线中就包含 $\bar{x}$、C_V、C_S 3个参数。水文频率曲线线型选定之后，为了具体确定出概率分布函数，就

得估计出这些参数。

目前，由样本估计总体参数的方法主要有矩法、三点法等。

一、矩法

矩法是用样本矩估计总体矩，并通过矩和参数之间的关系，来估计频率曲线参数的一种方法。

均值 $\overline{x}$ 的计算式是样本的一阶原点矩，均方差 σ 的计算式为二阶中心矩开方，偏态系数 C_S 计算式中的分子则为三阶中心矩。它们与相应的总体同名参数不一定相等。但是，我们希望由样本系列计算出来的统计参数与总体更接近些，因此，需要将上述公式加以修正，修正后的参数计算式为

$$\overline{x} = \frac{1}{n} \sum_{i=1}^{n} x_i \qquad (3-28)$$

$$\sigma = \sqrt{\frac{n}{n-1}} \sqrt{\frac{\sum_{i=1}^{n} (x_i - \overline{x})^2}{n}} = \sqrt{\frac{\sum_{i=1}^{n} (x_i - \overline{x})^2}{n-1}} \qquad (3-29)$$

$$C_V = \sqrt{\frac{n}{n-1}} \sqrt{\frac{\sum_{i=1}^{n} (k_i - 1)^2}{n}} = \sqrt{\frac{\sum_{i=1}^{n} (k_i - 1)^2}{n-1}} \qquad (3-30)$$

$$C_S = \frac{n^2}{(n-1)(n-2)} \frac{\sum_{i=1}^{n} (k_i - 1)^3}{n C_V^3} \approx \frac{\sum_{i=1}^{n} (k_i - 1)^3}{(n-3) C_V^3} \quad （当 n 较大时） \quad (3-31)$$

水文计算上习惯称式（3-28）～式（3-31）为无偏估值公式，并用它们估算总体参数，作为配线法的参考数值（配线法将在下面介绍）。

二、三点法

三点法是在已知的皮尔逊Ⅲ型曲线上任取三点，其坐标为 (x_{P1}, P_1)、(x_{P2}, P_2) 和 (x_{P3}, P_3)，由式（3-24）建立 3 个方程，联解便可得到 3 个统计参数。其步骤如下。

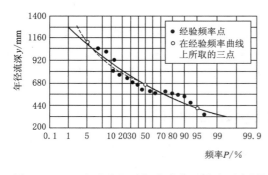

图 3-10 三点法在经验频率曲线上取点示意图

（1）根据实测水文资料计算经验频率，按经验频率点子绘出经验频率曲线。

（2）在经验频率曲线上读取 3 个点：P_2 一般都取 50%，P_1 和 P_3 则取对称值，即 $P_3 = 1 - P_1$，一般多用 $P = 5\% \sim 50\% \sim 95\%$；相应有 x_{P1}、x_{P2}、x_{P3} 3 个值，如图 3-10 所示。假定这三点就在待求的皮尔逊Ⅲ型曲线上，代入方程 $x = \overline{x}(1 + C_V \Phi) = \overline{x} + \sigma \Phi$，建立如下联立方程组：

$$x_{P1}=\overline{x}+\sigma\Phi(P_1,C_S) \\ x_{P2}=\overline{x}+\sigma\Phi(P_2,C_S) \\ x_{P3}=\overline{x}+\sigma\Phi(P_3,C_S)$$ （3-32）

解此方程组，消去均方差 σ，得

$$\frac{x_{P1}+x_{P3}-2x_{P2}}{x_{P1}-x_{P3}}=\frac{\Phi(P_1,C_S)+\Phi(P_3,C_S)-2\Phi(P_2,C_S)}{\Phi(P_1,C_S)-\Phi(P_3,C_S)}$$ （3-33）

令 $$S=\frac{x_{P1}+x_{P3}-2x_{P2}}{x_{P1}-x_{P3}}$$ （3-34）

称 S 为偏度系数，当 P_1、P_2、P_3 已取定时，则有

$$S=M(C_S)$$ （3-35）

即偏度系数 S 与偏态系数 C_S 之间成函数关系，并已制成三点法用表——S 与 C_S 关系表，见附表4。

（3）当用式（3-34）计算出 S 后，就可查表得出相应的 C_S 值。统计参数就可用下面的公式计算：

$$\sigma=\frac{x_{P1}-x_{P3}}{\Phi(P_1,C_S)-\Phi(P_3,C_S)}$$ （3-36）

$$\overline{x}=x_{P2}-\sigma\Phi(P_2,C_S)$$ （3-37）

$$C_V=\frac{\sigma}{\overline{x}}$$ （3-38）

其中，离均系数 $\Phi(P_1,C_S)$、$\Phi(P_2,C_S)$ 和 $\Phi(P_3,C_S)$ 可根据已知的 P、C_S 查附表1得到，进一步可计算出 σ、$\overline{x}$ 和 C_V。

第六节　现行水文频率计算方法——适线法

矩法估计的统计参数 $\overline{x}$、C_V、C_S 具有抽样误差，还不能作为总体统计参数。在水文频率计算（x_P）中，常以矩法估计值作为初始值，采用适线法确定。

适线法（或称配线法）以经验频率点据为基础，在一定的适线准则下求解与经验点据拟合最优的频率曲线参数，是我国估计水文频率曲线统计参数的主要方法。适线法主要有两大类，即目估适线法和优化适线法，下面介绍常用的目估适线法。

一、目估适线法的做法与步骤

目估适线法又称目估配线法，以经验频率点据为基础，给这些点据选配一条符合较好的理论频率曲线，并以此来估计水文要素总体的统计规律。其具体步骤如下。

（1）将实测资料由大到小排列，计算各项的经验频率，在频率格纸上点绘经验点据（纵坐标为变量的取值，横坐标为对应的经验频率）。

（2）选定水文频率分布线型（一般选用皮尔逊Ⅲ型）。

（3）假定一组参数 $\overline{x}$、C_V、C_S。为了使假定值大致接近实际，可用矩法、三点法或其他方法求出频率曲线的 3 个参数，作为第一次配线 3 个参数的假定值。当用矩法估计时，因 C_S 的抽样误差太大，一般不计算 C_S，而是根据经验假定 C_S 为 C_V 的某一倍数。

（4）根据拟定的 $\overline{x}$、C_V 和 C_S，查表计算出 x_P 或 K_P 值。以 x_P 或 K_P 为纵坐标，P 为横坐标，即可得到频率曲线。将此线画在绘有经验点据的图上，看与经验点据配合的情况。若不理想，可通过调整参数 $\overline{x}$、C_V 和 C_S，再次进行计算，点绘频率曲线。

（5）根据频率曲线与经验点据的配合情况，从中选出一条与经验点据配合较好的曲线作为采用曲线，相应于该曲线的参数便看作是总体参数的估值。

（6）求指定频率的水文变量设计值 x_P。

二、统计参数对频率曲线的影响

为了避免配线时调整参数的盲目性，必须了解皮尔逊Ⅲ型分布的统计参数对频率曲线的影响。

1. 均值 $\overline{x}$ 对频率曲线的影响

当皮尔逊Ⅲ型频率曲线的另外两个参数 C_V 和 C_S 不变时，均值 $\overline{x}$ 的不同，可以使频率曲线发生很大的变化，如图 3-11 所示。从图中可以看出下列两点规律。

（1）C_V 和 C_S 不变时，由于均值 $\overline{x}$ 的不同，频率曲线的位置也就不同，均值大的频率曲线位于均值小的频率曲线之上。

（2）均值大的频率曲线较均值小的频率曲线陡。

2. 变差系数 C_V 对频率曲线的影响

为了消除均值 $\overline{x}$ 的影响，以模比系数 K 为变量绘制频率曲线，如图 3-12 所示。图 3-12 中 $C_S=1.0$。$C_V=0$ 时，随机变量的取值都等于均值，此时频率曲线为 $K=1$ 的一条水平线，随着 C_V 的增大，频率曲线的偏离程度也增大，曲线显得越来越陡。

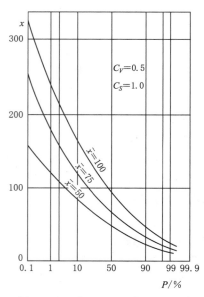

图 3-11　$C_V=0.5$、$C_S=1.0$ 时
不同 $\overline{x}$ 对频率曲线的影响

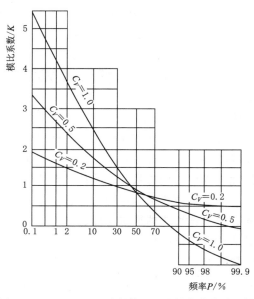

图 3-12　$C_S=1.0$ 时各种 C_V 对频率曲线的影响

3. 偏态系数 C_S 对频率曲线的影响

图 3-13 为 $C_V=0.1$ 时各种 C_S 对频率曲线的影响。从图 3-13 中可以看出，$C_S=0$ 时，频率曲线在频率格纸上呈一直线；$C_S>0$ 正偏情况下，C_S 越大，均值（即图中 $K=1$）对应的频率越小，频率曲线的中部越向左偏，且上段越陡，下段越平缓。

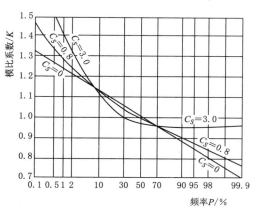

图 3-13　$C_V=0.1$ 时各种 C_S 对频率曲线的影响

三、计算实例

【例 3-1】　已知某枢纽处实测 21 年的年最大洪峰流量资料，见表 3-2。试根据资料用矩法初选参数并配线，推求 100 年一遇的洪峰流量。

解： 其具体步骤如下：

表 3-2　　　　　某枢纽处年最大洪峰流量频率计算表

年份	洪峰流量 Q /(m³/s)	序号	由大到小排列的 Q_i/(m³/s)	模比系数 K_i	K_i-1	$(K_i-1)^2$	$P=\dfrac{m}{n+1}\times100\%$/%
(1)	(2)	(3)	(4)	(5)	(6)	(7)	(8)
1945	1540	1	2750	2.20	1.20	1.44	4.6
1946	980	2	2390	1.92	0.92	0.846	9.0
1947	1090	3	1360	1.49	0.49	0.240	13.6
1948	1050	4	1740	1.40	0.40	0.160	18.2
1949	1360	5	1540	1.24	0.24	0.0576	22.7
1950	1140	6	1520	1.22	0.22	0.0484	27.3
1951	790	7	1270	1.02	0.02	0.0004	31.8
1952	2750	8	1260	1.01	0.01	0.0001	36.4
1953	762	9	1210	0.971	−0.029	0.0008	40.9
1954	2890	10	1200	0.963	−0.037	0.0014	45.4
1955	1210	11	1140	0.915	−0.085	0.0072	50.5
1956	1270	12	1090	0.875	−0.125	0.0156	54.6
1957	1200	13	1050	0.843	−0.157	0.0246	59.1
1958	1740	14	1050	0.843	−0.157	0.0246	63.6
1959	883	15	980	0.786	−0.214	0.0458	68.2
1960	1260	16	883	0.708	−0.292	0.0858	72.7
1961	408	17	794	0.637	−0.363	0.1318	77.3
1962	1050	18	790	0.634	−0.366	0.1340	81.8
1963	1620	19	762	0.611	−0.389	0.1518	86.4
1964	483	20	483	0.388	−0.612	0.3746	90.9
1965	794	21	408	0.327	−0.673	0.4529	95.4
总计	26170		26170	21.001	+3.500 −3.499	4.2423	

85

1. 点绘经验频率曲线

将 Q_i 按由大到小顺序排列，列入表 3-2 中第（4）栏；用频率公式 $P = \dfrac{m}{n+1} \times$ 100% 计算经验频率，列入表 3-2 中第（8）栏。将表中第（4）栏与第（8）栏的数值对应点绘经验频率于频率格纸上（图 3-14）。

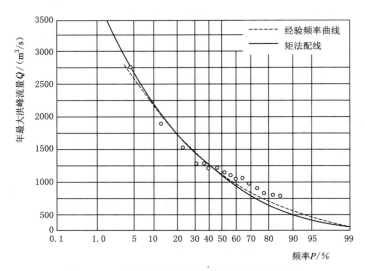

图 3-14 某枢纽处年最大洪峰流量频率曲线

2. 按无偏估值公式计算统计参数

（1）计算年最大洪峰流量的均值。

$$\overline{Q} = \frac{\sum\limits_{i=1}^{n} Q_i}{n} = \frac{26170}{21} = 1246 (\mathrm{m^3/s})$$

（2）计算变差系数。先计算各项的模比系数 $K_i = \dfrac{Q_i}{\overline{Q}}$，记入表中第（5）栏，其和应等于 n。然后计算变差系数：

$$C_V = \sqrt{\frac{\sum\limits_{i=1}^{n} (K_i - 1)^2}{n-1}} = \sqrt{\frac{4.2423}{21-1}} = 0.46$$

3. 选配理论频率曲线

（1）取 $C_V = 0.5$，并假定 $C_S = 2C_V = 1.0$，查表得出相应于不同频率 P 的模比系数 K_P 值，列入表格 3-3 中第（2）栏，由 $Q_P = K_P \overline{Q}$ 得相应于各种频率的 Q_P 值，列入表 3-3 中第（3）栏。将表 3-3 中第（1）栏、第（3）两栏的对应数值点绘曲线，发现理论频率曲线的中段与经验频率点据配合较好，但头部偏于经验频率点据的下方，而尾部又偏于经验频率点据的上方。

表 3-3　　　　　　　　　　　理论频率曲线选配计算表

频率 $P/\%$	第一次配线 $\overline{Q}=1246$ $C_V=0.5$ $C_S=2C_V=1.0$		第二次配线 $\overline{Q}=1246$ $C_V=0.6$ $C_S=2C_V=1.2$		第三次配线 $\overline{Q}=1246$ $C_V=0.6$ $C_S=2.5C_V=1.5$	
	K_P	Q_P	K_P	Q_P	K_P	Q_P
(1)	(2)	(3)	(4)	(5)	(6)	(7)
1	2.51	2127	2.89	3600	3.00	3738
5	1.94	2117	2.15	2680	2.17	2704
10	1.67	2080	1.80	2243	1.80	2243
20	1.38	1720	1.44	1794	1.42	1770
50	0.92	1146	0.89	1109	0.86	1071
75	0.64	797	0.56	698	0.56	698
90	0.44	548	0.35	436	0.39	486
95	0.34	424	0.26	324	0.32	399
99	0.21	262	0.13	162	0.24	299

（2）改变参数，重新配线。第一次配线结果表明，需要增大 C_V 值。现取 $C_V=0.6$，$C_S=2C_V=1.2$，再查表得出相应于不同频率 P 的 K_P 值，并计算各 Q_P 值，列入表 3-3 中（4）、（5）栏，经与经验点据配合，发现头部配合较好，但尾部比经验点据偏低较多。

（3）再次改变参数，第三次配线。在第二次配线的基础上，为使尾部抬高一些与经验点据相配合，需增大 C_S 值。因此，取 $C_V=0.6$，$C_S=2.5C_V=1.5$，再次查表，得相应于不同频率 P 的 K_P 值，并计算各 Q_P 值，列入表格 3-3 中（6）、（7）栏，绘制频率曲线，该线与经验点据配合较好，取为最后采用的频率曲线。

4. 推求 100 年一遇的设计洪峰流量

由表 3-3 第（6）栏和第（7）栏，查得 $P=1\%$ 对应的流量为 $Q_P=3738\mathrm{m}^3/\mathrm{s}$。

第七节　相　关　分　析

一、相关关系

1. 相关的意义与应用

自然界中有许多现象之间是有一定联系的。例如，降雨与径流之间、上下游洪水之间、水位与流量之间等都存在着一定的联系。按数理统计法建立上述两个或多个随机变量之间的联系，称之为近似关系或相关关系。把对这种关系的分析和建立称为相关分析。

在水文计算中，经常遇到某一水文要素的实测资料系列很短或部分缺测、不连续的情况，而与其有关的另一要素的资料却比较长，这样就可以通过相关分析来延长和插补短系列。此处，在水文预报中也经常采用相关分析方法。

2. 相关的种类

根据变量之间相互关系的密切程度，变量之间的关系有三种情况：完全相关、零相关、统计相关。

(1) 完全相关（函数关系）。两变量 x 与 y 之间，如果每给定其中一个变量 x 的值，就能完全确定另一个变量 y 的值（一个或多个），即变量 x 与 y 呈函数关系（单值函数或多值函数），则称这两个变量之间的关系为完全相关的。完全相关的形式有直线关系和曲线关系两种，如图 3-15 所示。

(2) 零相关（没有关系）。两变量之间毫无联系，或某一现象（变量）的变化不影响另一现象（变量）的变化，这种关系则称为零相关或没有关系，如图 3-16 所示。

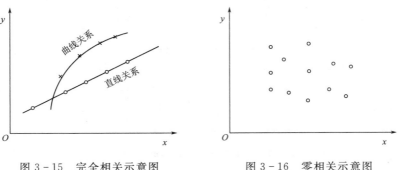

图 3-15　完全相关示意图　　　　图 3-16　零相关示意图

(3) 统计相关。对于变量 x 和 y，当其中一个变量 x 值发生变化时，另一个变量 y 也跟随发生变化，但对应的 y 值不是确定的，而是在一定范围变化。但是，y 随 x 变化的趋势是明显的。在关系图上，点据虽然有些散乱，但却有一个明显的趋势，这种趋势可以用一定的数学曲线来近似地拟合，如图 3-17 所示。这种介于完全相关和零相关之间的变量关系，称为相关关系或统计相关。显然，统计相关是变量之间的不严格或近似的数量关系，是数理统计研究的对象。

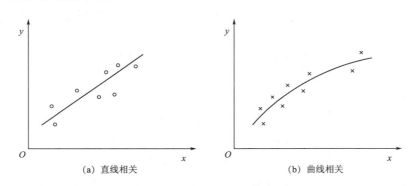

(a) 直线相关　　　　　　　(b) 曲线相关

图 3-17　相关关系示意图

当只研究两个变量的相关关系时，称为简相关；当研究 3 个或 3 个以上变量的相关关系时，则称为复相关。在相关的形式上，又可分为直线相关和非直线相关。在水文计算中常用的是简相关，水文预报中常用复相关。

3. 相关分析的内容

相关分析（或回归分析）的内容一般包括三个方面。

（1）判定变量间是否存在相关关系，若存在，计算其相关系数，以判断相关的密切程度。

（2）确定变量间的数量关系——回归方程或相关线。

（3）根据自变量的值，预报或延长、插补倚变量的值，并对该估值进行误差分析。

二、简单直线相关

1. 相关图解法

设 x_i 和 y_i 代表两系列的观测值，共有 n 对，把对应值点绘于方格纸上，得到很多相关点。如果相关点的平均趋势近似直线，即可通过点群中间及 $(\overline{x}, \overline{y})$ 点绘出相关直线，如图 3-18 所示。

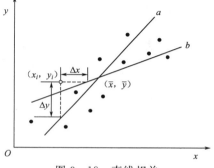

2. 相关计算法

为避免相关图解法在定线上的任意性，常采用相关计算法来确定相关线的方程，即回归方程。简单直线相关方程的形式为

$$y = a + bx \qquad (3-39)$$

式中：x 为自变量；y 为倚变量；a、b 为待定常数，a 为回归直线在 y 轴上的截距；b 为回归直线的斜率。

图 3-18　直线相关

a—y 倚 x 的回归线；b—x 倚 y 的回归线

由于观测点一般都在配合直线附近，而不在配合直线上，由图 3-18 可以看出，观测点与配合直线在纵轴方向的离差为

$$\Delta y_i = y_i - y = y_i - a - bx_i$$

确定回归方程的条件是合理地选定直线方程式中的待定常数 a 和 b，以保证回归直线与实测值 (x_i, y_i) 的误差绝对值尽可能地小。根据最小二乘法原理，当且仅当离差 Δy_i 平方和最小时，所配直线最佳。即使

$$\sum (\Delta y_i)^2 = \sum (y_i - y)^2 = \sum (y_i - a - bx_i)^2$$

为极小值。

欲使上式取得极小值，可分别对 a 和 b 求一阶偏导数，并使其等于零，即

$$\frac{\partial \sum (y_i - a - bx_i)^2}{\partial a} = 0$$

$$\frac{\partial \sum (y_i - a - bx_i)^2}{\partial b} = 0$$

求解上述两联立方程，可得

$$b = \frac{\sum (x_i - \overline{x})(y_i - \overline{y})}{\sum (x_i - \overline{x})^2} = r \frac{\sigma_y}{\sigma_x} \qquad (3-40)$$

$$a = \overline{y} - b\overline{x} = \overline{y} - \frac{\sum (x_i - \overline{x})(y_i - \overline{y})}{\sum (x_i - \overline{x})^2} \overline{x} = \overline{y} - r \frac{\sigma_y}{\sigma_x} \overline{x} \qquad (3-41)$$

式中：σ_x、σ_y 为 x、y 系列的均方差；$\overline{x}$、$\overline{y}$ 为 x、y 系列的均值；r 为相关系数，表示 x、y 两系列间的密切程度。

r 计算式为

$$r=\frac{\sum(x_i-\overline{x})(y_i-\overline{y})}{\sqrt{\sum(x_i-\overline{x})^2\sum(y_i-\overline{y})^2}}=\frac{\sum(K_{xi}-1)(K_{yi}-1)}{\sqrt{\sum(K_{xi}-1)^2\sum(Kyi-1)^2}} \qquad (3-42)$$

式中：K_{xi}、K_{yi} 为变量 x、y 的模比系数系列。

将 a 和 b 值代入式（3-39），得

$$y-\overline{y}=\frac{\sum(x_i-\overline{x})(y_i-\overline{y})}{\sum(x_i-\overline{x})^2}(x-\overline{x}) \qquad (3-43)$$

或

$$y-\overline{y}=r\frac{\sigma_y}{\sigma_x}(x-\overline{x}) \qquad (3-44)$$

此式称为 y 倚 x 的回归方程，它的图形称为 y 倚 x 的回归线，如图 3-18 的线 a 所示。可见，回归线是通过点 $(\overline{x},\overline{y})$ 且斜率为 $r=\dfrac{\sigma_y}{\sigma_x}$ 的直线。

b 或 $r\dfrac{\sigma_y}{\sigma_x}$ 是回归直线的斜率，一般称为 y 倚 x 的回归系数，并记为 $R_{y/x}$，即

$$R_{y/x}=r\frac{\sigma_y}{\sigma_x} \qquad (3-45)$$

为便于记忆，回归方程可化为下列形式：

$$\frac{y-\overline{y}}{\sigma_y}=r\frac{x-\overline{x}}{\sigma_x} \qquad (3-46)$$

同理，若以 y 求 x，则要应用 x 倚 y 的回归方程，如图 3-18 的线 b 所示。x 倚 y 的回归方程为

$$x-\overline{x}=r\frac{\sigma_x}{\sigma_y}(y-\overline{y}) \qquad (3-47)$$

或

$$\frac{x-\overline{x}}{\sigma_x}=r\frac{y-\overline{y}}{\sigma_y} \qquad (3-48)$$

一般 y 倚 x 与 x 倚 y 的两回归线并不重合，但有一个公共交点 $(\overline{x},\overline{y})$。

3. 相关分析的误差

（1）回归线的误差。回归线仅是观测点据的最佳配合线，通常观测点据并不完全落在回归线上，而是散布于回归线的两旁。因此，回归线只反映两变量间的平均关系。按此关系由 x 推求的 y 和实际值之间存在误差，误差大小一般采用均方误来表示。如用 s_y 表示 y 倚 x 回归线的均方误，y_i 为观测值，$\hat{y}_i$ 为回归线上的对应值，n 为系列项数，则

$$s_y=\sqrt{\frac{\sum(y_i-\hat{y}_i)^2}{n-2}} \qquad (3-49)$$

同样，x 倚 y 回归线的均方误 s_x 为

$$s_x=\sqrt{\frac{\sum(x_i-\hat{x}_i)^2}{n-2}} \qquad (3-50)$$

可以证明回归线的均方误 s 与系列的均方差 σ 有下列关系：

$$s_y = \sigma_y \sqrt{1-r^2} \qquad (3-51)$$

$$s_x = \sigma_x \sqrt{1-r^2} \qquad (3-52)$$

正如以上所指出的，由回归方程式算出的 $\hat{y}_i$ 值，仅仅是许多 y_i 的一个"最佳"拟合或平均趋值。按照误差原理，这些可能的取值 y_i 落在回归线两侧一个均方误范围内的概率为 68.7%，落在三个均方误范围内的概率为 99.7%，如图 3-19 所示。

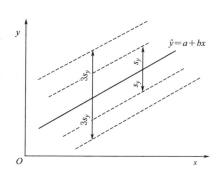

图 3-19 y 倚 x 回归线的误差范围

（2）相关系数误差。在相关分析中，相关系数是根据有限的实测资料（样本）计算出来的，必然会有抽样误差。一般通过相关系数的均方误来判断样本相关系数的可靠性，按统计学原理，相关系数的均方误为

$$\sigma_r = \frac{1-r^2}{\sqrt{n}} \qquad (3-53)$$

（3）相关系数的统计检验。总体不相关（$r=0$）的两变量，由于抽样原因，样本的相关系数不一定等于零。为此，需要对相关系数进行显著性检验。检验方法是：先选一个临界相关系数 r_α，与样本的相关系数 r 相比较，若 $|r|>r_\alpha$，则具有相关关系；否则，无相关关系。r_α 可以根据样本项数 n 和信度 α（一般采用 $\alpha=0.05$）从已制成的相关系数检验表中查取。

4. 相关分析的应用

进行相关分析计算中应当注意以下几点。

（1）应当进行成因分析，研究变量之间是否确实存在着物理上的联系，这是相关分析的必要条件。不能仅仅根据数字计算结果，将没有成因联系的变量建立相关关系。

（2）为避免过大的抽样误差，进行相关分析计算时，水文变量至少应有 12 项同期观测资料（即样本容量 $n \geqslant 12$）。

（3）回归方程式是根据实测资料建立的，经验点据范围以外是否符合相关关系是未知的。因此，应用相关关系时，应限于实测资料控制的范围，不宜将相关直线外延。

（4）水文计算中，除要求 $|r|>r_\alpha$ 外，一般认为 $|r| \geqslant 0.8$，且回归线的均方误 s_y 不大于均值 $\bar{y}$ 的 10%～15%。

5. 相关分析举例

【例 3-2】 某流域甲水文站连续 14 年实测得到枯水流量资料，邻近流域乙水文站观测得到与甲站同期 11 年的枯水流量资料，中间缺测 3 年，资料见表 3-4。经多年同步观测，发现两流域枯水流量存在直线相关关系。试建立两站的直线回归方程和插补乙站缺测的枯水流量资料。

表 3 - 4　　　　　　　　　　　相关分析资料与计算表

项次	甲 $x_i/(m^3/s)$	乙 $y_i/(m^3/s)$	$x_i - \overline{x}$	$(x_i - \overline{x})^2$	$y_i - \overline{y}$	$(y_i - \overline{y})^2$	$(x_i - \overline{x})(y_i - \overline{y})$
1	75.5	60	−103.77	10768.21	−82.64	6829.39	8575.55
2	200	153	20.73	429.73	10.36	107.33	214.76
3	242	217	62.73	3935.05	74.36	5529.41	4664.6
4	187	165	7.73	59.75	22.36	499.97	172.84
5	106	—	—	—	—	—	—
6	371	—	—	—	—	—	—
7	190	130	10.73	115.13	−12.64	159.77	−135.63
8	218	185	38.73	1500.01	42.36	1794.37	1640.6
9	135	90	−44.27	1959.83	−52.64	2770.97	2330.37
10	492	—	—	—	—	—	—
11	238.5	190	59.23	3508.19	47.36	2242.97	2805.13
12	120	108	−59.27	3512.93	−34.64	1199.93	2053.11
13	130	101	−49.27	2427.53	−41.64	1733.89	2051.6
14	236	170	56.73	3218.29	27.36	748.57	1552.13
$\sum\limits_{i=0}^{n}$	1972	1569		31434.65		23616.55	25925.06

解：（1）将两站实测同期资料点绘于坐标纸上，如图 3 - 20 所示，可以看出两系列大致直线相关。其中，$n = 11$，$\overline{x} = \dfrac{1}{11}\sum\limits_{i=1}^{11} x_i = 179.27$，$\overline{y} = \dfrac{1}{11}\sum\limits_{i=1}^{11} y_i = 142.64$。

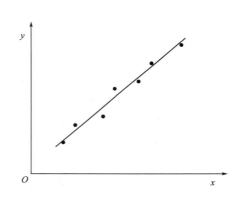

图 3 - 20　某流域甲、乙水文站的枯水流量散点图

（2）列表计算 $x_i - \overline{x}$，$(x_i - \overline{x})^2$，$y_i - \overline{y}$，$(y_i - \overline{y})^2$，$(x_i - \overline{x})(y_i - \overline{y})$。则回归系数为

$$b = \frac{\sum (x_i - \overline{x})(y_i - \overline{y})}{\sum (x_i - \overline{x})^2} = \frac{25925.06}{31434.65} = 0.825$$

（3）相关系数为

$$r = \frac{\sum (x_i - \overline{x})(y_i - \overline{y})}{\sqrt{\sum (x_i - \overline{x})^2 \sum (y_i - \overline{y})^2}}$$
$$= \frac{25925.06}{\sqrt{31434.65 \times 23616.55}} = 0.95$$

（4）回归方程如下：

$$y - \overline{y} = b(x - \overline{x})$$
$$y - 142.64 = 0.825(x - 179.27)$$
$$y = -5.26 + 0.825x$$

（5）因 $r = 0.95 > 0.8$，相关分析成果可以应用。由回归方程插补缺测资料：

$$x = 1060 \text{m}^3/\text{s}, \quad y = 869.24 \text{m}^3/\text{s}$$
$$x = 3710 \text{m}^3/\text{s}, \quad y = 3055.49 \text{m}^3/\text{s}$$
$$x = 4920 \text{m}^3/\text{s}, \quad y = 4053.74 \text{m}^3/\text{s}$$

三、曲线相关

许多水文现象间的关系，并不表现为直线关系而具有曲线相关的形式，如水位-流量关系，流域面积-洪峰流量关系等。水文学上常用幂函数、指数函数两种曲线，基本做法是将其转换为直线，再进行直线回归分析。

1. 幂函数

幂函数的一般形式为

$$y = ax^n \tag{3-54}$$

两边取对数有

$$\lg y = \lg a + n \lg x$$

令

$$Y = \lg y, A = \lg a, X = \lg x$$

则有

$$Y = A + nX \tag{3-55}$$

对 X 和 Y 而言就是直线关系，可对其做直线回归分析。

2. 指数函数

指数函数的一般形式为

$$y = a e^{bx} \tag{3-56}$$

两边取对数有

$$\lg y = \lg a + bx \lg e$$

令

$$Y = \lg y, A = \lg a, B = b \lg e, X = x$$

则有

$$Y = A + BX \tag{3-57}$$

这样对 X 和 Y 同样也可做直线相关分析。

四、复相关

3 个或 3 个以上变量的相关，称为复相关，又称多元相关。在简单相关中，只研究一种现象受另一种主要现象的影响，而将其他因素忽略。但是，如果主要影响因素不止一个，且其中任何一个都不宜忽视，此时就不能用简单相关，而要应用复相关了。

1. 图解法

复相关的计算，在工程上采用图解法选配相关线。在图 3-21 中，倚变量 z 受自变量 x 和 y 两变量的影响，可以根据实测资料在方格纸上点绘出 z 与 x 的对应值，并在点旁注明 y 值，然后作出 y 值相等的 y 等值线。这样点绘出来的图，

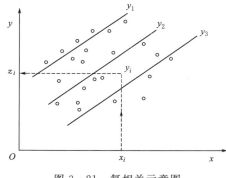

图 3-21 复相关示意图

就是复相关关系图。它与简单相关图的区别就在于多了一个自变量，即 z 值不单是倚 x 而变，同时还倚 y 而变。因此，在使用复相关图插补（延长）z 值时，应先在 x 轴上找出 x_i 值，并向上引垂线至相应的 y_i 值，然后便可查得 z_i 值。

除图 3-21 所示的复直线相关图外，还有复曲线相关图，它们在水文计算和水文预报中经常会遇到。

2. 分析法

复相关计算除用图解法以外，还可用分析法，但非常繁杂。分析法主要用于复直线相关分析（或称复直线回归分析、多元线性回归分析）。有关多个自变量的复直线回归分析，其原理与前面介绍的简直线（一元）回归分析大致相同，所不同的是回归直线方程中系数（回归系数）的确定需要求解更为复杂的线性代数方程组。有关这方面内容，可参考有关数学书籍。

参 考 文 献

[1] 许武成．水资源计算与管理 ［M］．北京：科学出版社，2011．

[2] 詹道江，叶守泽．工程水文学 ［M］．3 版．北京：中国水利水电出版社，2000．

[3] 叶守泽．水文水利计算 ［M］．北京：中国水利水电出版社，2001．

[4] 向文英．工程水文学 ［M］．重庆：重庆大学出版社，2003．

[5] 任树梅，朱仲元．工程水文学 ［M］．北京：中国农业大学出版社，2001．

[6] 管华，李景保，许武成，等．水文学 ［M］．北京：科学出版社，2010．

[7] 任树梅．工程水文学与水利计算基础 ［M］．北京：中国农业大学出版社，2008．

第四章 河 流

河流是地球上重要水体之一，在陆地上广泛分布。论面积、水量，它是个极小的水体。但是河流与人类的关系非常密切，是人类文明的摇篮。河流两岸广阔的冲积平原和源源不断的淡水资源是人类得以生存和发展的重要条件。纵观历史，人类文明基本上都是以河流及流域作为其发源地。例如美索不达米亚文明（两河文明）发源于底格里斯河与幼发拉底河流域，尼罗河文明发源于尼罗河流域，印度河文明发源于印度河与恒河流域，中华文明则起源于黄河和长江流域。但是河流周期性的洪水泛滥等灾害又对人类生存构成严重的威胁。因此，人类要想趋利避害，谋求社会经济的可持续发展，就需要认识河流。

第一节 河流、水系和流域

一、河流及其分段

（一）河流的概念

河流是指地表经常性或间歇性有水流动的线状天然水道。降水、冰雪融水或地下水涌出地表，在重力作用下经常地或周期性地沿着流水本身塑造的线形洼地流动，就形成了河流。河流由河槽与水流两个基本要素组成。陆地表面上接纳、汇集和输送水流的槽形凹地，称为河槽。河槽与水流之间相互作用、相互依存，水流不断塑造河槽，河槽又约束着水流。

河流的规模有大有小，较大的河流称为江、河、川，如长江、黄河等；较小的河流称为溪、涧。在外流区域，流入海洋的河流叫作外流河，如长江、黄河等。它们有较长的流线、发达的水系、丰富的水量，汇集了由支流注入的大量径流，最终注入海洋。在内陆区域，河水不能流入海洋，而是注入内陆湖泊、沼泽，或因渗漏、蒸发而消失于沙漠之中的河流，称为内流河或内陆河，如新疆的孔雀河、塔里木河等。

（二）河流分段

每一条河流都有河源与河口，而较大河流的流程通常按地质-地理特征分成上、中、下游三段，即河流共分成五段。

1. 河源

河源即河流的发源地（源头）或起始点，是指河流最初具有地表流水形态的地方。因此常常是全流域海拔最高的地方，通常与山地冰川、高原湖泊、沼泽和泉相联系。如长江的源头是唐古拉山脉各拉丹冬雪山西南侧的姜根迪如南支冰川。

当一条河流由两条或多条河流汇合而成时，如何确定河源，目前意见不一，标准很多。但其主要取决于三个因素：河流长度、水量大小和历史习惯。一般地，选择长度最长或水量最大的河流作为干流或主流，干流的河源作为河系的河源，即"河源唯远"和"水量最丰"是确定河源的两个主要原则。但个别河流以习惯称呼，如大渡河的水量、长度都比岷江大，但习惯上一直把大渡河作为岷江的支流。

2. 上游

上游指紧接河源的河段，常常穿行于深山峡谷之中。其特征如下：河谷窄，呈 V 字形，河床多为基岩或砾石；比降和流速大；侵蚀（下切和溯源侵蚀）强烈，纵断面呈阶梯状，多急流瀑布；流量小；水位变幅大。如黄河在内蒙古河口镇（现名河口村）以上河段为上游。

3. 中游

中游指介于上游与下游的河段。其特征是：河谷展宽，呈 U 字形，河床多为粗砂；比降和流速较小；下切侵蚀较弱而侧蚀显著；流量较大；水位变幅较小。如黄河从内蒙古河口镇到河南孟津的河段。

4. 下游

下游指介于中游与河口的河段，其特征如下：河谷宽广，呈⌣形，河床多为细砂或淤泥；比降很小；流速也很小；水流无侵蚀力，淤积显著，多浅滩沙洲和汊河湾道；流量大；水位变幅较小。如黄河从河南孟津到山东利津的河段。

5. 河口

河口指河流的终点，即河流与接受水体的结合地段。接受水体可以是海洋、湖泊、沼泽或上一级河流，因而河口可分为入海河口、入湖河口、入库河口和支流河口等。在河流的入海、入湖处，因水流分散，流速骤然减小，常有大量泥沙淤积。在干旱地区，由于河水沿途强烈的蒸发和下渗，河水全部消失于沙漠之中，没有河口，称为瞎尾河或无尾河，如乌鲁木齐河。

（三）入海河口

入海河口是河口的重要类型，狭义的河口仅指入海河口。它是一个半封闭的海岸水体，与海洋自由沟通，海水在此被陆域来水所冲淡。入海河口往往有三角洲和冲积平原，土地肥沃，人口稠密，工农业生产比较发达。世界上许多港口兴建在河口区。河口地区是咸淡水交会区，很多海洋鱼类在此产卵，河流又从陆地上带来大量饵料，河口附近往往是重要的渔场。因此，对河口区的研究在发展工农业生产、交通事业和渔业等方面有着极为重要的意义。

1. 河口区的分段

河口区是河流与海洋之间的过渡地带，河口区上界是海洋作用和影响最终消失的地方，其下界则应是河流作用与影响最终消失之处。根据水文、地貌特征，从陆到海可将河口区分为近口段、河口段和口外海滨段（图 4-1）。

（1）近口段。近口段指从潮区界至潮流界之间的河段，又称河流感潮区。海洋涨潮时，

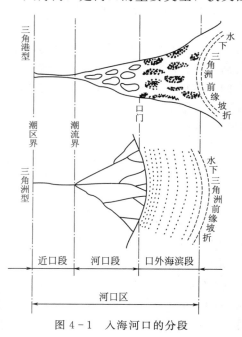

图 4-1　入海河口的分段

潮水沿河上溯，由于下泄河水的阻碍及河床摩擦，潮流能量逐渐消耗，流速也慢慢减小，当涨潮流上溯到一定的距离，涨潮流流速为零。涨潮流上溯的最远断面称为潮流界。在潮流界以上，由于河水受潮流顶托，水面壅高，潮波波形向上游传播，在传播过程中，潮高急剧降低，到潮差等于零为止的界面称为潮区界。长江口的潮流界一般在镇江附近，而潮区界在安徽省的大通附近。近口段主要受潮水顶托的影响，水位发生周期性的升降变化，潮差很小，无涨潮流，水流总是向下游流动，其水文属性及河床演变规律与河流基本一致，所以近口段也称河流段。

（2）河口段。河口段指从潮流界至口门（拦门沙顶部）的河段，具有双向水流，即河川径流的下泄和潮流的上溯，水流变化复杂，河床不稳定；地貌上表现为河道分汊、河面展宽，出现河口沙岛。口门附近堆积地貌的统称拦门沙，它包括水下浅滩、河口沙岛、口内沙坝以及航道上阻碍航行的水下堆积地形。

（3）口外海滨段。口外海滨段指从口门到水下三角洲前缘坡折的河段，这里以海水作用为主，除了潮流之外，还有波浪和靠近河口的海流的影响；地貌上表现为水下三角洲或浅滩。

径流和潮流是河口地区两个主要的动力因素，两者彼此消长，支配着河口区的水文特征。潮区界和潮流界是径流、潮流这一对矛盾相互作用的产物。由于径流有洪枯水期的变化，潮流也有大小潮之分，它们相互作用可能出现很多组合，使潮区界和潮流界的位置并非是固定不变的。以长江口为例，在枯水大潮期，潮区界可抵距河口 590km 的安徽大通，潮流界可抵江苏的镇江、扬州附近；但在洪水期，潮区界下移到距河口 400km 的安徽芜湖，而潮流界下移到江苏江阴以下。此外不同河流所处的地理位置不同，潮流的强弱也有很大差异，有些弱潮河口，河口区很短，上述三段就很难加以区分。

2. 河口的分类

河口的分类从不同的角度有多种方案。根据地貌形态，河口可分为三角洲河口和喇叭形（即三角港）河口两类。长江、黄河、珠江等的河口属于前者，钱塘江属于后者。从径流和潮流强弱的对比来分，潮差大于 4m 的为强潮河口，如钱塘江；潮差在 2～4m 之间的为缓潮河口，如长江、珠江、辽河、瓯江等；潮差小于 2m 的为弱潮河口，如黄河、滦河等；潮差小于 0.5m 的为无潮河口，如多瑙河。从咸淡水混合来划分，河口可分为强混合型河口、缓混合型河口及弱混合型河口三类。

3. 河口的水文特性

入海河口是河流动力与海洋动力相互作用与影响、相互消长的区域，两种动力在时间和空间上都有各自运动、变化和分布规律。两种动力中各因素的不同组合，使河口区的水文情势较河流和海洋更为复杂，并具有独特性质。

（1）河口潮汐。河口潮汐指由外海潮波向河口传播而引起的河口水位、流量的周期性升降和流动。

（2）河口咸水和淡水的混合及环流。由于密度的差异，河水与海水在径流、潮汐和地形影响下，发生咸水和淡水的混合作用，并在交界面发生内部环流。

（3）河口泥沙运动。随涨落潮，河口泥沙运动十分活跃，泥沙出现频繁的悬扬和落淤；泥沙颗粒间彼此黏结而絮凝成团，产生絮凝和团聚现象；在河底形成高含沙区，沉积成特有的拦门沙浅滩；在河口的口外海滨和沿海，由悬浮细沙形成的浮泥可自由流动。

（4）河口河床演变。河口挟沙水流的运动引起河口河床的冲刷和淤积，使河口河床形态发生变化，因各河口上游来水来沙条件不同，潮汐和波浪的强弱各异，故不同类型的河口有各自的发育特点和演变规律。

此外，河口区化学物质的输入和输出、河口区的化学过程等，均是河口区特有的水文现象。河口水文现象的变化受河流水文特性、河口地貌、气候等自然因素及人类活动影响。河口水文研究除采用一般河流水文与海洋水文测验方法外，还应用遥感和遥测技术、同位素测定等方法。近年国外建立河口数值模型与现场综合测量相结合的方法，作为研究河口水文现象及其物理过程的重要手段。

二、水系

（一）水系的概念

水系又称河系、河网，指河流从河源到河口沿途接纳众多的支流并形成复杂的干支流网络系统，即由河流的干流和各级支流，流域内的湖泊、沼泽或地下暗河等彼此连接的一个系统。干流一般指长度最长或水量最大的河流，又称主流。支流指直接或间接注入干流的河流。直接注入干流的河流称为一级支流，如嘉陵江是长江的一级支流；直接注入一级支流的河流叫二级支流，譬如涪江、渠江是嘉陵江的一级支流，为长江的二级支流，其余类推。水系通常按干流命名，如长江水系、黄河水系等。

（二）水系的特征

水系的特征主要包括河长、河网密度和河流的弯曲系数等。

1. 河长（河流长度）L

河长是指从河源到河口的轴线（深泓线、溪线，即河槽中最深点的连线）长度，常用 L 表示，以 km 计。

量算河长，通常在较大比例尺的地形图上，用曲线计或两脚规量取。但由于河源处有溯源侵蚀，河口处还有淤积，河道又有不断弯曲或截弯取直等变化，河长是经常变动的，所以量算河长应采用最新资料为好。由于各家所采用的地形图不一，量算河长的方法也不相同，河源的选取也有差别，因此同一河流量算出的结果可能会有较大的出入。

2. 河网密度 D

河网密度是指流域内干支流的总长度和流域面积之比，即单位流域面积内河道的长度。可用式（4-1）表示：

$$D = \frac{\sum L}{F} \tag{4-1}$$

式中：D 为河网密度，km/km^2；$\sum L$ 为河流总长度，km；F 为流域面积，km^2。

河网密度表示一个地区河网的疏密程度。河网的疏密能综合反映一个地区的自然地理条件，它常随气候、地质、地貌、岩石土壤和植被等条件不同而变化。一般地说，在降水量大、地形坡度陡、土壤不易透水、植被稀少的地区，河网密度较大；相反则较小。例如我国东南沿海地区比西北地区河网密度大。

3. 河流的弯曲系数 K

河流的弯曲系数是指某河段的实际长度与该河段直线距离之比值。可用式（4-2）表示：

$$K = \frac{L}{l} \tag{4-2}$$

式中：K 为河流弯曲系数；L 为河段实际长度，km；l 为河段的直线长度，km。

河流的弯曲系数 K 值越大，河段越弯曲，对航运和排洪就越不利。

（三）水系的类型

根据干支流相互配置的关系或干支流构成的几何形态差异，水系有如下类型。

（1）扇状水系。其干支流呈扇状或手指状分布，即来自不同方向的各支流比较集中地汇入干流，流域呈扇形或圆形。我国的海河水系就属于此类。当全流域同时发生暴雨时，各支流洪水比较集中地汇入干流，在汇合点及其以下的河段易形成灾害性洪水，这是历史上海河多灾的主要原因之一。

（2）羽状水系。支流从左右两岸比较均匀地相间（交错）汇入干流，呈羽状。如滦河水系、钱塘江水系等。此类水系，对河川径流有重要的调节作用。支流洪水相间汇入干流，洪水过程线长，洪灾少。其多发育在地形比较平缓、岩性比较均一的地区。

（3）树枝状水系。支流多而不规则，干支流间及各支流间呈锐角相交，排列形状如树枝，一般发育在抗侵蚀力比较一致的沉积岩或变质岩地区，多数河流属此类。

（4）平行状水系。几条支流平行排列，到下游河口附近开始汇合，如淮河左岸的洪河、颍河、西淝河、涡河、浍河等。

（5）格子状水系。干支流之间直交或近于直交，呈格子状，如闽江水系。其主要受地质构造控制。

（6）放射状水系。中高周低的地势，河流由中部向四周放射状流动。

（7）向心水系。盆地地势，河流由四周山地向中部洼地集中，如塔里木盆地和四川盆地。

通常较大河流，由于流经不同的地质地形区，在不同河段水系形式不同，形成混合水系。如长江上游的雅砻江、金沙江属平行状水系，而宜宾以下则属树枝状水系。

三、流域

（一）流域的概念

1. 分水岭

分水岭指相邻河流或水系之间的分水高地。降落在分水岭两侧的降水分别注入不同的河流（或水系），如秦岭为长江与黄河的分水岭。

在地势起伏比较大的山地丘陵地区，分水岭比较明显，但在地势平坦的平原、高原、沼泽地区，不很明显。含沙量大的河流，由于泥沙淤积，常使下游河床抬高，年长日久，河床甚至高出两岸地面，河床本身成为分水岭。如黄河在郑州以东，南岸水流流入淮河水系，北岸水流流入海河水系，黄河河槽构成了它们间的分水岭。

2. 分水线

分水线指相邻两个水系或流域之间的分界线，是分水岭最高点的连线，通过流域周界的山顶、山脊、鞍部等。如秦岭的山脊线为黄河和长江的分水线。

分水线可分为地表分水线和地下分水线。前者是汇集地表水的界线，后者是汇集地下水的界线。地表分水线主要受地形影响，而地下分水线主要受地质构造和岩性控制，因此二者常常不一致（图 4-2）。分水线不是一成不变的。河流的向源侵蚀、切割，下游的泛滥、改道等都能引起分水线的移动，不过这种移动过程一般进行得很缓慢。

图 4-2 地表分水线与地下分水线示意图

3. 流域

流域指河流或水系的补给区域（集水区域），是分水线所包围的区域，包括地表集水区与地下集水区。流域可分闭合流域和非闭合流域。地表分水线与地下分水线重合的流域，称为闭合流域。反之，称为非闭合流域。

严格地讲，几乎不存在闭合流域。但由于地下集水区的界线难以确定，而且对于大中型流域来讲，因地面、地下集水区的不吻合造成的水量补给差异很小，常可忽略不计。因此，水文计算中，通常将地面集水区作为流域。但对于小流域或岩溶地区，相邻流域的地下水交换量所占比重较大，必须通过泉水调查、水文地质调查、枯水调查等来确定地下集水区的范围。

（二）流域的特征

流域的特征（basin characteristics）是流域的几何特征、自然地理特征和人类活动影响的总称。

1. 流域的几何特征

流域的几何特征是流域的面积、形状、长度、平均宽度、平均高程、平均坡度、不对称系数等的总称。

（1）流域面积。流域面积指流域分水线和出口断面所包围的平面面积。它是流域的重要特征，直接影响河流水量大小和河川径流的形成过程。一般地，流域面积越大，河流水量也越大（干旱地区除外）。流域面积小的河流，强度大的暴雨往往可以笼罩全流域，很容易造成异常猛烈的洪水。而流域面积大的河流，整个流域被暴雨笼罩的机会较小，因流域内只是某一部分发生暴雨，洪水威胁就不很显著。而且大流域常常源远流长，河床切割较深，在久旱不雨或少雨的枯水季节，仍有较多的地下水补给，因而枯水流量较丰富；而小流域，因河床切割较浅，地下水补给少，枯水流量小，甚至干涸断流。

流域面积的量算，首先必须在大比例尺地形图上勾绘出流域的分水线，然后量算分水线包围的面积。量算的方法有求积仪法、方格法、几何图形法。

（2）流域形状。流域形状对河流水量变化有很大影响。通常，圆形或卵形流域降水量容易集中于干流，从而形成巨大的洪峰；狭长形流域，洪水宣泄比较均匀，洪峰不易集中。

流域形状用形状系数 K_f 或分水线延长系数 K_e 表示。流域形状系数 K_f 等于流域面积除以流域长度的平方，即

$$K_f = \frac{F}{L^2} = \frac{B}{L} \tag{4-3}$$

式中：F 为流域面积，km^2；L 为流域长度，km；B 为流域平均宽度，km。

K_f 越小，流域形状越狭长；当 K_f 接近于 1 时，流域形状接近于方形。

分水线延长系数 K_e 是流域分水线的实际长度与流域同面积圆的周长之比，即

$$K_e = \frac{l}{2\sqrt{F\pi}} = 0.28\frac{l}{\sqrt{F}} \tag{4-4}$$

式中：l 为分水线长度，km。

K_e 值接近于 1 时，说明流域的形状接近于圆形，这样的流域易造成大的洪水。K_e 值越大，流域形状越狭长，径流变化越平缓。

（3）流域长度 L。流域长度有不同的表示方法：①从流域出口断面沿主河道到流域最远点的距离为流域长度；②用流域平面图形几何中心轴的长度（也称流域轴长）表示，即以流域出口断面为圆心作若干不同半径的同心圆，量出各圆周与流域边界线交点所组成的圆弧中点，各弧长中点连线的总长度即为流域几何轴长。

（4）流域平均宽度 B。流域平均宽度为流域面积 F 与流域长度 L 之比值。比值越小，流域越狭长。

（5）流域平均高程 H_{cp}。流域高度直接影响气温、降水和蒸发特征，从而影响流域的水量变化。一般地讲，随流域高度增加，气温下降，蒸发量减少；同时，降水量增加，固态降水比重增大，故山区河网密度大，常成为多水中心。

计算流域平均高程有两种方法：①方格法，将流域的地形图划分成 100 个以上的正方格，定出每个方格交叉点上的高程，然后再求其算数平均值；②从地形图上量出流域内的每相邻两等高线间的面积与相应两等高线间的平均高程，然后将它们对应的乘积相累加，最后除以流域总面积，即得到流域平均高程。从地形图上可用求积仪量取相邻两条等高线包围的面积，用面积加权法计算：

$$H_{cp} = \frac{f_1 h_1 + f_2 h_2 + f_3 h_3 + \cdots + f_n h_n}{F} = \frac{1}{F}\sum_{i-1}^{n} f_i h_i \tag{4-5}$$

式中：h_1，h_2，h_3，$\cdots$，h_n 为相邻两条等高线的高程平均值，m；f_1，f_2，f_3，$\cdots$，f_n 为相邻两条等高线所包围的面积，km^2。

（6）流域平均坡度。流域平均坡度对地表径流产生、集流、下渗、土壤水、地下水以及土壤流失、河流含沙量等均有很大影响。计算流域平均坡度首先要在流域地形图上依次量出各等高线间的面积和各等高线的长度。如以 l_0，l_1，l_2，$\cdots$，l_n 为各等高线在流域内的长度，f_1，f_2，f_3，$\cdots$，f_n 为相邻两等高线间的面积，b 为两等高线间的水平距离，ΔH 为两等高线的高差，$F = f_1 + f_2 + f_3 + \cdots + f_n$ 为流域总面积，则两等高线间的坡度 I 为

$$I = \frac{\Delta H}{b}$$

两等高线间的面积 f_1 为

$$f_1 = \frac{l_0 + l_1}{2}b$$

$$b = \frac{2f_1}{l_0 + l_1}$$

将 b 值代入坡度公式，则

$$I_1 = \frac{\Delta H(l_0 + l_1)}{2f_1}$$

$$I_2 = \frac{\Delta H(l_1 + l_2)}{2f_2}$$

则流域平均坡度为

$$
\begin{aligned}
I_{cp} &= \frac{I_1 f_1 + I_2 f_2 + I_3 f_3 + \cdots + I_n f_n}{f_1 + f_2 + f_3 + \cdots + f_n} \\
&= \frac{\dfrac{\Delta H(l_0 + l_1)}{2f_1} f_1 + \dfrac{\Delta H(l_1 + l_2)}{2f_2} f_2 + \dfrac{\Delta H(l_2 + l_3)}{2f_3} f_3 + \cdots + \dfrac{\Delta H(l_{n-1} + l_n)}{2f_n} f_n}{F} \\
&= \frac{\Delta H(0.5 l_0 + l_1 + l_2 + l_3 + \cdots + 0.5 l_n)}{F}
\end{aligned}
\tag{4-6}
$$

即流域内最高最低等高线长度的一半及各等高线长度乘以等高线间的高差乘积之和与流域面积的比值。

（7）流域不对称系数。一条河流左右岸的面积常常是不相等的，表示这种面积不相等的情况可用不对称系数。流域的不对称系数是左右岸面积之差与左右岸面积平均值的比值。即

$$K_0 = \frac{F_左 - F_右}{\dfrac{F_左 + F_右}{2}} = \frac{2(F_左 - F_右)}{F_左 + F_右} \tag{4-7}$$

式中：K_0 为流域不对称系数；$F_左$、$F_右$ 分别为左、右岸的流域面积，km^2。

流域的不对称情况对径流的集流时间与径流形势有很大影响，而且这种影响常随河流大小和支流情况的不同而异。

2. 流域的自然地理特征

流域的自然地理特征是流域的地理位置，气候因素，土壤、岩石性质和地质构造，地貌特征，植被，流域内的湖泊与水库等的总称。

（1）流域的地理位置。流域的地理位置以流域中心和流域边界的地理坐标的经纬度来表示，流域的地理位置说明离海洋的距离以及与其他较大山脉的相对位置，它影响水汽的输送和降雨量的大小。由于同纬度地区气候比较一致，所以东西方向较长的流域，流域上各处的水文特征，有较大程度的相似性。

（2）流域的气候因素。流域的气候因素包括降水、蒸发、气温、湿度、气压及风速等。河川径流的形成和发展主要受气候因素控制，俄罗斯著名气候学家 A. H. 沃耶伊科夫认为，河流是气候的产物。降水量的大小及分布，直接影响径流的多少，蒸发量对年、月径流量有重大影响。气温、湿度、风速、气压等主要通过影响降水和蒸发而对径流产生间接影响。

（3）流域的土壤、岩石性质和地质构造。流域的土壤、岩石性质主要指土壤结构和岩

石水理性质，如水容量、给水度、持水性、透水性等，流域的地质构造指断层、折皱、节理、新构造运动等，这些因素与下渗损失、地下水运动、流域侵蚀有关，从而影响径流及泥沙情势。

（4）流域的地貌特征。流域的地貌特征包括流域内山区与平原的比例、流域切割程度、流域内河系总长度、流域平均高度、流域高度面积曲线（也称测高曲线）等。流域面积高度分布曲线指流域内某一高程与该高程以上流域面积的关系曲线，通常用流域面积的百分数和流域内最大高程的百分数表示。它定量地描述了流域面积的大小随高程的不同而变化，在一定程度上反映了流域内水文要素的垂直分带性。在河流幼年阶段，流域地势陡峭，这种曲线多呈凸形。河流的老年阶段，地形平缓，曲线多呈凹形。

（5）流域的植被。流域的植被主要包括植被类型、在流域内的分布状况、覆被率、郁闭度、生物量、生长状况等。植被是影响径流最为积极的因素之一，它能够起到涵养水源、调节径流的作用。植被的覆盖程度一般用植被面积占流域面积的百分比，即植被率表示。

（6）流域内的湖泊与水库。流域内的湖泊与水库对径流有巨大的调节作用，流域内的湖泊与水库越多，对河川径流的调节作用越大。湖泊（或沼泽）率是指湖泊（或沼泽）面积与流域面积的百分比。

四、河流的纵横断面

（一）河流纵断面（纵剖面）

河流纵断面是与水流方向一致的断面，是指沿河流轴线的河底高程或水面高程的沿程变化。故河流纵断面可分为河槽（底）纵断面（指河底高程的沿程变化）和水面纵断面（水面高程的沿程变化）两种。

河源与河口的高程差称为河流的总落差；某河段上下游两端的高程差称为该河段落差。河段落差与该河段河长之比值即单位河长的落差，称为河流的比降，以小数或千分率表示，当河流纵断面近于直线时，按式（4-8）计算：

$$i = \frac{H_上 - H_下}{L} \quad (4-8)$$

式中：$H_上$、$H_下$ 分别为河段上下游河槽（或水面）上两点的高程；$H_上 - H_下$ 为河段的落差，m；L 为河段的长度，m。

当河段纵断面呈折线时，可在纵断面图上，通过下游端断面河底处作一斜线，使此斜线以下的面积与原河底线以下的面积相等，此斜线的坡度即为河道平均纵比降（图4-3），计算公式如下：

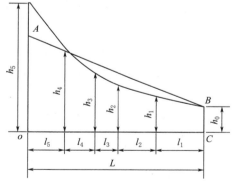

图4-3　河道平均纵比降计算示意图

$$i_{cp} = \frac{(h_0 + h_1)l_1 + (h_1 + h_2)l_2 + \cdots + (h_{n-1} + h_n)l_n - 2h_0 L}{L^2} \quad (4-9)$$

式中：h_0，h_1，h_2，$\cdots$，h_n 为自下游到上游沿程各河底高程，m；l_1，l_2，l_3，$\cdots$，l_n 为相邻两点间的距离，m。

河流比降是决定流速的重要因素，比降越大，流速越快，河流的动力作用越强。河流纵断面能很好地反映河流比降和落差的变化。以落差为纵轴，距河口的距离为横轴，根据实测高度值定出各点的坐标，连接各点即得到河流的纵断面（图 4-4）。河流纵断面可分为 4 种类型：①全流域比降一致的，为直线形纵断面；②河源比降大，而向下游递减的，为平滑下凹形纵断面；③比降上游小而下游大的，为下落形纵断面；④各段比降变化无规律的，可形成折线形纵断面。

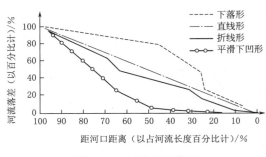

图 4-4　河流的纵断面

流域内岩层的性质、地貌类型的复杂程度，及河流的年龄，都影响纵断面的形态。在软硬岩层交替处，纵断面常相应出现陡缓转折。山地和平原、盆地交接处，纵断面也发生变化。年轻河流纵断面多呈上落形或折线形；老年河流，则多呈平滑下凹形。后者有时被称为均衡剖面。

（二）河流横断面（横剖面）

1. 河流横断面的概念

河流横断面是指河流某处垂直于主流方向的河底线与水面线所包围的平面（图 4-5）。不同水位有不同的水面线，其断面面积也不相同。最大洪水时的水面线与河底线包围的面积称为大断面。某一时刻的水面线与河底线包围的面积称为过水断面。

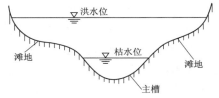

图 4-5　河流横断面示意图

河流横断面是决定输水能力、流速分布、河流横比降和流量的重要因素。通常河水面不是一个严格的几何平面，而是一个凹凸曲面，存在着横比降。其主要原因是地转偏向力和弯道离心力作用，使得流速分布不均匀，发生凹凸变形。

2. 过水断面的形态要素

常用的过水断面形态要素有过水断面面积 F、湿周 P、水面宽度 B、平均水深 H、水力半径 R、糙度 n 等，这些要素与河流的过水能力有密切的关系。

（1）过水断面面积 F。过水断面面积大都从已测得的过水断面图上量算出来。如果断面图纵向、横向比例尺相同，可用求积仪或方格法直接量算。如果比例不同，可把图划为若干梯形或三角形，分别用梯形、三角形面积公式计算。每一个水位都对应有一个过水断面面积。根据不同水位时的过水断面面积资料可以绘制水位-面积关系曲线图。有了水位-面积关系曲线图，就可根据水位值推求过水断面面积。但必须满足河道断面无冲淤变化。

（2）湿周 P。湿周指过水断面上，河槽被水流打湿部分的固体周界长，即过水断面上河底线的长度，以 P 表示。但河流封冻时，湿周是指过水断面周长。一般地，湿周越长，固体边界对水流摩擦阻力越大，则动能减小越快，流速越慢。

（3）水面宽度 B。水面宽度指过水断面上水面线的长度。一般地，水面宽度与水位呈正相关关系，即水位越高，水面宽越大。断面周长＝湿周＋水面宽度。

（4）平均水深 H。平均水深指过水断面面积除以水面宽度。

（5）水力半径 R。水力半径指过水断面面积 F 与湿周 P 之比值。即

$$R = \frac{F}{P} \tag{4-10}$$

水力半径 R 是决定流速和流量的重要因素。一般地，水力半径越大，湿周越小，则固体边界对水流阻力越小，所以流速越快，流量越大。

（6）糙度 n。糙度指河槽上的泥沙、岩石、植物等对水流阻碍作用的程度，常用糙率系数 n 表示。河槽糙度的大小直接影响水流流速。在其他条件相同情况下，河槽越粗糙，水流速度就越慢。

第二节　河流的水情要素

水情要素是描述河流水文情势及其变化的指标，主要包括水位、流速、流量、河流泥沙、化学径流、河流水温与冰情等，反映河流在地理环境中的作用及其与自然地理各要素之间的相互关系，是研究水文规律的基础。

一、水位

（一）水位的概念及其确定方法

水位是指水体的某地某时刻水面相对于某一基面的高程。高程起算的固定零点称基面。基面可分绝对基面和相对基面。绝对基面（也称标准基面）是以某一入海河口的平均海平面为零点。为了对比不同河流的水位，目前我国规定统一采用青岛基面。相对基面也称测站基面，是以观测点最枯水位以下 $0.5 \sim 1m$ 处作为起算零点的基面。采用相对基面可减少记录和计算工作量，但观测结果与其他水文站的水文资料不具有可比性，故要换算为统一基面。

水位观测的常用设备有水尺和自记水位计两类。按构造形式不同，水尺分为直立式、倾斜式、矮桩式与悬锤式 4 种，其中应用最广泛的是直立式水尺。观测时记录的是水尺读数，水位计算公式为

$$\text{水位} = \text{水尺零点高程} + \text{水尺读数} \tag{4-11}$$

自记水位计可自动记录水位变化的连续过程，甚至能将观测结果以数字或图像的形式传至室内，使水位观测工作趋于自动化和远程化。

水位与流量有直接关系，水位高低是流量大小的主要标志。流域降水、冰雪消融状况是影响流量和水位变化的主要因素。此外，河道冲淤变化、风向和风速、潮汐、冰情、植物状况、支流汇入情况、人工建筑物、地壳升降等，均可引起水位的变化。

（二）水位变化曲线与特征水位

河流水位一般有年内变化和年际变化，山区冰雪融水补给河流和感潮河段，水位还有日变化。为了分析水位的变化规律，常将水位观测资料进行整理，并绘制有关曲线，以表

未示水位及其变化特点。

1. 水位过程线和水位历时曲线

水位过程线是指水位随时间变化的曲线。绘制方法是以水位为纵坐标，以时间为横坐标，将水位变化按时间顺序进行点绘。应用水位过程线可以分析水位的变化规律，确定特征水位及其出现日期，研究各补给源的特征，分析洪水波在河道中沿河传播的情形以及做短期洪水预报，分析流域自然地理因素对该流域水文过程的综合影响等。根据需要可以绘制日、月、年、多年等不同时段的水位过程线。洪水期间或感潮河段常需绘制逐时水位过程线。

水位历时曲线是指一年中大于和等于某一数值的水位出现的累积天数即水位历时的变

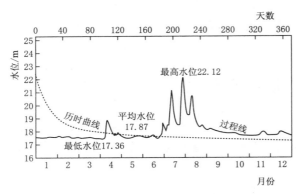

图 4-6 水位过程线与水位历时曲线

化曲线。绘制方法是，将一年内逐日平均水位按从大到小次序递减排列，并将水位分成若干等级，分别统计各级水位发生的次数；由高水位至低水位依次计算各级水位的累积次数（历时）；以水位为纵坐标，历时为横坐标，点绘水位历时曲线。水位历时曲线常与水位过程线绘在一起（图 4-6）。应用水位历时曲线可以查得一年中等于和大于某一水位的总天数即历时，对水利工程设计和运用具有重要意义。

2. 特征水位

（1）最高水位。最高水位指研究时段内水位最高值，有日最高、月最高、年最高、历年最高水位等，主要用于防洪。

（2）最低水位。最低水位指研究时段内水位的最低值，有日最低、月最低、年最低和历年最低水位等。最低水位对航运、灌溉有重要意义。

（3）平均水位。平均水位指研究时段内的水位平均值，有日、月、年、多年平均水位。平均水位对河流用水及流量调节有一定意义。

（4）平均最高水位与平均最低水位。平均最高水位与平均最低水位分别指历年最高水位的平均值和历年最低水位的平均值。

（5）中水位。中水位指研究时段内，水位历时曲线上历时为 50% 的水位。如一年逐日水位中的中水位，是指有半数日期高于此值，又有半数日期低于此值的水位。

此外，在防汛工作中，水利部门常根据防洪防汛工作需要，设有警戒水位与保证水位等。警戒水位是指在江、河、湖泊水位上涨到河段内可能发生险情的水位。警戒水位是防汛部门根据长期防汛抢险的规律、保护区重要性、河道洪水特性及防洪工程变化等因素，经分析研究并上报核定的水位。保证水位是指能保证防洪工程或防护区安全运行的最高洪水位。保证水位的拟定是以河流曾经出现的最高水位及堤防所能防御的设计洪水位为依据，考察上下游关系、干支流关系、左右岸关系以及保护区的重要性，进行综合分析、合理拟定，并经上级主管机关批准。

3. 相应水位

河流各站的水位过程线上，上、下游测站在同一次水位涨落过程中位相相同的水位叫

相应水位。由于河水从上游流到下游站需要一段时间，因此上下游站的相应水位不可能同时出现，而必然是上游站出现较早，下游站出现较迟。以纵轴表示上游站的水位，以横轴表示下游站的水位，把上、下游站相应的水位点绘于同一张坐标纸上，通过点群中心连成圆滑曲线，便得到两个测站的相应水位曲线（图 4-7）。应用相应水位可以做短期水文预报，校验上、下游水位观测成果，

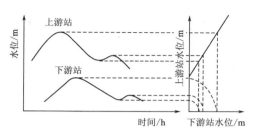

图 4-7　上、下游站水位过程线
与相应水位曲线

用已知站水位插补缺测站水位记录，推求邻近未设站断面的水位等。

二、流速

（一）流速的概念及分布

1. 流速的概念

河流流速是指河流中水质点在单位时间内所移动的距离，公式为

$$v = L/t \qquad\qquad (4-12)$$

式中：v 为流速，m/s；L 为水质点移动的距离，m；t 为时间，s。

流速具有瞬时无规则变化的脉动现象。流速的脉动现象是指在紊流的水流中，水质点运动的速度和方向不断地变化，而且围绕某一平均值上下跳动的现象。脉动流速的数值以在水流动力轴附近为最小，而以在糙度较大的河底和岸边为最大。流速脉动能使泥沙悬浮在水中，故它对泥沙运动具有重要意义。流速脉动在较长时段中，脉动的时间平均值为零，故给测流提供了条件。据研究，每点测流时间至少应大于 100～120s，才能避免脉动的影响，测得较准确的数值。

2. 河道中的流速分布

（1）流速的垂线分布。流速沿深度的变化称为流速的垂线分布，可用流速垂线分布曲线表示。流速垂线分布曲线是纵坐标表示水深 h，横坐标表示垂线上的点流速 v，将各测点的流速点绘在图上，连接各点而得到的曲线（图 4-8）。天然河道中，由于风力、结冰及水内环流等的作用，垂线最大流速 v_{max} 大多不是出现在水面上，而是出现在水面以下的某一深度。一般情况下，河底附近受固体边界摩擦阻力影响，流速接近于零，由河底向水面流速增大，开始时增加很快，到达一定深度，垂向流速分布较均匀，在水面以下的某一深度达到最大值。在水面上，由于空气的摩擦阻力，流速又有所减小。实测和理论分析表明，在垂线上，绝对最大流速出现在水面以下水深的 1/10～3/10 处，平均流速出现于水深的 6/10 处。

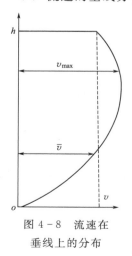

图 4-8　流速在
垂线上的分布

垂线流速分布往往受冰冻、风、河槽糙率、河底地形、水

面比降、水深等影响。河流结冰时，河水受冰盖糙度的影响，最大流速下移到一定深度。顺风作用时，水面流速加大，逆风时水面流速减小。

（2）流速的断面分布。受河床倾斜和粗糙程度以及断面水力条件的影响，天然河道中的流速分布十分复杂。在河流纵断面上，流速一般为上游河段最大，中游河段较小，下游河段最小。流速的河流过水断面分布可用等流速线表示（图 4-9）。等流速线是断面上流速相等各点的连线。一般而言，河底与河岸附近流速最小，并且从水面向河底流速减小，从两岸向最大水深方向流速增大，河面封冻时过水断面中部流速较大。

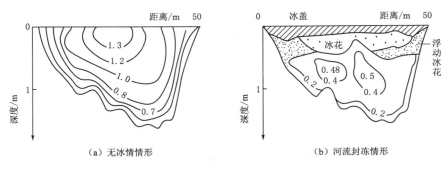

图 4-9 某河流过水断面流速分布（等流速线）（单位：m/s）

（二）流速的确定方法

河流流速的确定方法有两种，即实测法和计算法。实测法即通过一定的工具和手段实际测得流速的方法，包括流速仪测流、浮标测流等方法，其中前者是水文站统一采用的正规的测流方法。计算法是通过相应的公式计算流速的方法，其中应用最为广泛的是谢才所推导出的计算河道平均流速的水力学公式，也称谢才公式。

1. 流速仪测流

流速仪是一种专门测定水流速度的仪器，目前我国多采用旋杯式流速仪和旋桨式流速仪。旋杯式流速仪构造简单、使用方便，但转轴部分易漏水进沙，适用于含沙量较小的河流。旋桨式流速仪，构造较严密，沙、水不易进入，适宜于多沙河流。

流速仪测流的原理是，利用水流冲动流速仪的旋杯或旋桨，带动转轴转动，转轴每转动一定的转数，就会使装有信号的电路发出一次信号，根据一定时间内转轴的旋转次数和单位时间内转数流速之间的关系式，即可推求出水流的流速。

应用流速仪测得的是过水断面上某点的流速，还要采用一定的方法，将其转换为断面平均流速。求算断面平均流速目前多采用积点法，即其基本步骤为：①在断面上布设若干条有代表性的测速垂线，分别计算每两条相邻垂线间和近岸垂线与水边线间的部分面积；②在每条垂线上布设若干测速点，测定点流速；③应用相应的计算公式，根据点流速计算测线平均流速；④根据部分面积两侧垂线的垂线平均流速和岸边系数，计算部分面积平均流速；⑤应用面积加权法，根据部分面积平均流速计算断面平均流速。

2. 计算流速的水力学公式

在没有实测资料时，天然河道的平均流速可根据水力学公式计算求得。谢才公式是最

常用的流速计算水力学公式，其表达式为

$$\overline{v} = C\sqrt{Ri} \tag{4-13}$$

式中：$\overline{v}$ 为河道断面平均流速，m/s；R 为水力半径，m；i 为水面比降；C 为谢才系数。C 与糙率等因素有关，其数值可用经验公式求得。我国多采用曼宁公式，公式为

$$C = \frac{1}{n}R^{\frac{1}{6}} \tag{4-14}$$

式中：R 为水力半径，m；n 为糙率系数。

三、流量

（一）流量的概念及其计算方法

流量是指单位时间内通过某过水断面的水量。流量通常是根据断面的流速和面积计算而得，其计算公式为

$$Q = Fv \tag{4-15}$$

式中：Q 为流量，m^3/s；F 为过水断面面积，m^2；v 为流速，m/s。

与流速确定方法相对应，流量的确定方法亦有测量法和计算法两种。流量的测量方法以流速测量计算为基础，将部分面积平均流速和对应的部分断面面积相乘，得到部分流量，各部分流量相加即得到断面流量。流量的计算方法是应用谢才公式，依据断面面积和断面平均流速，计算断面平均流量，公式为

$$Q = Fv = FC\sqrt{Ri} \tag{4-16}$$

此式也称为谢才公式。

（二）流量过程线

流量是河流的重要特征值之一。流量过程线是反映流量随时间变化过程的曲线，即以流量 Q 为纵坐标，以时间 t 为横坐标，按实测资料和时间顺序点绘而成的曲线（图4-10）。流量过程线的主要作用如下：可反映测站以上流域的径流变化规律；分析流量过程线，相当于对一个流域特征的综合分析研究；根据流量过程线可计算某一时段的径流总量和平均流量。

根据需要，可以绘制逐时流量过程线和逐日流量过程线。逐时流量过程线主要用于分析洪水变化过程。逐日流量过程线是用来研究河流在一年内流量的变化过程，以日期（时间）为横坐标，以日平均流量为纵坐标。

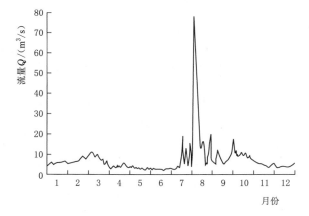

图4-10　滹沱河南庄站1975年流量过程线

某一时段 $T(t_1\sim t_2)$ 内的流量过程线与坐标轴所包围的面积为相应期间的径流总量 W，进而可求得该时段内的平均流量（图4-11）。

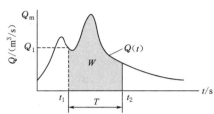

图 4-11 流量过程线与径流
总量示意图

$$W = \int_{t_1}^{t_2} Q(t)\,\mathrm{d}t = \overline{Q}(t_2 - t_1) = \overline{Q}T \qquad (4-17)$$

$$\overline{Q} = \frac{W}{t_2 - t_1} = \frac{W}{T} \qquad (4-18)$$

式（4-17）和式（4-18）中：$Q(t)$ 为流量过程线 t 时刻的瞬时流量；T 为计算时段；$\overline{Q}$ 为计算时段内的平均流量。

在水文水利规划设计中常需要用不同流量的历时，故常将日平均流量绘制成流量历时曲线，其绘制方法与水位历时曲线相同。

（三）水位-流量关系曲线

1. 水位与流量的关系

河流水位的变化，从本质上看是河流流量的变化，流量增大，水位升高；流量减小，水位降低。因此，水位变化实质上是流量变化的外部反映和表现；另外，流量大小可以通过水位高低反映出来，两者呈某种函数关系 $Q = f(H)$，水位升高，流量增大，即 $Q = f(H)$ 为单调递增函数。

由于流量施测非常复杂，步骤繁多，不可能每天连续进行，而各水文站的水位是逐日观测的，因此，可以通过水位资料，利用水位-流量关系曲线来推求流量。

2. 水位-流量关系曲线的绘制

以水位为纵坐标，以流量为横坐标，将各次施测的流量与相应的水位点绘在坐标纸上，通过点群中心的曲线便是水位-流量关系曲线，该曲线一般是下凹上凸的。

由于 $Q = Fv$，为了便于校核流量资料，通常将水位-流量关系曲线 $Q = f(H)$、水位-过水断面面积关系曲线 $F = f_1(H)$ 和水位-流速关系曲线 $v = f_2(H)$ 绘在一起，纵坐标表示水位 H，横坐标分别表示流量 Q、过水断面面积 F 和流速 v（图 4-12）。

由于面积 F 随水位 H 的增高而增大，H 越高，F 增加越快（即 F 相对于 H 的变化率越大），故水位-过水断面面积关系曲线是上凸下凹的。

随着水位增高，起初流速 v 随水

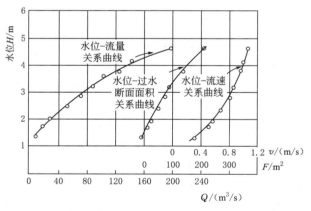

图 4-12 水位-流量关系曲线

位增高而增加很快，后来流速随水位增高而增加缓慢，即水位-流速曲线呈向上凹形。

四、河流泥沙

（一）分类

河流泥沙是指组成河床和随水流运动的矿物、岩石固体颗粒。随水流运动的泥沙也称为固体径流。河流泥沙对河流的水情及河流的变迁有着重大的影响。

河流泥沙在水流中的运动是受河水流速和泥沙自重的综合作用的结果。河流泥沙运动的形式可分滚动、滑动、跳跃和悬浮。前三者运动形式的泥沙，称为推移质；悬浮运动的泥沙，称为悬移质。推移质（又叫底沙）颗粒较粗，比较重，故沿河床面运动，表现为波浪式的缓慢移动；悬移质（简称悬沙）颗粒较小，比较轻，故能悬浮于水中，与水流同一速度运行。河床质（即床沙）与底沙不同，是组成河床的泥沙，因其颗粒比底沙更粗一些，则在河床上静止不动，假如水流发生变化，床沙被水流推动，就成为底沙。

悬移质在天然河道中，其断面分布规律是悬移质含沙量和粒径都表现为从河底向水面减少；在断面水平方向上变化不大（当然也有例外的）。在时间变化上，含沙量在汛期多于枯水期，但汛期以枯水期后第一次大洪水时期的含沙量为最多。

（二）输沙量及计算

表示河流输沙特性的指标有含沙量 ρ、输沙率 Q_s 和输沙量 W_s 等。含沙量 ρ 是指单位体积水中所含泥沙的重量，单位是 kg/m^3。单位时间内通过河流某一过水断面的泥沙重量，称为输沙率 Q_s，单位是 t/s 或 kg/s。一定时段内通过一定过水断面的泥沙总量，称为输沙量 W_s，单位是 t 或万 t，其时段长可以是几小时、日、旬、月、年、多年等。若时段长 T 为一年，则称为年输沙量，多年输沙量的年平均值称为多年平均输沙量 $\overline{W}_s$。

多年平均输沙量 $\overline{W}_s$ 的计算，根据资料情况分三种情形：当某断面具有长期实测泥沙资料时，可以直接计算它的多年平均值；当某断面的泥沙资料短缺时，则需设法将短期资料加以延展；当资料缺乏时，则用间接方法进行估算。某断面的多年平均年输沙总量，等于多年平均悬移质年输沙量与多年平均推移质年输沙量之和。

由于推移质的采样和测验工作尚存在许多问题，它的实测资料比悬移质更为缺乏。因此，在推求推移质年输沙量时可以通过推移质输沙量与悬移质输沙量之间所具有一定的比例关系粗略估算，此关系在一定的地区和河道水文地理条件下相当稳定。以 β 表示推移质输沙量与悬移质输沙量的比值，一般平原地区河流 $\beta=0.01\sim0.05$；丘陵地区河流 $\beta=0.05\sim0.15$；山地地区河流 $\beta=0.15\sim0.30$。

河流泥沙主要是水流从流域坡面上冲蚀而来。每年从流域地表冲蚀的泥沙量通常用侵蚀模数表示。侵蚀模数 M_s 是指每 $1km^2$ 流域面积上，每年被侵蚀并汇入河流的泥沙重量。单位是 $t/(km^2 \cdot a)$。

河流含沙量大小同河流的补给条件、流域内岩石土壤性质、地形的切割程度、植被覆盖程度和人类活动等因素有关。总体来讲，以地下水和冰雪融水补给为主的河流含沙量较低；以雨水补给为主的河流含沙量则因流域内植被覆盖的好坏而有很大差异。植被覆盖良好的流域，河流含沙量低；反之，含沙量相对较高。

黄河是一条世界性著名的多沙河流，由于含沙量大，水流多呈黄浊色，故名黄河。黄河之所以"黄"，主要是由于中上游流经植被覆盖度差、土质疏松、切割强烈的黄土高原，再加上降水量集中，常以暴雨形式降落，则大量泥沙随着径流毫无阻拦地进入河槽，使河流含沙量大增。据测定，黄河陕县站多年平均含沙量高达 $39.6kg/m^3$。

中国许多河流的含沙量、输沙量较大。全国每年的输沙量超过 1000 万 t 的河流有 42条，黄河陕县站多年平均输沙量为 16 亿 t，与世界其他大河相比，是密西西比河的 5.2

倍，亚马孙河的 4.4 倍，刚果河的 24.6 倍。长江的多年平均输沙量为 5 亿 t。因此，在黄河下游及长江的荆江河段，由于泥沙沉积成为"地上河"。

五、化学径流

（一）河流水化学物质

河水具有溶解性能，在流动过程中，与流域内各种物质包括周围的空气、土壤、岩石、植被等相接触，溶解了各种物质。因此，河水是一种成分极其复杂的溶液。一般地，河水携带的各物质中，粒径大于 100nm（10^{-7}m）的颗粒物质称为泥沙，粒径小于 100nm（10^{-7}m）的微粒物质称为溶解质（水化学物质）。

河水溶解物质的来源：一是空中降水；二是与地表、地下环境的接触。

天然河水的化学成分主要由 HCO_3^-、SO_4^{2-}、Cl^-、CO_3^{2-}、Ca^{2+}、Na^+、Mg^{2+}、K^+ 等离子组成。但在不同河流中，这些离子的比例并不相同。河水中除上述离子外，还有生物有机质、溶解气体（O_2、CO_2 等）和一些微量元素等。

天然河水的矿化度普遍较低。一般河水矿化度小于 1g/L，平均只有 0.15～0.35g/L。在各种补给水源中，地下水的矿化度比较高，而且变化大；冰雪融水的矿化度最低，由雨水直接形成的地表径流矿化度也很小。

河水化学组成的时间变化明显。河水补给来源随季节变化明显，因而水化学组成也随季节变化。以雨水或冰雪融水补给为主的河流，在汛期河流水量增大，矿化度明显降低；在枯水期，河流水量减少，以地下水补给为主，故此时河水矿化度增大。夏季水生植物繁茂，使 NO_3^-、NO_2^-、NH_4^+ 含量减少；冬季随着水温降低，溶解氧增多，但由于水生植物减少，NO_3^-、NO_2^-、NH_4^+ 的含量可达全年最大值。

河水化学组成的空间分布有差异性。大的江河，流域范围广，流程长，流经的区域条件复杂，并有不同区域的支流汇入，各河段水化学特征的不均一性就很明显。一般离河源越远，河水的矿化度越大，同时钠和氯的比重也增大，重碳酸盐所占比重减小。

（二）离子径流的计算单位

随水流运动的溶解质叫作溶质径流或离子径流。离子径流特征值主要有以下几种。

1. 矿化度

矿化度指单位体积水中所含离子、分子和各种化合物的总量或烘干后残余物的重量，单位为 g/L。矿化度 G 是反映河水化学特征的重要指标：

$$G = \frac{P_g}{V} \tag{4-19}$$

式中：P_g 为烘干后残余物的重量，g 或 mg；V 为水样体积，m^3 或 L。

河水的矿化度比湖泊、海洋、地下水等水体的都小。原因是流域表面土壤岩石久经侵蚀冲刷，所含易溶物质不多，以及河水交替速度较快。测定总矿化度，通常是把水加热到 105～110℃，使水全部蒸干，所剩下的烘干残余物的重量与水样体积之比即为矿化度。由于在烘干过程中会有部分物质逸出，同时也可能有悬浮物质渗入，所以烘干法求得的总矿化度只是近似值。

按照水的矿化度的大小，可将水分为五类（表 4-1）。

表 4 - 1		水 的 矿 化 度 分 类 表			单位：g/L
类型	低矿化水 （淡水）	弱矿化水 （微咸水）	中矿化水 （咸水）	强矿化水 （盐水）	高矿化水 （卤水）
矿化度	<1	1～24	24～35	35～50	>50

2. 离子径流率

单位时间通过河流某断面的溶解质数量称为溶质径流率或离子径流率 R_g，单位是 g/s 或 mg/s。因溶解质在河流断面上的变化不大，所以可用式（4-20）推求：

$$R_g = G\overline{Q} \tag{4-20}$$

式中：$\overline{Q}$ 为断面平均流量，m^3/s。

3. 离子径流量

某时段（日、月、年和多年）通过河流某断面的溶解质的总量称为该时段溶解质径流量或离子径流量 W_g，单位是 t。它等于河流某断面平均离子径流率 R_g 与时段长 T 的乘积，即

$$W_g = R_g T \tag{4-21}$$

河川径流量越大、矿化度越高的河流，离子径流量就越大。离子径流量反映流域化学元素迁移过程，同时受物理过程和生物过程综合作用的影响。地质和气候条件是决定离子径流量的主导因素，土壤、植被、河道及流域特征是次一级的影响因素。这些因素的不同组合，是离子径流产生区域差异和时间变化的基本原因。中国几条大河控制站年平均离子径流量为：长江大通站 14000 万 t，浔江（西江）大湟江口站 2700 万 t，黄河花园口站 2100 万 t，澜沧江戛旧站 830 万 t，海河各支流总计 640 万 t。

4. 离子径流模数

单位流域面积上的离子径流率称为离子径流模数 M_g，单位是 $t/(km^2 \cdot a)$。也就是说，单位时间（年）内在单位流域面积上河流所带走的溶解质数量称为离子径流模数 M_g，则

$$M_g = \frac{W_g}{F} \tag{4-22}$$

式中：W_g 为年离子径流率，g/a；F 为流域面积，km^2。

六、河流水温与冰情

当河流的水温低于 0℃处于过冷却状态时，河流中可能出现冰晶。若气温持续保持在 0℃以下，河流就会出现冰情。河流的冰情包括结冰、封冻和解冻的全过程。

（一）结冰期（结冰阶段）

从河水开始结冰起，到最初形成稳定冰盖时为止，称为结冰期。河水的结冰过程大致可以分为三个阶段。

（1）岸冰、水内冰和水面薄冰的形成过程。随着气温降低，水温下降，当气温降到 0℃以下，河面水温亦降到 0℃时，水面尤其水流缓慢的河湾附近开始出现冰晶。河岸水温比河流中央降温快，水流慢，则易结冰。

（2）流冰或行凌过程。岸冰、水内冰，伴随流水向下游流动，称为流冰或行凌。

（3）大块冰层的形成过程。冰块在流动过程中相互碰撞而聚集起来，遇到狭窄河段、河湾或受沙洲、人工建筑物的阻挡，流动的冰块便停积在一起，使冰块增大，冰面扩展，

直至最后形成稳定冰盖，进入封冻期。

（二）封冻期（封冻阶段）

河面结冰后，若气温持续下降，冰面不断扩大，最后水面冰与岸冰结合，甚至全河面被冰层覆盖，称为封冻。

自形成稳定冰盖起，到冰盖破裂开始再次出现流冰之日止，称为封冻期。

（三）解冻期（解冻阶段）

次年春季，气温回升到0℃以上，冰盖逐渐融化、破裂，形成许多冰块，再次出现流冰，直至河冰全部消融，称为解冻。从稳定冰盖开始破裂到河冰全部消融为止，称为解冻期。

在秋冬结冰期和春季解冻期，若河流由低纬流向高纬的河段比较长，则在结冰期，上游封冻比下游晚；而在解冻期，上游解冻早于下游。这样上游流动的冰块常在下游受阻而壅积起来，形成冰坝，引起上游水位抬高，以致河流泛滥成灾的现象，叫作凌汛。黄河许多河段在冬季都要结冰封河，由于黄河流经的地理位置和纬度不一，黄河河道自上而下近乎呈"几"字形，特别是兰州到内蒙古河口镇、郑州花园口到入海口两个河段，流向都是自低纬度流向高纬度。因而黄河凌汛多发生在宁夏、内蒙古和山东河段。

第三节　河流补给与河流分类

一、河流补给类型

河流补给，从广义上讲是指河流中的物质和能量的输入，输入的物质有水、泥沙、水化学物质等。但其通常是指河流水量的补给，也称河流水源，即河水的来源。它是河流的重要水情特征之一，在一定程度上决定着河流的水文情势。

世界上大多数河流的主要补给水源是流域内的大气降水。但降水有固态和液态之分，进入河槽的途径有地面和地下之分。因而按进入河槽途径的不同，河流的水源可分为地表（地面）水源和地下水源两大类。地表水源又可分为雨水、融水、湖泊沼泽水，地下水源又分为浅层地下水（潜水）和深层地下水（承压水、自流水）等。多数河流都不是由单纯一种形式补给，而是多种形式的混合补给。

（一）雨水补给

雨水是全球大多数河流最重要的补给来源，热带、亚热带和温带的河流多由雨水补给。中国大部分地区属亚热带和温带，大气降水的主要方式是降雨，因此雨水补给是我国河流的一种最普遍、最主要的补给来源，尤其东南半壁季风区的河流，雨水补给占绝对优势，秦岭—淮河一线以南，青藏高原以东的广大地区，雨水补给一般占年径流量的60%～80%。

雨水补给河流的时间取决于流域内的气候条件（降雨时间），即主要发生在雨季。如在海洋性气候区，全年都有较丰富的雨水补给；在冬雨夏干的地中海式气候区，雨水补给主要发生在冬季。我国大部分地区位处东亚季风区，雨水主要集中在夏、秋雨季，则夏秋雨季河流多处于汛期；相反，冬春旱季处于枯水期。

雨水补给的特点主要取决于降雨量和降雨特性。降雨量的大小决定了补给水量的大小，降雨量大，补给量大；否则，补给量小。由于降雨过程具有不连续性和集中性，雨水补给也具有间断不连续性和集中性，其补给过程来得迅速和集中（图4-13）。因此，雨水补给为主的河流，河流水量随雨量的增减而涨落，径流年内变化趋势与降雨一致，流量过程线呈陡涨急落的锯齿状，并在汛期常形成峰高量大的洪水过程。

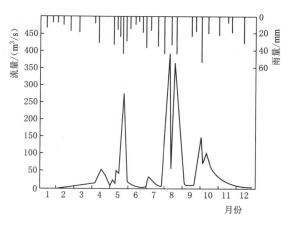

图4-13　1974年泪水猴子岩站雨量
过程线和流量过程线

由于降雨具有年内、年际变化大的特点，雨水补给的年内、年际变化大。降雨强度的大小也决定了补给量的大小，降雨强度大，历时短，损耗量少，补给流量的水量较多。雨水补给的河流，由于雨水对地表的冲刷作用，所以河流的含沙量也大。

（二）融水补给

融水补给包括季节性积雪融水补给、永久积雪和冰川融水补给（简称冰雪融水补给）两种。

1. 季节性积雪融水补给

中高纬地带和高山地区，冬季的固态降水以积雪形式在流域表面保存下来，到次年春季，随气温回升，天气转暖，积雪逐渐融化补给河流。因此，积雪融水补给河流主要发生在春季，并常常形成春汛，正值桃花盛开时节，故又称"桃汛""桃花汛"。

积雪融水补给量大小及其变化与流域的积雪量大小和气温变化有关。我国东北地区冬季漫长严寒，冬季降水全为固态形式，北部大兴安岭、小兴安岭和东南部的长白山地积雪厚度在20cm以上，最厚可超过40~50cm，融雪水的补给量可占年径流量的20%；而华北地区积雪厚度较小，融雪水补给量较少，一般占年径流量的百分之几。由于气温变化的连续性，积雪的融化过程是连续的。即在消融期内，随着气温回升到0℃以上，积雪开始融化补给河流，并随气温升高，融化加快，补给量增多，河流水量增大；但因流域内积雪有限，补给只能持续一段时间，随后又随积雪量的减少而流量减小，直至最后消失，转化为雨水补给为主。因此，积雪融水补给过程具有明显的时间性和连续性，补给过程要比雨水补给缓和一些。另外，由于气温和太阳辐射的日变化，积雪融化强度和融雪水对河流的补给也具有日变化。

积雪融水补给具体反映在河流流量过程线上具有下述特点：积雪融化期间，河流水量变化同气温变化相一致，比雨水补给为主的河流水量平稳而有规律。一般全年有两次流量高峰，即积雪消融造成的春汛和雨水补给造成的夏汛，以夏汛为主。

2. 永久积雪和冰川融水补给

在高山地区和两极地区，河流多靠永久积雪和冰川融水补给，尤其干旱、半干旱地区和高寒地区，冰雪融水常成为河流的重要补给水源。在某些特殊地区，冰雪融水甚至是河流水量的唯一源泉。在我国西北地区和青藏高原地区有许多高山、极高山，终年积雪，冰川分布较广，冰雪融水常成为河流的主要补给水源。

永久积雪和冰川融水补给与季节性积雪融水补给都是通过融水补给河流，具有相似性，补给水量及其变化与太阳辐射和气温的变化一致，补给过程具有连续性和时间性，补给水量比雨水补给稳定，河流水量的年、日变化明显，尤其日变化明显。夏季的一天的气温最高时即13—15时，出现日最大冰雪融水径流量；而夜间气温下降，融化减慢，白天融化的水可能再次冻结成冰，冰雪融水补给量出现最小值。冰雪融水径流量的日最大值、最小值之比可达数倍或更多。在冰川分布地区，可见到清晨干涸无水的干谷，一到午后就水流汹涌不能涉渡的情况。

永久积雪和冰川融水补给为主的河流，水量变化与冰雪融化量一致，其最大水量出现在气温最高的夏季，而冬季因气温低出现河流的枯水期，如新疆的玛纳斯河每年7—8月为洪水季节（图4-14）。

（三）湖泊沼泽水补给

位于山区的湖泊、沼泽常成为河流的源头（如我国松花江发源于中朝边境长白山的天池），直接决定着河流水量大小。位于河流中、下游地区的湖泊，既可汇集湖区来水，又可流出补给河流干流，增加河流水量。如洞庭湖接纳湘江、资江、沅江、澧水等四大水系及许多小河来水后汇入长江，增加长江水量。中下游平原区与河流相通的湖泊，与河流的补给是相互的，对河流水量起着重要调节作用。洪水期，河水位较高，部分洪水进入湖泊；枯水期，河水位低于湖面，湖水补给河流。这样使河流的洪峰流量大为削减，河流水量年内变化趋于均匀。如长江中下游的洞庭湖、鄱阳湖等对长江水量有一定的调节作用。又如新疆的孔雀河，由于博斯腾湖的调节，流量过程线比较平缓（图4-15）。湖泊面积越大，深度越深，容水越多，调节作用就越显著。

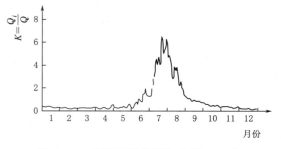

图4-14 新疆玛纳斯河红山嘴1956年
相对流量过程线

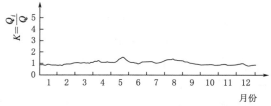

图4-15 新疆孔雀河他什店站
相对流量过程线

沼泽对河流水量也能起一定的调节作用。沼泽水不像湖泊那么深，但由于沼泽中水的运动多属于渗流运动，故补给河流的过程较缓慢，起着调节作用，使河流的流量过程线较平缓。

（四）地下水补给

雨水、冰雪融水、湖沼水等地表水渗入地下便形成地下水。河流从地下获得的水量补给，称为地下水补给，是河流补给的一种普遍形式。中国地下水补给的分布地区很广，除内蒙古、新疆部分干旱荒漠区的季节性河流及东南沿海丘陵区的季节性小河外，其他地区的河流均有地下水补给，而且不少河流是以地下水补给为主的。

　　地下水是河流经常的而又比较稳定可靠的且均匀的补给源，即全年均有地下水补给，尤其在缺乏地表水补给的枯水季节，河流仍保持着连续不断的水流，称为"基流"，几乎全靠地下水补给来维持，此时河流流量过程实质上是地下水补给过程。

　　地下水，尤其深层地下水受外界气候条件影响小，因此地下水对河流的补给具有稳定性和可靠性，而且在时程分配上具有均匀性特点。以地下水补给为主的河流，河流水量稳定均匀，水量变幅小（图 4-16）。

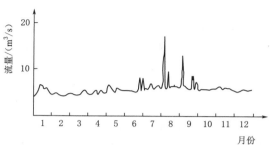

图 4-16　青海诺木洪河诺木洪站 1958 年流量过程线

　　浅层地下水又叫冲积层地下水，它受外界气候条件的影响较大，因而补给水量有明显的季节变化。另外，冲积层地下水与河岸有特殊的调节关系而使补给变得复杂，通常二者为互补关系。洪水期或涨水时，河水位高于两岸地下水位，河水向两岸冲积层渗漏，即河水补给地下水；枯水期或落水时，河水位低于两岸地下水位，两岸冲积层地下水又流出补给河水。这种河岸与河水互相补给的关系，称作河岸调节作用。

　　若河床高出两岸地面，如黄河从河南花园口以下形成"地上河"，则只有河水补给地下水；相反，若地下水位高出河床很多，也只有地下水补给河水。这种补给关系称为单向补给关系。

　　深层地下水，由于埋藏较深，受当地气候条件影响较小，其补给水量只有年际变化，季节变化不明显，故它是河流最稳定的补给来源。

　　除了河流的天然补给之外，还可根据人类发展生产的需要进行人工补给。如我国南水北调工程将长江水北调补给水量缺乏的黄河等。

　　以上是河流的各种补给形式。事实上，一般较大的河流，常常是两种或多种形式的补给，称为混合补给。如长江、黄河既有雨水、雪水、冰川水，也有地下水、湖沼水补给。

二、河流补给水源的时空变化

　　不同地区的河流、同一地区不同的河流从各种水源中得到的水量不同；即使同一河流，不同季节的补给形式也不一样。这样的差别主要是由流域气候条件决定的，同时也与下垫面性质和结构有关。例如热带低海拔地区没有积雪，降水成为主要水源；冬季漫长而积雪深厚的寒冷地区，积雪在补给中起主要作用；发源于巨大冰川的河流，冰川融水是首要补给形式；下切较深的大河能得到较多地下水的补给；发源于湖泊、沼泽或泉水的河流，主要依靠湖水、沼泽水或泉水补给。我国绝大多数河流都有地下水补给；处于热带、亚热带（华南、华中、西南）的河流，雨水是主要补给来源；处于温带（东北、华北及内蒙古地区）的河流，除降水补给以外，还有季节性积雪融水补给；发源于西北和青藏高原山地的河流，除上述两种补给外，还有永久积雪融水和冰川融水补给。较小的河流，因流域面积小，自然地理条件单一，补给种类少，甚至只有一种补给。一些大河，由于流经条件不同的地区，可能流经几个气候带，各河段的补给情况不同，补给类型多而复杂，如长江源头以冰雪融水补给为主，中、下游则以雨水补给占优势。

同一河流在不同时期的补给也不相同，雨季以地面水源补给为主，旱季以地下水源补给为主。山区河流的补给还表现出垂直变化规律。如天山山脉高山带的河流，主要靠冰雪融水补给，低山带主要靠雨水补给，中山带两种补给都有。此外，人类通过工程措施，也可以补给河流。

三、流量过程线的分割

流量过程线的分割是确定各种补给量的一种方法，是指从河流的流量过程线中，把各种形式的补给分割出来。由于各种补给形式所发生的时间、强度及它们的组合不同，因而造成河流水文情势的种种变化。为了了解各种形式的补给在河流水情中所起的作用，研究河川径流的形成规律和预报方法，就必须估计各种形式的补给水量和它们的变化过程。因此，有必要从河流的流量过程线上把各种形式的补给部分分割开来，从成因上研究径流形成过程及各种因素的影响。

（一）地表径流与地下径流的分割

基流，即基本径流，是河道中能常年存在的那部分径流，实际上就是地下径流。在水文分析中，常常从实测流量过程线中，将地面（表）径流和地下径流分割开来，叫作基流分割。分割地下径流的方法很多，归纳起来有以下两种。

1. 直线分割法

直线分割法分水平直线分割法（平割）和斜线分割法（斜割）两种。

（1）水平直线分割法。如图4-17所示，在实测流量过程线上找到涨水段的最低点，即起涨点 A，由起涨点 A 引一水平直线交退水曲线于 C 点，AC 线以下的水量作为基流（地下水补给），AC 线以上作为地面径流。在洪水前的枯水情况下，用这种方法来分割深层地下水是简便而有效的，因为这时候深层地下水补给比较稳定。但当有浅层地下水混杂其中时，这种方法就不适用了。雨后分割出来的地下水量往往小于实际补给量，地面径流量则大于实际补给量。

（2）斜线分割法。如图4-18所示，将绘在透明纸上的标准退水曲线蒙在要分割的洪水过程线的退水段上（注意比例尺的一致），使横轴重合，然后左右移动，当透明纸上的标准退水曲线与洪水退水段的尾部吻合后，则两线前方的分叉点 C 就是地面径流终止点。从实测流量过程线的起涨点 A 到地面径流终止点 C 连一斜线 AC，即为地面地下径流分割线，即 AC 线以下部分为地下径流补给，AC 线以上部分为地表径流补给。地表径流终止点 C 也可以根据洪峰后的天数 N 在流量过程线上定出，N 值大小取决于流域坡度及面积。

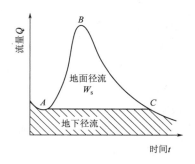

图 4-17　水平直线分割法示意图

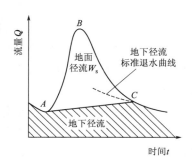

图 4-18　斜线分割法示意图

直线分割法的根本缺陷在于忽视了河流与地下水的水力联系，因而误差较大。但它简便易行，在水文分析和计算中仍然常常应用。

2. 退水曲线法

这个方法实际上是根据标准退水曲线，从流量过程线两端向内延伸，退水曲线以下部分就是地下径流。此法适用于河水与地下水没有水力联系的情况。如图 4-19 所示，从流量过程曲线的两端，起涨点 A 向后延至点 B，地面径流终止点 C 延到点 D，再用直线 BD 把两条退水曲线连接起来，$ABDC$ 以下即为地下水补给。

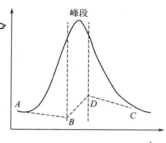

图 4-19 退水曲线

流量过程线上的点 A 或点 A' 是否为流域地下退水流量，可由流域地下径流标准退水曲线来确定。图 4-20 中的下包线 $Q_g - t$，即为流域地下径流标准退水曲线，其绘制方法步骤是：首先以相同的比例尺，在方格纸上绘出各场洪水的退水流量过程线；然后用一张透明纸描绘出最低的退水过程线，并将此曲线移到另一场洪水的次低的退水段，在保持时间坐标重合的条件下左右移动透明纸，使方格纸上的退水过程线在后部与透明纸上的退水过程线相重合，并把它也描绘在透明纸上。如此逐一描绘各场洪水的退水流量过程线，就构成 $Q_g - t$ 线，即流域地下径流标准退水曲线。

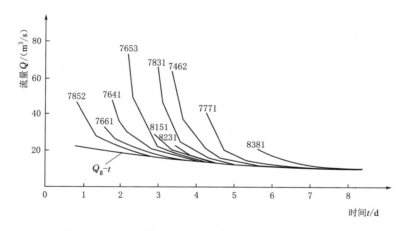

图 4-20 古田溪达才站退水曲线（图中数字为洪号）

除以上方法外，还有水量平衡法、水文地质法、水文化学法、水文物理法和含沙量法等，但这些方法往往要求许多不易取得的资料，局限性大，通常不采用。

（二）地表径流的分割

地表径流由雨水、季节性积雪融水、冰雪融水、湖泊沼泽水等多种水源补给。根据各地表水源类型的补给时间、特点和气象资料等，在流量过程线上可分割出各补给类型来。

1. 雨水补给与融水补给的分割

雨水补给与融水补给的分割多采用相关分析法。

（1）融水–气温关系。冰雪融水补给量多少、快慢取决于气温高低及其变化，气温高，融化快，补给量多，补给时间为温暖的季节。季节性积雪融水补给取决于气温变化和积雪量大小，雪洪的特点是峰顶平缓而历时长。

（2）降雨–径流关系。雨水补给量的多少取决于雨量的多少，根据降雨时间、雨量大小来分割。雨洪的特点是峰形陡而历时短。

2. 复式洪峰的分割

若两种地表水源补给发生的时间相隔很短，或两次降雨时间间隔短，前一次洪水过程的退水未退完，后一次洪水过程叠加于其上，出现连续洪峰。则两种补给可用退水曲线分开，退水曲线降到地下水补给线为止。

两种地表水源补给同时发生，共同造成洪水时，它们之间的界线很难分开。如夏季冰雪融水补给时，又遇暴雨，则需根据各自补给特点分割。雨洪特点是峰形陡而历时短；融水洪水特点是峰顶平缓、历时较长。

四、河流的分类

（一）河流分类的意义和原则

幅员广阔、河流众多的国家，不可能在短期内对其全部河流进行观测，但是，发展经济的规划、设计却迫切需要河流水位、流量变化和水温动态方面的数据。因此，须借助河流的分类来解决生产实际中提出的问题。在某一地区内，影响河流特征的气候、土壤、地质地貌条件大致相同，故河流存在着一定程度的相似性。在不同地区内，影响河流特征的各种条件差别很大，河流水文要素的变化规律当然不一样。因此，可以根据现有的河流水文资料进行综合分析，将其要素变化相似的河流划归为一个类型。当规划设计某一缺乏资料的河流时，就可用同类河流的水文变化规律作为参证。

河流分类的方法和原则很多，现简要分列于下：①以河流的水源作为河流最重要的典型标志，按照气候条件对河流进行分类；②根据径流的水源和最大径流发生季节对河流进行分类；③根据径流年内分配的均匀程度对河流进行分类；④根据径流的季节变化，按河流月平均流量过程线的动态对河流进行分类；⑤根据河槽的稳定性对河流进行分类；⑥根据河流及流域的气候、地貌、水源、水量、水情、河床变化等综合因素对河流进行分类。

很显然，这里列举的大部分原则都有局限性，但又都有一定的实际应用价值，在为某个特定目的进行河流分类时，可以分别采用。

（二）世界河流的分类

世界河流分类方法很多，这里介绍河流的气候分类。俄罗斯著名气候学家 A. N. 沃耶伊科夫认为，河流是气候的产物。在其他自然条件相同时，一个地区降水量越多，蒸发越少，则径流量越大。因此，依据河流的补给和洪水进行分类，将世界河流分成四类九型。

1. 融水补给的河流

（1）平原和海拔 1000m 以上山地雪水补给的河流，如西伯利亚东北部的科里马河、下通古斯河，北美的育空河等，有明显的春汛，流经地区为下渗能力很小的永久冻结地带。

（2）山地冰雪融水补给的河流，如中亚的锡尔河、阿姆河，我国的塔里木河及印度河上游等，洪水发生于夏季最高气温时。

（3）春季或初夏以雪水补给为主而常年有多量雨水补给的河流，如伏尔加河，鄂毕河，叶尼塞河，乌拉尔河，第聂伯河，顿河及斯堪的那维亚、德国东部和美国北部的河流，流经地区，冬季往往严寒多雪，汛期与融雪有关。

2. 雨水补给的河流

（1）雨水补给为主而夏季有洪水补给的河流，如尼罗河、刚果河、亚马孙河、黑龙江松花江、黄河、淮河、长江、珠江等。

（2）冬季雨水补给为主而全年分配较均匀的河流，如塞纳河、易北河、莱茵河等，冬季汛水较小，水位的年变化不大。

（3）冬季雨水补给丰足而夏季降水补给很少的河流，如地中海气候区的河流等，有冬汛，夏季径流很小，甚至干涸。

（4）冬季干燥的沙漠河流。

3. 融雪及雨水补给都不足的河流

其指干涸河流。

4. 冰川补给的河流

其指冰川河流，为南极洲及格陵兰特有的河流类型。

此外，按河流最终流入地，将河流分为内陆河、外流河；按河流流经的国家，将河流分为国际性河流、非国际性河流；按平面形态即河型，将河流分为顺直型、弯曲型、分汊型、游荡型；按河型动态，将河流分为稳定和不稳定，或相对稳定和游荡两大类，然后再按平面形态分为顺直、弯曲、分汊等；按地区，将河流分为山区（包括高原）河流和平原河流两类。

（三）我国河流的分类

我国的河流众多，流域面积在 $100 km^2$ 以上的河流约有 50000 条，其中长江的长度达 6403km，为世界第三大河。我国的绝大多数河流分布在东部和南部，以属太平洋流域的为最多、最大，属印度洋流域的较少，属于北冰洋的最少。此外，还有一个广阔的内陆流域，面积占我国总面积的 36.4%，而径流量则仅占全国径流总量的 4.39%。

我国常以河流径流的年内动态差异为标志进行河流分类。这种分类反映了我国各类型河流的年内变化特征及其分布规律，为进一步深入研究河流水文和合理规划利用地表径流提供了科学依据。现将主要河流类型及其径流特征介绍如下。

1. 东北型河流

东北型河流包括我国东北地区的大多数河流。其主要水文特征如下。

（1）由于冰雪消融，水位通常在 4 月中开始上升，形成春汛，但因积雪深度不大，春汛流量较小。

（2）春汛延续时间较长，可与雨季相连续，春汛与夏汛之间没有明显的低水位，春季缺水现象不严重。春汛期间因流冰阻塞河道形成的高水位，在干旱年份甚至可以超过夏汛水位。

（3）河水一般在 10 月末或 11 月初结冰，冰层可厚达 1m。结冰期间只依靠少量地下水补给，1—2 月出现最低水位。

（4）纬度较高，气温低，蒸发弱，地表径流比我国北方其他地区丰富，径流系数一般为 30%，全年流量变化较小。

2. 华北型河流

华北型河流包括辽河、海河、黄河以及淮河北侧各支流。其主要特征如下。

（1）每年有两次汛峰，两次枯水，3—4 月间因上游积雪消融和河冰解冻形成春汛，但不及东北型河流的春汛显著。

（2）夏汛出现于 6 月下旬至 9 月，和雨期相符合，径流系数为 5%～20%，夏汛与春汛间有明显的枯水期，有些河流甚至断流，造成春季严重缺水现象。

（3）雨季多暴雨，洪水猛烈而径流变幅大，如黄河陕县最大流量与枯水期流量之比为 110∶1。

3. 华南型河流

华南型河流包括淮河南侧支流、长江中下游干支流、浙、闽、粤沿海及台湾地区各河，以及除西江上游以外的珠江流域的大部分。其特征如下。

（1）地处热带、亚热带季风区，有充沛的雨量作为河水的主要来源，径流系数超过 50%，汛期早，流量大。

（2）雨季长，汛期也长，5—6 月有梅汛，7—8 月出现台风汛。

（3）最大流量和最高水位出现在台风季节，当台风影响减弱时，雨量减小，径流亦减小，可发生秋旱现象。

4. 西南型河流

西南型河流包括中、下游干支流以外的长江、汉水、西江上游及云贵地区的河流，一般不受降雪和冰冻的影响。径流变化与降水变化规律一致，7—8 月洪峰最高，流量最大，2 月流量最小。河谷深切，洪水危害不大。

5. 西北型河流

西北型河流主要包括新疆和甘肃省西部发源于高山的河流。其特征如下。

（1）西北型河流主要依靠高山冰雪补给，流量与高山冰川储水量、积雪量和山区气温状况有密切关系。10 月至次年 4 月为枯水期，3—4 月有不明显的春汛，7—8 月间出现洪峰。

（2）产流区主要在高山区，出山口后河水大量渗漏，越向下游水量越少，大多数河流消失于下游荒漠中，少数汇入内陆湖泊。

6. 阿尔泰型河流

我国境内属于此型的河流为数很少，以积雪补给为主，春汛明显，汛期一般出现在 5—6 月。

7. 内蒙古型河流

其以地下水补给为主，或兼有雨水补给；夏季径流明显集中，水位随暴雨来去而急速涨落，雨季的几个月中都可以出现最大流量；冰冻期可长达半年。

8. 青藏型河流

青藏高原内部河流以冰雪补给为主，青藏高原东南边缘的河流主要为雨水补给，7—8 月降雨最多，冰川消融量最大，故流量也最大。春末洪水与夏汛相连。11 月至次年 4—5 月为枯水期。

第四节　河流的水文情势

地球上各种水体的运动变化情况称为水文情势，河流水情主要指河流径流在时程上的变化（径流情势）、洪水与枯水的形成和运动、河流水化学、河流水温与冰情以及河流泥沙的运动变化情况等，在第二节已有介绍。本节主要介绍年径流及径流变化情势、洪水与枯水的形成与运动规律。

一、年径流及影响因素

（一）径流量与年径流量

在一定时段内，通过河流某一断面的累积水量称为径流量，记作 W（m^3）；也可以用时段平均流量 $\overline{Q}$（m^3/s）、流域径流深 R（mm）或流域径流模数 $M[m^3/(s \cdot km^2)]$ 等表示。径流量与流量的关系为

$$W = \overline{Q}\Delta T \tag{4-23}$$

式中：ΔT 为计算时段，s。

根据工程设计的需要，ΔT 可分别采用年、季或月，则其相应的径流分别称为年径流、季径流或月径流。

在一个年度内，通过河流某一断面的水量，称为该断面以上流域的年径流量。年径流量可以用年径流总量 W、年平均流量 Q、年径流深 R 及年径流模数 M 等表示。

（二）正常年径流量的概念

由于受气候、下垫面等因素的影响，对于任意一条河流，不同年份的径流量是不相同的，有的年份水量偏多，有的年份水量偏少，有的年份则一般。年径流量的多年平均值称为多年平均径流量，即

$$\overline{Q_n} = \frac{1}{n}\sum_{i=1}^{n}Q_i \tag{4-24}$$

式中：$\overline{Q_n}$ 为多年平均径流量，m^3/s；Q_i 为历年平均径流量，m^3/s；n 为统计年数。

实践证明，在气候和下垫面条件基本稳定的情况下，随着实测年数 n 的不断增加，多年平均径流量逐渐趋于一个稳定的数值，这个稳定的数值称为正常年径流量，以 Q_0 表示，即

$$Q_0 = \lim_{n \to \infty}\overline{Q_n} \tag{4-25}$$

从数理统计看，若把某河流的年径流量看成一个随机变量，则它的总体的平均值就是正常年径流量。正常年径流量也可用其他径流特征值来表示，如正常年径流总量 W_0、正常年径流深度 R_0 等，可以看作是正常年份或平均每年中通过河流某一断面的水量。它反映了河流所蕴藏的水资源数量，是水文水利计算中的一个重要特征值，在地理综合分析和不同地区水资源进行对比时，它是最基本的数据。

正常年径流量虽然是一个比较稳定的数值，但也不是绝对不变的，因为，在大规模的人类活动的影响下，如围湖造田、兴建水库、跨流域引水等水利建设，改变了流域下垫面的性质，从而改变了原先的年径流的形成条件，故正常年径流量是稳定的，又不是不变的。

（三）影响年径流量的因素

在水文计算中，研究影响年径流量的因素具有重要的意义。通过对影响因素分析研究，可以从物理成因方面去深入探讨径流的变化规律。另外，在径流资料短缺时，可以利用径流与有关因素之间的关系来推算径流特征值。也可对计算成果做分析论证。

研究影响年径流量的因素，可从流域水量平衡方程式着手，由以年为时段的流域水量平衡方程式

$$R = P - E + \Delta S + \Delta W \qquad (4-26)$$

可见，年径流量 R 取决于年降水量 P、年蒸发量 E、时段始末的流域蓄水量变化 ΔS 和流域之间的交换水量 ΔW 四项因素。前两项属于流域的气候因素，后两项属于下垫面因素（指地形、植被、土壤、地质、湖泊、沼泽、流域大小等）。当流域完全闭合时，$\Delta W = 0$，影响因素只有 P、E 和 ΔS 三项，如对多年平均情况，则影响年径流的因素只有降水和蒸发。

1. 气候因素

在气候因素中，年降水量与年蒸发量对年径流量的影响程度，随流域所在地区不同而有差异。在湿润地区，降水量较多，年径流系数较高，年降水量与年径流量之间具有较密切的关系，说明年降水量对年径流量起着决定性作用，而流域蒸发的作用就相对较小。在干旱地区，降水量少，年径流系数很低，年降水量与年径流量的关系不很密切，降水和蒸发都对年径流量起着相当大的作用。

2. 流域下垫面因素

流域下垫面因素包括地形、土壤、地质、植被、湖泊、沼泽和流域面积等。这些因素对年径流的作用，一方面表现在流域蓄水能力上，另一方面通过对降水和蒸发等气候条件的改变间接地影响年径流。

3. 人类活动

人类活动对年径流量的影响包括直接与间接两个方面。

直接影响如跨流域引水，将本流域的水量引到另一流域，或将另一流域的水引到本流域，都直接影响河川的年径流量。

间接影响如修建水库、塘堰等水利工程，旱地改水田，坡地改梯田，浅耕改深耕，植树造林等措施，这些主要是通过改造下垫面的性质而影响年径流量。一般地说，这些措施都将使蒸发增加，从而使年径流量减少。

二、正常年径流量的计算

正常年径流量是河川年径流量总体的均值。但由于河川年径流量的总体是无限的和无法取得的。因此，一般情况下，只要有一定长度的系列资料，则可用多年平均年径流量近似代替正常年径流量。

由于资料情况不同，推求正常年径流量的方法也不相同。根据实测资料年限长短或有无，分三种情形。

（一）资料充分时正常年径流量的推求

资料充分是指具有一定代表性的、足够长的实测资料系列。一般来讲，实测资料系列要求 30～40a 或更长，并且除平水年外，还应包括特大丰水年、特小枯水年及相对应的丰水年组和枯水年组，只有这样才能客观地反映过去的水文特征，才能为正确地预估未来水

文情势提供可靠的依据。资料充分时，可用算术平均法计算多年平均径流量，以代替正常年径流量。

$$Q_0 \approx \overline{Q}_n = \frac{1}{n}\sum_{i=1}^{n} Q_i \qquad (4-27)$$

用多年平均径流量 $\overline{Q}_n$ 代替正常年径流量 Q_0，误差大小取决于：①资料年限 n 的大小，n 越大，误差越小；②河流年径流变差系数 C_V 值的大小，C_V 大则误差可能较大；③n 年实测资料对总体的代表性，代表性越好，用多年平均径流量 $\overline{Q}_n$ 代替正常年径流量 Q_0 的误差就越小。例如，实测资料中枯水年份较多，则计算出的结果偏小。

（二）资料不足时正常年径流量的推求

当只有短期实测资料（$n<30a$）时，其资料长度不能满足规范的要求，直接用式（4-27）计算出的正常年径流量误差可能很大。在这种情况下，必须设法延长年径流资料系列长度，使其达到上述资料充分的条件，然后再计算多年平均年径流量。

展延年径流资料系列长度常用相关分析法。该方法的实质是寻求与计算站断面径流有密切关系并有较长观测系列的参证变量，通过计算站断面年径流与其参证变量的相关关系，将计算站断面年径流系列适当地加以延长至规范要求的长度。

1. 参证变量的选择

最常采用的参证变量有：计算站断面的水位、上下游测站或邻近河流测站的径流量、流域的降水量。参证变量应具备下列条件。

（1）参证变量与计算站断面径流量在成因上有密切关系。

（2）参证变量与计算站断面径流量有较多的同步观测资料。

（3）参证变量的系列较长，并有较好的代表性。

2. 利用径流资料延长系列

在本流域内（上、下游测站）或相邻流域，选择有长期充分实测年径流资料的参证站，利用该站 N 年（$N>30a$）资料中与计算站 n 年同期对应的资料建立相关关系，如图 4-21 所示。利用该相关曲线和参证站 $N-n$ 年实测资料，插补展延计算站的资料系列，使之也达到 N 年，然后利用展延后的 N 年计算站资料，按算术平均法计算，即得正常年径流量。若参证站与计算站所控制的流域面积相差不大，且气候条件和下垫面条件相似性较好，则一般可取得良好的结果。

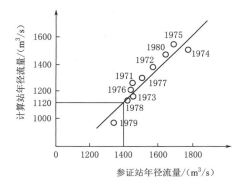

图 4-21 某参证站与计算站年径流量相关图（点旁标注的数字表示年份）

3. 利用降水资料延长系列

径流是降水的产物，流域的年径流量与流域的年降水量往往有良好的相关关系。又因降水观测系列在许多情况下较径流观测系列长，因此降水系列常被用来作为延长径流系列的参证变量。如我国长江流域及南方各省，年径流量与年降水量之间存在较密切的关系，若用流域平均年降水量做参证变量来展延年径流系列，一般可得良好结果。

（三）缺乏实测资料时正常年径流量的推求

在部分中小流域内，有时只有零星的径流观测资料，且无法延长其系列，甚至完全没有径流观测资料，则只能利用一些间接的方法，对其正常年径流量进行估算。采用这类方法的前提是研究流域所在的区域内，有水文特征值的综合分析成果，或在水文相似区内有径流系列较长的参证站可资利用。

1. 参数等值线图法

水文特征值主要指年径流量、时段径流量，年降水量，时段降水量，最大一日、最大三日等降水量等。水文特征值的统计参数主要是均值、C_V 值。其中某些水文特征值的参数在地区上有渐变规律，可以绘制参数等值线图。我国已绘制了全国和分省（自治区、直辖市）的水文特征值等值线图和表，其中年径流深等值线图及 C_V 等值线图，可供中小流域设计年径流量估算时直接采用。

为排除非分区性因素（流域面积等）的影响，多年平均年径流量常常采用多年平均年径流深 R （单位：mm）表示。

用等值线图推求无实测径流资料流域的多年平均年径流量时，须首先在图上描出研究断面以上流域范围；其次定出该流域的形心，沿不同方向能将流域面积等分为二的直线的交点一般视为流域的形心，或将通过流域长轴和短轴这两条垂线的交点近似作为流域形心（图 4-22 中的点 O）。当流域面积较小，流域内等值线分布均匀的情况下，流域的多年平均年径流量可以由通过流域形心的等值线直接确定，或者根据形心附近的两条等值线按比例内插求得，如图 4-22 所示；如流域面积较大，或等值线分布不均匀，则必须用加权平均法推求，如图 4-23 所示，其计算公式为

$$R = \frac{\sum\limits_{i=1}^{n} R_i A_i}{\sum\limits_{i=1}^{n} A_i} = \frac{\sum\limits_{i=1}^{n} R_i A_i}{A} \tag{4-28}$$

式中：R_i 为分块面积的平均径流深，mm；A_i 为分块面积，km^2；A 为研究流域的面积，km^2；R 为流域平均径流深，mm。

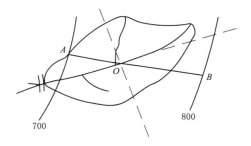

图 4-22 用直线内插法求流域平均
径流深（单位：mm）

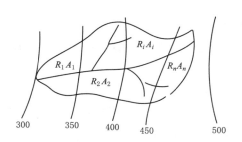

图 4-23 用面积加权平均法求流域
平均径流深（单位：mm）

2. 水文比拟法

水文比拟法就是将参证流域的水文资料移置到研究流域上来的一种方法。这种移置是以研究流域影响径流的各项因素与参证流域影响径流的各项因素相似为前提。因此，使用本方法最关键的问题在于选择恰当的参证流域。参证流域应具有较长的观测径流资料系列，其主要影响因素与研究流域相近，要通过历史上旱涝灾情和气候成因分析，说明气候条件的一致性，并通过流域查勘及有关地理、地质资料，论证下垫面情况的相似性，流域面积也不宜相差太大。

三、径流的年际变化

河川径流在时间上的变化特性称为径流情势，包括径流的年内变化和年际变化。正常年径流量反映了河流拥有水量的多少，但并不反映具体某一年的水量，这是因为年径流量是一个随机变量，每年的数值不相同所致，即径流量具有年际变化。河川径流在不同年份的变化称为径流的年际变化。研究和掌握河川径流的年际变化规律，不仅可为水利工程的规划设计提供基本依据，而且对水文情势的中长期预报、地区自然条件的综合分析评价以及跨流域调水的研究都是十分重要的。

（一）径流年际变化的表示方法

反映年径流量相对变化的特征值主要是年径流量的变差系数 C_V 和年际极值比（绝对比率）K_m。

1. 年径流量的变差系数 C_V

年径流量的变差系数 C_V 值为

$$C_V = \frac{\sigma_n}{\overline{Q}_n} = \sqrt{\frac{\sum\limits_{i=1}^{n}(K_i - 1)^2}{n-1}} \tag{4-29}$$

式中：n 为观测年数；σ_n 为年径流量的均方差；$\overline{Q}_n$ 为多年平均径流量；K_i 为第 i 年的年径流变率，即第 i 年平均径流量与正常径流量的比值，$K_i > 1$，表明该年水量比正常情况多，$K_i < 1$，则相反。

年径流量的 C_V 值反映年径流量总体系列离散程度，C_V 值大，表明径流年际变化大，丰枯悬殊，不利于水资源的利用，在丰水年水量特别大，易发生洪涝灾害，而在枯水年水量又特别小，易发生旱灾。相反，年径流 C_V 值小，表示年径流量的年际变化小，有利于径流资源的利用。

2. 年径流量的年际极值比 K_m

实测的最大年径流量与最小年径流量的比值，称为年径流量的年际极值比（绝对比率），以 K_m 表示，它能粗略反映年径流量的年际变化幅度。年际极值比 K_m 取决于河川径流的年际变化和实测资料年限，与年径流 C_V 值和资料年限 n 呈正相关关系。

（二）影响径流年际变化的因素

影响年径流年际变化的因素主要是气候，其次是下垫面因素和人类活动。气候因素具有地带性规律。有些下垫面因素（如流域高程、流域坡度等）在水平方向上也具有渐变规律性，因此年径流变差系数 C_V 具有一定的地理分布规律，在一定范围内可以绘制年径流

C_V 等值线图。根据我国年径流变差系数 C_V 等值线图分析可得，影响年径流 C_V 值大小的因素主要有年径流量、补给水源、地形因素和流域面积等。

1. 年径流量

由式（4-29）可知，年径流变差系数 C_V 值与年径流量呈反比关系。年径流量大意味着年降水量丰富，降水丰富的地区水汽输送量大而稳定，降水量的年际变化小，同时，降水量丰富的地区地表供水充分，蒸发比较稳定，故年径流 C_V 值小；降水量少的地区，降水集中而不稳定，加之蒸发量年际变化较大，致使年径流 C_V 值大。我国河流年径流量 C_V 值的分布具有明显的地带性，但它和年径流量分布的趋势相反，年径流深是从东南向西北递减，而 C_V 值则从东南向西北增大，即东南的丰水带 C_V 值为 0.2～0.3，到西北缺水带，C_V 值增至 0.8～1.0。

2. 补给水源

以高山冰雪融水或地下水补给为主的河流，年径流 C_V 值较小，而以雨水补给为主的河流 C_V 值较大，尤其是雨水变率大的地区，C_V 值更大。因为冰川积雪融化量主要取决于气温，而气温的年际变化比较小，所以冰雪融水补给为主的河流 C_V 值较小，例如，天山、昆仑山、祁连山一带源于冰川的河流，C_V 值仅 0.1～0.2。以地下水补给为主的河流因为受地下含水层的调蓄，径流量较稳定，C_V 值也较小。例如，以年降水量相近的黄土高原与黄淮海平原相比，黄土高原地处土质松散、下渗作用强、地下水丰富的地区，地下水对河流补给的比重较大，年径流量的 C_V 值只有 0.4～0.5，其中以地下水补给为主的无定河上游，C_V 值甚至小于 0.2。而黄淮海平原的河流，主要水源是降水，而且降水变率较大，因而年径流量 C_V 值一般均在 0.8 以上，局部地区甚至大于 1.0。

3. 地形因素

平原和盆地河流的 C_V 值大于邻近高原和高山地区。原因是高原和高山地区，受地形抬升多地形雨，使降水量多而稳定，则年径流 C_V 值较小；相反，平原和盆地地区，降水量相对较少，年径流 C_V 值较大。

4. 流域面积

流域面积小的河流，C_V 值大于流域面积大的河流。这是因为大河集水面积大，而且流经不同的自然区域，各支流径流变化情况不一，丰枯年可以相互调节，加之大河河床切割很深，得到的地下水补给量多而稳定，所以大河的 C_V 值较小。例如，长江干流汉口站 C_V 值为 0.13，而淮河蚌埠站的 C_V 则达 0.63。同理，各大河干流的 C_V 值一般均比两岸支流小。

（三）径流年际变化的研究方法

径流量的年际变化最好用成因分析法进行推求。但由于年径流量在时间上的变化是气候因素和自然地理因素共同作用、相互综合的产物，而这些影响因素本身又受其他许多因素的影响和制约，因果关系相当复杂，以现阶段的科学水平，尚难完全应用成因分析法可靠地求出其变化规律。同时，前后相距几年的年径流之间并无显著的关系，各年径流间可认为彼此独立，其变化具有偶然性，因此，只能利用概率论和数理统计的方法研究径流量年际变化的统计规律性，即以年径流量作为随机变量，绘制其频率曲线，确定其统计参数，以反映河川径流的年际变化规律。也可通过丰水年、平水年和枯水年的周期分析和连丰、连枯变化规律分析等途径，研究河川径流量的多年变化情况。

（四）我国河流丰枯变化规律

河流各年年径流量的丰、枯情况，可按照一定保证率（P）的年径流标准划分，通常认为 $P<25\%$ 为丰水年，$P>75\%$ 为枯水年，$25\%<P<75\%$ 为平水年。对松花江、永定河、黄河、淮河、长江和珠江六河长期（$50\sim100a$）观测资料的分析表明，以松花江、永定河和黄河为代表的北方河流，其枯水年和丰水年出现的机会（分别占统计年数的 $26\%\sim28\%$ 和 $22\%\sim26\%$）均比以淮河、长江、珠江为代表的南方河流的枯、丰水年出现的机会（分别为 $19\%\sim22\%$ 和 $19\%\sim23\%$）为多，而平水年出现的机会南方河流多于北方河流。

从上述河流的实测资料中还可以发现，在径流的年际变化过程中，丰水年、枯水年往往连续出现，而且丰水年组与枯水年组循环交替地变化着。根据长江汉口站 1865—1969年的资料，大致可划分为 5 个丰、枯水循环交替期，见表 4－2。丰、枯水循环交替期 $16\sim26a$ 不等，呈现出不固定的周期，但每个循环期内，年径流变率均值（$K_{平均}$）均接近于正常径流的变率，丰水年组（$8\sim18a$）和枯水年组（$9\sim16a$）也长短不一，每个丰水年组的 $K_{平均}$ 都略大于 1，而枯水年组的 $K_{平均}$ 都略小于 1，但变幅不大。淮河、珠江径流的多年变化过程，无论是丰、枯水年组循环期的长短，或是变化幅度，均与长江的上述特征相近。

表 4－2 长江汉口站年径流丰、枯水循环期

序号	丰、枯水循环期			丰 水 期			枯 水 期		
	起讫年份	年数	$K_{平均}$	起讫年份	年数	$K_{平均}$	起讫年份	年数	$K_{平均}$
1	1865—1880	16	1.01	1865—1872	8	1.05	1872—1880	9	0.96
2	1880—1904	25	0.97	1880—1890	11	1.02	1890—1904	15	0.95
3	1904—1929	26	0.99	1904—1921	18	1.03	1921—1929	9	0.94
4	1929—1947	19	0.97	1929—1938	10	1.04	1938—1947	10	0.91
5	1947—1969	23	0.99	1947—1954	8	1.08	1954—1969	16	0.95

北方河流则情况不同。松花江一个循环期可达 $60a$，黄河和永定河近 40 年来基本上均为一个循环期。黄河 1922—1932 年连续 11 年的枯水段，其平均年径流量只及正常径流量的 73%，即 $K_{平均}=0.73$，该值远远小于表 4－2 中长江枯水期的 $K_{平均}$ 值。因此，中国南、北方河流丰、枯水段的交替循环具有不同的特征：南方河流丰、枯水循环交替的周期短、变化幅度也小；北方河流丰、枯水循环交替的周期长、变化幅度大。

此外，上述六大河在同一时期中，丰、枯水段往往是不相遇的，而且还出现南北河流丰、枯水期相反的情况。例如，1955—1966 年松花江和永定河为丰水段，与此相反长江和珠江这阶段为枯水段。对比长江和松花江的 1902—1944 年期间的资料，两站丰、枯水期完全呈相反的趋势。因而人们对我国河流的水文变化规律早就有"南旱北涝"或"南涝北旱"的说法。当然个别年份，由于大气环流异常，以致几条大河同时出现丰水年或枯水

年的现象也是有的，例如，1954年是长江有记录以来稀遇的大丰水年，同年北起松花江、南达西江的全国河流几乎普遍出现丰水年。又如，1928年为黄河大枯水年，全国其他大河除松花江属偏丰年份外也均为枯水年。南、北河流同时遭遇丰水年或枯水年的机遇虽然很少，可一旦发生，其带来的损失是非常严重的。

丰、枯水年组的循环规律与太阳黑子的相对数、大气环流因素的变化有很密切的关系。据研究，海河流域的丰水年份出现在太阳黑子活动的低值年、高值年和高值年后两年的机会较多，枯水年份多出现在黑子活动低值年前两三年。

四、径流的年内变化

河川径流在一年内的分配也是不均匀的，有的季节、月份水量偏多，有的季节、月份水量偏少。河川径流在一年内不同季节或月份的变化称为径流的年内变化或年内分配、季节分配。径流的季节分配影响到河流对工农业和生活的供水状况、通航时间的长短，以及发电用水情况等。

（一）径流的季节分配

径流的季节分配主要取决于补给水源及其变化，而河川径流补给条件的变化又主要取决于气候因素，因而随气候条件的周期性变化，河川径流也发生相应变化。研究河川径流的季节变化，首先要确定统一的季节划分。根据我国气候情况，取12月至次年2月为冬季；3—5月为春季；6—8月为夏季；9—11月为秋季。我国河流大部分地区的河流都是以雨水补给为主，因此，径流的季节分配在很大程度上取决于降水的季节分配，而降水又受季风的影响，变化非常显著。我国河流各季径流分配特点如下。

冬季是我国的干季，降水本来就少，河流主要靠地下水补给，是我国河川径流量最为枯竭的季节，故统称为冬季枯水。北方的河流因气候严寒和受冰冻的影响，冬季径流量大部分不及全年的5％，其中黑龙江省北部和西北地区的沙漠和盆地地区的河流不及全年的2％。然而北方河流中以地下水补给为主的河流，如黄土高原北部及太行山区的河流，其冬季径流量可达全年的10％。此外，新疆的伊犁河，因其水汽来自北冰洋，冬季降水较多，故冬季径流量可达年径流量的10％。南方冬季降水相对于北方虽然较多，一般可占全年的6％～8％，但也只有少数地区大于全年的10％，台湾地区冬季径流量最多，可达15％以上，台北甚至高达25％以上。

春季是我国河川径流普遍增多的时期，但各地增长的程度相差悬殊。东北、北疆阿尔泰山区因融雪和解冻形成显著的春汛，一般可占全年水量的20％～25％；内蒙古的东北部锡林郭勒，冬季多积雪，春季径流可占30％～40％，比夏季还多，为一年中径流最丰富的季节；江南丘陵地区，因雨季开始，径流量迅速增加，可占全年的40％左右；西南地区因受西南季风的影响，一般只占全年的5％～10％，造成春旱；华北地区一般在10％以下，春旱现象普遍。

夏季是我国河川径流最丰沛的季节，统称为夏季洪水。由于受东南季风和西南季风的影响，夏季我国季风地区降水量大增，南方河流夏季径流量可为全年的40％～50％；西南地区受西南季风影响，云贵高原达50％～60％，四川盆地更高，达60％，青藏高原则高达60％～70％。在北方，因雨量集中，夏季径流可达50％以上，其中华北和内蒙古中西部更可达60％～70％。在我国西北地区，夏季因气温升高，高山的冰雪大量融化，使夏季径流量高达 60%～70%。总之，我国河流夏季都进入汛期，洪水灾害多在此时出现。

　　秋季是我国河川径流普遍减退的季节，也称秋季平水。全国大部分地区秋季径流量比重为 20%～30%，其中江南丘陵只有 10%～15%，有秋旱现象。海南岛为全国秋季河川径流量最高的地区，可达 50% 左右，为一年中径流最多的季节。其次是秦岭山地及其以南的地区，亦可达 40%。

　　总之我国部分地区为季风区，雨量集中在夏季，径流亦如此。西北内陆河流主要靠冰雪融水补给，夏季气温高，径流也集中在夏季，这就形成我国绝大部分地区是夏季径流占优势的基本局势。径流年内分配不均、夏秋多、冬春少，不能满足农作物生长的要求，因此，一方面需要兴建大批水库、塘坝，拦蓄部分夏秋径流以弥补冬春的不足，另一方面又必须兴修防洪除涝的工程，防止江河泛滥，使洪涝得以迅速排除，以保证工农业正常的发展。

　　（二）径流年内变化的特征值

　　综合反映河川径流年内分配不均匀的特征值有很多，下面介绍两种。

　　1. 径流年内分配不均匀系数 C_{vy}

　　其计算式为

$$C_{vy} = \sqrt{\frac{\sum\limits_{i=1}^{12}\left(\dfrac{K_i}{\overline{K}}-1\right)^2}{12}} \tag{4-30}$$

式中：K_i 为各月径流量占年径流的百分比，%；$\overline{K}$ 为各月平均占全年百分比，%，即 $\overline{K} = \dfrac{100\%}{12} = 8.33\%$。

　　C_{vy} 是反映径流分配不均匀性的一个指标。C_{vy} 越大，表明各月径流量相差越悬殊，即年内分配越不均匀，C_{vy} 小则相反。

　　2. 完全年调节系数 C_r

　　其计算式为

$$C_r = \frac{V}{W} \tag{4-31}$$

式中：V 为调节库容，m^3；W 为年径流总量，m^3。

　　由于径流年内分配不均，通常要建水库进行调节。假如建造的水库能把下游的径流调节得十分均匀，即在一年内，无论是在洪水期还是枯水期，水库下游的河流流量是一样的（即等于年平均流量），这样的调节称为完全年调节。径流量年内分配不同，完全年调节的库容 V 就不同，年内分配越不均匀，则 V 就越大。因此 V 的大小可以作为反映河川径流年内分配不均匀的一个综合指标。C_r 指标也可采用多年平均完全年调节系数 C_r^0，即

$$C_r^0 = \frac{\overline{V}}{\overline{W}} \tag{4-32}$$

式中：$\overline{V}$ 为完全年调节库容的多年平均值，m^3；$\overline{W}$ 为多年平均径流总量，m^3。

　　我国主要河流径流量年内分配特征值见表 4-3。

表 4-3　　　　　　　　　　我国主要河流径流量年内分配特征值

河名	站名	季 节 分 配 /%				C_{vy}	C_r^0
		冬	春	夏	秋		
松花江	哈尔滨	16.2	16.9	30	37.9	0.688	0.283
永定河	官厅	11.7	22.8	43	22.5	0.670	0.224
黄河	陕县	9.9	15.3	38.1	36.7	0.605	0.270
淮河	蚌埠	8.0	15.4	51.7	24.9	0.838	0.329
长江	大通	10.3	21.2	39.1	29.4	0.462	0.215
珠江	梧州	6.8	18.6	53.5	21.1	0.740	0.330
澜沧江	景洪	10.7	9.9	45.0	34.4	0.712	0.307

五、特征径流——洪水和枯水

洪水和枯水是河川径流两个十分重要的特征值，是水文学的研究重点之一。

（一）洪水

1. 洪水概念

洪水是一种复杂的自然现象。目前对洪水的定义还不统一。一般地，洪水通常是指由大量降雨或冰雪融化及水库溃坝等引起水位突发性上涨的大水流，其根本特征是水体水位的突发性上涨，超过正常水位，淹没平时干燥的陆地，使沿岸遭受洪涝灾害。自古以来洪水给人类带来很多灾难，如黄河和恒河下游常泛滥成灾，造成重大损失。我国各河流均有洪水灾害发生，如 1975 年 8 月，河南的"75·8 大暴雨"所造成的特大洪水是历史上罕见的。由于洪水灾害威胁着人们的生命和财产安全，因此研究洪水的形成和运动规律，进行抗洪、防洪是非常重要的。

2. 洪水特性的表示方法

洪水强度通常用洪峰流量（洪峰水位）、洪水总量、洪水总历时等指标来刻画，统称

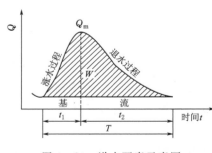

图 4-24　洪水要素示意图

为洪水三要素。如图 4-24 所示，一次洪水过程中的最大流量称为洪峰流量 Q_m，洪水流量过程线与横坐标所包围的面积为洪水总量 W，洪水流量过程线的底宽即为洪水总历时 T。洪水三要素的有关数据是水利工程设计的重要依据。在水利工程的设计中，水工建筑物能够抗御的最大洪水称为设计洪水。通常所说某水库是按百年一遇洪水设计，就是指该水库能够抗御重现期为百年的洪水，"百年一遇"即为该水库的设计标准。设计标准是根据水工建筑物的规模和重要性而定的，设计标准越高，抗御洪水的能力就越强、就越安全，但是造价也越高。

在科学研究和工程实践中，除洪水三要素指标外，还常常用洪水水深、洪水淹没范围、洪水淹没历时、洪水重现期和洪水等级等指标来描述洪水强度。

3. 洪水的分类

洪水按出现地区的不同，大体上可分为河流洪水、海岸洪水（如风暴潮、海啸等）和湖泊洪水等。河流洪水依照成因的不同可分为暴雨洪水（雨洪）、融雪洪水（雪洪）、溃坝洪水和冰凌洪水等。其中暴雨洪水是我国大多数河流的主要洪水类型，也是水文学的研究重点。

洪水根据来源可分为上游演进洪水和当地洪水两类。上游演进洪水是指上游径流量增大，使洪水自上而下推进，洪峰从上游传播到下游有一段时间间隔；而当地洪水是指由当地大量降水等原因引起地表径流大量汇聚河槽而造成的洪水。

4. 洪水的影响因素

世界上大多数河流的洪水为暴雨洪水和融雪洪水。全球暴雨洪水量值最高的地区主要分布在北半球中纬度地带，我国绝大多数河流的洪水由暴雨形成。流域的暴雨特性、流域特性、河槽特性和人类活动等因素，对洪水大小及其性质都有直接影响。暴雨特性包括暴雨强度、暴雨持续时间和空间分布等，尤其暴雨中心移动路线和笼罩面积，对洪水有着巨大的影响。如暴雨中心向下游移动，雨洪同步，常造成灾害性大洪水。流域特性包括流域面积、形状、坡度、河网密度及湖沼率、土壤、植被和地质条件等。如流域面积大的流域，暴雨常是局地性的，大面积连续降水是造成洪水的主要原因。而对小流域，暴雨笼罩整个流域的机会多，易于形成洪水。河槽特性包括河槽断面、河槽坡度、糙率等，是河网调蓄能力的决定因素。人类活动包括修建蓄水工程、植树造林、水土保持等措施。如修建蓄水工程，可拦蓄部分洪水，削减洪峰，调节径流。

5. 洪水波的运动

水流为均匀流时，天然河道的平均流速可按谢才公式计算。均匀流时，河水等速下移，河水纵向运动的情况比较简单。然而，流域降水后，地表径流不断注入河槽，河水的水位、流量及流速等不仅沿程不一，而且随时都在变化，原来稳定的水面受到干扰而形成波动，这就是洪水波。因而此时河水沿程的纵向运动过程，除了原来的稳定水流之外，还应加上河槽中洪水波的运动过程。

（1）洪水波的概念。河槽中水流在无大量地表径流汇入前属于稳定流，此时的纵向水面线基本上与河底平行。当流域上发生暴雨或大量融雪后，河槽中流量急剧增加，水位也相应上涨。洪峰过后，流量逐渐减小，水位相应降低，这时在河槽纵剖面上形成的波即为洪水波，并向下游传播。天然河道中的洪水波属于不稳定流。

图 4-25 为洪水波形状示意图。在初始稳定流水面上的附加水体（即波流量），称为洪水波的波体，即图中的 $ABCDA$ 部分，波体轮廓线上任一点相对于稳定流水面的高度，称为洪水波高。波高随河长而变化，其中最大波高称洪水波峰，即图中的 $BD(h)$。在洪水波前进的方向上，波峰的前部称波前，后部称波后，波体与稳定流水面交界面的长度，称洪水波长（AC）。洪水波的波长通常为波高的数千倍，故属长波。所以洪水波的瞬时纵剖面的曲率极其微小。洪水波水面相对于稳定流水面的比降，称附加比

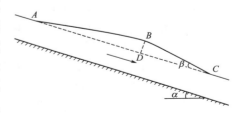

图 4-25 洪水波形状示意图

降，附加比降 $i_\triangle$ 可近似地用洪水波的水面比降 i 与稳定流水面比降 i_0 的差值表示，即 $i_\triangle \approx i - i_0$。附加比降可正可负。当稳定流时，$i_\triangle = 0$；涨洪段，即波前 $i_\triangle > 0$；落洪段，即波后 $i_\triangle < 0$。附加比降是洪水波的主要特征之一。天然河道洪水波的附加比降值在万分之一以下，但因天然河道在稳定流情况下的比降一般在千分之一左右，所以 $i_\triangle / i_0$ 之值可达百分之几或百分之十几，因此附加比降的作用不能忽略。

　　（2）洪水波的传播与变形。洪水波在传播过程中，由于水面附加比降 $i_\triangle$ 的存在，波前段和波后段的比降、水深各不相同，再加上河槽的调蓄作用，不断发生变形。图 4—26 是棱柱形河道中洪水波传播与变形过程示意图。图中 0—0 线为行洪前稳定流的水面。洪水波自 t_1 时的 $A_1 B_1 C_1$ 传到 t_2 时的 $A_2 B_2 C_2$ 位置时，由于波前 BC 的比降大于

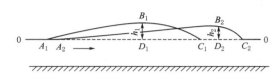

图 4-26　洪水波传播与变形过程示意图

波后 AB，即波前水体运动速度大于波后，因此波长相对增大，波高则逐渐减小，即 $A_1 C_1 < A_2 C_2$，$h_1 > h_2$，这种变形称为洪水波的展开。又由于洪水波各处水深不同，波峰 B 点水深最大，其运动速度大于洪水波上任何一点，因而在洪水波传播过程中，波前长度逐渐减小，$B_1 C_1 > B_2 C_2$，比降不断增大，波峰位置不断超前，而波后长度逐渐拉开，$A_1 B_1 < A_2 B_2$，比降逐渐平缓，这种现象称洪水波的扭曲。

　　洪水波的变形，就是指洪水波的展开和扭曲，两种变形是同时产生的，主要原因是水面存在着附加比降。洪水波变形的结果是，波前越来越短，波后越来越长，波峰不断减低，波形不断变得平缓，波前水量不断向波后转移。

　　在天然河道中，河道断面边界的差异和河段区间入流等条件变化，都对洪水波变形有显著的影响。

　　（3）洪水波的特征值。洪水波的最大特征值有最大流量（洪峰流量）、最高水位（洪峰水位）、最大流速及最大比降。在一次洪水过程中，它们并不在同一时刻出现，而是有先有后。通常，在无支流汇入的平整河段中，仅有单一洪水波时，在任何断面上各最大值出现的次序为：最先出现最大比降，其次出现最大流速，再次出现最大流量，最后出现最高水位。

　　在稳定流时，水位与流量之间可以是单值关系。在洪水波传播过程中，这种单值关系就被破坏而形成较复杂的多值关系。在行洪时，由于涨洪的附加比降 $i_\triangle > 0$，水面比降越大，断面平均流速也越大，故水位相同的情况下，涨水段的流量必大于稳定流时的流量，导致涨水段的水位流量关系曲线偏于稳定流时的右方。相反，退洪的附加比降 $i_\triangle < 0$，在水位相同的情况下，退水段的流量小于稳定流时的流量，形成了退水段的水位-流量关系曲线偏于稳定流时的左方。这样一次洪水过程线便形成了逆时针的绳套形关系曲线，如图 4-27 所示。该图实线表示上述绳套关系，虚线表示单值关系，图中 A 点为最大流量点，B 点为最高水

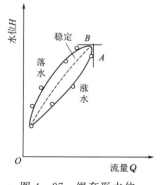

图 4-27　绳套形水位-
流量关系图

位点。可见，在洪水过程中，水位最高时流量不一定是最大值，流量最大时不一定水位最高。因此，在应用洪水资料和分析水位-流量关系时要注意这个概念。

6. 洪峰流量的推求

洪峰流量的推求是水文学研究的重要问题之一，它是港口建设、给水排水，道路桥梁及河流开发常遇到的水文问题。尤其是中小流域的洪水计算，一般多缺乏实测资料，而小流域洪峰流量突出地受到流域自然地理因素的影响，流域面积小、汇流时间短、洪水陡涨陡落，故一般用洪峰流量与有关影响因素（主要是降雨和流域特征）之间的经验关系，建立经验的或半推理、半经验的公式来推求洪峰流量。

（1）根据洪水观测资料推求给定频率的洪峰流量。如果河流某断面上有年限较长（20年以上）的实测资料，从中挑选一个最大的洪峰流量，或将每年洪水记录中凡超过某一标准定量的洪峰流量都选上，进行频率计算，从而求得所需频率的洪峰流量。

（2）地区综合经验公式法。现有的经验公式很多，其基本形式是

$$Q_m = CF^n \qquad\qquad (4-33)$$

式中：Q_m 为洪峰流量，m^3/s；F 为流域面积，km^2；C 为随自然地理条件和频率而变的系数；n 为流域面积指数，n 一般采用 $1/2$、$3/4$ 或 1。

（3）推理公式。推理公式认为，流域上的平均产流强度（单位时间的产流量）与一定面积的乘积即为出口断面的流量，当这个乘积达到最大值时，即出现洪峰流量。由于对暴雨、产流和汇流的处理方式不同，就形成了不同形式的推理公式。中国水利水电科学研究院通过对暴雨的研究，并考虑到等流时线的概念，提出下面的半推理、半经验公式：

$$Q_m = 0.278\varphi\frac{S}{\tau^n}F \qquad\qquad (4-34)$$

式中：Q_m 为洪峰流量，m^3/s；φ 为洪峰径流系数，即汇流时间 $\tau(h)$ 内最大降雨 H 与其所产生的径流深 h 之比值；F 为流域面积，km^2；0.278 为单位换算系数；S 为雨力，mm/s，与暴雨的频率有关，一般可由最大 24h 设计暴雨量 H_{24P} 按 $S_P = H_{24P} \times 24^{n-1}$ 计算而得，有的地区直接绘有 S_P 等值线图备查；n 为暴雨衰减指数，表示一次暴雨过程中各种时段的平均暴雨强度随着时段的加长而减小的指标，当推求小于 1h 的时段平均暴雨强度时，$n = n_1$，约为 0.5；当推求大于 1h 而小于 24h 的时段平均暴雨强度时，$n = n_2$，约为 0.7，各省（自治区、直辖市）有 n 的等值线图或地区综合成果可供选用。

不难看出，式（4-34）中的 $\frac{S}{\tau^n}$ 即为最大 τ 时段的平均暴雨强度，即 $\frac{H_2}{\tau} = \frac{S}{\tau^n}$，并称为暴雨强度公式。

上述中国水利水电科学研究院推理公式适用于 $500km^2$ 以下的流域。

（二）枯水

1. 枯水的形成

枯水是指长期无雨或少雨，缺少地表径流，河槽水位下降出现较小流量甚至枯竭的现象。枯水期内的河川径流又称枯水径流。一般将月平均水量不大于全年水量的 5% 的月份

算作枯水期。枯水期的河流流量主要由汛末滞留在流域中的蓄水量的消退而形成，其次来源于枯季降雨。流域蓄水量包括地面、地下蓄水量两部分：地面蓄水量存在于地面洼地、河网、水库、湖泊和沼泽之中；地下蓄水量存在于土壤孔隙、岩石裂隙、溶隙和层间含水带之中。由于地下蓄水量的消退比地面蓄水量慢得多，故长期无雨后河中水量几乎全由地下水补给。

枯水期的起止时间和历时完全取决于河流的补给情况。在中国，以雨水补给的南方河流，由于每年冬季降雨量很少，所以河流在每年冬季经历一次枯水阶段；以雨雪混合补给的北方河流，每年可能经历两次枯水径流阶段，一次在冬季，主要因降水量少，全靠流域蓄水补给，另一次在春末夏初，因积雪已全部融化，并由河网泄出，而夏季雨季尚未来临。每条河流的枯水期具体时间取决于河流流域的气候条件及补给方式。

枯水对国民经济有很大的影响。枯季河道水浅，影响航行；水位低，影响水电站发电；流量小，农业灌溉、工业及城市供水也受影响。因此枯水径流的研究也有重要的意义。

2. 影响枯水径流的因素

河流的枯水径流过程实质上就是流域蓄水量的消退过程，因此影响枯水径流的因素和影响流域蓄水量的因素是密切相关的。

（1）流域蓄水量的影响因素。决定流域蓄水量的因素很多，主要有枯水前期的降水量、流域地质、土壤性质及湖沼率、植被覆盖率等。前期降水量大、渗入地下的水量多，地下蓄水量就多；反之，地下蓄水量少，补给枯水径流就少。流域土壤若为砂质则多孔隙，岩层如多裂隙、断层，则能使枯水前期降水大量入渗而储存；含水层如多而厚，则层间水多，地下水储量也大，这都直接影响枯水径流的大小与过程。流域内湖泊率、植被率大的河流，枯水径流一般也较大，且变幅小而稳定。

（2）河流的大小及发育程度因素。大河的流域面积大，地面、地下蓄水量也较大，同时大河水量越丰富，水流的能量就越大，河床下切的深度也就越大，河流切割的含水层越多，得到层间水的层次和水量也越多，因而获得地下水补给的范围也就越广，故大河的枯水径流比小河丰沛而稳定。有的小河切不到含水层，只有包气带的水作为枯水径流的补给，因而枯水径流很小且变幅大，有时甚至断流。河网充分发育的河流受到地下水露头补给的机会较多，故枯水径流也较丰沛。当然，河网密度的大小与水量补给的多少是有密切关系的，水量越丰沛，河网密度也越大，二者是相辅相成的。

3. 枯水的消退规律

枯水径流的消退主要是由流域蓄水量的消退形成的。其消退规律与地下水消退规律类同。在最简单的情况下，可以认为流域蓄水量 W 与出水流量 Q 间存在线性关系，即

$$W = KQ \qquad (4-35)$$

式中：K 为系数。

当无补给时，流域蓄水量和出流量之间存在着下列平衡关系：

$$\frac{dW}{dt} = -Q \qquad (4-36)$$

对式（4-35）微分：$dW = KdQ$，代入式（4-36）可得

$$K \, \mathrm{d}Q = -Q \, \mathrm{d}t$$

或

$$\frac{\mathrm{d}Q}{Q} = -\frac{1}{K} \mathrm{d}t$$

积分可得

$$Q_t = Q_0 \mathrm{e}^{-\frac{1}{K}t}$$

令 $\frac{1}{K} = \alpha$，则

$$Q_t = Q_0 \mathrm{e}^{-\alpha t} \tag{4-37}$$

式中：Q_t 为退水开始后 t 时刻的地下水出流量，m^3/s；Q_0 为开始退水时地下水出流量，m^3/s；α 是反映枯水径流消退规律的参数。

式（4-37）反映了流域蓄水量补给枯水径流的汇流特性。因此当流域蓄水量大时出现径流大，相应的流速也大，α 值也较大，流域退水快。α 值随水源比例不同而变，地面补给大的 α 值大，地面补给小的则退水慢，α 值小。并且 α 值对某一流域不是一个固定值，所以在分析枯水径流时常取 α 的平均值。

参 考 文 献

[1] 邓绶林. 普通水文学 [M]. 北京：高等教育出版社，1985.

[2] 伍光和，田连恕，胡双熙，等. 自然地理学 [M]. 3版. 北京：高等教育出版社，2000.

[3] 天津师范大学地理系，华中师范大学地理系，北京师范大学地理系，等. 水文学与水资源概论 [M]. 武汉：华中师范大学出版社，1986.

[4] 南京大学地理系，中山大学地理系. 普通水文学 [M]. 北京：人民教育出版社，1979.

[5] 丁兰璋，赵秉栋. 水文学与水资源基础 [M]. 开封：河南大学出版社，1987.

[6] 胡方荣，侯宇光. 水文学原理：一 [M]. 北京：水利电力出版社，1988.

[7] 于维忠. 水文学原理：二 [M]. 北京：水利电力出版社，1988.

[8] 黄锡荃. 水文学 [M]. 北京：高等教育出版社，1993.

[9] 中国科学院《中国自然地理》编辑委员会. 中国自然地理：地表水 [M]. 北京：科学出版社，1981.

[10] 管华，李景保，许武成，等. 水文学 [M]. 北京：科学出版社，2010.

[11] 任树梅. 工程水文学与水利计算基础 [M]. 北京：中国农业大学出版社，2008.

第五章　湖泊、沼泽和冰川（冰冻圈）

第一节　湖泊与水库

一、湖泊概述

（一）湖泊的概念与分布

湖泊是指陆地上洼地积水形成的、水域比较宽广、水流缓慢的水体，是湖盆、湖水和水中物质相互作用的自然综合体。湖水是陆地水的组成部分，湿地的重要类型。湖泊具有调蓄水量、供给水源、灌溉、航运、发展旅游和调节气候等功能，并蕴藏丰富的矿物资源。

全球湖水总量为 $17.64 \times 10^4 \text{km}^3$，湖泊面积为 $206.87 \times 10^4 \text{km}^2$，占陆地总面积的 1.8%。世界各大陆都有湖泊分布，但空间分布不均，最为集中的地区是古冰川作用地区，如芬兰、瑞典、加拿大和美国的北部。世界上最大的湖泊为里海（表 5-1），其面积达 386400km^2，同时它也是世界上最大的咸水湖。世界上最大的淡水湖是北美洲的苏必利尔湖，面积达 82400km^2。世界上最大的人工湖或水库是加纳的沃尔特水库，面积达 8502km^2；世界上最深的湖泊为贝加尔湖，水深达 1620m，同时也是世界上容量最大的淡水湖和最古老的湖泊（已经在地球上存在超过 2500 万年）。死海是世界上最深的咸水湖，水深达 380m，同时也是海拔最低的湖泊（湖面海拔 -418m，是已露出陆地的最低点）和最咸的湖泊（湖水盐度达 300‰，为一般海水的 8.6 倍）。北美洲五大湖为面积最大的淡水湖群，总面积达 $24.5 \times 10^4 \text{km}^2$。

表 5-1　　　　　　　　　世界著名湖泊

湖　名	国　家	面积/km²	最大水深/m	容积/×10⁸m³
里海	哈萨克斯坦、土库曼斯坦、阿塞拜疆、俄罗斯、伊朗	386400	1025	16000
苏必利尔湖	加拿大、美国	82400	406	11600
维多利亚湖	坦桑尼亚、肯尼亚、乌干达	69000	92	2700
咸海	哈萨克斯坦、乌兹别克斯坦	64100	68	1020
休伦湖	加拿大、美国	59800	229	3580
密歇根湖	美国	58100	281	4680
坦噶尼喀湖	坦桑尼亚、扎伊尔、赞比亚、卢旺达、布隆迪	32900	1435	18900
贝加尔湖	俄罗斯	31500	1620	23000
马拉维湖	马拉维、莫桑比克、坦桑尼亚	30900	706	7725

续表

湖 名	国 家	面积/km²	最大水深/m	容积/×10⁸m³
大熊湖	加拿大	30200	137	1010
大奴湖	加拿大	27200	156	1070
伊利湖	加拿大、美国	25700	64	545
温尼伯湖	加拿大	24600	19	127
安大略湖	加拿大、美国	19000	236	1710
拉多加湖	俄罗斯	17700	230	908
马拉开波湖	委内瑞拉	13300	35	280

中国湖泊众多，主要湖泊见表 5-2。20 世纪 50 年代调查表明，我国湖泊面积大于 1km² 的有 2848 个，总面积达 83400km²，到 20 世纪 80 年代，面积大于 1km² 的湖泊约有 2300 个，总面积达 71000km²。我国湖泊虽然很多，但分布不均匀，大约 99.8% 的湖泊面积分布在东部平原、青藏高原、蒙新地区、东北地区和云贵高原五大湖区。其他地区的湖泊不多，分布也零散，面积很小，只占全国湖泊面积的 0.02%。在五大湖区中，又以东部平原和青藏高原地区的湖泊为最多，占了全国湖泊面积的 74%，形成我国东西相对的两大稠密湖群。

表 5-2 中 国 主 要 湖 泊

湖 名	湖面海拔/m	面积/km²	最大水深/m	容积/×10⁸m³	水质状况
青海湖	3194.0	4340.0	27.0	778.0	咸
兴凯湖（中俄界湖）	69.0	4380.0	10.6	27.1	淡
鄱阳湖	21.0	3583.0	16.0	248.9	淡
洞庭湖	34.5	2820.0	30.8	188.0	淡
太湖	30.0	2420.0	4.8	48.7	淡
呼伦湖	545.5	2315.0	8.0	131.3	咸
洪泽湖	12.5	2069.0	5.5	31.3	淡
纳木错	4718.0	1940.0	33.0*	768.0	咸
色林错	4530.0	1640.0	33.0*	768.0	咸
南四湖	35.5~37.0	1266.0	6.0	53.6	淡
艾比湖	189.0	1070.0			盐
博斯腾湖	1048.0	1019.0	15.7	99.0	咸
扎日南木错	4613.0	1000.0	5.6		咸
巢湖	10.0	820.0	5.0	36.0	淡
鄂陵湖	4268.7	610.7	30.7	107.6	淡
贝尔湖（中蒙界湖）	583.9	608.5	50.0	54.8	淡
扎陵湖	4293.2	526.0	13.1	46.7	淡
艾丁湖	−154.0	124.0			盐
长白山天池（中朝界湖）	2194.0	9.8	373.0	20.0	淡
日月潭	760.0	7.7	40.0	3.1	淡

* 距岸边 2~3km 处的实测最大水深。

青海湖面积为 4000 多 km^2，是中国最大的湖泊。西藏的纳木错，湖面高程为 4718m，在全球面积为 $1000km^2$ 以上的湖泊中，是海拔最高的。位于长白山上的天池（中国朝鲜界湖），水深达 373m，是中国最深的湖泊。鄱阳湖是中国第一大淡水湖，面积 $3583km^2$，位于江西省北部，蓄水量达 248.9 亿 m^3。我国湖泊最密的地区为湖北江汉平原，由长江、汉水冲积而成，湖泊多是古代大湖云梦泽的残留部分，湖泊密布，河网交织，湖泊总面积占江汉平原的 1/4，密度远远超过西藏多湖区，共有大小湖泊 1500 多个，故湖北有"千湖之省"之称。柴达木盆地的察尔汗盐湖，以丰富的湖泊盐藏量著称于世。

（二）湖泊的形态特征参数

湖泊形态多种多样，对湖水性质、湖水运动、湖泊演化、水生生物、养殖、捕捞、航运、灌溉等都有一定的影响。湖泊形态特征参数有面积、容积、长度、宽度、岸线长度、岸线发展系数、湖泊补给系数、湖泊岛屿率、最大深度与平均深度等。

（1）面积一般指最高水位时的湖面积。

（2）容积指湖盆储水的体积，它随水位的变化而变化。

（3）长度指沿湖面测定湖岸上相距最远两点之间的最短距离，根据湖泊形态，可能是直线长度，也可能是折线长度。

（4）宽度分为最大宽度和平均宽度，前者是近似垂直于长度线方向的相对两岸间最大的距离，后者为面积除以长度。

（5）岸线长度指最高水位时的湖面边线长度。

（6）岸线发展系数指岸线长度与等于该湖面积的圆的周长的比值。

（7）湖泊补给系数指湖泊流域面积与湖泊面积的比值。

（8）湖泊岛屿率指湖泊岛屿总面积与湖泊面积的比值。

（9）最大深度指最高水位与湖底最深点的垂直距离。

（10）平均深度指湖泊容积与相应的湖面积之商。

湖泊形态参数定量表征湖泊形态各个方面，是湖泊（水库）规划、设计和管理的基本数据，也可用来对比不同湖泊的水文特性。

（三）湖泊的分类

1. 按湖盆成因分类

湖泊是在一定的地理环境下形成和发展的，并且与环境诸因素之间相互作用及影响。但是，不论湖泊的成因属于何种类型，湖泊的形成都必须具备两个最基本的条件，即湖盆和湖盆中所蓄积着的水。湖盆是湖水赖以存在的前提，而湖盆的形态特征不仅可以直接或间接地反映其形成和演变过程，而且在很大程度上又制约着湖水的理化性质和生物类群。

湖泊按湖盆成因可分为以下八类：

（1）构造湖。构造湖是在地壳内力作用形成的构造盆地上经储水而形成的湖泊。它在我国五大湖区中都有普遍的分布，凡是一些大、中型的湖泊大多属这一类型，如云南高原上的滇池、抚仙湖、洱海，青海湖，新疆喀纳斯湖等，再如著名的东非大裂谷沿线的马拉维湖、维多利亚湖、坦噶尼喀湖。构造湖一般具有十分鲜明的形态特征，即湖岸陡峭且沿构造线发育，湖形狭长，水深而清澈。同时，还经常出现一串依构造线排列的构造湖群。

（2）火山口湖。火山口湖指火山喷发以后火山口积水而形成的湖泊，其形状为圆形或椭圆形，湖岸陡峭，湖水深不可测。这类湖大多集中在我国东北地区。长白山主峰上的长白山天池，就是一个极典型的经过多次火山喷发而被扩大了的火山口湖。它深达 373m，为我国第一深水湖泊。

（3）堰塞湖。火山活动或由地震活动等原因引起山崩滑坡体壅塞河床，截断水流出口，其上部河段积水成湖。火山堰塞湖多分布在东北地区，地震堰塞湖多分布在西南地区的河流峡谷地带，如五大连池、镜泊湖等。人类经济活动的影响也能够形成堰塞湖，如炸药击发、工程挖掘等。堰塞湖的形成，通常由不稳定的地质状况所构成，当堰塞湖构体受到冲刷、侵蚀、溶解、崩塌等作用时，堰塞湖便会出现"溢坝"，最终会因为堰塞湖构体处于极差地质状况而演变"溃堤"，瞬间发生山洪暴发的洪灾，对下游地区有着毁灭性破坏。

（4）岩溶湖。岩溶湖是由碳酸盐类地层经流水的长期溶蚀而形成岩溶洼地、岩溶漏斗或落水洞等被堵塞，经汇水而形成的湖泊，多分布在我国岩溶地貌发育比较典型的西南地区，如贵州省威宁县的草海。草海是我国湖面面积最大的构造岩溶湖，素有"高原明珠"之称。

（5）冰川湖。冰川湖是由冰川挖蚀形成的坑洼和冰碛物堵塞冰川槽谷积水而成的湖泊。它主要分布在我国西部一些高海拔的山区或高山冰川作用过的地区，如念青唐古拉山和喜马拉雅山区。其海拔一般较高，而湖体较小，多数是有出口的小湖。

（6）风成湖。风成湖是因沙漠中的丘间洼地低于潜水面，由四周沙丘水汇集形成，主要分布在我国巴丹吉林、腾格里、乌兰布和等沙漠以及毛乌素、科尔沁、浑善达克、呼伦贝尔等沙地地区，并多以小型时令湖的形式出现。这类湖泊都是不流动的死水湖，而且面积小，水浅而无出口，湖形多变，常是冬春积水，夏季干涸或为草地。由于沙丘随定向风的不断移动，湖泊常被沙丘掩埋成为地下湖。敦煌附近的月牙湖也是著名的风成湖，其四周被沙山环绕，水面酷似一弯新月，湖水清澈如翡翠。风成湖由于其变幻莫测，常被称为神出鬼没的湖泊。例如，非洲的摩纳哥柯萨培卡沙漠的东部高地上有一个"鬼湖"，变幻莫测：晚上，明明是水深几百米的大湖，一旦天亮，不仅湖水消失，而且还会变成百米高的大沙丘。其成因是地下可能有一条巨大的伏流，有时（一般在晚上）地层变动，地下大河（伏流）便涌溢上来，成了大湖；有时（一般在白天）刮起大风沙，风沙又把它填塞，湖就消失而成沙丘。

（7）河成湖。河成湖是由于河流摆动和改道而形成的湖泊。它又可分为三类：①由于河流摆动，其天然堤堵塞支流而蓄水成湖，如鄱阳湖、洞庭湖、江汉湖群、太湖等；②由于河流本身被外来泥沙壅塞，水流宣泄不畅，蓄水成湖，如苏鲁交界的南四湖等；③河流截弯取直后废弃的河段形成牛轭湖，如内蒙古的乌梁素海。河成湖的形成往往与河流的发育和河道变迁有着密切关系，且主要分布在平原地区。因受地形起伏和水量丰枯等影响，河道经常迁徙，因而形成多种类型的河成湖。这类湖泊一般岸线曲折，湖底浅平，水深较浅。

（8）潟湖（旧称泻湖）。潟湖是一种因为海湾被沙洲所封闭而演变成的湖泊，所以一般都在海边。这些湖本来都是海湾，后来在海湾的出海口处由于泥沙沉积，使出海口形成沙洲，继而将海湾与海洋分隔，因而成为湖泊，又称海成湖。由于海岸带被沙嘴、沙坝或珊瑚分割而与外海相分离，潟湖可分为海岸潟湖和珊瑚潟湖两种类型。海岸带泥沙的横向运动常可形成离岸坝-潟湖地貌组合。当波浪向海岸运动，泥沙平行于海岸堆积，形成高出海水面的离岸坝，坝体将海水分割，内侧便形成半封闭或封闭式的潟湖。在潮流作用下，可以冲开堤坝，形成潮汐通道。涨潮流带入潟湖的泥沙，在通道口内侧形成潮汐三角洲。潟湖沉积是由进入潟湖河流、海岸沉积物和潮汐三角洲物质充填，多由粉砂淤泥夹杂砂砾石物质组成，往往有黑色有机质黏土和贝壳碎屑等沉积物。里海、杭州西湖、宁波的东钱湖都是著名的潟湖。在数千年以前，西湖还是一片浅海海湾，以后由于海潮和钱塘江挟带的泥沙不断在湾口附近沉积，湾内海水与海洋完全分离，海水经逐渐淡化才形成今日的西湖。

2. 按湖泊的补排情况分类

按湖泊的水源补给条件，湖泊可分有源湖和无源湖两类。有源湖是指有地表水补给的湖泊，如鄱阳湖、太湖等；无源湖是指主要靠大气降水来补给的湖泊，如长白山天池。

按湖泊的排泄条件，湖泊可分为吞吐湖和闭口湖。吞吐湖是既有河水流入又能流出的湖泊，如洞庭湖；闭口湖是指没有水流从湖中排出的湖泊，如罗布泊等。

按湖泊水分与海洋有无直接补排关系，湖泊可分为外流湖和内陆湖。外流湖是指湖水能通过河流最终流入海洋的湖泊；内陆湖是指与海洋隔绝的湖泊。

3. 按湖水矿化度分类

按照矿化度，通常将湖泊分为淡水湖（$<1g/L$）、微咸水湖（$1\sim24.7g/L$）、咸水湖（$24.7\sim35g/L$）、盐湖（$>35g/L$）4 种类型。

不同类型的湖泊，其地理分布具有地带性规律。在湿润地区，年降水量大于年蒸发量，湖泊多为吞吐湖，水流交替条件好，湖水矿化度低，为淡水湖。在干旱地区，湖面年蒸发量远大于年降水量，内陆湖的入湖径流全部耗于蒸发，导致湖水中盐分积累，矿化度增大，形成咸水湖或盐湖。

4. 按湖水营养物质分类

按湖泊中植物营养物氮、磷含量的多少，湖泊可分成贫营养湖、中营养湖和富营养湖三大基本类型。贫营养湖多分布在贫瘠的高原和山区，富营养湖多分布在肥沃的平原上。在自然过程中湖泊能从贫营养湖开始，最后演化成富营养湖，直至消亡。人类生产、生活活动能极大地加快湖泊的富营养化进程，加速湖泊的消亡过程。太湖、巢湖是富营养湖。

此外，还可以按湖水存在时间久暂将湖泊分为间歇湖、常年湖；按湖泊分布的自然地理地带，湖泊可分为热带湖、温带湖和极地湖。

二、湖水的性质

（一）物理性质

在湖水的物理性质中，最主要的是湖水温度（湖温），其次是透明度和水色。

1. 湖水温度

（1）影响湖温变化的因素。湖温的变化取决于湖泊热量的收支状态，当湖水热量收入大于支出时，湖温上升；当湖水热量收入小于支出时，湖水温度降低，湖温低于 0℃ 时，湖泊则可能出现冰情或冰冻。

太阳辐射是湖泊水的主要热源。到达湖泊水面的太阳辐射，一部分被吸收转化为热能，使水温升高，另一部分则被反射回宇宙空间。据观测，湖水表面以下1m深的水层可吸收80%的太阳辐射能，而且大部分辐射能被靠近水面20cm的水层所吸收，只有1%的能量可以到达10m深。可见，太阳辐射在水中分布十分不均匀，由水面向下迅速递减。又由于水的传热性能差，因此，大部分太阳辐射能用于提高表层水温，它是影响表层水温的主要因素。

涡动、对流、混合作用是湖泊深层水温的主要影响因素。湖泊的表层湖水吸收太阳辐射能升温，在湖水对流和紊动作用下，表层水吸收的热量向湖水的深处传递，使下层湖水升温，但是这种向下传递热量是有一定限度的。一般水深小于10m的浅湖，全湖水温都能受到太阳辐射能的直接影响而使水温发生变化；水深大于10m的湖泊，深层水通常不受上层水温的影响而保持一定的温度（4~8℃）。对于深水湖泊，表层湖水的热量传递到一定深度不再或很少向下传递时，水温由高急剧下降到下层较低温度，形成一突变层，称为温跃层。温跃层的位置决定于表面水层增温程度和风力，一般温跃层在水面以下4~20m。

此外，湖库形态、水面大小、湖岸曲折程度与岛屿多少、冰雪盖层、风力大小、蒸发强弱等因素也能影响湖温。

（2）湖温的分布。湖温在垂直方向上的分布主要有3种情况。当湖水的温度随着深度的增加而降低，即水温垂直梯度呈负值时，将出现上层水温高，下层水温低，但不低于4℃，这样的水温垂直分布称为正温层（图5-1）；当湖水的温度随着深度的增加而增加，即水温垂直梯度呈正值时，将出现上层水温低，下层水温高，但不高于4℃，这样的水温垂直分布称为逆温层；当湖水的温度不随深度变化，上下层水温一致时，称为同温层。

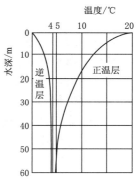

图5-1　湖温的分布

热带湖泊水温常年在4℃以上，温度分布始终为正温层。温带湖泊随季节不同湖温分布有差异，夏季为正温层，冬季为逆温层，春秋季则出现同温层。高山和极地湖泊的水温常年低于4℃，温度分布多为逆温层。

湖温的水平分布因受湖盆形态、湖底地形、水深、湖中岛屿、距岸远近和入湖径流等因素的影响而有很大差异。如俄罗斯的拉多湖，在晚春季节，其北部深水区与南部湖滨浅水带的表层水温差可达15℃以上。

（3）湖温的变化。湖温具有日变化和年变化的特点。水温的日变化以表层最明显，随深度的增加日变化幅度逐渐减小。一般表层水温最高出现在14—18时，最低出现在5—8时。由于水的热容量大于空气，最高和最低水温与气温相比，滞后1~3h。湖水温度的日变化幅度随季节不同而变化，夏季比冬季大，春秋两季介于夏冬之间。水温日变化幅度在阴天和晴天之间的差别也较大（图5-2）。

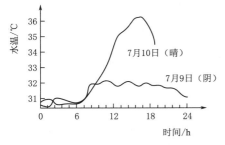

图5-2　太湖表层水温日变化

湖水在不同的季节接收的太阳辐射能是不

143

相同的，因而湖温在不同的季节是有变化的（图5-3）。湖温变化与当地气温年变化相

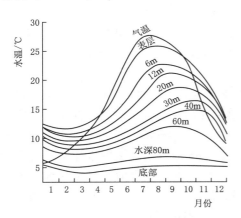

图5-3　湖泊不同深度水温的年变化过程

似，但最高、最低水温出现的时间要迟半个月到一个月左右。水温月平均最高值多出现在7—8月，月平均最低多出现在1—2月。水温由于受冰点控制，其年内变幅均小于湖泊所在地区的气温变幅，且大湖较小湖温度变幅小。

2. 透明度

湖水的透明度与湖水的污染状况、湖水中的悬浮物质和浮游生物等有关，也与水面波动、天气状况、太阳高度等外部条件相关。湖水污染越严重、悬浮物质越多时，对光的散射和吸收则越强，湖水透明度也就越小；浮游生物越多，透明度也越小；太阳高度角越大，射入湖中的光量越多，透明度则越大，反之则越小。有风浪时，浅水湖泊风浪可作用至湖底，使湖泊底质二次悬浮，增加湖水中的悬浮物，湖水的透明度则会明显下降。我国透明度最大的湖泊是西藏阿里地区的玛法木错湖，湖心透明度达14m。

透明度在不同湖泊之间存在显著的差异，一般而言，山区深湖较平原区浅湖透明度大；同一湖泊，深处较浅处透明度大。同一湖泊透明度的空间分布还受到入湖径流含沙量及湖内浮游生物和水生高等植物发育与分布的影响：入湖径流含沙量高、浮游生物多的区域，透明度低，反之则高；水生植物发育区透明度高。例如在太湖中的东太湖，水生植物发育，湖水透明度为0.7~1.3m，比湖心区的0.45~0.55m高。

湖水的透明度有日变化和年变化。日变化与太阳高度、悬浮物、浮游生物和风浪等因素有关。例如，太湖东部中午透明度为0.7m，而早晨透明度仅为0.5m。透明度的年变化，一般与入湖的径流、悬移质泥沙和浮游生物繁殖程度等有关。如鄱阳湖透明度随入湖悬浮物的增加而降低，在4—5月最低，约0.4m；7—8月入湖悬浮物最少，透明度达最大，平均透明度0.8m，最大可达3.5m。

3. 水色

湖泊的水色取决于湖水对光线的选择吸收和选择散射。纯水是无色的，水体对太阳光谱中的红、橙、黄光容易吸收，而对蓝、绿、青光散射最强，因此，在太阳光下纯水多呈蓝色和浅蓝色。湖水的水色是由水体的光学性质以及水中悬浮物质、浮游生物、离子含量、腐殖质的颜色所决定的，也与天空状况、水体底质的颜色有关。当湖中悬浮质增多时，水呈蓝绿色或绿色，甚至呈黄色或褐色；当含有较多钙盐、铁盐、镁盐时，常呈黄绿色；当含有较多腐殖质时，呈褐色或带有铁锈色。

湖水一般呈浅蓝、青蓝、黄绿或黄褐色，一般采用位于透明度1/2深处，在透明度板上人眼所见的湖水颜色，并用水色计1号（浅蓝）至21号（棕色）的号码来表示，即水色号越高，湖水的颜色越深；相反，水色号越低，湖水的颜色越浅。湖泊水色与透明度关系密切，水色号越低，透明度越高；水色号越高则透明度越低。由于湖水空间物理性质的差异，如悬移质、浮游动植物的含量，以及湖泊水体受污染程度等，均可造成同一湖泊不

同湖区湖水水色的差异。由于受入湖径流泥沙的丰枯水期变化、浮游生物生长的季节变化以及水生高等生物季相更替等因素影响，湖水水色具有明显的年内变化。如太湖湖水水色冬季为 13～20 号，夏季为 10～17 号，春秋为 13～19 号。

（二）化学性质

湖水化学性质的主要指标是矿化度，又称含盐量，反映单位湖泊水体中所含盐量的多寡。一般将 HCO_3^-、CO_3^{2-}、SO_3^{2-}、Cl^-、Ca^{2+}、Na^+、K^+、Mg^{2+} 八大离子含量之和作为湖泊水体的矿化度。

湖泊是陆地表面天然洼陷中流动缓慢的水体。湖泊的形态和规模、吞吐状况、湖泊流域的水文和气候条件、风化地壳、土壤性质等对湖水的化学成分和矿化度都有直接和间接的影响，造成了湖水化学成分及其动态变化的特殊性，不同的湖泊具有不同的化学成分和矿化度。湖水化学成分和海水化学成分不同，其主要离子之间并不保持一定的比例关系；湖水与河水、地下水的化学成分也不同，湖水化学成分变化常有生物作用参加。不同湖泊主要离子含量与比例常不相同；同一湖泊不同湖区也不相同。大型湖泊，影响湖水化学成分以及矿化度的因子较多，过程复杂，湖区各部分的化学性质和含盐量有显著的差异；小型湖泊，各种情况比较单一，全湖的化学性质也较一致。此外，浅湖与深湖化学成分也有差别。随着水深的增加，溶解氧的含量降低，CO_2 的含量增加；在湖水停滞区域会形成局部还原环境，以致湖水中游离氧消失，出现 H_2S、CH_4 类气体。

气候条件不同地区的湖泊，湖泊矿化度差异很大。年降水量大于年蒸发量的湿润地区，湖泊多为吞吐湖，水流交替条件好，湖水矿化度低，为淡水湖。湖面年蒸发量远大于年降水量的干旱地区，内陆湖的入湖径流全部耗于蒸发，导致湖水中盐分积累，矿化度增大，形成咸水湖或盐湖。

三、湖水运动

湖水运动是湖泊最重要的水文现象之一。湖泊虽属流动缓慢的水体，但是，在风力、重力和密度梯度力等力的作用下，湖水总是处在不断的运动之中。它对湖盆形态的演变、湖中泥沙运动、湖水的物理性质、化学成分和水生生物的活动等都有重大意义。

（一）湖水混合

湖水混合是湖中的水团或水分子从某一水层移到另一水层的相互交换现象。湖水的混合方式有紊动混合和对流混合：紊动混合是由风力和水力坡度力作用产生的；对流混合主要是湖水密度差引起的。

湖水混合的结果，使湖水的理化性状在垂直及水平方向上均趋于均匀。湖水表层吸收的热量和其他理化特性可被传送到湖泊深处，同时把湖底的 CO_2、溶解的营养物质上升到湖水的表面，从而有利于生物的生长。

湖水发生混合的速度与各水层间的阻力有关。各水层间密度差越大，对湖水混合的阻力也就越大，这种阻力叫作湖水的垂直稳定度。当湖水密度随深度的增加而变大时，湖水就较稳定，不易混合；反之，湖水就不稳定，容易混合。

（二）波浪

波浪是指发生在海洋、湖泊、水库等有宽敞水面的水体中的波动现象，其显著特点是水面呈周期性起伏。波浪发生时，好像是水体向前移动，但实质上是波形的传播，而并非水质点的向前移动。

湖泊中的波浪主要是由风力作用形成的，故又称风浪。波浪的产生与停止主要取决于风速、风向、吹程、风持续的时间、水深、湖水内摩擦及湖底摩擦阻力等因素。在风作用的初期，湖面可出现周期短（常小于1s）、规模很小（波长仅有数厘米）的波；随着风力的增大，波形变陡达最大值；当风沿一定方向继续作用时，湖面就会出现与风向垂直排列，并沿风向运动的强制波；如果风力强大到足以掀起倒悬波峰，由于空气的侵入，湖面呈现一片白色的浪花；当风停息，波浪停止发展，在惯性作用下，波浪继续存在；波浪所具有的能量在传播过程中，逐渐消耗于湖水内摩擦和湖底摩擦，使波浪逐渐消失，湖面恢复平静。

湖泊、水库中的波浪高度比海洋中的小。小湖中波高一般不超过0.5m。大湖中最大波高往往为3～4m，有时可达5～6m，如北美洲的苏必利尔湖、密歇根湖和休伦湖等。水库中波高2.5～3.5m，海浪高达20m，甚至可达30m以上。湖波比海洋波浪陡，劲风时海洋上波浪的平均陡度（波高与波长之比值）为1/20～1/10，长波时为1/30或更小，而湖泊中狂风巨浪的陡度达到1/5。水库中，随着风力增强，波高的增长比波长的增长要快，当波高达到约1m时，波长的增长急剧减小。波浪的这种增长导致波浪陡度的增大和稳定性的减小，当陡度约为1/8～1/7时，波峰出现白色的浪花，形成白浪。

（三）湖流

湖流是指湖水在水力坡度力、密度梯度力和风力等作用下沿一定方向的运动。湖流按其形成原因可分风成流、梯度流、惯性流和混合流等。

（1）风成流。风的作用引起的湖水运动称为风成流，又叫漂流，与风海流的成因类似。

风成流是大型湖泊最显著的水流形式，可引起全湖广泛的、大规模的水流运动。风成流是暂时性湖流，当风停止之后，它也逐渐停息。风成流的流向在地转偏向力的作用下与风向并不一致，在北半球的湖泊，风成流通常偏向风向的右边，偏角小于22°。

（2）梯度流。梯度流分为重力流和密度流。

重力流是由于湖泊水位势空间分布不均匀，表现为湖水面倾斜时，在地球重力的作用下形成的湖水运动。有河流连通的湖泊，因水的流入或流出，可使湖水面局部上升或下降，由此使水面倾斜而形成的重力流称为吞吐流。吞吐流的大小受出入河湖水情、湖泊上下游水面比降控制，当出入水量及比降显著时，流势就强，反之就弱。一般来说，吞吐湖都有吞吐流存在，吞吐流出现时，湖中的水量会发生变化。

密度流是指在湖泊中，由于水温、湖水中含盐量及泥沙含量的差异，不同部分或不同深度的湖水密度存在差异而形成的湖水运动。在湖泊中密度流一般比较弱，在讨论湖水运动时经常忽略不计。

（3）惯性流。惯性流则是在外力停止作用后，水质点在惯性的作用下，仍沿着一定方向的运动，故又称为余流。

（4）混合流。混合流是由两种以上的湖流混合而成的。实际上湖水运动往往是混合流，不过在一种情况下，常以某种流动为主。

混合流根据湖流的空间路线又可分为水平环流与垂直环流两种。水平环流在平面上形成闭合系统,按其运动方向又有旋流(沿反时针方向转动)、反旋流(顺时针方向转动)。垂直环流是在断面上形成闭合系统,常发生在湖温变化时期,当湖水成层时,就形成两个以上环流系统。此外,湖流还有一种在表层形成的螺旋形流动,称为兰米尔环流。

（四）定振波

定振波,又称波漾、驻波,是指湖水位有节奏的垂直升降变化。产生定振波的原因可以是风力、气压突变、地震或由两种波相互干扰的结果。

湖中出现定振波时,总有一个或几个点水位没有发生升降变化,这些点称为振节或节,如图 5-4 中的 N 点。两振节间水位变动的幅度,称为变幅,两振节间的最大变幅称为波腹,如图 5-4 中的 ab 和 cd。只有一个振节的定振波称为单节定振波（图 5-4）,两个振节的定振波称为双节定振波

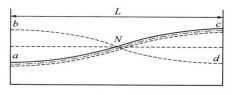

图 5-4 单节定振波

[图 5-5 (a)],多个振节的定振波称为多节定振波 [图 5-5 (b)]。定振波周期的计算公式如下。

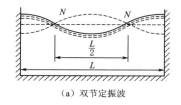

（a）双节定振波

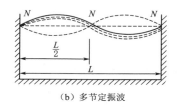

（b）多节定振波

图 5-5 双节定振波

单节定振波周期计算公式为

$$T = \frac{2L}{\sqrt{gH}} \tag{5-1}$$

双节定振波周期计算公式为

$$T = \frac{L}{\sqrt{gH}} \tag{5-2}$$

多节定振波周期计算公式为

$$T = \frac{2L}{n\sqrt{gH}} \tag{5-3}$$

式中:L 为水体长度,m;g 为重力加速度,通常取 9.8m/s^2;H 为水深,m;n 为节数。

湖水面积、湖盆的形态和湖水深度对定振波的水位变化、周期长短均有影响。面积小、深度大的湖泊,定振波振动快,周期短;反之,周期长。不同湖泊定振波周期差别很大。如在瑞士日内瓦湖曾测到周期仅为 210s 的单节定振波;而东太湖定振波周期变化范围在 181～292mm,平均为 243min;西太湖在 120～540min,平均为 400min。

（五）增水和减水

风成流将大量的湖水从迎风岸移动至背风岸,使湖泊迎风岸水量聚积,水位上涨,称为增水;背风岸水位下降,称为减水。增、减水仅是水的位置发生变化,对全湖水量没

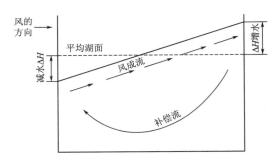

图 5-6　风成流、补偿流、增水与减水示意图

有影响。水是液体，迎风岸上涨的湖水在重力作用下下沉，可在湖水下形成与风成流流向相反的补偿流，流向背风岸。如果风向稳定，可形成全湖性闭合垂直环流系统（图 5-6）。

在深水湖，补偿流的范围可超过风成流的厚度，如果湖盆平缓，水的密度差别不大，补偿流的范围可达湖底。

增、减水幅度的大小与风力的强弱、湖盆的形态、湖水的深度（反比关系）以及原有水位状况等有关。风速越大，湖泊两岸增、减水的幅度也越大。在深水岸边，补偿流流势较大，增水幅度较小；在浅水岸边，水下补偿流因受湖底的摩擦阻力作用，其规模不及水面的风成流，流入的水量多，流出的水量较少，增水现象明显，通常浅水湖增、减水远大于深水湖。在沿盛行风向延伸的湖泊以及狭长的湖湾中，增、减水很明显。如果原来湖水的水位较低，增、减水现象相对明显，如果原来湖水的水位较高，增、减水现象相对不明显。增、减水幅度有时可以超过湖水水深。如平均水深仅 1.9m 的太湖，在强风作用下增减水位变幅一般为 0.2～0.3m，但在 1956 年 8 月 1 日遇台风、全湖水量不变的情况下，迎风岸新塘和背风岸胥口水面一升一降，相差达 2.45m。

四、湖水的水位变化和水量平衡

（一）湖水的水位变化

湖水的水位变化与水量平衡紧密联系，当湖水的收入超过支出时，水位就上升；相反，如果湖水的支出超过收入，水位就下降。

湖水收支有季节变化，湖泊水位也发生相应的季节变化。融雪补给的湖泊，春季出现最高水位；冰川补给的湖泊，夏季出现最高水位；雨水补给的湖泊，雨季出现最高水位。

吞吐湖水位的变化受河川水情的控制，湖水水位与河川水位在年内变化过程中具有趋势上的一致性。吞吐湖具有水量调节作用，可使水位变化过程平缓，洪峰滞后。湖泊的最高水位一般出现在汛期，最低水位一般出现在枯水期，也可出现在农业用水的高峰时期。

（二）湖水的水量平衡

湖水的水量平衡是指在一定时期内湖泊水量的变化，等于以各种途径流入和流出水量之差。如果流入大于流出水量，湖水量增加，如果流入小于流出水量，湖水则减少。

根据湖泊水量平衡概念，水量平衡方程式表示为

$$P_L + R_{LsI} + R_{LgI} - E_L - R_{LsO} - R_{LgO} - q_L = \pm \Delta S_L \qquad (5-4)$$

式中：P_L 为湖面降水量，m^3 或亿 m^3；R_{LsI} 为入湖地表径流量，m^3 或亿 m^3；R_{LsO} 为出湖地表径流量，m^3 或亿 m^3；R_{LgI} 为入湖地下径流量，m^3 或亿 m^3；R_{LgO} 为湖水渗透量，m^3 或亿 m^3；q_L 为工农业和生活用水量，m^3 或亿 m^3；E_L 为湖面蒸发量，m^3 或亿

m^3；ΔS_L 为一定时期内湖水量的变化，m^3 或亿 m^3。

对于闭合流域，因无地下径流的流入与流出，则式（5-4）可以简化为

$$P_L + R_{LsI} - E_L - R_{LsO} - q_L = \pm \Delta S_L \tag{5-5}$$

对于内流湖泊，因无地表径流从湖泊中流出，式（5-4）可以简化为

$$P_L + R_{LsI} + R_{LgI} - E_L - R_{LgO} - q_L = \pm \Delta S_L \tag{5-6}$$

对于湖水收入量仅用于蒸发的内陆湖泊，如果多年期间地下水的收入与支出水量可认为没有变化，则内陆湖泊的水量平衡方程式可以简化为

$$P_L + R_{LsI} = E_L \tag{5-7}$$

五、水库

（一）水库的基本概念

1. 水库的概念与类型

水库是人类为了防洪、发电、航运、供水、灌溉等某种目的，在河流、山溪谷地等筑坝拦水形成的一定规模的蓄水体。水库是人工湖泊，故其水文现象与湖泊相似。

水库按其所在位置和形成条件，通常分为山谷水库、平原水库和地下水库三种类型。山谷水库多是用拦河坝截断河谷，拦截河川径流，抬高水位形成。平原水库是在平原地区，利用天然湖泊、洼淀、河道，通过修筑围堤和控制闸等建筑物形成的水库。地下水库是由地下贮水层中的孔隙和天然的溶洞或通过修建地下隔水墙拦截地下水形成的水库。

根据工程规模、保护范围和重要程度，按照《防洪标准》（GB 50201—2014），水库工程按总库容分为五个等别（表 5-3）。

表 5-3　　　　　　　　　　**按总库容划分的水库等别**

水库等别	巨型	大型	中型	小　型		塘坝
				小（1）型	小（2）型	
总库容/$10^8 m^3$	>10	1~10	0.1~1	0.01~0.1	0.001~0.01	<0.001

2. 水库的组成

水库一般由拦河坝、输水建筑和溢洪道三个部分组成。拦河坝是阻水建筑物，起到拦蓄坝前来水，抬高水位的作用；输水建筑是专供取水或放水的，即从水库引水发电、灌溉等，或者放空水库水量、排泄部分洪水等；溢洪道又称泄洪建筑，供排放洪水，起到调节洪水与保证水库安全的作用。此外，有些水库增设通航、水电站厂房及排沙底孔等建筑物用于航运、发电和排除水库泥沙等。

3. 水库的特征水位和特征库容

水库工程为完成不同时期的不同任务和应对各种水文情况，需控制达到或允许消落的各种库水位称为水库特征水位。相应于某水库特征水位以下或两特征水位之间的水库容积，称为水库特征库容。水库的规划设计，首先就要合理确定水库的各特征水位及相应的库容值。具体说来，就是要根据河流的水文条件和各用水部门的需水及其保证率要求，通过各种调节计算和经济方面的分析论证确定水库的各特征水位及相应的库容值。这些特征水位和库容各有其特定的任务和作用，体现着水库利用和正常工作的各种特定要求。它们也是规划设计阶段确定主要水工建筑物的尺寸（如坝高和溢洪道大小）、估算工程效益的

基本依据。这些特征水位和相应的库容，通常有下列几种（图 5-7）。

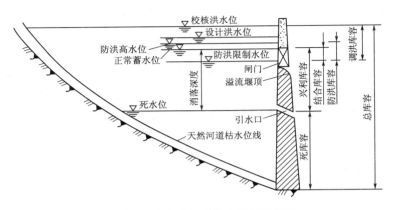

图 5-7 水库特征水位和库容示意图

（1）死水位及死库容。死水位是指水库在正常运用情况下，允许消落的最低水位，又称设计低水位。它是根据发电最小水头、灌溉引水的最低水位、泥沙的淤积情况设计的。

死库容是指死水位以下的水库容积，又称垫底库容，一般用于容纳淤沙，抬高坝前水位和库区水深。死库容在正常运用中不调节径流，在一般情况下是不能动用的。只有因特殊原因，如排沙、检修和战备等，才考虑泄放这部分容积。

（2）正常蓄水位及兴利库容。在正常运行条件下，为了满足兴利部门枯水期的正常用水，水库在年内（丰水期末）允许蓄到的最高库位，称为正常蓄水位，又称正常高水位。正常蓄水位到死水位之间的部分库容，是水库实际可用于径流调节蓄泄的，称为兴利库容，又称调蓄库容或有效库容。水库正常蓄水位与死水位之间的变幅称水库消落深度。

正常蓄水位既然是水库为兴利要求允许长期保持的最高蓄水位，因此一般也就是无闸门时，溢洪道堰顶的高程；或者当有溢洪道操作闸门时，多数情况下也就是闸门关闭时的门顶高程。

正常蓄水位高程是水库设计的一个最重要的参数，因为它直接关系到一些主要水工建筑物的尺寸、投资、淹没，综合利用效益及其他工作指标。大坝的结构设计、强度和稳定性计算，也主要以它为依据。

（3）防洪限制水位和结合库容。兴建水库后，为了汛期安全泄洪，要求有一部分库容作为削减洪峰之用，称为调洪库容。这部分库容在汛期应该经常留空，以备洪水到来时能及时拦蓄洪量和削减洪峰，洪水过后又再放空以便迎接下一次洪水。水库为防洪在汛前应放空保持的水位，称为防洪限制水位。具体地讲，防洪限制水位系指水库在汛期允许兴利蓄水的上限水位，是预留防洪库容的下限水位，在常规防洪调度中是设计调洪计算的起始水位。防洪限制水位是根据水库综合效益、洪水特性、防洪要求和调度原则，在保证工程安全的前提下经分析计算确定的。一般在水库工程的正常运用情况下，即采用原设计提出的运用指标。

在进行水库设计时，通常应根据洪水特性和水文预报条件，尽可能把汛期防洪限制水位定在正常蓄水位之下，使调洪库容能部分地和兴利库容结合，以减小专用的调洪库容。

防洪限制水位与正常蓄水位之间的库容称结合库容（共用库容或重叠库容），此库容在汛末要蓄满为兴利所用。在汛期洪水到来后，此库容可作滞洪用，洪水消退时，水库尽快泄洪，使水库水位迅速回降到防洪限制水位。

（4）防洪高水位和防洪库容。水库的防洪高水位是水库遇到下游防护对象的设计标准洪水时，在坝前达到的最高水位。只有当水库承担下游防洪任务时，才需确定这一水位。此水位可采用相应下游防洪标准的各种典型洪水，按拟定的防洪调度方式，自防洪限制水位开始进行水库调洪计算求得。

防洪库容是防洪高水位至防洪限制水位之间的水库容积，用以控制洪水，满足下游防护对象的防洪标准。当汛期各时段分别拟定不同的防洪限制水位时，这一库容指其中最低的防洪限制水位至防洪高水位之间的水库库容。

（5）允许最高洪水位。允许最高洪水位指在汛期防洪调度中，为保障水库工程安全而允许充蓄的最高洪水位。一般情况下，如工程能按设计要求安全运行，则原设计确定的校核洪水位即可作为水库在汛期的最高控制水位，在实时调度中除发生超设计标准洪水外不应突破。

（6）设计洪水位。水库的设计洪水位是水库遇到大坝的设计洪水时，从防洪限制水位经水库调节后在坝前达到的最高水位。它是水库在正常运用情况下允许达到的最高水位。也是挡水建筑物稳定计算的主要依据。可采用相应大坝设计标准的各种典型洪水，按拟定的调洪方式，自防洪限制水位开始进行调洪计算求得。

（7）校核洪水位及调洪库容。水库的校核洪水位是水库遇到大坝的校核洪水时，在坝前达到的最高水位，它是水库在非常运用情况下允许临时达到的最高洪水位，是确定大坝顶高及进行大坝安全校核的主要依据。此水位可采用相应大坝校核标准的各种典型洪水，按拟定的调洪方式，自防洪限制水位开始进行调洪计算求得。显然，校核洪水位比设计洪水位要高。防洪限制水位至校核洪水位之间的水库容积，总称为调洪库容。

（8）总库容。校核洪水位到库底的全部库容就是水库的总库容。校核洪水位加上一定的风浪高和安全超高，就得坝顶高程。

（二）水库水量平衡和水库的调蓄作用

1. 水库水量平衡

水库水量平衡是指在任何一时段内，进入水库的水量和流出水库的水量之差，等于水库在这一时段内蓄水量的变化，这种变化一般用水量平衡方程表示。以此方程来表征水量平衡要素之间的数量关系。水库水量平衡方程与湖泊类似，只是库岸调节及库区、坝下渗漏损失比湖泊大，同时还要考虑弃水问题。

水库的水量平衡方程式可以写为如下形式：

$$\Delta V = (Q_入 - Q_出)\Delta t \tag{5-8}$$

式中：$Q_入$ 为计算时段 Δt 内的入库平均流量，m^3/s；$Q_出$ 为计算时段 Δt 内的出库平均流量，包括各兴利部门的用水量、蒸发损失量、渗漏损失量及水库蓄满后产生的无益弃水量等，m^3/s；ΔV 为计算时段 Δt 内蓄水量的变化值，蓄水量增加为正，蓄水量减少为负，m^3。

2. 水库的调蓄作用

在天然条件下，水利资源特别是河川径流，由于其形成因素（如降雨、气温等）的变化特性，因此在年与年间、季与季间水量都不同。这种变化常常是相当大的。而大多数的用水部门都要求有比较固定的用水数量和供水时间，这些往往与来水的天然情况不能恰好吻合。通过拦河筑坝、修建水库，可以将丰水期（多水期）水量蓄起来供枯水期（少水期）使用。这种运用水库拦蓄能力来抬高水位，集中落差，并根据各用水部门的需求对河川径流在时间上和地区分布上重新分配的过程叫作水库调节，也叫作径流调节。按调节周期长短，水库调节可分为日调节、年调节和多年调节等。按径流利用程度，水库调节分为完全年调节和不完全年调节。

（三）水库的冲淤规律

水库建成运行后，随径流挟带的泥沙会在水库中淤积。水库中的泥沙，一是来自库区上游，二是来自库岸崩塌。水库来沙量的大小与暴雨、土壤、植被等综合因素影响有关。淤积的形态主要有三种：三角洲淤积、锥体淤积和带状淤积。三角洲淤积多发生在库中水位较稳定、水位较高、库容比入库洪量大的水库；锥体淤积多发生在来沙量较多、库区较短、水深不大的水库；带状淤积多发生在水库水位变动较大、库形狭窄、来沙量较少的水库。

大量泥沙入库，会对水库的寿命构成严重的威胁，并大大降低其综合利用功能。如三门峡水库建成后，因泥沙淤积严重，被迫改建和改变运用方式，其综合效益比原设计方案大大降低，陕西人大代表曾提出停止三门峡水库蓄水发电、放弃其应有功能的建议；大渡河龚嘴水电站 1971 年蓄水运行，总库容 $3.74 \times 10^8 m^3$，到 1987 年累计淤积泥沙 $2.2 \times 10^8 m^3$，占总库容的 58.8%。

水体中，输沙不平衡引起了冲淤，冲淤的最终结果是达到不冲不淤的平衡状态，这是冲淤发展的基本规律。水库蓄水造成泥沙淤积，若水库中水位下降到一定程度，在某一断面水流必将会冲刷泥沙，随着水位不断下降这种冲刷会不断向上游发展。库区泥沙的冲淤变化，必将破坏库区下游原河道的水沙平衡条件，引起原河道的再造过程，形成新的水沙平衡河道。

（四）水库对地理环境的影响

水库的建设是将陆地生态系统改变为水域生态系统，从一个狭窄的河流转变为开阔的水体，这一转变必将对水库周围的自然地理环境产生影响。库区由陆地转变为水域，将会导致库区与大气的热量、水分交换等发生改变，从而改变库区周围的气候环境。例如，20世纪 50 年代末建成的新安江水库（又称千岛湖），使该区从一个狭窄的河流变成一个面积 $394 km^2$ 的水库，水量平衡发生了变化，蒸发量由建库前的 720mm（1951—1958 年的平均值）变为建库后的 775mm（1965—1972 年的平均值），湖区蒸发量增加了 55mm；湖泊周围地势高处降水增加，影响范围一般为 8～9km，最大不超过 60～80km。建库后，库区年平均气温升高 0.4～0.8℃，温度年较差减小，常年多晨雾，无霜期延长 25d，库周植被也发生了相应的变化，湖面风速增大 30%，并且风向发生改变，白天由湖面吹向陆地，夜晚由陆地吹向湖面，湖区雷雨现象相对减少，甚至消失。

水库对河川径流、地下径流和坝后土壤水分影响也较为明显。例如，官厅水库建成后，库岸调节水量就占水库蓄水量的 10％左右；由于坝和坝基渗漏，坝后地下水位抬高，土壤的理化性质也发生了变化。由于土壤水分增加和土壤性质的改变，坝后一定区域内土壤沼泽化或盐碱化，植被类型也发生相应的变化。

由于水库水量荷载引起的附加应力与地壳构造应力场的叠加、地表水与深层地下水存在水力联系而引起的孔隙压力和物理化学作用而导致的地震效应，俗称"水库地震"。它有别于天然地震的某些特征，如水库地震都集中发生在受构造走向、断裂和裂隙带等所决定的库区和大坝附近约 30km 半径范围内，震源浅，一般为 1～10km。故即使震级不大，震中烈度也很高。水库诱发破坏性地震，不但直接造成破坏和伤亡，而且有可能导致溃坝而引发次生灾害，使下游地区人民生命财产蒙受损失。水库诱发地震的发生与坝体高低有关。据初步统计，全世界大坝高度 15m 以上的水库发震概率约为 10％，坝高 150m 以上的水库发震概率为 19％，坝高 200m 以上的水库发震概率为 32％。可见，修建高坝水库诱发地震的可能性相当大。

第二节 沼 泽

沼泽是主要的湿地类型，通常指地表多年积水或土壤过湿的地区，其上主要生长着沼生植物，其下有泥炭的堆积，或土壤具有明显的潜育层。如果只有地表积水或土壤过湿，没有沼泽植被的生长，只能称为湖泊或盐碱湿地。沼泽是一种特殊的自然综合体，随着人们认识的不断提高，其生态功能越来越受到人们的重视。

沼泽主要分布在冷湿或温湿地带。我国从南到北均有沼泽的分布，呈现由北向南减少的趋势。沼泽早在古代就已经引起人们的注意，被称为"沮洳"，是指水草聚集之地。根据沼泽的景现特征，我国不同地区的人们给予了不同的名称，如塔头甸子、漂筏甸子、苇塘、草海、湿地或草滩地等。我国古代沼泽很多，苏北里下河地区、东北三江低地等都是沼泽，现已成为农田。

一、沼泽的形成

（一）沼泽形成的主要因素

在沼泽物质中，水占 85％～95％，干物质（主要是泥炭）只占 5％～10％。水分条件是沼泽形成的首要因素，低平的地貌和黏重的土质有利于过湿环境的形成，这些因素促使喜湿植物侵入、土壤通气状况恶化并在生物作用下形成泥炭层。沼泽形成过程是个复杂的过程，是多种自然地理因素相互作用、相互制约下形成的，主要的影响因素有气候、水文、地质地貌和人类活动等因素。

1. 气候因素

土壤表层经常过湿是沼泽形成的直接原因，而土壤水分状况主要决定于气候。气候因素中的降水和蒸发直接控制沼泽的形成。在降水丰富的过度湿润地带，地表水分过多、空气湿度大、蒸发弱的地区，在其他条件适宜的情况下，沼泽可以广泛分布，甚至分水岭也有沼泽发育；在降水量少、空气干燥、蒸发强、水分不足地带，沼泽分布较少，只在河流泛滥地或地下水出露地带才有沼泽发育。

气候因素中的温度对沼泽的形成也有重要的影响。大气和土壤温度影响植物的生长，也影响植物残体的分解速度。寒冷的气候条件植物生长慢，但植物残体分解得也很少，易于泥炭的积累；热带和亚热带气候条件下植物生长快，植物残体分解得虽然也多，但也有一定泥炭的积累。

我国三江平原沼泽的形成，气候因素起了主要作用。

2. 地质地貌因素

地质地貌对沼泽形成的影响主要体现在沼泽空间场所、地表形态的影响。新构造运动长期下沉的地区，会形成四周高、中间低洼并堆积深厚疏松物质的地貌结构。这样的地貌结构，地表坦荡低平，侵蚀能力弱，排水能力低，有利于水分的汇集和停滞。

我国三江平原是新构造运动长期下沉的地区，形成三面环山、中间低洼平坦的地形；若尔盖沼泽区，第四纪冰期以后，长期下沉，形成海拔3400m以上的完整山原，四周被高山环绕。

3. 水文因素

水文因素在沼泽的形成过程中，也起着重要作用，主要体现在对沼泽地水量补给的多少。在河段地区形成的沼泽大多发育在河流比降小、弯曲度大、汊流多、河漫滩宽广、河槽平浅的河段。在一般情况下，河流上游比降大、河网发达、排水条件好，沼泽发育少；河流下游比降小、河槽曲率大、河网密度小、来水量增多，沼泽覆盖率大。如若尔盖高原沼泽区黑河上游，沼泽覆盖率为18%，下游覆盖率明显增加为32%。

4. 人为因素

人类经济活动对沼泽形成的影响，主要体现在抬高地下水位，使地表过湿，或者毁坏地表植被，生物群落从沼泽生物群落开始演替。如在东北林区，一些砍伐地和火烧地，常演变发育成沼泽；在大中型水库周围和回水范围内、运河区、灌溉区和水利工程修建区，也会因地下水位抬高使地表过湿，逐渐形成沼泽。

当然，人类活动也能控制沼泽的发展，可以采取人工排干沼泽水，使之变成陆地。

（二）沼泽的形成过程

沼泽的形成大致可以分为水体沼泽化和陆地沼泽化。

1. 水体沼泽化

水体沼泽化是指在江、河、湖、海边缘或浅水地带因泥沙堆积，水深变浅，水生植物丛生，水生植物残体被微生物分解，逐渐演变为沼泽的过程。水体沼泽化是分布最广泛的一种沼泽化现象，它可以分为海滨沼泽化、湖泊沼泽化和河流沼泽化三个类型。其中湖泊沼泽化又是水体沼泽化中最常见的沼泽化形式，它又可以分为浅湖沼泽化和深湖沼泽化两类。

（1）海滨沼泽化。在海滨高低潮位之间，随着海洋带来的泥沙在平坦的海滨地带不断堆积，海滨地带逐渐摆脱海水的影响。海滨沉积物在雨水淋溶作用下，盐分逐渐减少，植物开始生长并逐步繁茂。植物的生长过程又常因海水倒灌或河流的泛滥而中断，植物残体上堆积了海水或河流带来的泥沙，在一定条件下，植物又在该堆积物上生长。如此反复多次，该海滨地带逐渐演变为盐渍沼泽地带。

（2）湖泊沼泽化与河流沼泽化。水体沼泽化主要是在湖泊中进行的，流速缓慢或停滞的小河也可能沼泽化。湖泊经过长期的泥沙淤积、化学沉积和生物沉积，湖水变浅，在光照、温度等条件适宜的情况下，开始生长喜水植物和漂浮植物。由于死亡植物不断堆积湖底，在缺氧条件下，分解很慢，植物残体逐年累积而形成泥炭。随着泥炭的增厚，湖水进一步变浅，湖面缩小，最后泥炭堆满湖盆，水面消失，整个湖泊水草丛生，演化为沼泽。所以湖泊变成沼泽是自然演替的必然结果，它标志着湖泊的消亡。但是，由于湖盆特征不同和区域地理的差异，湖泊沼泽化过程也不完全一样。

缓岸湖泊沼泽化是从边缘开始的。首先在岸边浅水带生长挺水植物，因水深不同，挺水植物群落呈同心圆状有规律地分布，向湖心逐渐生长沉水植物。注入湖泊的水流所携带的泥沙淤积和死亡植物残体的堆积，使浅水带逐渐向湖心推移，沼泽植物也向湖心蔓延，最后整个湖泊长满了沼泽植物。例如中国小兴凯湖就是很好的例子，目前正处于沼泽化阶段。

陡崖湖泊沼泽化是从水面植物繁殖过程开始的。在背风侧的湖面生长着长根漂浮植物，它们根茎交织，常与湖岸连在一起，形成较厚的漂浮植物毡，俗称漂筏。随着植物不断繁殖、生长，浮毡逐渐扩大，厚度增加，浮毡下部的植物残体，在重力作用下脱落湖底，年积月累，使湖底变高。浮毡布满水面，但与湖底之间尚存在水层，随着时间推移，湖底泥炭堆积越来越厚，直至水层消失，两者相接，湖泊最后演化为沼泽。漂浮植物毡布满湖面需经历长期的演化过程。初期风浪作用往往使浮毡碎裂，小块漂筏像绿色小舟，随风漂游散布在湖中；沼泽化后期，各漂浮植物毡逐渐扩大，彼此结合，布满整个湖面，但在个别接触处还有局部明水，称为湖窗。此外，因漂浮植物种属不同，以及受其他因素影响而造成生长状况的差异，浮毡厚薄不均，薄层地段人畜行走其上，有沉陷危险，在东北地区把这种现象，叫作"大酱缸"。当年中国红军长征走过的"草地"，有些沼泽就是"人陷不见头，马陷不见颈"的漂筏沼泽。陡岸湖泊沼泽化虽然不及缓岸湖泊沼泽化普遍，但在中国东北和西南地区，以及西北内陆地区的一些湖泊都可看到。

在低洼平原的河流沿岸，水浅、流速小的河段，常会发生河流沼泽化，其形成过程同浅湖沼泽化相似。

2. 陆地沼泽化

陆地沼泽化过程与水体沼泽化过程是两个相反的过程，水体沼泽化过程是由湿趋向干的方向发展，而陆地沼泽化过程是由干趋向湿的方向发展。陆地沼泽化是由如森林地、草甸区、灌溉区、坡地以及冻土地带等，因排水不畅或蒸发微弱，地表过湿，大量喜湿植物生长，逐渐形成沼泽。陆地沼泽化主要表现为森林沼泽化和草甸沼泽化。

（1）森林沼泽化。森林沼泽化一般包括森林自然演替沼泽化和森林破坏沼泽化。

森林自然演替沼泽化主要发生在林区地势平坦、低洼、地下水位高、排水不良的地段，如平坦的沟谷、河滩、湖滩、阶地和地下水溢出带。这些地段，水分容易汇聚，加上土壤潜育化，土质黏重，有的地区还有冻土层隔水，使地表积水既难排出又难入渗，造成地表长期过湿或积水，引起了湿生、沼生植物的不断侵入，引起林地沼泽化。

森林的采伐迹地和火烧后的迹地是森林破坏的主要方式。对于森林采伐迹地和火烧迹地沼泽化已有许多国家进行过深入的研究。苏联学者研究认为，只有在湿润气候条件下，低洼的、具有不透水层的林地，当森林破坏后，才有可能发生森林破坏沼泽化。

森林沼泽可以分布在林下，也可分布于林间空地，面积不等。林下或林间空地的沼泽不断向四周扩展，树木的生长环境受到破坏，会造成大量树木死亡，出现"站杆"现象；或者会出现正常生长发育受到影响、生长缓慢、矮小的"小老树"。在大兴安岭、小兴安岭和长白山地，常可看到这种现象。

（2）草甸沼泽化。在地势较平、地表湿润的草甸植物群落地带，土壤孔隙长期被水和植物残体填充，通气状况不良，形成嫌气环境，引起土层严重的潜育化。植物残体在嫌气条件下，分解非常缓慢，地表形成的植物残体堆积层不断加厚。草甸植物残体堆积层具有很强的吸水能力，地表湿度进一步加强，致使大量的喜湿植物侵入。由于植物残体的累积量大于分解量，地表植物残体堆积层进一步加厚，土壤营养元素不断累积在未分解的植物残体中，致使土壤营养元素逐渐贫乏，草甸植物生长营养不良不断恶化，对营养成分要求不太高的沼生植物逐渐占据草甸植物空间，最后草甸演变成沼泽。三江平原沼泽区，大部分沼泽是由草甸演替而来。

二、沼泽的类型

沼泽分类是个比较复杂的问题，不同的学者按不同的研究目的和标准，提出了多种分类方案，目前还没有一个公认的沼泽分类系统。以下介绍两种较为常见的沼泽划分方法。

（一）按沼泽发育阶段划分

根据沼泽的发展阶段，沼泽可分为低位沼泽、中位沼泽和高位沼泽。

1. 低位沼泽

低位沼泽处于沼泽发育过程的初期阶段，又称富营养型沼泽。这类沼泽的特点是：沼泽形成的时间不长，泥炭积累不多，泥炭层厚度不大，地面低洼，沼泽表面呈浅碟形；水源补给以地表水和地下水为主，水量丰富；植物生长所需的矿物质营养丰富，生长着莎草科占优势的富养分植物。东北三江平原的大片沼泽就是低位沼泽。

2. 中位沼泽

中位沼泽处于从低位沼泽向高位沼泽转化的过渡期，又称中营养型沼泽或过渡型沼泽。这类沼泽的特点是：随着沼泽的进一步发育，泥炭积累增多，泥炭层厚度增大，沼泽表面趋向平坦；随着沼泽表面逐渐增高，水分运动状况也发生了改变，地表水和地下水补给逐渐减少，水源补给逐渐转化为以大气降水为主；土壤营养元素不断累积在泥炭中，退出生物循环，土壤营养元素逐渐减少；沼泽上生长着以中养分植物为主的植物。我国大兴安岭、小兴安岭和长白山地局部地区分布有这种沼泽。

3. 高位沼泽

高位沼泽是沼泽发展的晚期阶段，又称贫营养型沼泽。这类沼泽的特点是：随着沼泽的不断发育，泥炭积累更多，泥炭层厚度较大；由于沼泽边缘的泥炭分解速度比中心部位快，沼泽表面呈现四周低中间凸起的形状，有的沼泽中央部分高出四周边缘 7～8m；随着沼泽地表形态的变化，水文状况也发生了显著的变化，补给水源以大气降水为主；沼泽的养分大部分集中在泥炭中，退出了生物循环，土壤养分非常贫乏，只能生长以泥炭藓为主的少养分植物。我国大兴安岭、小兴安岭局部地区的沼泽和四川若尔盖沼泽属于高位沼泽。

（二）按有无泥炭累积划分

我国绝大部分泥炭沼泽分布在高原和高寒山区，泥炭沼泽发育程度较轻，大多处于低位阶段，少有中位沼泽，高位沼泽就更少，但是我国广泛发育了无泥炭积累、土层潜育化严重的沼泽，面积远远超过泥炭沼泽。沼泽有无泥炭的累积，制约着沼泽的水文状况、土壤性状、微地貌特征以及植被情况。因此，以有无泥炭作为主要依据，将沼泽划分为两大类：泥炭沼泽和潜育沼泽。再按沼泽的主要植物组成将沼泽划分为 7 个亚类（表 5 - 4）。

表 5 - 4　　泥炭沼泽和潜育沼泽分类

类	亚　　类
泥炭沼泽	草本泥炭沼泽
	木本-草本泥炭沼泽
	木本-草本-藓类泥炭沼泽
	木本-藓类泥炭沼泽
	藓类泥炭沼泽
潜育沼泽	草本潜育沼泽
	木本-草本潜育沼泽

1. 泥炭沼泽

泥炭沼泽最主要的特征，就是有泥炭的累积。在沼泽中，植物残体的累积速度大于分解速度，因而有泥炭的形成和累积过程。因沼泽形成的环境不同、发育阶段各异，泥炭累积的厚度及类型也有所不同。沼泽表面一般有微小的起伏，这种微地貌特征，是由沼泽的水分、土壤、植物等特性造成的。

2. 潜育沼泽

潜育沼泽最主要的特征，就是土层严重潜育化，无泥炭累积。由于地势低洼，土层中又有黏土或亚黏土，排水不畅，透水能力又极差，地下水经常接近地表或出露地面，使地表过湿或形成大面积地表积水；但到枯水期或枯水年，由于水分蒸发，地表又常常干涸。因而，土层严重潜育化。在沼泽中，植物残体的累积速度等于或小于分解速度，因而无泥炭的形成和累积过程，有较厚的草根层，有机质含量一般在 10％左右。

三、沼泽的水文特征

沼泽一般排水不畅，水的运动十分缓慢，径流特别小，蒸发比较强烈，因而其水文特征既不同于地表水的水文特征，也不同于地下水的水文特征，而是二者兼有。

（一）沼泽的含水性

沼泽的含水性是指沼泽中草根层和泥炭层的含水性质，水大都以重力水、毛管水、薄膜水等形式存在于草根和泥炭之中。沼泽特别是泥炭沼泽，含水量大，持水能力很强，是良好的蓄水体，如草根层较厚的潜育沼泽，持水能力多为 200％～400％；草本泥炭沼泽在 400％～800％，藓类泥炭沼泽一般大于 1000％。泥炭沼泽的水分大多贮存在疏松的植物残体和泥炭的空隙中，一般含有 85％～95％的水分。

泥炭沼泽一般分为上、下两层。上层是由枯枝落叶以及大量的植物根系组成，透水性强，潜水位变化大，含水量变化无常。潜水位下降时，空隙中无水，空气可进入其中，有利于好气细菌对泥炭的分解。下层由不同植物残体及不同分解程度的泥炭组成，含水量基本保持不变，空气不能进入其中，呈嫌气状态，对水文情况影响较小。

（二）沼泽的蒸发

沼泽的蒸发是指沼泽表面水的直接汽化以及沼泽植物的蒸腾，是沼泽水分支出的主要形式，其蒸发量主要取决于沼泽的水分状况和植物的生长状况。

当地下潜水出露地表或者埋藏深度较浅，在毛管水上升高度范围内时，毛管作用能将大量的水分输送到沼泽表面供给蒸发，其蒸发量能接近或超过水面蒸发量。当地下潜水埋藏深度较深，在毛管水上升高度以外时，毛管水上升不到沼泽表面，毛管水的蒸发只能在沼泽某一深度空隙中进行，又因沼泽上层大量植物残体的覆盖，沼泽蒸发量很小。当植物生长繁茂，覆盖率大时，植物的蒸腾作用强烈；反之，蒸腾作用较弱。

（三）沼泽的渗透

沼泽的渗透是指沼泽中的草根层和泥炭层的渗透作用。泥炭沼泽上的覆盖层，其空隙比砂土空隙还要大，渗透系数也很大，降落在沼泽表面的雨水能很快下渗到地下水面，很少形成地表径流。

沼泽的渗透系数随着深度的增加而减小。在沼泽中，自表面向下植物残体分解程度增大，泥炭灰分含量增高，密度加大，同时深处的自重压力也增大，空隙也随之变小，致使水的渗透系数急剧变小。例如，上部草根层的渗透系数平均在 $1\sim10\mathrm{cm/s}$，分解较弱的藓类泥炭可达 $20\mathrm{cm/s}$，而下部泥炭层的渗透系数在 $0.001\mathrm{cm/s}$ 以下。

（四）沼泽径流

沼泽径流是指流向沼泽或由沼泽流向小溪、小河和湖泊的水流。

许多沼泽中发育有小河和小湖。在沼泽形成之前就已存在的称为原生小河和小湖；而在沼泽形成之后发育的称为次生小河和小湖。水流中的水主要来自大气降水、地下水和河湖泛滥水，使沼泽地表出现常年积水、季节积水和临时积水三种情况。在少水或干旱季节，地下水位降低，临时积水或季节积水消失，常年积水变浅；进入多水季节，河湖水泛滥，地下水位上升，沼泽地达到饱和，水分逐渐聚积起来，沼泽积水面积扩大。因而，沼泽也具有一定的滞蓄洪水、缓解洪峰的作用。

沼泽地表水处于停滞或微弱流动状态，除在个别时段有表面流以外，大都是空隙介质中侧向渗透的沼泽表层流。表层流存在于潜水位变动带内，呈层流状态。速度与水力坡度和渗透系数成正比。流量大小与潜水位高度、各层渗透系数和泥炭层或草根层的厚度有关。径流的流向与水面倾斜方向有关，而且发育阶段不同流向也不相同。在低位沼泽中，由于四周高中间低，沼泽径流一般由四周流向沼泽低洼的中心；而在高位沼泽中，由于中部凸起四周较低，沼泽径流一般由中部流向周边。

（五）沼泽水量平衡

沼泽水量平衡就是指沼泽水的总收入与总支出之差等于沼泽蓄水量的变化值。

据水量平衡的概念，某一沼泽地区或单一沼泽在一定深度范围内的水量平衡方程式为

$$P+R_{地表入}+R_{地下入}=E+R_{地表出}+R_{地下出}+\Delta hK \tag{5-9}$$

式中：P 为计算时段内沼泽上的降水量，mm；$R_{地表入}$ 为计算时段内流入沼泽的地表水，mm；$R_{地下入}$ 为计算时段内流入沼泽的地下水，mm；E 为计算时段内沼泽面上的蒸发量，mm；$R_{地表出}$ 为计算时段内由沼泽流出的地表水，mm；$R_{地下出}$ 为计算时段内由沼泽流出的地下水，mm；Δh 为计算时段内沼泽地下水位的变值，mm；K 为计算时段内 Δh 层的给水度。

应指出的是，在沼泽水量平衡中，水量支出的主要形式是蒸发，据研究表明，蒸发量

占沼泽水量支出的 75%，而径流支出仅占 25%。

第三节 冰 川

冰是水的一种形式。从地球演化过程来看，冰是地球物质分异最后的产物。它是地球上最轻的矿物之一，其密度只有 $0.917g/cm^3$，比水的密度小。这一特点使它总是处在地球的表面，在水体中也总是漂浮在水面上。如果冰不具有这一重要性质，那么，在低温条件下，水体将一冻到底，对水生生物造成严重灾难。冰具有不稳定性质，在目前地表温度状况下，自然界的冰很容易发生相变。冰在地球上的分布非常广泛，上至 8～17km 高度的大气对流层上部，下至 1500m 深的地壳中都可以发现它的踪迹。广义冰川学把冰的分布范围称为冰圈或冰冻圈。显然，冰川是冰冻圈的主体。

一、冰川的概念及其分布

（一）冰川的基本概念

1. 冰冻圈的概念

冰冻圈是指地球表层水以固态形式存在的圈层，包括冰川、冻土、积雪、海冰、河冰、湖冰等，又称冰雪圈、冰圈或冷圈。"冰冻圈"一词源自英文 cryosphere，该词源自希腊文的 kryos，含义是"冰冷"。在中国，由于冰川和冻土的重要影响，以及冰川学和冻土学在发展过程中相辅相成的历史渊源，所以习惯上称其为冰冻圈。

冰冻圈与大气圈、水圈、陆地表层和生物圈共同组成气候系统五大圈层。冰冻圈变化及其与其他圈层相互作用关系是认识气候系统的重要环节，因而受到广泛关注。

2. 冰川的概念

冰川是冰冻圈的主体，是指陆地上高纬和高山地区由多年积雪积累演化而成的，并具有可塑性、能缓慢自行流动、较长时期存在的天然冰体。它随气候变化而变化，若气候变暖（间冰期）则冰川退缩或消失，气候变冷（冰期）则冰川范围扩大，冰盖加厚。但冰川不是在短期内形成或消亡。雪线触及地面是发生冰川的必要条件。因此，冰川是极地气候和高山冰雪气候的产物。国际冰川编目规定：凡是面积超过 $0.1km^2$ 的多年性雪堆和冰体都应编入冰川目录。

3. 雪线的概念

雪线是指高纬度和高山地区常年积雪区（又称多年积雪区、永久积雪区）和季节积雪区之间的界线，即常年积雪区的下部界线。在雪线以上，气温较低，全年冰雪的补给量大于消融量，形成了常年积雪区；在雪线以下，气温较高，全年冰雪的补给量小于消融量（年融化和蒸发量），不能积累多年冰雪，只能是季节性积雪区；在雪线附近，年降雪量等于年消融量，达到动态平衡。因此，雪线亦称为固态降水的零平衡线。

雪线是一种气候标志线，其高度测量是在夏季最热月进行。雪线控制着冰川的发育和分布，只有山地海拔超过该地雪线的高度，才会有固态降水的积累，才能成为终年积雪和形成冰川。雪线的高度受气温的支配，但降水量和地形也有影响。

多年积雪的形成要求地面空气温度长期保持在 0℃ 以下，因而雪线高度与气温成正比。由于地球表面的温度具有从赤道向两极递减和从平原低地向高山递减的规律，所以雪

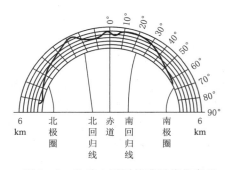

图 5-8　地球上不同纬度雪线的高置

线高度从全球范围来看总的趋势是，随着纬度的升高，雪线高度下降（图 5-8）。如赤道非洲雪线为 5700～6000m，阿尔卑斯山为 2400～3200m，挪威在 1500m 左右，北极圈内则雪线已低达海平面附近。

雪线高度随降水（雪）量增加而降低，随蒸发量增大而升高。同纬地带，干旱地区雪线比湿润地区高。全球而论，雪线位置最高处并不在赤道带，而在南北回归线附近的亚热带干燥区（图 5-9）。南北回归线附近，常年受副热带高压带和信风带控制，盛行下沉气流，再加上纬度又较低，所以炎热干燥，雪线位置最高。如，南美洲 20°S～25°S 间的安第斯山雪线高度达 6400m，是全球雪线最高的地方。

地形是影响气温和降水再分配的重要因素。雪线高度受地形影响有两个方面：一是坡度影响，陡坡上固体降水不易积存，雪线较高；缓坡或平坦地区降雪容易积聚，雪线较低。二是坡向影响，阳坡比阴坡日照强、温度高，则雪线位置较高；迎风坡多地形雨，比背风坡降水量多，雪线位置低。在北半球雪线在南坡（阳坡）比北坡高，西坡较东坡高，这是因为南坡和西坡日照较强，冰雪耗损较大，因而雪线较高。不过，有些高大的山地对气流产生阻挡，而影响降水的变化，也影响了雪线的高度，如喜马拉雅山南坡是迎风坡，降水量丰沛，雪线在 4400m，而北坡降水量很少，雪线却高达 5800m 以上。

（二）地球上冰川的分布

冰川是地球上淡水的主体，占地球淡水总量的 68.7%，全球冰川总体积为（2.4～2.7）×10^7km^3。如果全球冰川全部融化，将会使世界海平面上升 66m，陆地将有 100 多万 km^2 的面积被海水淹没。目前，全球冰川覆盖的总面积约 1.55×10^7km^2，占陆地总面积 10% 以上。

南极大陆是世界上冰川最集中的地区，冰盖面积约 1.26×10^7km^2，包括四周的边缘冰棚，则为 1.32×10^7km^2，冰盖平均厚度约 2000m。北极地区包括格陵兰岛、加拿大极地群岛和斯匹次卑尔根群岛，冰川总面积约 2×10^6km^2，其中格陵兰冰盖面积就达 1.73×10^6km^2，巴芬岛上的巴伦斯冰帽面积达 5900km^2，得文岛冰帽面积超过 15500km^2。亚洲冰川面积共有 1.14×10^5km^2，主要分布在兴都库什山、喀喇昆仑山、喜马拉雅山、青藏高原、天山和帕米尔高原。其中我国冰川总面积共 5.8×10^4km^2，略超过 50%。北美洲冰川面积共有 6.7×10^4km^2，主要分布在阿拉斯加和加拿大地区。南美洲冰川面积约 2.5×10^4km^2。欧洲冰川面积约 8600km^2，主要分布在斯勘的纳维亚、阿尔卑斯山。大洋洲冰川面积约 1000km^2，主要分布在新西兰。非洲是全球冰川最少的大陆，冰川面积唯有 23km^2。原因是非洲大陆纬度低、气温高而降水又少，雪线高。

总之，雪线触及地面是冰川发生的必要条件，而雪线高低又取决于气温、降水和地形因素，因此全球而论，两极地区全年低温，为冰川最集中的地区，尤其南极大陆和格陵兰岛分布最广、冰层最厚；而中、低纬度地区冰川只分布于海拔超过雪线的高山区。

二、冰川的形成及其分类

（一）冰川的形成

冰川是由高纬度或高山地区的多年积雪演化变质形成的冰川冰所组成的，并能自行缓慢流动的天然冰体。冰川冰是一种浅蓝而透明，并具有塑性的多晶冰体。积累在雪线以上的雪，如果不变成冰川冰，则只能是多年积雪，不是冰川。只有在积雪压实转变为粒雪以后，才能继而变成冰川冰。冰川冰在重力和挤压力作用下，沿地表缓慢流动，便形成冰川。从新雪落地、积累到冰川冰的形成，大体要经历三个阶段。

1. 新雪积累阶段

新雪落地一般十分松软、孔隙度大、密度小，具有成层积累的特点。初降的雪花为羽毛状、片状和多角状的结晶体，新雪密度一般为 $0.01 \sim 0.1 g/cm^3$。

2. 粒雪化阶段

雪是一种晶体，而任何晶体都具有使内部包括的自由能趋向最小，以保持晶体稳定的性质，这就是最小自由能原则。晶体的自由能主要是它的表面能，而表面能的大小与表面积成正比。在各种几何形体中，球体比表面积最小，也就最稳定。因而棱角众多的雪花晶体要达到最理想的稳定状态，就必须圆化。

雪一经落地，就开始了自动的圆化过程。雪的圆化过程是通过固相的重结晶作用、气相的升华、凝华作用和液相的再冻结作用三种方式来实现的。圆化的趋势（或结果）是消灭晶角、晶棱，填平凹窝处，增长平面，大晶体合并小晶体，单个冰晶体积增大，形态变圆，形成圆球状的粒雪。这便是粒雪化的基本过程。在低温干燥条件下，粒雪化过程进行得很缓慢；当气温较高时，雪层中发生融水活动，粒雪化过程较快，雪粒直径比较大。

粒雪化的必然结果是增大积雪的单位体积容重，孔隙度缩小，同时引起雪面下沉，使积雪厚度变薄。粒雪的密度一般为 $0.4 \sim 0.7 g/cm^3$，它有连通的孔隙，可透水，易重新分散成颗粒状态。

3. 成冰作用阶段

粒雪进一步发展就成为冰川冰。粒雪变成冰川冰的作用叫作成冰作用。按其变质性质，成冰作用可分为冷型和暖型两种。

（1）冷型成冰作用。在低温干燥的环境，积雪不断增厚的情况下，下部雪层受到上部雪层的重压，进行塑性变形，排出空气，从而增大了密度，使粒雪紧密起来，形成重结晶的冰川冰。在冷型成冰过程中，粒雪成冰只靠重力形成重结晶，因而所成的冰川冰密度小、气泡多、成冰过程时间长。如南极大陆冰川中央，埋深 2000 多 m，成冰需时近千年。这种依赖压力的成冰过程称冷型成冰（或压力成冰）作用。而随着气泡的减少，冰从白色逐步变为蓝色。

（2）暖型成冰作用。当在太阳辐射作用下，气温较高（接近 0℃）、冰雪消融活跃时，融水沿雪层内部的孔隙发生渗浸，使粒雪融化，降温时又重新冻结，这时下渗水以粒雪为核心重新结晶或冻结成冰。故属渗浸成冰过程。其特点是：密度一般高于重结晶冰，而且晶粒较大。这种依赖太阳辐射热力条件的成冰过程称暖型成冰作用。暖型成冰作用实际上是一个升华—凝华或重结晶过程。

冰川具有成层结构和可塑性，受重力作用或挤压作用发生运动后，内部常产生褶皱、断裂和逆掩等构造。冰川冰形成以后，在重力或挤压力作用下塑性流动，便形成冰川。

（二）冰川的类型

现代冰川个体规模相差很大，形态各具特征，生成时代前后不同，冰川性质和地质地貌作用等也都不一致。因此，可以根据不同标志划分冰川类型。

1. 根据冰川的形态、规模和运动特征分类

根据冰川的形态、规模和运动特征，现代冰川可分为两个基本类型：大陆冰川和山岳冰川。

（1）大陆冰川。大陆冰川又叫大陆冰盖。其特点是：面积大、冰层厚、分布不受下伏地形限制，常淹没规模宏大的山脉，只有极少数山峰在冰面上出露，形成冰原岛山，呈盾形，中间厚、边缘薄。中央是积雪区，边缘为消融区，冰体从中央向四周呈辐射状挤压流动。冰体之下常掩埋巨大的山脉和洼地。大陆冰川到海岸或冰川边缘伸出的冰舌断裂入海后，常形成冰山。

地质历史时期中，大陆冰川曾广泛分布（冰期时）。其目前只发育在两极地区，如发育在南极大陆和格陵兰岛的冰川，这两个冰盖的总面积达 1465 万 km^2，约占世界冰川总覆盖面积的 97%。冰盖厚度达数千米，掩盖了南极大陆和格陵兰岛的真正面目。如南极大陆冰川最厚处达 4267m [图 5-9 (f)]。

（2）山岳冰川。山岳冰川又叫山地冰川，主要分布在中低纬度山区，冰川规模和厚度远不及大陆冰川，冰川形态和运动受下伏地形限制，在重力作用下冰川由高处向低处流动。欧洲阿尔卑斯山、中国西部高山、高原地区的冰川均属此类冰川。

根据山岳冰川的形态和所处的位置，山岳冰川分为悬冰川、冰斗冰川、山谷冰川和山麓冰川等。

悬冰川是山岳冰川中数量最多的一种。其因短小的冰舌悬挂在山坡上，故称悬冰川 [图 5-9 (b)]；常因下端崩落而产生冰崩。其冰体厚度薄、规模小，面积一般不超过 1km^2，对气候反应灵敏。

冰斗冰川 [图 5-9 (a)] 是发育在冰斗中的冰川，为中等规模的山岳冰川。冰斗的规模，面积大的可达 10km^2 以上，小的不足 1km^2。冰斗口朝向山坡下方，冰体从冰斗口溢出，形成短小的冰舌。

在有利气候条件下，雪线下降，补给增加，冰斗冰川溢出冰斗进入山谷形成山谷冰川 [图 5-9 (c)]。低于雪线流入山谷的冰流叫作冰舌。山谷冰川是山岳冰川中规模最大的一种，其厚度可达数百米，长度数千米至数十千米以上。其有明显的积雪区和消融区，与之对应的是有粒雪盆和长大的冰舌。山谷冰川在流动过程中，沿途可有分支冰川汇入，因而山谷冰川又可分为单式山谷冰川、复式山谷冰川和树枝状山谷冰川等。

一条较大山谷冰川或多条山谷冰川流至山麓地带，扩展或汇合成一片宽广冰原，叫山麓冰川 [图 5-9 (d)]。它是山岳冰川向大陆冰川转化的中间环节。

在起伏和缓的高原或高山夷平面上常形成平顶冰川，又叫高原冰川或冰帽 [图 5-9 (e)]。

（a）冰斗冰川（横断山脉）　　　　　　　　　（b）悬冰川

（c）山谷冰川（云南明永冰川）　　　　　　　（d）山麓冰川

（e）冰帽　　　　　　　　　　　　　　（f）冰盖（南极冰盖）

图 5-9　冰川的类型

2．根据气候条件和冰川的物理性质分类

根据气候条件和冰川的物理性质，可将冰川分成海洋性冰川和大陆性冰川两类。

（1）海洋性冰川。海洋性冰川又称暖冰川，发育在降水丰沛的湿润气候区，雪线附近的年降水量≥1000mm，一般在 2000～3000mm。其特点为：冰川主体温度较高，接近 0℃或压力融点。冰川补给量较多，消融量也大。运动速度快，年运动约 100m 或更大，冰川进退幅度大、侵蚀作用强。如挪威北部，阿拉斯加海岸山地的冰川和阿尔卑斯山的冰川，我国西藏东南、川西山地冰川等。

（2）大陆性冰川。大陆性冰川又称冷冰川，是指在干冷的气候条件下发育成的冰川。以较低负温为特点，冰川主体温度为 -10～-1℃以下。由于冰温低，补给少，冰川运动缓慢，冰川进退幅度小，侵蚀作用较弱。如南极大陆、格陵兰冰川，以及我国天山、祁连山的中部和东部，昆仑山、青藏高原内部山地至喜马拉雅山中段北坡的冰川等，均属大陆冰川。

三、冰川运动与冰川物质平衡

（一）冰川运动

冰川运动是指冰川冰不断地从冰川上、中部向其末端运动。冰川有别于自然界其他冰体的最主要特征，就是它进行着缓慢的运动，是一种运动着的天然冰体。冰川运动的动力源自重力和压力。由于冰川自重原因沿斜坡向下的运动称为重力流；由于冰川堆积的厚薄不同，内部所受到的压力分布不均，引起的冰川运动称为压力流。大陆冰盖的运动以压力流为主，山岳冰川中重力流与压力流两种都有，但以重力流为主。

冰川运动机理有冰川冰变形、冰川的滑动和冰床的变形。冰川冰具有可塑性，能变形。在冰层下部，由于受到上部冰层较大的压力，冰的融点降低，冰体内部出现冰、水、气三相共存的状态，在外力的作用下，产生塑性变形，内部所受到的压力分布不均，引起冰川运动。当冰川底部的冰处于融点状态时，冰川在冰床上滑动，由于有水的参与，冰床的摩擦阻力下降，冰川产生运动。冰川很少直接盖在基岩上，在冰川与基岩之间都有一层厚度不等的碎屑物质，在冰川运动过程中，冰床变形，坡度变陡，冰川重力流加大。冰川运动是以上三种机理的集中体现。

冰川运动的决定性因素是冰川底面温度和水力状况。冷冰川由于底面未达到融点，融水到不了冰床，底部滑动和冰床变形即使有也很少，主要靠冰川冰的变形来运动，冰面运动速度低，夏冬差别不明显，冰面速度在 10m/a 以下。温冰川由于底部达到融点和有融水的参与，底面滑动和冰床变形得到充分发展，冰面运动速度大，夏季高于冬季。例如，横断山脉梅里雪山的明永冰川中部 1991—1998 年平均速度为 533m/a。因此，温冰川的运动速度要大于冷冰川。

在冰川运动过程中，若遇到阻碍，因具有可塑性也可逆坡而上，越过阻碍，继续前行。厚度大、坡度大，运动速度就大，因此地理位置相同且形态相同的冰川，大冰川比小冰川运动速度大。在横剖面上，冰川中心比边缘运动速度大。在纵剖面上，零平衡线附近运动速度最大。冰川运动速度自补给区向雪线方向逐渐增大，在雪线附近最大，自雪线附近向末端方向因消融的原因，运动速度又逐渐变小。冰川运动速度还随时间而变化，一般夏季快、冬季慢，白天快、夜间慢，但其变化幅度较小。冰川运动的速度一般很缓慢，但有些冰川在一定的时段内有快速前进的情况。如喀喇昆仑山赫拉希南峰南坡的斯坦克河上游的库蒂亚冰川，于 1953 年 3 月 21 日—6 月 11 日，以平均 113m/d 或 4.7m/h 的速度前进。

（二）冰川物质平衡

冰川物质平衡是指冰川的积累与冰川消融的数量关系。冰川的积累是指与冰川物质收入有关的所有过程，由降雪、水汽凝华、雨水再冻结以及吹雪与雪崩等雪的再分配组成。冰川消融是指与冰川物质损耗有关的所有过程，包括冰雪融化并形成径流、蒸发、风吹雪及冰崩流失等过程。

冰川消融有冰面、冰内及冰下消融三种方式。冰面消融是冰川最主要的消融方式，冰川中绝大部分冰体是通过冰面消融而损耗掉的。太阳辐射能是冰面消融的最重要热源，其他如空气乱流交换热、两侧山坡的辐射热及水汽凝结放的潜热等，也会使冰川消融。冰内消融的热源主要来自冰面消融水向下渗漏传热、冰川运动而引起的机械内摩擦热等，在裂隙较多的大型冰川中，冰内消融可占一定的比重。冰下消融的热量来自地热、冰下径流的传导热及冰层压力和冰川运动时与冰床摩擦所产生的机械热。显然，温度是冰川消融的决定条件，因此冰川消融与太阳辐射、天气状况、冰面性质、冰川分布的坡向、高度等因素有关。

全球一些有代表性冰川的物质平衡研究表明，受海洋性气候影响较强烈的冰川或冬季降水是主要物质来源的冰川，冰川的积累主要在冬半年，冰川的消融主要在夏半年。而我国西部的大陆性冰川，由于冬季降水少，冰川表面积雪厚度薄，夏季降水多，冰川的积累和消融同时发生在暖季。我国的海洋性冰川，冰川消融期持续时间要长于大陆性冰川，消融强度也远大于大陆冰川，与大陆性冰川一样也表现为暖期积累的特点。

冰川物质平衡与外界气候环境密切相关。当气候没有发生明显的变化时，冰川的积累量与消融量相等，冰川处于平衡状态；当气候变得冷湿时，因固态降水增多，冰川的积累量大于冰川消融量，导致冰川流速加快，冰舌向前推进，山岳冰川有可能发展成为大陆冰川；当气候变成干热时，冰川的补给量减少而消融量增加，导致冰川流速减小，冰舌后退，大陆冰川有可能转化为山岳冰川。

目前已经确认，在 $6 \times 10^8 \sim 7 \times 10^8$ 年前的震旦纪、$2 \times 10^8 \sim 3 \times 10^8$ 年前的石炭二叠纪和距今 $2 \times 10^6 \sim 3 \times 10^6$ 年的第四纪，都曾出现过大规模的冰川。现在处在第四纪冰期向间冰期过渡时期。自 19 世纪中期以来，全球气候在波动变暖。随着全球气候变暖，全球范围内冰川退缩成为主导趋势，但由于各地的气候条件不同，冰川退缩的幅度各不相同。如我国西部山地冰川减少的面积，据推测相当于现代冰川面积的 20%；而欧洲阿尔卑斯山冰川自 1870—1970 年冰川减少的面积，相当于现代冰川面积的 50.2%。目前，我国西部地区大部分冰川也是以退缩为主导趋势（表 5 - 5）。

表 5 - 5　　　　　　　　中国境内 20 世纪以来冰川进退变化情况

年份	冰川总条数	退 缩 冰 川		前 进 冰 川		稳 定 冰 川	
		条数	百分比/%	条数	百分比/%	条数	百分比/%
1900—1930	6	1	16.7	4	66.6	1	16.7
1950—1970	116	62	53.4	35	30.2	19	16.4
1950—1980	195	93	47.7	45	23.1	57	29.2
1960—1970	224	99	44.2	59	26.3	66	29.5
1973—1981	178	117	65.7	23	12.9	38	21.4

四、冰川对自然地理环境的影响

冰川是寒冷气候的产物，但一经形成，冰川本身就反过来对气候产生强烈影响。在极地和中低纬高山冰川区，冰川本身是自然地理要素之一，并形成独特的冰川景观。冰川的存在和发展对自然地理环境的影响是多方面的。姑且不说地质历史时期冰期与间冰期对全球气候、生物和海陆变化所产生的巨大影响，就是在现代，冰川对气候、基面、冰川区河流水情等都有重要影响。

（一）冰川对气候的影响

冰川可作为气候变化的指示器，其末端进退、厚度增减、面积扩缩可反映气候变化状况；冰川又可对气候产生反馈作用，成为气候形成的重要因子。冰川作为一种特殊的下垫面，它的存在和发展将大大增强地球的反射率，从而促使地球进一步变冷。同时，冰雪融化和蒸发耗热使得冰雪表面对大气的加热作用强度较其他下垫面弱得多，使得冰雪表面温度较低。冰雪表面，这种特殊的下垫面也影响气团性质和环流特征。如在同一高度，冰川表面的气温通常比非冰川表面的要低 2℃ 左右，而湿度却高得多；气温低、湿度大，水汽就容易饱和，有利于降水的形成，因而有冰川覆盖的山区降水量要高于无冰川覆盖的山区。

山岳冰川，规模较小，只对附近地区的气候产生影响。而大陆冰川对气候影响的范围要广得多，甚至影响全球气候。如南极大陆冰川本身是一个巨大"冷源"，在那里可形成强大稳定的反气旋，使南半球保持强劲和稳定的极地东风带。同时，稳定的冷高压使气旋难以深入南极大陆，故在南极冰盖中心部分降水量仅数十毫米，几乎与撒哈拉沙漠相当。

（二）冰川对基面的影响

1. 海平面变化

海平面变化是由海水总质量、海水密度和海盆形状改变引起的平均海平面高度的变化。影响海平面变化的因素有很多，主要有四大类：①气候变化引起海水数量和体积变化；②地壳运动引起洋盆容积变化；③大地水准面-海平面变化；④动力海平面变化。人类活动出现以前，海平面的变化主要受自然因素的影响；人类活动出现以后，海平面的变化就受到了人为因素的影响。特别是 18 世纪末工业革命后，人类大量使用化石燃料，导致向大气中排放的 CO_2 等温室气体的数量剧增，使得全球气候变暖。年平均气温上升不仅使冰川融化，增加海水数量，而且还使海水受热膨胀、体积增加，因而使得全球性的绝对海平面上升。

全球气候变暖导致格陵兰冰原和南极冰盖，以及山地冰川的加速融化，也是造成海平面上升的主要原因之一。据估计，格陵兰冰原过去 10 年平均每年融化的冰原约有 30300 亿 t，南极冰盖平均每年融化 11800 亿 t。由于气候原因，2003—2009 年，许多小型陆地冰川都加速融化，尤其高山冰川的融化速度明显超过大型冰盖。

2. 地壳局部升降

巨厚的冰层对下伏的岩床能产生巨大的压力，100m 厚的冰体，冰床基岩所受的静压力达到 90t/m² 。由于地壳表层（硅铝层）的下面为可塑性软流层（硅镁层），地表局部受压后往往会逐渐下沉，压力解除以后，又往往会抬升到原来的位置。如巨厚的格陵兰冰盖的中心部分冰层厚达 3411m，是全岛下伏岩床最低的地方，海拔为 -366m，而冰盖边缘的冰层较薄，地面则相对高起。又如欧洲北部斯堪的纳维亚半岛是第四纪冰川作用的中心之一，自最后一次冰期结束后的近一万年时期内，地壳一直在抬升。

（三）冰川对冰川区河流水情的影响

冰川是河流的补给来源。尽管冰川储量的 96% 位于南极大陆和格陵兰岛，但是其他地区的冰川由于临近人类居住区而具有利用的现实意义，特别是亚洲中部干旱区，历史悠久的灌溉农业一直依赖高山冰雪融水。内陆河水量的很大部分来自山区积雪和冰川的季节性融化。据 1999 年冰川统计资料分析，中国冰川融水年平均径流总量为 604.53×10⁸m³，约为全国河川年径流量的 2%，相当于黄河多年平均入海径流量。不同地区冰川融水对河流的补给比重是不同的。如我国西部省区，新疆最大，补给比重占 25.4%；其次是西藏，占 8.6%；甘肃最小，仅占 3.6%；云南和四川由于冰川面积较小，对河川的补给可忽略不计。对具体的冰川而言，其补给的比重是不同的。如祁连山的冰川，其融水径流对甘肃河西走廊三大内陆河水系的补给比重可达到 14%。又如，冰川融水径流量基本相近的塔里木盆地水系和雅鲁藏布江水系，前者的冰川融水径流对河流的补给比重为 38.5%，而后者仅为 12.3%。

冰川融水的日变化很大。冰川融水反映了当天的天气状态，冰面产流时间一般在每天的 9—10 时，断流在 20—21 时。融水最高水位除了与最高气温有关外，还与其他天气状况、冰川类型、冰面污染程度和离出口断面距离等有关。

冰川融水径流的季节变化非常明显。径流年内分配极不均匀，其融水径流高度集中于 6—8 月，约占消融期径流量的 85%～95%。海洋性冰川冰面的气温较高，消融期长，径流的年内分配不如大陆性冰川那样集中。

冰川具有调节河川径流量的作用。在低温湿润的年份，冰川消融受到抑制，降水可以弥补冰川消融量的不足；而在高温干旱年份，消融则加强，冰川融水可以弥补因降水减少而造成的河流水量不足。同时，在低温湿润的年份，冰川上的积雪补给冰川，形成冰川冰保存起来，以弥补高温干旱年份较强的消融。因而，冰川区河流年径流量变化相对较小。我国西部干旱地区，冰川融水补给量较大的河流受旱涝威胁相对要小，对这些地区的农业生产稳定和持续发展起着重要的作用。

冰川径流多年变化受气候影响很大，如老虎沟 1976 年冰川径流量竟比 1959—1961 年平均值减少了 3/4。

冰川湖突发洪水是高山冰川作用区常见的自然灾害之一，往往会引发山区泥石流。在有些冰川作用地区因融水会形成冰面湖或冰碛湖，在一定的天气条件下，冰川融水径流可形成洪峰或加剧中、低山地区的降雨径流过程，使湖水面迅速上涨，一旦溃决，可造成特大洪水或泥石流，其危害程度可超过暴雨洪水。冰湖溃决形成的突发洪水，是我国西部某些高山冰川作用区常见的灾难性洪水，很难预防。如喀喇昆仑山叶尔羌河，1961 年 9 月 4 日出现洪峰流量等于多年平均流量的 40～50 倍之多，在短短的 20min 内起始流量由 80.6m^3/s，陡涨到 6270m^3/s 的洪峰流量。西藏定结县吉莱普沟于 1964 年 9 月 21 日下午，由于源头终碛堰塞湖溃决而形成大型冰川泥石流，流动距离达 30km，形成巨型堆积。

（四）冰川的其他影响

冰川是重要的水资源，是大江大河的发源地。在高山流域，冰川积雪及其融水径流对于维持江河源区的水量稳定、高山脆弱的生态环境都具有重要的作用。因此，冰雪资源在江河源区的水量平衡和生态平衡上都起重要的作用，它的变化直接影响到区域的生态环境波动，在未来生态建设中是一重要的因素。冰川是干旱区重要的水资源，对维系区域脆弱的生态平衡也具有重要的意义。

由于冰川的运动特征，对地表具有侵蚀和堆积作用，它成为塑造地表形态的重要外营力之一。冰川推进时，将毁灭它所覆盖地区的植被，动物被迫迁移，土壤发育过程亦中断。自然地带相应向低纬和低海拔地区移动。冰川退缩时，植被、土壤逐渐重新发育，自然地带相应向高纬和高海拔地区移动。冰川的侵蚀和堆积作用显著改变地表形态，形成特殊的冰川地貌。在古冰盖掩盖过的地区，如欧洲和北美，这种冰川地貌可以占据成千上万平方公里的广大范围。在山岳地区，冰川地貌也显示出许多独有的特征。

冰川上的美丽风光又是重要的旅游资源。在发达国家，冰川作为旅游资源早在 100 年前便被开发了，现在许多冰川区已成为人们的旅游胜地，如在瑞士，冰川旅游已成为国民经济的重要支柱；我国云南玉龙山冰川专门建立了欣赏冰川景色的索道；阿根廷在巴塔哥尼亚开辟了冰川公园。

参 考 文 献

［1］　黄锡荃．水文学［M］.北京：高等教育出版社，1993.

［2］　顾慰祖．水文学基础［M］.北京：水利电力出版社，1984.

［3］　邓绶林．普通水文学［M］.2 版．北京：高等教育出版社，1985.

［4］　管华．水文学［M］.北京：科学出版社，2010.

［5］　邬红娟，李俊辉．湖泊生态学概论［M］.武汉：华中科技大学出版社，2014.

［6］　叶秉如．水利计算［M］.北京：水利电力出版社，1985.

［7］　牛焕光，马学慧，等．我国的沼泽［M］.北京：商务印书馆，1985.

［8］　刘兴土，邓伟，刘景双．沼泽学概论［M］.长春：吉林科学技术出版社，2006.

［9］　南京大学地理系，中山大学地理系．普通水文学［M］.北京：人民教育出版社，1978.

［10］　潘树荣，等．自然地理学［M］.2 版．北京：高等教育出版社，1985.

［11］　王红亚，吕明辉．水文学概论［M］.北京：北京大学出版社，2007.

［12］　沈永平．冰川［M］.北京：气象出版社，2003.

［13］　施雅风．中国冰川与环境［M］.北京：科学出版社，2000.

第六章　地　下　水

相对地表水而言，地下水是指埋藏在地表面以下岩石、土层（岩土）空隙中各种状态的水，包括固态、液态和气态。狭义地下水仅指赋存于饱水带岩土层空隙中的重力水。地下水作为地球上重要的水体，与人类社会有着密切的关系。地下水的贮存有如在地下形成一个巨大的水库，以其稳定的供水条件、良好的水质，而成为农业灌溉、工矿企业以及城市生活用水的重要水源，成为人类社会必不可少的重要水资源，尤其是在地表缺水的干旱、半干旱地区，地下水常常成为当地的主要供水水源。但是如果过量开采和不合理地利用地下水，就会造成地下水位下降，形成大面积的地下水下降漏斗，在地下水用量集中的城市地区，还会引起地面发生沉降。此外工业废水与生活污水的大量入渗，常常严重地污染地下水源，危及地下水资源。因而系统地研究地下水的形成和类型、地下水的运动以及与地表水、大气水之间的相互转换补给关系，具有重要意义。

第一节　地　下　水　的　赋　存

一、岩土的空隙性

地下水的形成必须具备两个条件，一是有水分来源，二是有贮存水的空间。岩石土层中的空隙是地下水贮存的空间和运移的通道，空隙的多少、大小、均匀程度及其连通情况（图 6-1），直接决定了地下水的埋藏、分布和运动特性。通常，将松散沉积物颗粒之间的空隙称为孔隙，坚硬岩石因破裂产生的空隙称为裂隙，可溶性岩石中的空隙称为溶隙（包括巨大的溶穴、溶洞等）。衡量岩土空隙发育程度的数量指标为空隙度。空隙度是岩土中空隙的体积与岩石总体积的比值。

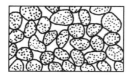
（a）分选良好、排列疏松的砂　（b）分选良好、排列紧密的砂　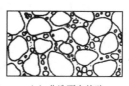（c）分选不良的砂　（d）经过部分胶结的砂岩

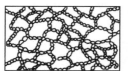
（e）具有结构性孔隙的黏土　（f）经过压缩的黏土　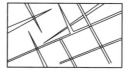（g）具有裂隙的基岩　（h）具有溶隙和溶穴的可溶岩

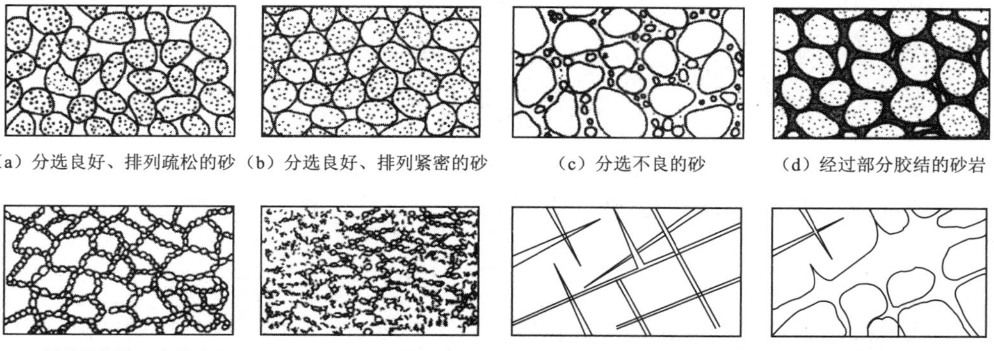

图 6-1　岩土中的各种空隙示意图

（一）孔隙

松散岩石和土壤是由大小不等的固体颗粒及其集合体组成的，岩土颗粒及其集合体之间的空隙称为孔隙。岩土中孔隙体积的多少是影响其储容地下水能力大小的重要因素，可用孔隙度表示。孔隙度 n 亦称孔隙率，是指岩土中孔隙体积 V_n 与包括孔隙在内的岩土体积 V 之比，即

$$n = \frac{V_n}{V} \times 100\% \tag{6-1}$$

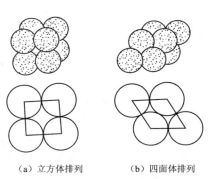

（a）立方体排列　　（b）四面体排列

图 6-2　颗粒排列方式示意图

孔隙度 n 大小的影响因素有多种，起决定作用的是岩土颗粒的分选程度和排列情况。理想圆形颗粒圆心连线呈正方体排列即立方体排列时的孔隙度最大，为 47.64%［图 6-2（a）］；呈菱形四面体排列时的孔隙度最小，为 25.95%［图 6-2（b）］。颗粒分选程度越差，孔隙度越小；相反，分选程度越好，孔隙度越大。此外，岩土颗粒大小、颗粒形状及胶结填充情况也会影响孔隙度。

孔隙度只反映岩土孔隙的数量多少，而不反映孔隙的大小。孔隙的大小与岩土颗粒粗细即粒径大小有关，通常是粒径越大孔隙越大，粒径越小孔隙越小。但是，因细颗粒岩石的表面积增大而孔隙度反而增大。例如，黏土的孔隙度可达 45%～55%，而砾石的孔隙度平均只有 27%。孔隙的大小还与颗粒形状的规则程度有关。

（二）裂隙

固结的坚硬岩石包括沉积岩、岩浆岩和变质岩，其中一般不存在或只保留一部分颗粒之间的孔隙，而主要发育的是在各种应力作用下岩石破裂变形而产生的裂隙。按成因划分，裂隙有成岩裂隙、构造裂隙和风化裂隙之分。成岩裂隙是岩石在成岩过程中由于冷凝收缩（岩浆岩）或固结干缩（沉积岩）而产生的。构造裂隙是岩石在构造变动中受力而产生，这种裂隙具有方向性，大小悬殊（由隐蔽的节理到大断层），分布不均一。风化裂隙是风化营力作用下，岩石破坏产生的裂隙，主要分布在地表附近。

岩石中裂隙的多少以裂隙率表示。裂隙率 K_T 是指裂隙体积 V_T 与包括裂隙在内的岩石体积 V 的比值，即

$$K_T = \frac{V_T}{V} \times 100\% \tag{6-2}$$

与孔隙相比，裂隙的分布具有明显的不均匀性，即使是同一种岩石，某些部位的裂隙率可以达到百分之几十，有的部位则可能小于 1%。此外，裂隙的多少还可用面裂隙率或线裂隙率表示。

（三）溶隙

可溶性岩石如岩盐、石膏、石灰岩和白云岩等在地下水溶蚀下所产生的空隙称为溶隙或溶穴。溶隙的多少用岩溶率（喀斯特率）表示。岩溶率 K_K 为溶隙体积 V_K 与包括溶隙在内的岩石体积 V 之比，即

$$K_K = \frac{V_K}{V} \times 100\% \qquad (6-3)$$

与裂隙相比较，溶隙在形状、大小等方面变化更大，小的溶孔直径仅有数毫米，大的溶洞可达几百米，有的形成地下暗河可延伸数千米。因此，岩溶率在空间上极不均匀。

由上所述可知，虽然裂隙率 K_T、岩溶率 K_K 与孔隙率 n 的定义相似，均可在数量上说明岩石中空隙所占比例的大小，但是它们的实际意义存在区别。孔隙率具有较好的代表性，可适用于相当大的范围；裂隙率由于裂隙分布的不均匀性而适用范围受到极大限制；岩溶率即便是平均值也不能完全反映实际情况，局限性更大。

二、岩土的水理性质

岩土空隙为地下水的存在提供了空间，但是水能否自由进出这些空间以及岩石滞留水的能力，与岩石表面控制水分活动的条件、性质有很大的关系。岩土的水理性质指岩土与水接触后表现出的有关性质，即与水分贮容和运移有关的性质，包括岩土的容水性、持水性、给水性、透水性等。

（一）容水性

容水性是指常压下岩土能够容纳一定水量的性能，以容水度来度量。容水度 W_n 为岩土完全饱水时所能容纳水的最大体积 V_n 与岩土总体积 V 之比，即

$$W_n = \frac{V_n}{V} \times 100\% \qquad (6-4)$$

岩土的空隙是岩石容纳外来液态水分的前提。所以岩土空隙总量的大小是岩石容水性能大小的一个重要因素。容纳外来液态水分的岩石空隙应该具有与外界相连的通道，即应有连通的空隙。相互隔离的空隙往往不容水。如果岩土的全部空隙均被水充满，则容水度在数值上等于孔隙度。对于具有膨胀性的黏土，充水后其体积会增大，容水度会大于孔隙度。

（二）持水性

饱水岩土在重力作用下排水后，依靠分子力和毛管力仍能保持一定水分的能力称持水性。持水性在数量上用持水度表示。持水度 W_r 被定义为饱水岩石经重力排水后所保持水的体积 W_r 与岩土体积 V 之比，即

$$W_r = \frac{V_r}{V} \times 100\% \qquad (6-5)$$

也可以将持水度定义为地下水位下降一个单位深度，单位水平面积岩石柱体中反抗重力而保持于岩石空隙中的水量。

持水度的大小取决于岩石颗粒表面对水分子的吸附能力。在松散沉积物中，颗粒越细，空隙直径越小，则同体积内的比表面积越大，则持水度越大。

（三）给水性

给水性是指饱水岩土在重力作用下能够自由排出水的性能，其值用给水度表示。给水度 μ 定义为饱水岩土在重力作用下能自由排出水的体积 V_g 与岩石体积 V 之比，即

$$\mu = V_g / V \times 100\% \qquad (6-6)$$

岩性对给水度的影响主要表现在空隙的尺度和数量。颗粒粗大的松散岩石，具有较宽

大裂隙和溶穴的坚硬岩石，在重力释水过程中，滞留于岩石空隙中的结合水与孔角毛细水的数量很少，理想条件下给水度的值接近于孔隙度、裂隙率和岩溶率。而空隙细小的黏土、具有闭合裂隙的岩石等，由于重力释水时大部分水以结合水或者悬挂毛细水形式滞留于空隙中，给水度往往很小。

对于均质的松散岩石，由于重力释水不是在瞬时完成的，往往滞后于地下水位下降，所以即时测得的给水度数值，往往与地下水位下降速率有关。如果下降速率大，因释水滞后于地下水位下降的缘故，测得的给水度往往偏小。对于非均质层状岩石，快速释水时由于大小孔道释水不同步，大的孔道优先释水，在小孔道中往往形成悬挂毛细水而不能释出，也会导致测得的给水度偏小。

由上述三个定义可知：岩土的持水度和给水度之和等于容水度或孔隙度，即 $W_n = W_r + \mu$ 或 $n = W_r + \mu$。

（四）透水性

岩土的透水性是指在一定的条件下，岩土允许水透过的性能。表征岩石透水性的度量指标是渗透系数 K，其值大小取决于岩石空隙的大小和连通性，并和空隙的多少有关。例如，黏土的孔隙度很大，但孔隙直径很小，水在这些微孔中运动时，由于水与孔壁的摩阻力难以通过，同时由于黏土颗粒表面吸附形成一层结合水膜，这种水膜几乎占满了整个孔隙，使水更难通过。因此，孔隙直径越小，透水性越差，当孔隙直径小于两倍结合水层厚度时，在正常条件下是不透水的。

三、含水层和隔水层

岩土空隙是地下水的贮存空间，其多少、大小、形状、连通状况和分布规律直接决定了地下水的埋藏、分布和运动特性。不同类型和性质的岩土的空隙特点不尽相同，它们的含水和透水性能也不尽相同。因此，可以根据岩土中水分的贮存和运移状况，将岩土分为含水层和隔水层。

含水层是指能够给出并透过相当数量水的饱水岩石土层。含水层不但贮存水，而且水在其中可以运移。非固结沉积物是最主要的含水层，特别是砂和砾石层，这种含水层具有良好的透水性能，条件适宜时，在其中打井可获得丰富的水量。碳酸盐类岩石也是主要的含水层，但碳酸盐岩的空隙性和透水性变化很大，取决于裂隙和岩溶的发育程度。

隔水层是指那些既不能给出又不能透过水的岩土层，或者它给出或透过的水量都极少。其通常可分为两类：一类是致密岩石，其中没有或很少有空隙，很少含水也不能透水，如某些致密的结晶岩石（花岗岩、闪长岩、石英岩等）。另一类颗粒细小、孔隙度很大，但孔隙直径小，岩层中含水，但存在的水绝大多数是结合水，在常压下不能排出，也不能透水。

含水层与隔水层的划分是相对的，它们之间并没有绝对的界线，在一定条件下两者可以相互转化。如黏土层，在一般条件下，由于孔隙细小，饱含结合水，不能透水与给水，起隔水层作用；但在较大的水头压力作用下，部分结合水发生运动，从而转化为含水层。从广义上讲，自然界没有绝对不透水的岩层。

构成含水层，必须具备储水空间、储水构造和良好的补给来源三个条件：①要有厚度大、分布广、透水性能良好的岩石土层提供储水空间；②含水层的构成还必须具备一定的地质构造条件，即在透水性能良好的岩石土层下面有不透水或弱透水岩土层作为隔水层，或在水平方向上有隔水层阻挡以防止空隙水的渗漏和侧渗；③当岩层空隙性好，并且具有有利于地下水储存的地质条件时，还必须要有充足的补给来源，才能使岩层充满重力水而构成含水层。

四、水在岩土中的存在形式

储存在岩土空隙中的水，按其物理性质可分为气态水、液态水和固态水；按作用力不同，地下液态水又可分为结合水（包括吸着水和薄膜水）、毛管水和重力水等（图6-3）。

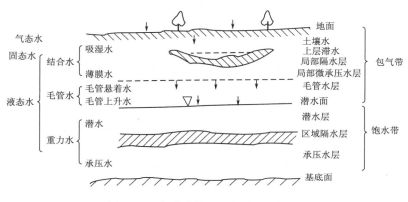

图6-3　各种形态地下水分布示意图

（一）气态水

在不饱和带的岩土空隙中存在着气态水和空气。岩土空隙中的水汽可以来自地表大气中的水汽，也可以由岩石中其他形式的水蒸发形成。它可以随空气的流动而移动；当空气不流动时，它也能从水汽压力（绝对湿度）大的地方向水汽压力小的地方迁移，并且在一定温度、湿度和压力条件下与液态水相互转化，两者之间保持动态平衡。当岩石空隙中水汽增多达到饱和时，或是周围温度降低达到露点时，气态水开始凝结而形成液态水。

（二）吸着水

吸着水（吸湿水）是指依靠分子力强烈吸附在岩土颗粒表面的水分，又称强结合水。岩土颗粒表面往往带有电荷，水是偶极体，于是产生静电引力，将水分子吸附在岩土的颗粒表面，形成一层极薄的水膜，如果空气温度不大，水膜仅有几个水分子直径厚。岩土颗粒表面和水分子之间的引力非常大，相当于几千个到一万个大气压，因此它不受重力影响，不能自由移动，不传递静水压力，密度大于 $1g/cm^3$，在 $-78℃$ 以下仍不结冰，不溶解盐类，无导电性，只有加热到 $105\sim110℃$ 时才可能离开颗粒表面。吸着水也不能被植物所吸收。

（三）薄膜水

当岩土水分不断增加，岩土颗粒所吸附的水分也逐渐增多，水就包围在吸湿水外面，形成水膜，此即薄膜水。薄膜水仍受分子力的作用，而不受重力的作用，但随着薄膜的加厚，分子力的作用逐渐减弱，故又称为弱结合水。薄膜水黏滞性大，溶解盐类的能力弱，不传递静水压力，只能从薄膜厚的地方向薄的地方缓慢移动，直至两地薄膜厚度相同时为止。薄膜水一般不能被利用，但最外层的水分可被植物吸收。

吸着水和薄膜水都是结合水，即都是受分子引力而结合在岩土颗粒的表面。结合水的含量取决于颗粒的比表面，岩土颗粒越细小，其颗粒的比表面越大，吸着水（强结合水）和薄膜水（弱结合水）的含量便越大。例如在黏土中所含的吸着水和薄膜水分别为18％和45％，在砂土中，它们的含量仅为0.5％和0.2％。所以，对于有裂隙和溶洞的坚硬岩石来说，结合水量是很小的。

当薄膜水达到最大厚度时的土壤含水量，称为最大薄膜含水量。此时表明岩土粒对水分子的引力已基本消失，多余的水分子在重力和毛细管力的作用下运动，形成了毛管水（毛细水）和重力水。

（四）毛管水

因空隙中存在连通的孔隙，具有毛管的性质。当岩土空隙直径小于1mm或裂隙宽度小于0.25mm，空隙之间彼此连通时，犹如细小的毛细管。由毛管力支持而蓄存于岩土毛管空隙中的水，称为毛管水。毛管水的形成有两种情况，一种是与地下水面（潜水面）有水力联系，饱和水带的地下水在毛管力作用下上升到一定的高度，形成一个毛（细）管水带，通常称为毛管上升水，因有地下水面支持，所以又称为支持毛管水；另一种与地下水面没有联系，水源来自大气降水等，由地表渗入并悬于岩土空隙中，称为毛（细）管悬着水。

毛管水的存在是由于毛管力所引起的，一般讲空隙越细，毛管力越大，毛管水上升的高度越大。毛管上升的高度还同水的矿化度、温度有关。矿化度大、温度低，水的黏滞性大，毛管上升高度小。毛管水可以传递静水压力，能被植被吸收。

（五）重力水

赋存在岩土空隙中能在重力作用下发生运动的自由水称重力水。例如渗入水在重力作用下向地下水面运动。饱和带的地下水由高处向低处运动，并传递静水压力。地下径流、泉水和井中的地下水都是重力水，它是地下水水文学的主要研究对象。

（六）固态水

在寒冷的季节或高纬度地区，气候寒冷，地面以下一定深度以内，空隙中的水结成冰而成为固态。所谓冻土，便是土壤水被冻结成冰的缘故。

在地壳中不同形态的水，其分布具有一定规律性。当我们挖井时就可看到，开始挖时看上去岩土似乎干燥，但实际上其中存在着气态水、吸着水和薄膜水；继续往下挖，岩土的颜色就会发暗，并带有潮湿的感觉，但井中却连一滴水也没有，这说明已挖到毛细管带，再向下挖至某一深度，水就开始渗入或流入井中了，并逐渐形成一个地下水面，这就是重力水。在重力水面以上，岩土的空隙未被水饱和，通常称作包气带。水面以下则为饱水带，毛管水带实际上为二者的过渡带（图6-3），在降雨时或雨后，包气带中也可存在过路重力水和悬挂毛管水。

第二节　地　下　水　的　类　型

地下水的分类方法有多种，并可根据不同的分类目的、分类原则与分类标准，区分为多种类型体系。如按地下水的起源和形成，地下水可区分为渗入水、凝结水、埋藏水和初生水等；按地下水的力学性质，其可分为结合水、毛细水和重力水；按矿化程度不同，其可分为淡水、微咸水、咸水、盐水和卤水；按其储存空隙的种类，其又可分为孔隙水、裂隙水、岩溶水。应用最为广泛的是按照地下水的贮存和埋藏条件进行的分类。这种分类首先按照贮存部位将地下水分为包气带水和饱水带水，然后按力学性质进行次一级分类。在次一级分类中，包气带水被分为结合水、毛管水（毛细水）和重力水，其中结合水又分为吸湿水和薄膜水，毛管水又分为毛管悬着水和毛管上升水，重力水又分为上层滞水和渗透重力水；饱水带水分为潜水和承压水，其中承压水分为自流水和半自流水。

一、包气带水

地表面与地下水面之间的岩石土层带，含水量未达饱和，是岩土颗粒、水分和空气同时存在的三相系统，故称包气带或非饱和带。贮存在地下包气带中的水，称为包气带水。包气带水包括土壤水和上层滞水。

（一）土壤水

土壤水是由吸着水、薄膜水、毛管水、汽态水和过路的重力渗入水组成。

根据包气带厚度的不同，可将包气带区分为厚型、薄型与过渡型等3种类型。厚型包气带自地表向下大致可分为土壤水带、中间过渡带和毛管水上升带3个亚带（图6-4）。

土壤水带从地表到主要植物根系分布下限，通常只有几十厘米的厚度。除水汽与结合水外，水分主要以悬着毛管水形式存在于土壤孔隙之中，所以又称为悬着水带。其主要特点是受外界气象因素的影响大，与外界水分交换最为强烈，所以含水量变化大。当土壤孔隙中毛细悬着水达到最大含量时，称此含水率为"田间持水量"。入渗的水一旦超过田间持水量，土体无法再保持超量的水分，于是在重力作用下沿非毛细空隙向下渗漏。

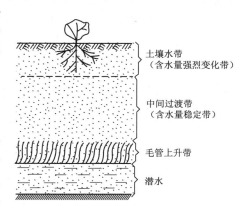

图6-4 包气带水垂直分层示意图

中间过渡带处于悬着水带与毛管上升带之间。其本身并不直接与外界进行交换，而是一个水分蓄存及传送带。它的厚度变化比较大，主要取决于整个包气带的厚度，如包气带本身很薄，中间带往往就不复存在。本带的特点是水分含量不仅沿深度方向变化小，而且在时程上也具有相对稳定性，水分运行缓慢，故又称含水量稳定带。

毛管上升带位于潜水面以上，并以毛管上升高度为限，具体厚度视颗粒的组成而定。颗粒细，毛管上升高度大，本带就厚，反之则薄。在天然状态下，毛管上升带厚度一般在1～2m左右。毛管上升带内水分分布的一般规律是：其含水率具有自下而上逐渐减小的特点，由饱和含水率逐步过渡到与中间过渡带下端相衔接的含水量。对于干旱的土层，则以最大分子持水量为下限。而且对于给定的岩土层，这种分布具有相对的稳定性。

包气带水易受外部环境的影响，尤其是大气降水、气温等因素的影响。多雨季节，雨水大量入渗，包气带含水率显著增加。雨后，浅层的包气带水以蒸发和植物的蒸腾形式向大气圈排泄，一定深度以下的包气带水继续下渗补给饱水带。干旱季节，土壤蒸发强烈，包气带含水量迅速减少，包气带含水量呈现强烈的季节性变化。

包气带在空间上的变化，主要体现在垂直剖面上的差异，一般规律是越接近表层含水率的变化越大，逐渐向下层含水率变化趋于稳定而有规律。此外，包气带含水率变化还与岩石层本身结构、岩石颗粒的机械组成有关，因为颗粒组成不同，岩石的孔隙大小和孔隙度发生差异，从而导致了含水量的不同。

（二）上层滞水

上层滞水是存在于包气带中局部隔水层或弱透水层之上的重力水。上层滞水的形成是在大面积透水的水平或缓倾斜岩层中，有相对隔水层，降水或其他方式补给的地下水向下部渗透过程中，因受隔水层的阻隔而滞留、聚集于隔水层之上，形成上层滞水（图6-5）。上层滞水一般分布范围不广，补给区与分布区基本上一致，主要补给来源为分布区内的大气降水和地表水，主要的耗损形式则是蒸发和渗透。上层滞水接近地表，受气候、水文条件影响较大，故水量不大而季节变化强烈。上层滞水一般矿化度低，由于直接与地表相通，易受污染。

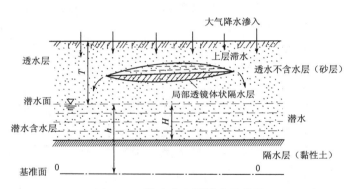

图6-5 潜水及上层滞水示意图

二、潜水

（一）潜水的概念与特征

潜水是指埋藏在地表下第一个稳定隔水层上具有自由表面的重力水（图6-5）。这个自由表面就是潜水面。从地表到潜水面的距离称为潜水的埋藏深度。潜水面到下伏隔水层之间的岩层称为含水层，而隔水层就是含水层的底板。从潜水面到隔水底板的距离为潜水含水层的厚度；潜水面到大地基准面的距离为潜水位。潜水主要分布于松散岩石的孔隙及坚硬岩石的裂隙和溶洞之中。

潜水具有如下特征：

（1）从力学性质看，潜水具有自由水面，不具有承压性，在重力作用下由水位高处向水位低处渗流，形成潜水径流。

（2）从埋藏条件看，潜水埋藏深度较小，潜水埋藏深度和含水层厚度的时空变化较大。受地质构造、地貌和气候条件的影响，潜水的埋藏深度不大，易于开采，但也极易受地表污染源的污染，应注意加强防护。同时，潜水的埋藏深度和含水层厚度各处不一、变化较大，而且经常发生变化，降低了作为水源的稳定性。

（3）从分布和补给与排泄条件看，潜水面以上没有稳定的隔水层，大气降水、凝结水或地表水可以通过包气带补给潜水，所以大多数情况下，潜水的补给区和分布区是一致的。

（4）潜水的排泄方式有径流排泄和蒸发排泄两种。径流排泄是在重力作用下，流到适当地形处，以泉、渗流等形式泄出地表或流入地表水及其他水体；蒸发排泄则是通过包气带或植物蒸发进入大气。

（5）从动态变化看，潜水的季节变化较大。受到降水、气温、蒸发等气候因素的影响，潜水的水位、水量、厚度及水质具有明显的季节变化，与气候条件年内变化的周期性规律完全吻合。多雨季节或多水年份，降水补给量增多，潜水面上升，含水层厚度增大，埋藏深度变小，水质也会相应改善；少雨季节或少水年份则相反，降水补给量减少，潜水面下降，含水层厚度减小，埋藏深度加大，水质也将随之变差。

（6）从与其他水体的水力联系看，潜水与大气降水和地表水有着密切的相互补给关系。大气降水是潜水的主要补给源，随着降雨的发生和结束，潜水量会发生剧烈变化。地表水则与潜水互为补给源。一般而言，汛期河流等地表水体为地下水的补给源，枯水季节地下水补给河流等地表水体，构成河流等地表水体的基流。

（二）潜水面的形态

1. 潜水面的形状

潜水面是一个自由水面。一般情况下，潜水面是一个由补给区向排泄区倾斜的不规则曲面。在某些情况下，如在潜水湖处，潜水面可以是一水平面。

影响潜水面形态和坡度的首要因素是地形坡度与地形被沟谷切割的程度，一般地面坡度越大，潜水面的坡度越大，二者经常趋于同一倾斜方向，而且潜水面的坡度比地面坡度为缓。在山区丘陵，地形起伏大，沟谷切割深，沿山坡一带，潜水面坡度可达百分之几，但在平原区，地形平坦，沟谷切割浅，潜水面坡度通常只有千分之几到几千分之一。

第二个因素是含水层的厚薄和含水层组成物质的变化。如果沿潜水流方向含水层因岩性变粗而透水性增大，或因厚度增大而过水断面面积增大，潜水面的坡度将会趋于平缓（图6-6）。在盆地或洼地堆积的沉积物中，地下水面可能成为水平状态。

造成潜水面起伏的第三个因素是地表水体的补给，大气降水、蒸发也可使潜水面变化。降水可使潜水面上升，水量增加；蒸发使潜水面下降，含水层厚度变薄。在地表水体附近，当潜水面高于地表水的水位时，地表水体排泄潜水，潜水面向地表水体方向倾斜；当潜水面低于地表水面时，地表水补给潜水，潜水面向地表水体方向逐渐抬升（图6-7）。

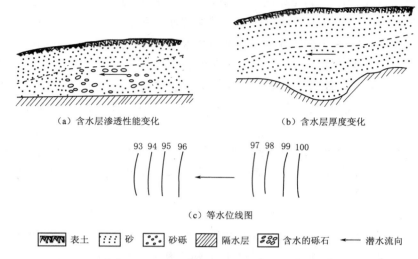

（a）含水层渗透性能变化　　　　　　（b）含水层厚度变化

（c）等水位线图

　表土　　砂　　砂砾　　隔水层　　含水的砾石　　潜水流向

图6-6　潜水面形状与含水层透水性和厚度的关系（单位：m）

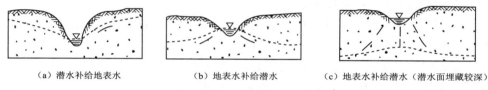

（a）潜水补给地表水　　　（b）地表水补给潜水　　　（c）地表水补给潜水（潜水面埋藏较深）

图6-7　地表水体附近潜水面的形状

除上述自然因素外，开河挖渠、修建水库、开发潜水以及灌溉水的回渗等也都会改变潜水面的形态。

2. 潜水面的表示方法

潜水面一般有两种表示方法，即地质剖面图和潜水等水位线图，其中后者在实际工作中应用广泛。

潜水等水位线是指潜水面上水位相等点的连线，绘有潜水等水位线的地形图称为潜水等水位线图。垂直于潜水等水位线顺其梯度方向由高水位指向低水位即为潜水的流向（严格地说是潜水流向的水平投影）。相邻两条等水位线的水位差除以其水平距离即为潜水面坡度，潜水面坡度不大时可视其为潜水水力梯度，常为千分之几至百分之几。利用潜水等水位线图，可以确定潜水流向，计算潜水面坡度，合理布设排灌水渠、提水井等水工建筑物。配合以同一地区的地形图，可以计算潜水埋深和含水层厚度，判断泉、沼泽等地下水露头的出露地点，确定潜水与地表水体的水力关系。

（三）潜水与地表水之间的补给关系

潜水与地表水之间存在着密切的相互补给与排泄关系，称为水力联系。在靠近江河、湖库等地表水体的地区，潜水常以潜水流的形式向这些水体汇集，成为地表径流的重要补给水源。特别在枯水季节，降水稀少，许多河流主要依靠地下潜水补给。但在洪水期，江河水位高于地下潜水位时，潜水流的水力坡度形成倒比降，河水向两岸松散沉积物中渗透,补给地下潜水。汛期一过,江河水位低落,贮存在河床两岸的地下水又回归河流。上述现象称为地表径流的河岸调节,此种调节过程往往经历整个汛期,并具有周期性规律。通常距离河流越近,潜水位的变幅越大,河岸调节作用越明显。在平原地区,这种调节作用影响范围可向两岸延伸1~2km。

潜水与地表水之间的水力联系一般有3种类型(图6-8):

(1)周期性水力联系。这种类型多见于大中型河流的中下游冲积、淤积平原。如果平原上地下水隔水层处于河流最低枯水位以下,亦即河槽底部位于潜水含水层中,在江河水位高涨的洪水时期,河水渗入两岸松散沉积物中,补给潜水,部分洪水贮存于河岸,使得河槽洪水有所消减;枯水期江河水位低于两岸潜水位,潜水流出补给河流,起着调节地表径流的作用。

(2)单向的水力联系。这种类型常见于山前冲积扇地区、河网灌区以及干旱沙漠区。这些地区的地表江河水位常年高于潜水位,河水常年渗漏,不断补给地下潜水。

(3)间歇性水力联系。这是介于单向水力联系和无水力联系之间的一种过渡类型,通常在丘陵和低山区潜水含水层较厚的地区比较多见。在这些地区,如隔水层的位置介于河流洪枯水位之间,地下潜水与地表河水之间就可能存在间歇性水力联系。当洪水期时河水水位高于潜水位,河流与地下水之间发生水力联系,河流成为地下潜水的间歇性补给源;而在枯水期,地表水与地下水脱离接触,水力联系中断,此时潜水仅在出露点以悬挂泉的形式出露地表。因此,间歇性水力联系仅存在部分的河岸调节作用。

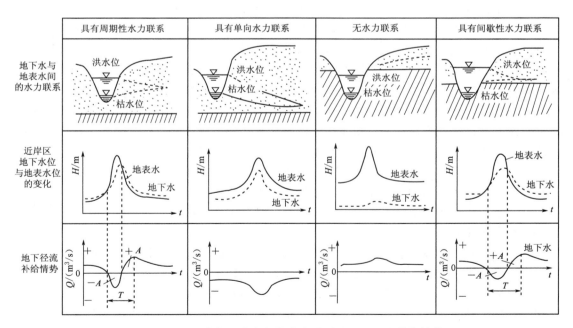

图6-8 地下水与地表水间的水力联系及地下径流补给情势

T—雨洪期;±A—雨洪期地下径流量

此外还有一种所谓无水力联系，即地下潜水位恒高于江河水位，单向地补给河流，与河流水不发生水力联系的关系。

三、承压水

（一）承压水的概念与特征

承压水是指充满于两个稳定隔水层之间的含水层中的地下水（图 6-9）。承压含水层上部的隔水层称为隔水顶板，下部的隔水层称作隔水底板，隔水顶板与底板之间的垂直距离 M 称为承压含水层的厚度。

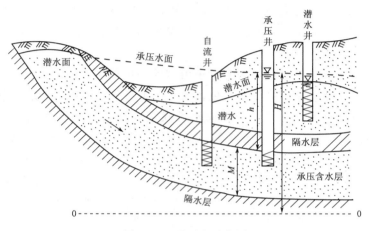

图 6-9　承压水示意图

相对于潜水等其他类型的地下水，承压水具有如下主要特征：

（1）承压水由于存在隔水层顶板而承受静水压力，具有承压性。这是承压水的最基本特征。当钻孔揭穿含水层顶板时，即可在钻孔中顶板底面见到水面，该水面的高程称为初见水位。受到静水压力的作用，钻孔中的水位会不断上升，直至升到水柱重力与静水压力相平衡，水位才会趋于稳定，此时的静止水位 H 称为承压水位，或称测压水位。隔水顶板底面与承压水面之间的垂直距离 h 称为该点处的承压水头。承压水位高于地面高程时称为正水头，低于地面高程时称负水头。具有正水头的承压水可自溢流出地表，称为自流水或全自流水；具有负水头的承压水只能上升到地面以下某一高度，称为半自流水。有时承压含水层因压力小而未被水完全充盈，含水层中的水不具有压力水头而存在自由水面，这种地下水称为无压层间水，是潜水和承压水的过渡形式。

（2）承压水含水层上部存在稳定隔水顶板，使其不能直接从上部接受大气降水和地表水的补给，承压水的分布区与补给区通常不一致。

（3）由于隔水层顶板的存在，在相当大的程度上阻隔了外界气候、水文因素对地下水的影响，因此承压水的水位、温度、矿化度等均比较稳定。但从另一方面说，在积极参与水循环方面，承压水就不如潜水那样活跃，因此承压水一旦大规模开发，水的补充和恢复就比较缓慢，若承压水参与深部的水循环，则水温因明显升高可以形成地下热水和温泉。

（4）承压水的水质变化大，从淡水到卤水都有。承压水一般不易受污染，但一旦污染就很难净化。

（二）承压水形成的地质构造条件

承压水的形成主要取决于适宜的地质构造条件。适宜于承压水形成的地质构造是向斜构造和单斜构造，水文地质学中将适宜于承压水形成的向斜盆地构造称为构造盆地、向斜盆地或自流盆地，将适宜于承压水形成的单斜构造称为承压斜地、自流斜地或单斜蓄水构造。

1. 向斜盆地构造

承压水盆地可以是大型复式构造，也可以是小型单一向斜构造。承压水盆地可分为补给区、承压区和排泄区三部分（图6-10）。补给区一般在盆地边缘地形较高的部位，接受大气降水和地表水的补给。此处的地下水不承受静水压力，为具有自由水面的潜水，水分循环交替强烈。承压区一般位于盆地的中部，为承压水的分布区，分布范围最大，水循环交替较弱。排泄区位于盆地边缘的地形低洼地段，在被河流切割的地方，地下水常以上升泉的形式出露地表。

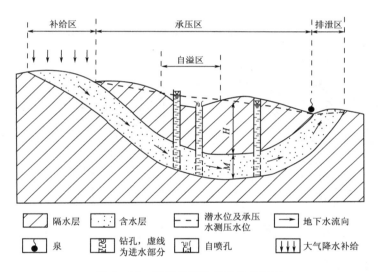

图6-10 基岩自流盆地中的承压水

H—承压高度；M—含水层厚度

2. 承压斜地构造

承压斜地或自流斜地主要由单斜岩层所组成，其特征是含水层的倾没端具有阻水条件。造成承压斜地阻水的成因主要有3种：①透水层和隔水层相间分布，并向同一方向倾斜，而使充满于两个隔水层之间的地下水承压。这种现象常见于山前承压斜地（图6-11）。②含水层上部出露地表，下部在某一深度处发生尖灭，岩性变为透水性较差的岩层，而使含水层中的地下水承压（图6-12）。③含水层倾没端被阻水断层或阻水岩体封闭，而使含水层中的地下水承压（图6-13）。承压斜地亦可划分为补给区、承压区和排泄区三部分，但其位置视具体情况而定。补给区、排泄区可以分列于承压区的两侧，也可补给区和排泄区相邻居一侧而承压区居于另一侧。

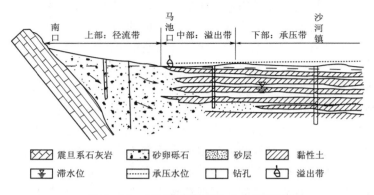

图 6-11　南口冲洪积扇水文地质剖面

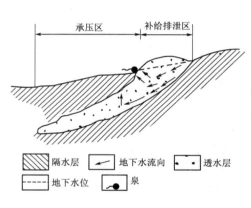

图 6-12　透水层尖灭形成的承压斜地

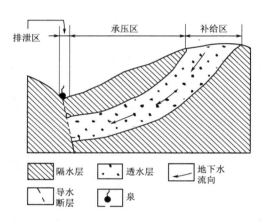

图 6-13　断块构造形成的承压斜地示意图

（三）承压水等水压线

承压水等水压线是指某承压含水层中承压水位相等各点的连线。将承压水等水压线绘于同一幅图上，即可得到承压水等水压线图，也称等承压水位线图。承压水面是一虚拟水面，实际中是看不到的，常与地形不相吻合。因此，承压水等水压线图通常应附以含水层顶板等高线。

承压水等水压线图有许多用途，利用它可以确定承压水的流向、埋藏深度、承压水头和水力梯度，并可服务于承压水开采条件评价、井孔布设等实际工作。但是，仅根据等测压水位线图，无法判断承压含水层和其他水体的补给关系。因为任一承压含水层接受其他水体的补给必须同时具备两个条件：第一，其他水体的水位必须高于此承压含水层的测压水位；第二，其他水体与该含水层之间必须有联系通道。而这两个条件利用承压水等水压线图是无法确定的。

第三节 地 下 水 的 运 动

一、渗流的基本概念

地下水在岩石空隙中的运动称为渗流（或渗透）。渗流所占据的空间称为渗流场（或渗流区）。渗流按地下水饱和程度分为饱和渗流和非饱和渗流。饱和渗流主要是饱和带中的重力水在重力作用下运动；非饱和渗流是毛细（管）水和结合水的运动。

通常用渗流速度（V）、渗流量（Q）、水力坡度（I）、水头（H）等物理量来描述渗流场特征，这些物理量称为渗流的运动要素。它们是空间坐标（X，Y，Z）和时间（t）的函数。根据运动要素与时间的关系，将地下水运动分为稳定流运动和非稳定流运动。当渗流场中各点运动要素的大小与方向不随时间变化时，称为稳定流运动，否则为非稳定流运动。

根据地下水的流态，可将地下水流划分为层流和紊流。在岩土层空隙中渗流时，水质点做有秩序的、互不混杂的流动，称为层流；在岩土层空隙中渗流时，水质点做无秩序的、互相混杂的流动，称为紊流或湍流。地下水在岩土空隙中的运动速度比地表水慢得多，除了在宽大裂隙或溶洞中具有较大速度而成为紊流外，一般都为层流。

二、重力水的渗流规律

（一）线性渗透定律

法国著名水力学家达西于 1856 年通过均质砂粒渗流实验发现，单位时间内通过岩石的渗透水量（渗透流量）与岩石的渗透系数、水头降低高度（水头损失）和渗流断面面积成正比，与渗透距离成反比，从而建立了达西公式：

$$Q = KA \frac{\Delta h}{l} \qquad (6-7)$$

式中：Q 为渗透流量，m^3/s；K 为渗透系数，m/s；A 为渗流断面面积，m^2；Δh 为水头降低值，m；l 为渗透距离，m。

将 $I = \dfrac{\Delta h}{l}$ 即单位渗透距离内的水头损失称为水头梯度或水力坡度。根据水力学公式 $Q = Av$，则渗流断面平均流速为

$$v = \frac{Q}{A} = K \frac{\Delta h}{l} = KI \qquad (6-8)$$

式（6-8）表明，渗透速度与水头梯度的一次方成正比，这就是线性渗透规律或达西定律。由达西定律可知，渗透系数 K 在数值上等于水力梯度为 1 时的渗流速度，与渗透速度有着相同的度量纲单位，用 cm/s 或 m/d 来表示。

由于地下水只能在岩石的空隙空间通过，所以实际过水断面应是渗流断面 A 中的空隙部分。若用 n 表示岩石的空隙度，则实际过水断面面积为 nA，因此地下水的实际流速 u 为

$$u = \frac{Q}{nA} = \frac{v}{n} \quad 或 \quad v = nu \qquad (6-9)$$

由于空隙度 $n < 1$，所以用达西定律计算出的渗透速度 v 小于实际流速 u。

实验证明，当渗透速度超过某一临界值时，地下水的运动不符合线性渗透定律。但在通常情况下，地下水流的水头梯度很小，故大部分地下水运动仍然符合线性渗透定律。

（二）非线性渗透定律

当地下水在大空隙和溶洞中运动时，地下水的渗流速度大于 $3 \times 10^{-3} \mathrm{m/s}$，即水流呈紊流状态，或雷诺数 $Re > 10$ 的层流，即水的黏滞性比较大时，不再遵循达西定律，渗流速度 v 与水力坡度 I 之间不再是呈一次方的线性关系，而是呈非线性关系即非线性渗透定律：

$$Q = KAI^{1/m} \quad 或 \quad v = KI^{1/m} \tag{6-10}$$

式中：m 为流态指数，取值为 $1 \sim 2$；其他符号意义同前。

非线性渗透定律概括了饱和渗流在不同流态（层流、紊流）时可能存在的流动规律。当 $m = 1$ 时，属流速很小的层流线性流，符合达西定律；当 $1 < m < 2$ 时，属速度较大的层流非线性流，惯性力起一定作用，已偏离达西定律；当 $m = 2$ 时，属大流速的紊流状态，惯性力已占支配地位，与河道中的均匀流相同。1912 年谢才提出了适用于地下水呈紊流状态时运动规律的数学表达式：

$$Q = K_c AI^{1/2} \quad 或 \quad v = K_c I^{1/2} \tag{6-11}$$

式中：K_c 为紊流时含水层的渗透系数，m/s；其他符号意义同前。

可见，地下水呈紊流状态时，其渗透速度与水力坡度的平方根成正比。

第四节　地下水的补给与排泄

地下水的补给和排泄是地下水循环的两个基本环节，也是地下径流形成的基本条件。地下水补给与排泄的方式、数量及其变化，对地下水运动、地下水资源数量和质量的动态变化等均有很大影响。

一、地下水的补给

地下水含水层从外界获得水量的过程称为地下水的补给。地下水的补给来源主要有降水入渗补给、地表水下渗补给、含水层间补给、凝结水补给及人工补给等。

（一）降水入渗补给

大气降水是地下水最普遍和最主要的补给来源。大气降水抵达地表后便向土壤孔隙渗入。如果雨前土壤极端干燥，降水量足够大，则入渗水首先形成土壤薄膜水，然后达到最大薄膜水（最大分子持水量）后填充毛细孔隙形成毛细水；最后当土壤含水率超过田间持水量（最大悬着毛管水量）时形成重力水，并在重力作用下稳定下渗补给地下水。降水入渗过程十分复杂，影响因素众多，主要有降雨特征、包气带岩性和厚度、潜水位埋深、地形、地表植被等，它们对降水入渗补给量均有影响。

降水入渗补给量可以利用土层包气带水量平衡方程进行估算。包气带水量平衡方程式为

$$W_v = (h - h_s)(W_m - W_0) \tag{6-12}$$

式中：W_v 为包气带岩土层的蓄水能力，mm；h 为雨前地下水埋深，mm；h_s 为地下水面以上毛管水上升高度，mm；W_m 为田间持水量，%；W_0 为雨前土层平均含水量，%。

次降水入渗补给量 W_p 的估算公式为

$$W_p = P - R_s - (h - h_s)(W_m - W_0) \qquad (6-13)$$

式中：P 为降水量，mm；R_s 为地表径流量，mm。

降水入渗补给量也可以利用降水入渗系数进行估算。降水入渗系数 α 为年降水入渗补给地下水量 W_a 与年降雨总量 P_a 的比值，即

$$\alpha = W_a / P_a \qquad (6-14)$$

（二）地表水下渗补给

河流、湖泊、水库、海洋等地表水体均可补给地下水，只要其底床和边岸岩石为相对透水岩层，便与其下部含水层中地下水发生水力联系，当地表水体水位高于边岸地下水时便会补给地下水。在农田灌溉地区，由于渠道渗漏及田间地面灌溉回归水下渗，浅层地下水获得大量补给。

（三）含水层间补给

当相邻含水层之间存在水头差且有联系通道时，水头高的含水层便会对水头低的含水层进行补给。当隔水层空间分布不稳定时，在其缺失部位两相邻含水层便会通过"天窗"发生水力联系。当开采钻孔穿越多层含水层而止水不良时，也会使含水层发生垂向上的水力联系。在水平方向上，当研究含水层在边界处有侧向的水平径流流入时，称为侧向补给。在垂向方向上，当两个含水层之间存在水头差，高水位含水层中的地下水可透过其间的弱透水层补给低水位含水层，称为越流补给。地下水的水平径流补给量可以利用基于地下水运动理论所建立的有关方法进行估算，越流补给量可以根据达西定律进行估算。弱透水层越薄，隔水性能越弱，两含水层水头差越大，两层间的越流补给量就越大。由于弱透水层的渗透系数往往很小，所以单位面积上的越流补给量是十分小的，但是由于其补给面积很大，因此含水层间的越流补给量是十分可观的。

（四）凝结水补给

大气中的水汽或包气带岩石土壤空隙中的水汽凝结成液态而下渗补给形成的地下水，称为凝结水。一般来讲，水汽凝结量是相当有限的，但在高山、沙漠等昼夜温差大的地区，凝结水对地下水的补给也具有一定的意义。

（五）人工补给

地下水的人工补给包括灌溉水回渗补给、工业和生活废污水排放下渗补给、人工回灌补给等。随着人口、社会、经济的不断发展，灌溉水量和人工废污水排放量日益增大。为防止因地下水超采而引起水资源、水环境和环境地质等问题的发生，人工回灌水量也不断增多。因此，人工补给在地下水各种补给源中所占的比重越来越大。但是灌溉回归水、工业和生活废污水往往含有大量的污染物质，此类补给会造成地下水的污染，对此问题应给予足够重视。

二、地下水的排泄

地下水含水层排出（失去）水量的过程称为地下水的排泄。地下水的排泄方式可分为水平排泄（径流排泄）和垂直排泄（蒸发排泄），也可分成点状排泄（出露地表成泉）、线状排泄（各河流泄流）和面状排泄（蒸发），除天然排泄外，还有人工排泄。水平排泄（径流排泄）包括泉、泄流等方式在内，盐分和水分一起排泄；而垂直排泄（蒸发排泄）

只排泄水分，不排泄盐分，结果导致地下水浓缩，矿化度升高。

（一）泉

泉是地下水的天然露头，是地下水的主要排泄形式之一，多呈点状分布，属径流排泄。根据补给泉含水层的性质，可以将泉分为上升泉和下降泉两大类。上升泉由承压含水层补给，泉水在水压作用下呈上升运动并向外排泄，这类泉水的流量相对来说比较稳定，水温年变化也较小。下降泉则主要由潜水或上层滞水补给，地下水在重力作用下溢出地表，水量、水温等往往呈现明显的季节性变化。当地下水集中某点排泄于河、湖底部时，还会形成水下泉。

（二）泄流

当河谷切割含水层，地下水位高于地表水位时，地下水呈带状向河流或其他地表水体排泄，称为地下水的泄流。泄流是地下水的重要排泄方式之一。泄流量即水文学中所称的河流基流量，其量的多少取决于含水层的透水性能、河床切穿含水层的面积、地下水与地表水的水位高差，可以通过绘制并分割流量过程线的方法概略确定，亦可通过水文模型、水文统计等方法求得。

（三）地下水蒸散发

地下水的蒸散发包括土壤蒸发和植物散发两部分，也称地下水的垂直排泄。

潜水蒸发是浅层地下水消耗的主要途径之一。潜水蒸发强度 ε 是指单位时间内单位面积上蒸发的水量体积。潜水蒸发强度的变化受包气带岩性、潜水埋深、气象因素和植被因素等影响。

1. 包气带岩性

不同的包气带岩性其毛管上升高度是不同的，碎石土和颗粒较粗的砂，毛细管较粗，毛管水上升高度小，潜水蒸发量也少；黏土毛细管较细，但由于毛管常被结合水膜堵住，毛管输水能力也较小；颗粒大小介于前两者之间的土，毛管相对上升高度较大，又有一定的输水能力，因此，潜水蒸发量往往较大。

2. 潜水埋深

根据实验研究，潜水蒸发量随埋深的增加而减小。当水位埋深大于 4m，潜水蒸发量已经极其微弱了。因此，一些学者认为存在一个潜水蒸发的极限埋深。极限埋深就是潜水停止蒸发或蒸发量极其微弱时潜水的埋深。

3. 气象因素

潜水蒸发随着气温升高、空气相对湿度降低而加强，随着风力增强而加强，降水量大时，潜水蒸发量小。

4. 植被因素

有作物生长的季节和地区比无作物生长的季节和地区的潜水蒸发要强烈得多，据五道沟实测资料统计：埋深 0.4m 时，有作物的潜水蒸发为无作物的 2.1 倍；埋深 1.0m 时为 6.3 倍。另外，作物种类不同，潜水蒸发也随之不同，因为不同作物根系的吸水能力和需水量是不同的。

（四）含水层间排泄

当含水层与相邻含水层之间存在水头差且有联系通道时，高水位含水层便会排泄补给低水位含水层。在水平方向上，当含水层在边界处有侧向的水平径流流出时，称为侧向排泄。在垂向上，当两个含水层通过其间的弱透水层发生水量的交换时，称为越流排泄。

（五）地下水的人工排泄

随着人工采地下水量的快速增长，地下水量日益减少，地下水位逐年降低。在强采水区，区域性的水位下降形成大面积地下水位降落漏斗，改变了天然的地下水排泄方式，导致蒸散发量大为减少，泉流量减少甚至干枯，使地表排泄流量减少甚至反过来补给地下水。

第五节　地下水的动态与均衡

地下水动态是指地下水水位、水量和水质等要素的时空变化，主要是含水层水量、盐量、热量等物质和能量收入与支出不平衡的结果。地下水动态和其补给与排泄有着密切的关系，补给与排泄的状况决定着地下水动态的基本特征，地下水动态反映了地下水补给与排泄的对比关系。当地下水系统物质和能量的补给量与消耗量相等时，地下水处于均衡状态；当补充量小于消耗量时，地下水处于负均衡状态；当补充量大于消耗量时，地下水处于正均衡状态。天然状态下的地下水多处于动态均衡状态，在人类活动的影响下，地下水可能会出现负均衡或正均衡状态。天然状态下地下水的动态变化一般具有极为缓慢的趋势性或明显的周期性，在人类活动扰动下，其变化速率可大大加快。天然条件下，地下水动态是地下水埋藏条件和形成条件的综合反映。根据地下水的动态特征，可分析地下水的埋藏条件，区分含水层的不同类型等。地下水动态与均衡研究不仅有助于了解地下水的形成机制和运动变化规律，而且对地下水资源评价、预测预报和合理开发利用具有重要意义。

一、地下水的动态

（一）地下水动态的影响因素

影响地下水动态变化的因素有自然因素和人为因素两类，其中前者包括气象气候、水文、地质地貌、生物和土壤等因素；后者包括人工抽取和排泄地下水、人工回灌以及耕作、植树造林、水土保持等活动。

气象因素对潜水动态影响最为普遍。降水和蒸发直接参与了地下水的补给与排泄过程，是引起地下水各要素发生时空变化的主要原因之一。气温升降对潜水蒸发强度变化有显著影响，并会引起地下水温的波动和水化学特征的变化。气候因素对地下水动态的影响主要表现为形成了地下水要素的日、年和多年等周期性变化，浅层地下水的日、年变化尤为明显和强烈。这种现象还因为气候要素的地域差异性而具有地域分异规律。但是由于受到其他影响因素的制约，与气候要素相比，地下水的动态变化速度和程度要和缓得多，且存在滞后现象，滞后的时间长短则视地下水的补给和排泄条件而定。在有的地区，地下水最高水位或泉最大涌水量会比降水峰值滞后3～5个月甚至更长。

水文因素对于地下水动态的影响主要取决于地表水体与地下水的水位差和地下水与地表水之间的水力关系。地表水补给地下水而引起地下水位抬升时，随着与河流距离的增加，水位变幅逐渐减小。河水对地下水动态的影响一般可达数百米至数千米。

地质地貌因素对地下水的影响通常反映在地下水的形成特征方面，其中包气带厚度与岩性控制着地下水位对降水的响应。潜水埋藏深度越大，对降雨脉冲的滤波作用越强，相对于降水时间，地下水抬升的时间滞后越长。地质构造决定了地下水的埋藏条件，地貌条件控制了地下水的汇流条件，这些条件的变化，将会形成地下水动态在空间上的差异性。此外，局部地区的地震、火山喷发等地质现象亦能引起局部地区地下水动态发生剧变。

生物和土壤因素通常会通过影响下渗和蒸发，间接影响地下水的动态，表现为地下水的化学特征和水质的动态变化。

天然条件下，由于气候因素在多年中趋于某一平均状态，因此，含水层或含水层系统的补给量与排泄量在多年中保持平衡状态。人类活动改变了地下水的天然动态，进而会对地下水的动态产生影响。人类活动对地下水动态的影响有直接和间接两类，前者如人类的打井抽水、人工回灌等一系列活动，其目的即为直接影响和控制地下水动态；后者如为农田灌溉、城乡供水与排水等而修筑的各种拦水、引水、蓄水、灌溉和排水等工程，虽然其目的并非针对地下水动态，但是活动本身会对地下水动态产生影响。人类活动对地下水造成的影响极为广泛而深刻，并且随着人类社会的发展还将不断地扩大和加深。

（二）地下水动态的特征

地下水动态影响因素所存在的时空变化，导致地下水动态也具有显著的时间变化和地域分异规律，并且二者的特点具有相当明显的共同性。尤其是易受外界环境条件影响的浅层地下水，这种时空分布上的特征更加明显。

1. 地下水动态的地域特征

受自然地理环境地域分异规律的作用和影响，地下水的地域性差异十分明显，下面以我国为例说明。我国地域辽阔，南北之间自然地理条件差异很大，自然环境复杂多样，地下水动态相应呈现出明显的地带性分异规律，山地区则存在着较为明显的垂直分异。

（1）地下水动态的地带性分异。我国自南向北地下水动态变化具有明显的地域分异规律。华南地区降水丰沛，年内分配相对均匀，各月降水量相差甚小，广州市最大月降水量与最小月降水量仅差 15mm，地下水位起伏次数多，高差不大，呈现锯齿状的多峰形态。华北地区降水较少且集中于夏季，7—9 月降水量占到全年降水量的 60%～70%，冬春降水稀少，地下水位过程线呈现不对称的单峰形式，水位年较差大，一般低水位出现在春夏之交，高水位出现在 8—9 月。东北地区年降水量多于华北，冬季漫长，固态降水比例大，冰雪期长达 5～6 个月，土壤冻结期可达 160d，土壤冻结深度达 2～4m，地下水动态过程线呈和缓单峰形，4 月出现最低水位，5 月以后随着冻土融化，逐渐补给地下水，水位逐渐上升，7—8 月降水增多，水位明显上涨。

（2）地下水动态的垂直分异。地下水动态的垂直分异在我国西北内陆地区有明显的表现，其他地区一般不甚明显，其原因是西北内陆地区地表高差大，气候垂直变化显著。以祁连山地至河西走廊为例，山顶降水量达 400～500mm，终年积雪，有多年冻土带；海拔 3800～4500m 地带为季节性冻土带；山麓及山前倾斜平原地带干旱少雨，地下水主要依靠高山积雪融水补给。祁连山地区一般每年4—9月为融冰期，融水自源头下泄，河水沿途入渗，沿山麓→山前倾斜平原→河西走廊低平原沼泽地带发生径流，以蒸发的形式排泄至大气。该地区的地下水动态过程相应地自上向下可划分为4个带，即高山带、山麓带、山前倾斜平原带和低平原沼泽水带，各带水位动态过程及水质均存在着明显差异。

2. 地下水动态的多年变化特征

地下水动态的时间变化有日、年和多年变化，其中前二者主要由气候因素影响而形成，后者主要由天文因素影响而形成。如前所述，地下水动态的日、年变化规律与气候因素的日、年变化规律具有高度的一致性，且具有变化幅度更小、时间滞后的特征。地下水动态的多年变化较为明显，并具有一定的准周期性。有研究表明，地下水的多年动态与太阳黑子活动周期变化有关。例如，我国北京地区、苏联卡明草原地区的井水位多年变化具有和太阳耀斑相同的11年变化周期，俄罗斯圣彼得堡的地下水位呈现出较为明显的30年变动周期，这说明地下水动态还存在其他因素的影响。

（三）地下水动态的类型

根据补给与排泄条件和地下水变动特征，可将地下水动态划分为6种类型。

1. 渗入-蒸发型

该型主要分布于干旱、半干旱的平原区与山间盆地。地下水主要从降水和地表水获得补给，消耗于蒸发。地下水以垂向运动为主，水平径流微弱。在开发利用上，宜发展井灌事业，既可人工调控地下水，又利于防治土壤盐渍化和沼泽化。

2. 渗入-径流型

该型主要分布在地下水径流条件比较好的山麓冲积扇及山前地带。地下水补给主要来自大气降水和地表水入渗，排泄以水平径流为主，蒸发消耗量相对较少。由于地下径流同时排泄水中盐分，所以从长期来说水质矿化度越来越小。此类地下水在开发利用上，宜采用截流建筑物，截取地下径流以供使用。

3. 过渡型

该型主要分布于气候比较湿润的平原地区。由于当地降水丰沛，在满足了蒸发之后，仍有盈余以地下径流形式侧向排泄，故兼有径流和蒸发两种排泄形式。水质从长期来说亦日趋淡化。

4. 人工开采型

该型主要分布于强烈地下水开采地区。地下水动态要素随着地下水开采量的变化而变化，汛期地下水水位上升也不明显或有所下降。当开采量大于地下水的年补给量时，地下水水位逐年下降。

5. 灌溉型

该型主要分布于引入外来水源发展灌溉地区。包气带土层有一定的渗透性，地下水埋藏深度不大，地下水水位明显地随灌溉期的到来而上升。

6. 越流型

该型主要分布于垂直方向上有含水层与弱透水层相间的地区，开采条件下越流表现明显。当开采含水层水位低于相邻含水层时，相邻含水层（非开采层）的地下水将越流补给开采含水层，水位动态随开采层次的变化而变化。

二、地下水的均衡

（一）地下水均衡方程

地下水均衡是地下水系统各要素在循环变化中各个环节的数量平衡关系，包括水量均衡、盐分均衡和热量均衡等。水量均衡是地下水各要素均衡中最基本的均衡，也是其他要素均衡的基础。

地下水均衡方程是以水量平衡方程为基础而建立的。进行地下水均衡计算的地区称为"均衡区"，它最好是一个完整的地下水流域；进行均衡计算的起迄时间称为"均衡期"，可按特定的要求而定。在均衡计算期间，如果地下水的水量收入大于支出，必然表现为地下水贮存量增加，称为"正均衡"；相反，如果收入小于支出，则称为"负均衡"；如果水量收支相等，即认为地下水处于动态均衡状态。地下水水量均衡的一般表达式为

$$(P_g+R_1+E_1+Q_1)-(R_2+E_2+Q_2)=\Delta W \tag{6-15}$$

式中：P_g 为大气降水入渗量，mm 或 m³；R_1 为地表水入渗量，mm 或 m³；E_1 为水汽凝结量，mm 或 m³；Q_1 为自外区流入的地下水水量，mm 或 m³；R_2 为补给地表水的量，mm 或 m³；E_2 为地下水蒸发量，mm 或 m³；Q_2 为流入外区的地下水水量，mm 或 m³；ΔW 为地下水水流系统中的贮水变量，mm 或 m³，由均衡期内包气带水变量（ΔC）、潜水变量（$\mu\Delta H$）和承压水变量（$s_c\Delta H_p$）所组成。

式（6-15）亦可写为

$$P_g+(R_1-R_2)+(E_1-E_2)+(Q_1-Q_2)=\Delta C+\mu\Delta H+s_c\Delta H_p \tag{6-16}$$

式中：μ 为潜水含水层的给水度，%；s_c 为承压水的贮水系数（或称释水系数），%；ΔH 为潜水位变幅，mm；ΔH_p 为承压水头的变幅，mm。

式（6-15）和式（6-16）即为地下水均衡的基本方程，是建立潜水均衡方程和承压水均衡方程的基础。

（二）两种地下水的均衡

1. 潜水的均衡

如果潜水含水层与下伏承压含水层之间存在水力联系，在上述地下水均衡方程的基础上考虑越流补给量，即得潜水均衡方程：

$$(P_g+R_1+E_1+Q_1+Q_n)-(R_2+E_2+Q_2)=\mu\Delta H \tag{6-17}$$

式中：Q_n 为承压水越流补给量，mm。

若不存在越流补给现象，潜水隔水底板平坦、水力梯度小，渗透系数 K 也比较小，Q_1、Q_2 极小，基本上无地下水向地表的排泄，R_2 可不计时，式（6-17）可改写为

$$P_g+R_1-E_2=\mu\Delta H \tag{6-18}$$

在多年平均状况下，$\mu\Delta H\to0$，则

$$\overline{P_g}+\overline{R_1}-\overline{E_2}=0 \tag{6-19}$$

式中：$\overline{P_g}$ 为多年平均降水量，mm；$\overline{R_1}$ 为多年平均地表径流量，mm；$\overline{E_2}$ 为多年平均蒸发量，mm。

式（6-19）是大多数干旱、半干旱地区渗入-蒸发型的潜水水量平衡方程式。

2. 承压水的均衡

承压水一般埋藏较深且有隔水顶板的阻隔，短期的降水、蒸发变化对其影响很小，其动态变化仅与补给区的气候、水文要素的多年变化有关，故通常以多年平均状况来讨论承压水的均衡。多年平均状况下，许多承压水均衡参数如包气带水量变化、地表水量变化等均趋近于零。如果研究区域为封闭的承压盆地，与邻近地区不发生水量交替，则该承压盆地的水量均衡方程为

$$\overline{P}-\overline{R}-\overline{E}-\overline{Q}_a=\overline{Q}_0 \tag{6-20}$$

式中：$\overline{Q}_a$ 为补给区潜水排泄多年平均值；$\overline{Q}_0$ 为补给区渗入承压水的多年平均水量，或盆地排泄区内多年平均排泄量。

（三）地表水与地下水的转化

地表水与地下水之间存在着互补关系，在人工开采地下水的情况下，二者之间的关系会发生变化。基于地下水均衡方程，分析自然条件下和人工开采条件下地表水和地下水之间的相互转化和均衡关系，具有十分重要的意义。

自然条件下的流域多年平均水量平衡方程为

$$\overline{P}=\overline{R}_s+\overline{R}_g+\overline{E}_s+\overline{E}_g+\overline{\mu}=\overline{R}+\overline{E}+\overline{\mu} \tag{6-21}$$

式中：$\overline{P}$ 为多年平均降水量，mm；$\overline{R}_s$ 为多年平均地表径流量，mm；$\overline{R}_g$ 为多年平均地下径流量或河流基流量，mm；$\overline{E}_s$ 为多年平均地表、土壤和植物的蒸散发量，mm；$\overline{E}_g$ 为多年平均潜水蒸发量，mm；$\overline{\mu}$ 为多年平均地下潜流量，mm；$\overline{R}$ 为多年平均河流径流量，mm，$\overline{R}=\overline{R}_s+\overline{R}_g$；$\overline{E}$ 为多年平均流域总蒸发量，mm，$\overline{E}=\overline{E}_s+\overline{E}_g$。

其中

$$\overline{P}_g=\overline{R}_g+\overline{E}_g+\overline{\mu} \tag{6-22}$$

式中：$\overline{P}_g$ 为降水入渗补给量，mm。

人工开采地下水可引起流域地下水均衡各要素的变化。例如，平原地区地下水的开采，将导致降水入渗补给量、地表蒸散发量的增加和地表径流量、地下径流量或河流基流量、潜水蒸发量的减少。如以 $\Delta\overline{P}_g$ 和 $\Delta\overline{E}_s$ 分别表示多年平均的降水入渗补给和地表蒸散发的增加量，$\Delta\overline{R}_s$、$\Delta\overline{R}_g$ 和 $\Delta\overline{E}_g$ 分别表示多年平均的地表径流、地下径流和潜水蒸发的减少量，以 $\overline{V}$ 表示地下水开采的多年平均净消耗量，则流域水量平衡方程可改写为

$$\overline{P}=(\overline{R}_s-\Delta\overline{R}_s)+(\overline{R}_g-\Delta\overline{R}_g)+(\overline{E}_s-\Delta\overline{E}_s)+(\overline{E}_g-\Delta\overline{E}_g)+\overline{V}+\overline{\mu} \tag{6-23}$$

相应地多年平均降水补给量计算公式也可改写为

$$\overline{P}'_g=\overline{P}_g+\Delta\overline{P}_g=(\overline{R}_g-\Delta\overline{R}_g)+(\overline{E}_g-\Delta\overline{E}_g)+\overline{V}+\overline{\mu} \tag{6-24}$$

式中：$\overline{P}'_g$ 为开采条件下的多年平均降水入渗补给量，mm。

经简化整理，得

$$\overline{V}=\Delta\overline{R}_s+\Delta\overline{R}_g+(\Delta\overline{E}_g-\Delta\overline{E}_s) \tag{6-25}$$

$$\Delta\overline{P}_g=\Delta\overline{R}_s-\Delta\overline{E}_g \tag{6-26}$$

由此可知，地表水、地下水是水资源的两种存在形式，它们之间互相联系，互相转

化，在开发利用地区水资源过程中，如地下水开采多了，必然导致当地地下潜流量与河川基流量减少，甚至引起河流断流，泉水枯竭。同样，地表水的大量开发利用，自然也会影响地下水，使其补给量明显减少，尤其是河流上游地区大规模修建蓄水工程，常常会使下游平原地区地下水资源受到严重影响。因此，为了合理利用区域水资源，必须对地表水与地下水统筹兼顾，全面考虑。

参 考 文 献

［1］ 黄锡荃，李慧明，金伯欣．水文学［M］．北京：高等教育出版社，2002.

［2］ 王大纯，张人权，史毅虹，等．水文地质学基础［M］．北京：地质出版社，1998.

［3］ 薛禹群．地下水动力学［M］．2版．北京：地质出版社，1997.

［4］ 周维博，施垌林，杨路华，等．地下水利用［M］．北京：中国水利水电出版社，2006.

［5］ 曹剑锋，迟宝明，王文科，等．专门水文地质学［M］．3版．北京：科学出版社，2006.

［6］ 管华．水文学［M］．北京：科学出版社，2010.

［7］ 许武成．水资源计算与管理［M］．北京：科学出版社，2011.

［8］ 叶水庭，施鑫源．地下水水文学［M］．南京：河海大学出版社，1991.

［9］ 邓绶林．普通水文学［M］．2版．北京：高等教育出版社，1985.

［10］ 任天培．水文地质学［M］．北京：地质出版社，1986.

第七章 海 洋

第一节 海 洋 概 述

一、地表海陆分布

地球的表面积大约为 $5.1 \times 10^8 km^2$，分为陆地和海洋两大部分。陆地面积约为 $1.49 \times 10^8 km^2$，约占地球表面积的 29.2%；海洋面积约为 $3.61 \times 10^8 km^2$，约占地球表面积的 70.8%，海陆面积之比约为 2.5:1。

地球上的海洋是相互连通的，构成统一的世界大洋；而陆地是相互分离的，故没有统一的世界大陆。在地球表面，是海洋包围、分割所有的陆地，而不是陆地分割海洋。

地表海陆分布极不均衡。从南北半球陆地分布看，67.5% 的陆地集中在北半球，而在南半球，陆地占陆地总面积的 32.5%。北半球海洋和陆地的面积比例分别为 60.7% 和 39.3%，而南半球海陆面积比例分别是 80.9% 和 19.1%。如果以点（38°N，0°）和点（47°S，180°）为两极，把地球分为两个半球，海陆面积的对比达到最大程度，两者分别称"陆半球"和"水半球"。陆半球的中心位于西班牙东南沿海，陆地占 47%，海洋占 53%；这个半球集中了全球陆地的 81%，是陆地在一个半球内最大的集中。水半球的中心位于新西兰的东北沿海，海洋占 89%，陆地占 11%；这个半球集中了全球海洋的 63%，是海洋在一个半球内的最大集中。这就是它们分别称为陆半球和水半球的原因。但必须说明，即使在陆半球，海洋面积仍然大于陆地面积。

地球表面形态最明显的特征是高低起伏不平，可以用海陆起伏曲线（图7-1）表示陆地各高度带和海洋各深度带在地表的分布面积和所占比例。大陆的平均海拔高度为 875m，最高处为珠穆朗玛峰，海拔 8848.86m；最低点为死海，达 −397m。海洋的平均深度为 3795m，最深处为太平洋马里亚纳群岛东侧的马里亚纳海沟，深达 11034m。以平均海平面为标准，地球表面上的高度（或深度）统计有两组数值分布最广泛：一组在海拔 0～1000m 之间，占地球总面积的 20.8%；一组在海平面以下，其中又

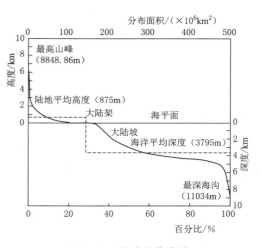

图 7-1 海陆起伏曲线

以 4000～5000m 深的海盆面积最广，占地球总面积的 22.6%。

二、海洋的划分

通常，人们把海和洋看成同类事物，并称之为海洋，指地球表面连续广阔的水域的总称。事实上，二者既相联系，又有区别。地球上各海洋彼此联系沟通形成一个连续而广大的水域称为世界大洋。根据水文物理特性和形态特征，可分为主体部分和附属部分。主体部分是洋，附属部分为海、海湾、海峡，它们处在与陆地毗邻的位置，是洋的边缘部分。

（一）洋及其区分

洋是世界大洋的主体，远离大陆，具有深度大、面积广、不受大陆影响等特性，并具有稳定的理化性质、独立的潮汐系统和强大的洋流系统。世界大洋按岸线轮廓、洋底起伏、水文特征通常分成四个部分，即太平洋、大西洋、印度洋和北冰洋（表 7-1）。太平洋是世界第一大洋，南北最大距离可达 17200km，其面积占世界大洋总面积的一半；它也是世界上最深的大洋，太平洋平均深度 4028m，居四大洋之首，而且世界上最深的马里亚纳海沟（11034m）位于太平洋西部。大西洋位于欧洲、非洲大陆与南北美洲之间，大致呈 S 形，面积和最大深度居世界第二。印度洋是世界第三大洋，大部分位于热带和南温带地区，其北、东、西分别为亚洲、大洋洲和非洲，南临南极大陆。北冰洋位于亚欧大陆和北美洲之间，大致以北极为中心，是面积最小的大洋。

表 7-1   **大洋面积、体积和深度**

名　称	面积/$10^6 km^2$	体积/$10^6 km^3$	平均深度/m	最大深度/m
太平洋	179.679	723.699	4028	11034
大西洋	93.363	337.699	3627	9218
印度洋	74.917	291.945	3897	7450
北冰洋	13.100	16.980	1296	5449
世界海洋总计	361.059	1370.323	3795	11034

从南美合恩角沿 68°W 线至南极洲，是太平洋与大西洋的分界线。从马来半岛起通过苏门答腊、爪哇、帝汶等岛、澳大利亚的伦敦德里角，沿塔斯马尼亚岛的东南角至南极洲，是太平洋与印度洋的分界。从非洲好望角起沿 20°E 线至南极洲，是印度洋与大西洋的分界。北冰洋则大致以北极圈为界。

太平洋、大西洋和印度洋靠近南极洲的那一片水域，在海洋学上具有特殊意义。它具有自成体系的环流系统和独特的水团结构，既是世界大洋底层水团的主要形成区，又对大洋环流起着重要作用。因此，从海洋学（而不是从地理学）的角度，一般把三大洋在南极洲附近连成一片的水域称为南大洋或南极海域。联合国教科文组织下属的政府间海洋学委员会（International Oceanographic Commission，IOC）在 1970 年的会议上，将南大洋定义为："从南极大陆到南纬 40°为止的海域，或从南极大陆起，到亚热带辐合线明显时的连续海域。"

（二）海及其分类

海是指位于大陆的边缘（或大洋的边缘），由大陆、半岛、岛屿或岛屿群等在不同程度上与大洋主体隔开的水域。海具有深度浅、面积小、兼受洋、陆影响的特性，并具有不稳定的理化性质，潮汐现象明显，基本上不具有独立的洋流系统和潮汐系统，是大洋的附属部分，即海总从属于一定的洋。据国际水道测量局统计，全球共有 54 个海（包括某些海中之海）。依据海与大洋分离程度和其他地理标志，可以把海分成边缘海、陆间海和内海。

1. 边缘海

边缘海又称陆缘海、边海或缘海，位于大陆边缘，以半岛、岛屿或群岛与大洋或邻海相分隔，但直接受外海传播来的洋流和潮汐的影响。如白令海、鄂霍次克海、日本海、黄海、东海和南海等。

2. 陆间海

陆间海指位于两个或多个大陆之间的海。如亚洲、欧洲、非洲大陆之间的地中海，位于安的列斯群岛、中美地峡和南美洲大陆之间的加勒比海等。

3. 内海

内海又称内陆海、封闭海，指伸入大陆内部，仅有狭窄水道（海峡）同大洋或边缘海相通的海。例如我国的渤海、西亚的波斯湾、红海、欧洲的波罗的海等。

（三）海湾和海峡

1. 海湾

海湾指洋或海的一部分伸入大陆，深度逐渐变窄的水域。海湾中的海水因其与邻近海或洋相通，故海水性质与相邻海洋的性质相似。海湾中的最大水文特点是潮差很大，原因是深度和宽度向大陆方向不断减小。如杭州湾的钱塘江怒潮，潮差一般为 6～8m。北美芬地湾潮差更达 18m 之最。

2. 海峡

海峡指位于两块陆地之间，两端连接海洋的狭窄水道。如连接东海与南海的台湾海峡等。海峡最主要的特征是流急，特别是潮流速度大。海流有上、下分层流入、流出，如直布罗陀海峡等；有的分左、右侧流入或流出，如渤海海峡等。由于海峡中往往受不同海区水团和环流的影响，故其海洋状况通常比较复杂。

需要注意的是，由于历史上形成的习惯称谓，一些地名不符合上述分类。有些海被叫作湾，如波斯湾、墨西哥湾等；有的湾则被称作海，如阿拉伯海等；有些内陆咸水湖泊也被称作海，如咸海、死海等。

三、海洋的形态结构

根据海底地貌的基本形态特征，可分成大陆边缘、大洋盆地、大洋中脊三个单元（图 7－2）。

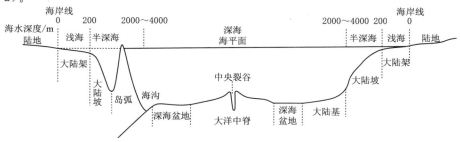

图 7－2　海底地形分布示意图

1. 大陆边缘

大陆边缘一般包括大陆架、大陆坡和大陆基（大陆隆），约占海洋总面积的 22%。大陆架或大陆浅滩是毗连大陆的浅水区域和坡度平缓区域，是大陆在海面以下的自然延续部分，通常取 200m 等深线为大陆架外缘。大陆架宽度极不一致，最窄的仅数公里，最宽可达 1000km，平均宽度约 75km。

大陆坡和大陆基构成了由大陆向大洋盆地的过渡带。大陆坡占据这一过渡带的上部，水深 200~3000m 的区域，坡度较陡。大陆基大部分位于 3000~4000m 等深浅之间，坡度较缓。

2. 大洋盆地

大洋盆地是世界海洋中面积最大的地貌单元，其深度在 4000~6000m 之间，占世界海洋总面积的 45% 左右，由于海岭、海隆以及群岛和海底山脉的分隔，大洋盆地分成近百个独立的海盆，主要的约有 50 个。

3. 大洋中脊

大洋中脊或中央海岭是世界大洋中最宏伟的地貌单元。它隆起于海洋底中央部分，贯穿整个世界大洋，成为一个具有全球规模的洋底山脉，大洋中脊总长约 80000km，相当于陆上所有山脉长度的总和；面积约 1.2 亿 km^2，约占世界海洋总面积的 32.7%。大洋中脊的顶部和基部之间的深度落差平均 1500m。

4. 海沟

海沟主要分布在大陆边缘与大洋盆地交接处，是海洋中最深区域，深度一般超过 6000m。世界海洋总共有 30 多条海沟，约有 20 条位于太平洋，大多数海沟沿着大陆边缘或岛链伸展，宽度小于 120km，深度达 6~11km；深度大于 1 万 m 的海沟有马里亚纳海沟、汤加海沟、千岛-堪察加海沟、菲律宾海沟、克马德克海沟，均位于太平洋。其中，马里亚纳海沟的查林杰海渊深达 11034m，是迄今所知海洋中的最大深度。

四、海洋的起源

（一）大洋盆的形成与演化

大洋化过程是指地壳变薄、洋盆形成和海水聚集的过程。关于大洋盆的形成主要有三种假说，即永存说、次生说和板块构造理论。

永存说认为地球最早形成的地壳都是大洋型的，而大陆地壳则是大洋地壳通过地槽作用被改造变性而形成的。所以，现代的大洋只是原始大洋的残留部分。

次生说则相反，认为地球上最早形成的地壳都是大陆型的。至于大洋地壳，则是由于熔融的玄武岩岩浆大量地侵入和喷出，并与地壳混合，使之发生下沉，经过基性化而形成。这个大洋化过程约开始于古生代末至中生代初。

永生说与迄今所获得的大量地质资料相抵触，已被大多数人所抛弃；次生说也缺乏有力的证据，难以令人信服。

板块构造理论认为，大洋的诞生始于大陆地壳的破裂。最初，地壳由于地幔物质的上涌而产生隆起，并在张力作用下向两边拉伸，从而导致地壳的局部破裂，形成一系列的裂谷和湖泊。现代东非大裂谷便是这样的例子。这是大洋的胚胎期。最后，大陆地壳终被拉断，岩浆沿裂隙上涌，凝结而成大洋地壳，一个新的大洋便从此诞生。随着大洋地壳在裂谷处不停地建造，岩石圈驮着大陆地壳向两边分开（所谓大陆漂移），使新诞生的大洋不断成长。而在另一些地方，古老的大洋可能正经历着相反的过程。由于相邻板块的挤压，大洋板块向大陆板块下面俯冲而消亡，使大洋面积不断缩小，甚至最终关闭。这就是大洋的孕育、诞生、成长和消亡史。

（二）海水的起源与演化

海水的起源与大气的起源，有直接联系。最初的地球大气主要来自星云的残余气体，而这些气体在太阳风的作用下，消耗殆尽。之后，很可能通过地球内部的气体释放过程，再次形成了新的地球大气。在重力分异过程中，密度小的气体不断上升，形成了早期的大气分层。人们认为早期大气的成分与现在火山喷发、间歇喷泉所释放的气体相似，主要是水蒸气，含有少量的 CO_2、H_2 等其他气体。显然早期的大气成分与现在的大气不同。

最初，地球上没有液态水，也没有海洋。地球的水源主要来自地球内部释放的水汽。随着地球的冷却，早期大气中的水汽不断在较低处聚集。有证据表明：40 亿年前，地球释放的水汽已经在地球上形成了一个永久性海洋。

最近的研究发现，海水并非全部都来自地球内部。早期的地球不断地遭受太阳系中残余碎片的撞击，这一过程可能给地球带来大量的水。由于彗星上存在大量的水冰，很多人曾认为彗星是地球海水的来源；然而，通过对 1986 年、1996 年、1997 年距离地球较近的三颗彗星（哈雷、百武、鲍普）的光谱分析发现，彗星上的冰与地球上的水，它们的氢元素特征有很大差异。最近，对于柯伊伯带的彗星分析表明，构成其冰物质的氢元素类型几乎与地球上的水相同。由此推断，早期地球的部分水可能来自这些彗星。即便如此，目前仍认为地球水源主要源自地球内部释放的水汽。

海水中的盐分来自地表岩层中的可溶矿物，通过降水溶解后汇入海洋。虽然海洋在地球早期就已形成，但是海水的化学组成并不是一成不变的。早期的大气中，CO_2 和 SO_2 浓度较高，有利于形成酸雨，酸雨对地壳岩石具有较高的溶解能力；此外，火山喷出的 Cl_2 也会进入大气层。在水循环作用下，这些被降水溶解的矿物质流入海洋，并不断产生积累，最终形成了含有一定盐分的海水。

第二节 海水的化学组成和物理性质

海水很咸涩，是因为海水中含有许多溶质，不仅有氯化钠，还有其他盐类和溶解气体。海洋溶解的盐量巨大，如果平铺在地球表面，厚度可达 150m。由于海水含盐量高，对很多物质具有腐蚀性，不能作为生活用水和用于农业灌溉。

一、海水的化学组成

海水是一种成分复杂的混合溶液，海水总体积中，96%～97%是水，3%～4%是溶解于水中的各种化学元素和其他物质。海水中所含的物质可分为三大类：一是溶解物质，包括溶解于海水中的无机盐类、有机化合物和气体；二是不溶解的固体物质，包括以固体形态悬浮于海水中的无机、有机物质和胶体颗粒；三是未溶解的气体物质，以气泡的形式存在于海水中。

（一）海水的化学成分

目前人们所知道的 100 余种元素中，在海洋中已发现并经测定的天然元素有 80 余种，含量相差悬殊（表 7-2）。通常按含量大小及其与海洋生物的关系，海水中的无机盐分可分为常量元素、营养元素和微量元素三类。

表 7-2　　　　　　　海水中 60 种主要化学元素的平均浓度和总量

元素	浓度/（mg/L）	总量/t	元素	浓度/（mg/L）	总量/t	元素	浓度/（mg/L）	总量/t
氯	19000.0	29.3×10^{15}	锌	0.01	16×10^9	氙	0.0003	5×10^9
钠	105000.0	16.3×10^{15}	铁	0.01	16×10^9	氪	0.0001	150×10^6
镁	1350.0	2.1×10^{15}	铝	0.01	16×10^9	镉	0.0001	150×10^6
硫	885.0	1.4×10^{15}	钼	0.01	16×10^9	钨	0.0001	150×10^6
钙	400.0	0.6×10^{15}	硒	0.004	6×10^9	氙	0.0001	150×10^6
钾	380.0	0.6×10^{15}	锡	0.003	5×10^9	锗	0.00007	110×10^6
溴	65.0	0.1×10^{15}	铜	0.003	5×10^9	铬	0.00005	78×10^6
碳	28.0	0.04×10^{15}	砷	0.003	5×10^9	钍	0.00005	78×10^6
锶	8.0	12000×10^9	铀	0.003	5×10^9	钪	0.00004	62×10^6
硼	4.6	7100×10^9	镍	0.002	3×10^9	铅	0.00003	46×10^6
硅	3.0	4700×10^9	钒	0.002	3×10^9	汞	0.00003	46×10^6
氟	1.3	2000×10^9	锰	0.002	3×10^9	镓	0.00003	46×10^6
氩	0.6	930×10^9	钛	0.001	1.5×10^9	铋	0.00002	31×10^6
氮	0.5	780×10^9	锑	0.0005	0.8×10^9	铌	0.00001	15×10^6
锂	0.17	260×10^9	钴	0.0005	0.8×10^9	铊	0.00001	15×10^6
铷	0.12	190×10^9	铯	0.0005	0.8×10^9	氦	0.000005	8×10^6
磷	0.07	110×10^9	铈	0.0004	0.6×10^9	金	0.000004	6×10^6
碘	0.06	93×10^9	钇	0.0003	5×10^8	钋	2×19^{-9}	3000
钡	0.03	47×10^9	银	0.0003	5×10^9	镭	10^{-10}	150
铟	0.02	31×10^9	镧	0.0003	5×10^9	氡	0.6×10^{-15}	10^{-3}

海水中除 H、O 外，含量大于 1mg/L（1 PPM 浓度）的元素称为常量元素。海水中含量大于 1mg/L 的元素有 12 种，即氯、钠、镁、硫、钙、钾、溴、碳、锶、硼、硅、氟。一般地，将硅以外的 11 种成分称为海水的主要成分或常量元素。这 11 种成分的总含量占海水总盐分的 99.9%。

营养元素（生原元素）是指在功能方面与海洋生物过程有关，影响浮游生物产量，并为浮游生物大量摄取的元素，一般指 N、P、Si 的无机化合物。N、P、Si 元素，在海水中的含量主要受生物过程控制，当它们含量很低时，会影响海洋生物的正常生长。

微量元素是指海水中浓度在 1mg/L 以下的元素，如 Li、I、Mo、U、Fe 等。

（二）海水组成的恒定性

19 世纪初，马赛特（A. Marcet）通过对大西洋、地中海、波罗的海、中国海等海区水样的分析表明：在任何海区，无论海水中含盐量大小如何，海水中 11 种主要成分之间的浓度比例（含量比例）基本上是恒定的，为一常数。海水主要成分的这种性质被称为海水组成的恒定性规律，亦称为马赛特原则。这一原则 1884 年被迪特马（W. Dittmar）的环球调查研究所证实，并指出适用于所有大洋和所有深度的海水。因此，海水主要成分又称为保守成分。海水中的硅含量有时也大于 1mg/L，但是由于其浓度受生物活动影响较大，性质不稳定，属于非保守元素。

海水组成恒定性规律为研究海水的盐度提供了极为有利的条件。如果准确地测出各主要成分之间的浓度比值，则可通过测定海水中某一种或几种主要成分的含量，推算出其他各种主要成分的含量和海水的总含盐量，这是建立海水盐度与氯度关系的重要依据。

（三）海水的主要盐类及来源

溶解于海水的元素绝大多数是以离子形式存在的。海水的平均盐度为 34.69×10^{-3}，海水总体积为 $13.38 \times 10^8 \mathrm{km}^3$，由此可以推算海水中溶解盐类的总量为 $5 \times 10^{16} \mathrm{t}$。海水中的盐类以氯化物含量最高，占 88.6%，其次是硫酸盐，占 10.8%（表 7-3），二者合占 99.4%。其余盐类含量均小于 0.5%。

表 7-3 海水中的主要盐类及含量

盐类成分	浓度/(g/kg)	比例/%	盐类成分	浓度/(g/kg)	比例/%
氯化钠	27.2	77.7	硫酸钾	0.9	2.5
氯化镁	3.8	10.9	碳酸钙	0.1	0.3
硫酸镁	1.7	4.9	溴化镁及其他	0.1	0.3
硫酸钙	1.2	3.4	总计	35.0	100

对海水中盐类的来源说法不一。一种说法是，海水中的盐类是由河流带来的。可是河水与海水在目前所含的盐类差别很大（表 7-4）。虽然河水所含的碳酸盐最多，但当河水入海后，一部分碳酸盐沉淀；另一部分碳酸盐被大海中的动物所吸收，构成它们的甲壳和骨骼等，因此海水中的碳酸盐大大减少。氮、磷、硅的化合物和有机质也大量地被生物所吸收，故海水中这些物质的含量也减少。硫酸盐近于平衡状态。唯有氯化物到大海中被消耗得最少，日积月累，其含量不断缓慢增多。另一种说法是，由于海底火山活动使海洋中的氯化物和硫酸盐增多。

表 7-4 海水与河水所含盐类的比较 %

盐类成分	海 水	河 水	盐类成分	海 水	河 水
氯化物	88.64	5.20	氮、磷、硅化合物及有机物	0.22	24.80
硫酸盐	10.80	9.90			
碳酸盐	0.34	60.10	合计	100	100

二、海水的盐度

（一）氯度和盐度的定义

1. 盐度的定义

单位质量海水中所含溶解物质的质量，叫海水盐度。它是海水物理、化学性质的重要标志。近百年来，由于测定盐度的原理和方法不断变革，盐度的定义已屡见变更。

20 世纪 50 年代以来，海洋化学家致力于电导测盐的研究。因为海水是多种成分的电解质溶液，故海水的电导率取决于盐度、温度和压力。在温度、压力不变情况下，电导率的差异反映着盐度的变化，根据这个原理，可以由测定海水的电导率来推算盐度。

1979 年第 17 届国际海洋物理协会通过决议，将盐度分为绝对盐度和实用盐度，将后者定为习惯上的盐度定义，且定名为"1978 实用盐度"；为避免与其他物理量的符号重复，将电导比的符号改为"K_{15}"。盐度单位符号"‰"以"10^{-3}"代替。

绝对盐度（S_A）定义为海水中溶解物质的质量与海水质量的比值。在实际工作中，此量不易直接量测，而以实用盐度代替。

实用盐度（S）定义为：在温度为 15℃、压强为一个标准大气压下的海水样品的电导率，与质量比为 32.4356×10^{-3} 的标准氯化钾（KCl）溶液的电导率的比值 K_{15} 来定义。当 K_{15} 精确地等于 1 时，海水样品的实用盐度恰好等于 35。实用盐度 S 则根据比值 K_{15} 由下述方程式来确定：

$$S = 0.008 - 0.1692 K_{15}^{1/2} + 2503851 K_{15} + 14.0941 K_{15}^{3/2}$$
$$- 7.0261 K_{15}^{2} + 2.7081 K_{15}^{5/2} \tag{7-1}$$

当海水样品的电导比是任一温度下测定时，还需进行温度订正。现已出版实用盐度与电导比查算表及温度订正表。目前这一盐度定义已被世界各国广泛采用。

2. 氯度的定义

根据海水组成恒定性规律，只要测出其中一种主要成分的含量，便可按比例求出其他主要成分的含量，进而求出海水的盐度。海洋学上选用了氯离子来作为推求盐度的元素。由于在海水的 11 种主要成分中，氯离子占 55%，含量大，而且可使用硝酸银滴定法简单而又准确地测定它，于是产生了氯度的概念。

在使用 $AgNO_3$ 滴定海水的氯含量时，海水中的溴、碘离子也同时参与反应。

$$X^- (Cl^-, Br^-, I^-) + Ag^+ \longrightarrow AgX \downarrow \tag{7-2}$$

生成卤化银沉淀物，因而所得的结果并非真正的氯含量，而包含溴和碘的量。所以氯度可定义为：在每千克海水中，将溴和碘以氯代替后，所含氯的总克数，称为氯度，单位：克/千克、‰和 10^{-3}，符号 Cl‰。

后来发现，上述定义由于原子量的改变将引起氯度的微小变化。为此，改用测定原子量的纯银作为测定氯度的永久标准。实验结果表明，沉淀 1000g 氯度为 19.381096×10^{-3} 的标准海水，需用原子量纯银 58.9942g，根据这一结果，雅格布森（J. P. Jacobsen）和克努森重新定义海水的氯度为：沉淀 0.3285233kg 海水中的全部卤素，所需原子量纯银的克数为氯度。

知道了氯度可按克努森公式计算盐度：

$$盐度 = 0.030 + 1.805 \times 氯度 \tag{7-3}$$

1966 年联合国教科文组织提出了更为精确的关系式：

$$盐度 = 1.80655 \times 氯度 \tag{7-4}$$

若设海水氯度为 19.2×10^{-3}，$1.80655 \times 19.2 = 34.7$，则盐度为 34.7×10^{-3}。现代海洋仪器——盐度计，可以精确地测量海水盐度。当前大多盐度计测量原理是测定海水的电导率，其盐度分辨率可超过 0.003%。

（二）海水盐度的地理分布

1. 海水盐度的影响因素

海水盐度的时空分布，主要取决于影响水量平衡的各种自然环境因素和过程（表 7-5）。各种影响因素在不同海区所起的作用是不同的。在低纬海区，降水、蒸发、洋流和海水涡动、对流混合等起主要作用；在高纬海区，除了上述过程的影响外，结冰与融冰的影响较大；在近岸及海区，陆地淡水的影响十分显著。

表 7-5　　　　　　　　　　　　　　海水盐度的主要影响因素

过　程	增盐过程	减盐过程
影响因素	蒸发	降水
	结冰	融冰
	高盐洋流流入	低盐洋流流入
	与高盐海水混合	与低盐海水混合
	含盐沉积物溶解	陆地淡水流入

2. 大洋表层盐度的分布

世界大洋的平均盐度是 34.69×10^{-3}。绝大部分海域表面盐度变化于 $33 \times 10^{-3} \sim 37 \times 10^{-3}$ 之间，地理分布有以下特点。

（1）纬度分布呈马鞍形。世界大洋表面的盐度具有从亚热带海区（副热带海区）分别向低纬度海区和高纬度海区递减，并呈马鞍形分布的规律。即是说，赤道附近海区盐度较低，为 34.5×10^{-3}；南北回归线附近的亚热带海区盐度最高，达 35.7×10^{-3}；中纬海区，又随纬度增加而降低，到高纬海区最低。

这种规律主要是受蒸发量与降水量差值影响的结果（图 7-3）。乌斯特根据实测资料，建立了大洋表层盐度纬度变化与蒸发和降水之间的经验关系：

$$10°N \sim 70°N: \qquad S = 34.47 - 0.0150(P - E) \tag{7-5}$$
$$10°N \sim 60°S: \qquad S = 34.92 - 0.0125(P - E) \tag{7-6}$$

（2）南半球纬度地带性比北半球明显。南半球陆地面积小，尤其南纬 $40°$ 以南三大洋几乎连成一片，成为广阔的海洋，故而南半球盐度的纬度地带性比北半球更为明显。

（3）中纬度大洋西侧水平梯度大于大洋东侧。寒、暖流交汇处，等盐度线密集，盐度水平梯度大。在中纬度海区，大洋西侧为寒暖流交汇区域，而寒流和暖流的盐度差异较大，盐度的水平梯度明显大于大洋东侧。

（4）大洋边缘普遍较低。边缘海区，尤其大河口地区受大陆径流注入影响，海水盐度比大洋中部低，如波罗的海北部，盐度为 $3 \times 10^{-3} \sim 10 \times 10^{-3}$。

但是个别边缘海区，如红海、地中海和波斯湾等，由于位处亚热带，受副高控制，蒸发旺盛，降水和径流量都很小，与邻近大洋水分交换又不通畅，所以盐度特别高。红海北

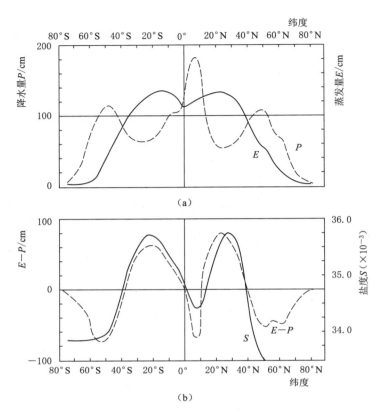

图 7-3　大洋表面蒸发量、降水量和盐度的纬度变化曲线

部盐度高达 $42.8×10^{-3}$；波斯湾和地中海都在 $39×10^{-3}$ 以上。

（5）大西洋表面盐度高于太平洋和印度洋。平均而论，北大西洋的表面盐度最高（$35.5×10^{-3}$），南大西洋和南太平洋次之（$35.2×10^{-3}$），北太平洋最低（$34.2×10^{-3}$）。其原因是：①大西洋沿岸无高大山脉，大量水汽可毫无阻挡地被输送到较远的地方，减少了直接降落到洋面的大气降水和流入大西洋的大陆径流。②欧洲地中海把大量的高盐海水输送到大西洋深层，然后通过垂直混合作用影响到大洋表面。

3. 海水盐度的垂直分布

影响盐度垂直分布的主要因素有：蒸发与降水、结冰与融冰、河水的流入、海水的涡动对流和垂直环流性质等。蒸发和结冰过程，能使大洋表面盐度增加，有利于对流混合发展，使表层盐度变均匀，进而减小垂直盐度梯度。降水、融冰和河水流入，都能冲淡大洋表层海水，降低盐度，因而增加了垂直盐度梯度。大洋的垂直环流系统，对盐度的垂直分布起着重要作用，当盐度较大的海水在某一深度上流进一海区时，其上部出现正梯度，下部产生负梯度。相反，当盐度较小的海水流入时，就会产生与上述情况相反的结果。波浪、潮汐运动能使垂直盐度梯度变小或消失，并在其下界面上形成大梯度，出现盐度的急变层（或叫跃层）。海水的升降，也能影响盐度的垂直分布。海水下沉，可把表层盐分带到深处，使盐度垂直分布变均匀；海水上升，使盐度较低的海水升到表面，可减小垂直盐度梯度。

世界大洋盐度的垂直分布规律是：40°N 至（40°～50°）S，是盐度垂直变化最大、最复杂的地区，从海面到 150m 深度上盐度高而均匀，最大盐度值一般出现在 $100～300m$ 之间，最小盐度值出现在 $400～800m$ 深度上，深层水和底层水的盐度分布最均匀，盐度值比表层水低，比中层水高。亚热带高盐区从海面一直可延伸到 $800～1000m$ 深度。在南北纬 40°～50°以上的高纬区，由于表层海水下沉，盐度较低的表层水影响到较大深度，再向下盐度渐增，从 $1500～2000m$ 以下盐度几乎不随深度而变化。在极地区，有一个厚度不大的低盐均匀层，向下盐度渐增，在 $300～500m$ 以下盐度几乎不变。高纬低盐表层水在南北纬 40°～50°之间潜入高盐海水之下，形成低盐舌伸向低纬。

三、海水的温度

（一）海水热量收支与热量平衡

海水温度是反映海水热状况的一个重要物理量，其高低主要取决于海洋热量收入与支出状况。海水热量收支项目有多种，见表 7-6。就整个海洋而言，每年的热量收支基本相等，故而海洋年平均水温几乎不变。但一年内的不同季节和不同海区，热量的收支是不平衡的，因此海洋水温产生了时空差异。

表 7-6　　　　　　　　　　　海水的主要热量收支项目

收入项目	支出项目	收入项目	支出项目
来自太阳和天空的短波辐射	海面辐射放出的热量	洋流带来的热量	海水垂直交换带走的热量
来自大气的长波辐射	海水蒸发消耗的热量	海水垂直交换带来的热量	
海面水汽凝结放出的热量	洋流带走的热量	地球内热传来的热量	

海水热量的收入主要来自太阳短波辐射和大气长波辐射，洋流带来的热量只对局部海区有较大影响，其他方式所提供热量较少。热量的支出以海面辐射和蒸发更为重要，在局部海区由洋流带走的热量对水温变化也有较大影响。对高纬海区，结冰和融冰对水温也有一定影响。某一海区任一时段的热量平衡方程为

$$Q_s - Q_b \pm Q_e \pm Q_h \pm Q_z \pm Q_A = \Delta Q \qquad (7-7)$$

式中：Q_s 为太阳辐射热量，W/m^2；Q_b 为海面有效辐射热量，等于海面辐射热量与大气逆辐射热量之差，W/m^2；Q_e 为蒸发消耗或凝结释放的潜热，W/m^2；Q_h 为海水与大气之间的显热交换量，W/m^2；Q_z 为海水垂直交换产生的热输送量，W/m^2；Q_A 为水平方向上洋流产生的热输送量，W/m^2；ΔQ 为选定时段内研究海区的热变化量，W/m^2，当 $\Delta Q > 0$ 时，海水有热量净收入，水温将升高，当 $\Delta Q < 0$ 时，海水有热量净支出，水温将降低。

就表层海水而言，热量收支具有明显的纬度变化（图 7-4），其特点是：第一，由海面进入海水的净辐射热量（$Q_s - Q_b$）随着纬度的增高而急剧减少，25°N～20°S 之间最大。第二，蒸发耗热量 Q_e 量与净辐射热量（$Q_s - Q_b$）有相同的数量级，低纬热带海区由于海面湿度大而蒸发量显著低于副热带海区，导致 Q_e 随纬度变化呈双峰形分布。第三，海-气显热交换 Q_h 的纬度变化不大且数量较小。第四，热变化量 ΔQ 在 23°N～18°S

低纬海区为正，海水有净的热收入；由此向两极的中、高纬海区为负，海水有净的热量支出。

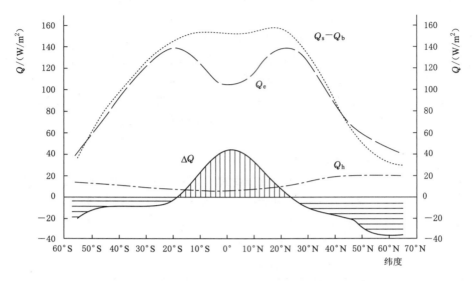

图 7-4　世界大洋表面年平均热收支随纬度的分布

（二）海水温度的地理分布

1. 海表水温的水平分布

进入海洋中的太阳辐射能，除很少部分返回大气外，其余全被海水吸收，转化为海水的热能。其中约 60% 的辐射能被 1m 厚的表层吸收，因此海洋表层水温较高。大洋表层水温的分布，主要取决于太阳辐射的分布和大洋环流两个因子。在极地，海域结冰与融冰的影响也起重要作用。

大洋表层水温变化于 -2～30℃ 之间，年平均值为 17.4℃。太平洋最高，平均为 19.1℃；印度洋次之，为 17.0℃；大西洋为 16.9℃。相比各大洋的总平均温度而言，大洋表层是相当温暖的。

各大洋表层水温的差异，是由其所处地理位置、大洋形状以及大洋环流的配置等因素所造成的。太平洋表层水温之所以高，主要因为它的热带和副热带的面积宽广，其表层温度高于 25℃ 的面积约占 66%；而大西洋的热带和副热带的面积小，表层水温高于 25℃ 的面积仅占 18%。当然，大西洋与北冰洋之间和太平洋与北冰洋之间相比，比较畅通，也是原因之一。

世界大洋表层水温分布具有如下特点。

（1）世界大洋表层水温最高值出现在热赤道，由热赤道向两极递减。热赤道位处赤道以北，大致处在 5°N～7°N，水温最高。海洋表层水温的这一分布特点，主要受太阳辐射控制。低纬海区，全年正午太阳高度角（太阳入射角）大，太阳辐射强，则水温高。由低纬向高纬，太阳高度角（入射角）减小，太阳总辐射减少，则水温下降。

（2）大洋东西两侧水温明显不同。中低纬海区西侧水温高于东侧，中高纬海区则相反。这主要是洋流对局部海区水温影响的结果。中低纬海区，大洋西侧为暖流，东侧为寒流，所以西侧水温高于东侧；中高纬海区则相反，大洋西侧为寒流，东侧为暖流，则水温西侧低于东侧。在寒暖流交汇处，等温线特别密集，水温的水平梯度大。

（3）南北半球水温有较大差异。①南半球等温线比较规则，尤其高纬度海区几乎与纬线平行。原因是陆地集中于北半球，而南半球海洋辽阔，尤其在高纬度海区三大洋几乎连成一片成为广阔的海洋。②同纬度相比，北半球水温略高于南半球。原因有三个：一是热赤道北移，位于 $5°N\sim7°N$；二是北半球暖流势力强大，一直影响到高纬海区；三是南半球海洋开阔，与南极大陆相接，冷却效果明显。

（4）夏季海面水温普遍高于冬季，但南北水温梯度冬季大于夏季。原因是：夏季不仅太阳高度角大，而且日照时间（白昼时间）长，则太阳总辐射量多，水温高。冬半年不仅太阳高度角随纬度增加而减小，而且白昼时间也随纬度增加而缩短（极圈内出现极夜现象），则南北辐射梯度大，所以水温南北梯度也大；但是，夏半年，尽管太阳高度角随纬度增加而减小，而白昼时间却随纬度增加而增长（极圈内出现极昼现象），所以太阳辐射的南北梯度小，水温的南北梯度比冬半年小。

2. 海水温度的垂向分布

从三大洋温度经向断面图（图7-5～图7-7）可知，水温大体上随深度的增加呈不均匀递减。在南北纬40°之间，海水垂直结构可分两层，即表层暖水对流层（一般深度达600～1000m）和深层冷水平流层。表层暖水对流层的最上一层（0～100m）受气候影响明显，紊动混合强烈，对流旺盛，水温垂直分布均匀，垂直梯度极小，故称为表层扰动层或上均匀层。暖水对流层下部为主温跃层，随着深度的增加水温急剧下降，水温垂直梯度大，在数百米的水层中水温可下降10～20℃。从600～1000m以下至海底，为冷水平流层，水温很低，垂直梯度很小，1000～3000m间不足 0.4℃/100m，3000m以下仅有0.05℃/100m。南北纬40°以外的中、高纬海区为冷水平流区，水温十分均匀，垂直梯度很小。

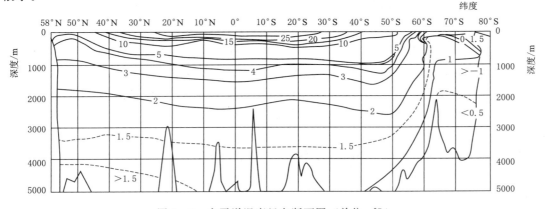

图7-5　太平洋温度经向断面图（单位：℃）

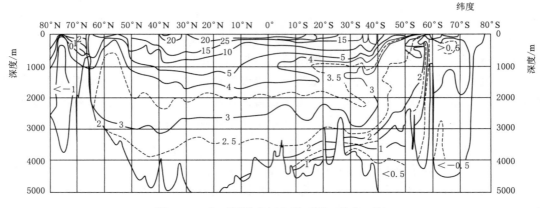

图 7-6 大西洋温度经向断面图（单位：℃）

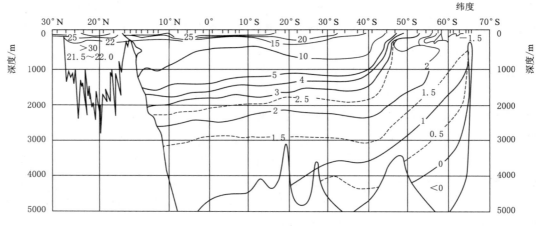

图 7-7 印度洋温度经向断面图（单位：℃）

（三）海水温度的时间变化

海水温度主要受太阳辐射变化的影响，有明显的日变化和年变化。

1. 水温的日变化

影响水温日变的因素有太阳辐射、季节变化、天气状况（风、云）、潮汐和地理位置等。大洋表面水温日变一般很小，日较差不超过 0.4℃。在靠近大陆浅海区日较差可达 3～4℃以上。最高、最低水温出现的时间各地不同，但最高水温每天出现在 14—16 时，最低水温则出现在 4—8 时。水温日变深度，一般可达 10～20m，最大深度可达 60～70m。

2. 水温的年变化

大洋水温年变化主要受太阳辐射、洋流、季风和海陆位置的影响。水温年变化的地理分布具有明显的纬度差异（表 7-7）：从赤道和热带海区的水温年较差很小，向中纬海区逐渐增大，然后向高纬海区逐渐减小。在同一热量带，大洋西侧水温年较差大于大洋东侧，靠近海岸地区更大。南北两半球相比，北半球各纬度带的水温年较差大于南半球。水温年变深度，一般可达 100～150m，最大深度可达 500m 左右。

表 7 - 7　　　　　　　　　**不同纬度海区水温年较差**　　　　　　　　　单位：℃

海　　区		北半球	南半球	海　　区		北半球	南半球
赤道和热带		1～2	1～2	温带	西部	14～17	4～5
亚热带	西部	7～12	4～6		东部	5～8	
	东部	4.5～6		寒带（亚极地）		4～5	2～2.5

四、海水的密度

（一）海水密度的定义及其表示法

海水密度是指单位体积海水的质量，以 ρ 表示，其单位为 g/cm^3。但是习惯上使用的密度是指海水的比重，即指在一个大气压力条件下，海水的密度与水温 3.98℃时蒸馏水密度之比。因此在数值上密度和比重是相等的。海水的密度状况，是决定海流运动的最重要因子之一。

海水的密度是盐度、水温和压力的函数。因此，海水密度可用 $\rho_{s,t,p}$ 来表示。海水的密度一般都大于 1，要精确到小数点后第 5 位，并且其前两位数字通常是相同的。为书写简便，常把海水密度值减去 1 再乘以 1000，并以 $\sigma_{s,t,p}$ 表示，因此 $\sigma_{s,t,p}$ 与 $\rho_{s,t,p}$ 之间的关系式为

$$\sigma_{s,t,p} = (\rho_{s,t,p} - 1) \times 1000 \qquad (7-8)$$

例如，海水密度 $\rho_{s,t,p}$ 为 1.02649 时，简化记作 $\sigma_{s,t,p}$ 为 26.49。

在海面（$P=0$）测得的海水密度称为条件密度，用 $\sigma_{s,t,0}$ 表示，或简化为 $\sigma_{s,t}$，仅为盐度和水温的函数。在现场温度、盐度和压力条件下所测定的海水密度，称为现场密度或当场密度。现场密度难以直接准确测定，一般是依据条件密度通过进行温度、盐度、压力修订而计算确定。

（二）海水密度的分布

海水的密度是水温、盐度与压力的函数。我们知道，纯水在 4℃（3.98℃）密度最大，而海水最大密度温度是个变值，随盐度值增加而降低。一般来讲，海水的最大密度温度低于 0℃。因此，一般地，随海水温度的降低，海水的密度是增加的。海水的密度随盐度值的增加而增大。海水具有一定的可压缩性，则压力加大，海水密度增加，即与压力呈正相关。

大洋表面海水密度取决于洋面温度和盐度分布情况。由于洋面水温变幅大，最低可达 $-2℃$，最高可达 30℃，可见水温是影响海水密度的主导因素。洋面海水密度从热赤道海区随纬度的增高而增大，等密度线大致与纬线平行。赤道海区由于温度很高，降水多，盐度较低，因而表面海水的密度很小，约 1.02300。亚热带海区盐度虽然很高，但那里的温度也很高，所以密度仍然不大，一般在 1.02400 左右。极地海区由于温度很低，降水少，所以密度最大。在三大洋的南极海区，密度均很大，可达 1.02700 以上。

在垂直方向上，海水的结构总是稳定的，随深度增加，水温降低，压力加大，海水密度由表层向深层递增。在赤道至副热带的低中纬海域，与温度的上均匀层相应的一层内，密度基本上是均匀的。向下，与大洋主温跃层相对应，密度的铅直梯度也很大，此称为密

度跃层。密度跃层对声波有折射作用，潜艇在其下面航行或停留，不易被上部侦测发现，故有液体海底之称。约从 1500m 开始，密度垂直梯度很小；在深层大于 3000m，密度几乎不随深度而变化。

五、水色和透明度

（一）水色

水色是指自海面及海水中发出于海面外的光的颜色，是海水质点及悬浮物质对太阳光的选择性吸收和散射作用的综合结果。它取决于海水的光学性质和光线的强弱，以及海水中悬浮质和浮游生物的颜色，也与天空状况和海底的底质有关。

到达海面的太阳光线，一部分被海面反射，另一部分则折射进入海水之中。进入海水中的光线，一部分被海水质点和悬浮物质所吸收，另一部分被散射。而海水对太阳光的吸收和散射均具有选择性，对可见光中的红、橙、黄光易吸收而增温，而蓝、绿、青光散射最强，故海水多呈蔚蓝色、绿色。但沿岸海区，浑浊度大，水色低，多呈黄色和棕色。

水色常用水色计测定。水色计由 21 种颜色组成，由深蓝到黄绿直到褐色，并以号码 1～21 代表水色。号码越小，水色越高；号码越大，水色越低。

（二）透明度

海水的透明度是表示海水透明程度的物理量，即海水的能见度，也是指海水清澈的程度。它表示水体透光的能力，但不是光线所能达到的绝对深度。海水透明度取决于光线强弱和水中悬浮物质和浮游生物的多少。光线强，透明度大，反之则小。水色越高，透明度越大；水色越低，透明度越小。

透明度的测定如下：将一个直径 30cm 的白色圆盘（透明度板），垂直放到海水中，直到肉眼隐约可见圆盘为止，这时的深度，则为透明度。

世界大洋以大西洋中部的马尾藻海透明度最大，达 66.5m。其原因是：马尾藻海处在亚热带海区的大洋中部，受大陆影响小，是一个海水下沉区域，表层海水缺乏营养盐分，浮游生物极少，因而颜色最蓝，透明度最大。

沿岸海区尤其大河口海区，海水透明度和水色低。我国南海透明度为 20～30m，黄海只有 3～15m。

六、海冰和冰山

海上出现的冰有两种来源：一种是海水自身冻结而成的，称为海冰；另一种是进入海洋中的大陆冰川、河冰和湖冰等淡水冰。广义地，出现在海上的冰都称为海冰。世界大洋有 3％～4％ 的面积为永久性或半永久性的冰覆盖。它们主要是分布于高纬度海区的海冰和冰山，并成为一种海洋水文现象，不仅影响着全球海洋自身水文状况，还对大气环流和气候变化产生巨大影响，而且还直接影响着航海交通、海洋开发和海洋生产等实践活动。

（一）海冰

1. 海冰的物理性质

海冰呈蜂窝状，由淡水冰晶和盐室中的盐汁构成。海冰的盐度是指其融化后海水的盐度，一般为 $(3～7)×10^{-3}$。海冰中所含盐分的多少取决于海冰冰龄（成冰时间长短）、结冰速度、原始海水盐度。当成冰时间短、结冰速度快、原始海水盐度高，则海冰中所含盐分多。在南极大陆附近海域测得的海冰盐度高达（$22\sim23$）$\times10^{-3}$。结冰时气温越低，结冰速度越快，来不及流出而被包围进冰晶中的卤汁就越多，海冰的盐度自然越大。

纯水冰 $0℃$ 时的密度一般为 $917kg/m^3$，海冰中因为含有气泡，密度一般低于此值，新冰的密度为 $914\sim915kg/m^3$。冰龄越长，由于冰中卤汁渗出，密度则越小。夏末时的海冰密度可降至 $860kg/m^3$ 左右。由于海冰密度比海水小，所以它总是浮在海面上。

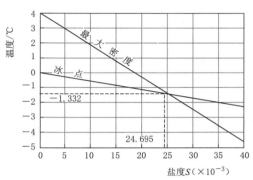

图 7-8 冰点温度、最大密度温度
与盐度的关系

淡水的冰点为 $0℃$，最大密度的温度是 $3.98℃$（约 $4℃$）；而海水的冰点和最大密度的温度都不是固定值，都随盐度值的增加而线性下降（图 7-8），但最大密度温度下降速率大于冰点下降速率。当海水的盐度大于 24.695×10^{-3} 时，最大密度的温度低于冰点温度；而盐度小于 24.695×10^{-3} 时，最大密度的温度高于冰点温度；只有盐度在 24.695×10^{-3} 时，海水的最大密度的温度才与冰点温度相同，为 $-1.332℃$。

2. 海水结冰过程及其影响因素

当盐度小于 24.695×10^{-3} 时，海水最大密度温度高于冰点，低盐海水结冰过程与淡水结冰相同。当海水盐度大于 24.695×10^{-3} 时，其结冰过程与淡水结冰迥然不同，其结冰过程非常困难缓慢。

一方面，盐度大于 24.695×10^{-3} 时，海水的最大密度温度低于冰点温度，随着海面温度的不断下降，表层海水密度不断增大，必然导致表层海水下沉而形成对流。这种对流过程将一直持续到结冰时为止，这种对流作用可达到很大的深度乃至海底。由于对流，深层海水热量向上输送，使海水的冷却速率减慢，因此海水结冰非常困难。只有相当深的一层海水充分冷却后才开始结冰。另一方面，海水结冰时，要不断地析出盐分，使表层海水盐度增加、密度增大，因而表层水继续下沉，加强了海水的对流（助长对流）；同时，盐度值的增加，又使冰点温度进一步下降，所以结冰就更困难、更缓慢。

最初的海冰是针状或薄片状的细小冰晶，它们聚集变大形成海绵状（或糊状）的软冰；软冰继续增长，形成厚度约 $10cm$ 的薄片状（称尼罗冰）后，受风和波浪外力作用破裂成圆盘状，称为饼状冰；饼状冰进一步冻结形成浮冰。

海冰形成与温度密切相关。气温非常低时（如 $<-30℃$），短时间内就会形成大量的海冰。由于冰层具有良好的隔热性能，因此能有效地阻碍底层水的冻结，也就是说：随着冰层变厚，即便是气温很低，海冰的形成速率也会减慢。另外，静风条件下，有利于饼状冰合并形成大的海冰。

3. 按运动状态划分的海冰类型

海冰分为固定冰和流冰（浮冰）两类。

（1）固定冰是指与海岸、岛屿或海底冻结在一起的冰。与海岸相连的固定冰带，其宽度可达数米甚至数百千米。一部分固定冰带伸入海水中，可随潮汐而升降，其中高于海面2m以上的固定冰称为冰架；另一部分附在海岸上的狭窄固定冰带，不能随潮汐而升降，称为冰脚。搁浅冰也是固定冰的一种。

（2）流冰是指能自由浮在海面上，并随风或洋流漂移的海冰。流冰可由大小不一、厚度各异的冰块形成（不包括冰山）。当海面上流冰盖度不足1/10～1/8时，船舶可以自由航行的海区称为开阔水面；当流冰盖度为零（即使出现冰山）时，这样的海区称无冰区。

（二）冰山

1. 冰山的形成

冰山是指大陆冰川或冰架断裂滑入海洋且高出海面5m以上的巨大漂浮冰体，与海冰截然不同。它从积雪开始生长并向海洋缓慢流动，一旦进入海洋中，冰体破裂形成冰山。

2. 冰山的主要源地

（1）北极地区冰山主要源于冰川瓦解，然后沿格陵兰岛西岸向海洋延伸。另外，格陵兰岛东岸、埃尔斯米尔岛等沿岸冰川断裂也可产生冰山。每年这些冰川断裂产生的冰山约有10000座，其中许多冰山进入北大西洋航道，使之成为危险航道而被称为"冰山巷"。著名的"泰坦尼克号"悲剧就发生在这里。这些冰山体积大，数年后才能融化，向南能够漂移至40°N区域。据北冰洋的卫星监测结果：海冰范围在过去几十年内急剧下降，这似乎与北半球大气环流形式的变化造成的异常变暖有关。

（2）南极地区冰山主要是冰架破裂后形成的巨大板状浮冰，称为陆架冰。2000年3月罗斯冰架破裂进入罗斯海的B-15冰山，面积为1.10万km^2；更有甚者，有史以来南极水域最大的冰山，面积可达3.25万km^2。由陆架冰形成的冰山，冰山高度大多数在100m以内，有些却可高出海面达200m以上。它们往往具有平坦的顶部，其90%的冰体在海面以下，在强风和洋流的驱动下，这些冰山向北漂移，并最终融化。由于这些冰山巨大，常常被船员误认为陆地。该海域不是重要航道，所以冰山对船舶航行并不构成严重威胁。近年来，南极的冰山有所增加，这可能是南极气候变暖的结果。

七、海水淡化

人类的淡水需求量持续增长，导致淡水供给不足。目前，人类饮用水短缺的人口占全球人口的1/3以上，到2025年预计这一比例会上升到1/2。目前许多国家将海水作为淡水的来源，把海水中盐分除去——海水淡化，生产出的淡水作为商业、家庭和农业用水。

海水脱盐需要大量能量供给，成本较高；此外，脱盐作用所产生的高浓度咸水往往通过海水取水口排放到海洋中，这会对海洋生物产生负面影响。尽管如此，对于一些缺乏其他淡水来源的沿海国家，海水淡化仍然颇具吸引力。

截至2017年年底，全球已有160多个国家和地区在利用海水淡化技术，已建成和在建的海水淡化工厂接近2万个，大多分布在中东、加勒比海和地中海等沿岸国家，每天生产的淡水总量约 10432 万 m^3。其中，中东地区因水资源严重匮乏，同时又是石油资源富集地区，经济实力雄厚，对海水淡化技术和装置有迫切需求，成为目前世界海水淡化装置的主要分布地区，沙特阿拉伯王国成为全球第一大海水淡化生产国，其海水淡化量占全球海水淡化量的 20％。海水淡化出现最早的美国，海水淡化的产量约占全球的 15％，佛罗里达州是主要海水淡化产地，沿加利福尼亚海岸也有一些海水淡化工厂。实际上，海水淡化提供的淡水还不足人类淡水需求量的 0.5％，世界上 1/2 以上的海水淡化工厂采用的是海水蒸馏法，其余的大多采用的是海水膜过滤法。

1. 海水蒸馏法

蒸馏法是指使海水处于煮沸状态，让水蒸气通过冷凝器，然后对冷凝后的淡水进行收集。盐度为 35％的海水蒸馏后收集到的淡水含盐量仅为 0.03％，甚至需要添加一些自来水才能使味道可口一些。常规蒸馏法成本高，因为需要消耗大量热能来使海水汽化（水的蒸发潜热高），如何提高海水蒸馏效率对于大规模海水淡化极为迫切。例如可以利用发电厂产生的余热来蒸馏海水。在以色列、西非和秘鲁等干旱地区，无须热能供给，人们通过日晒蒸馏法（太阳能蒸发）成功地用于小已规模的农业试验，该方法推广的难点是怎样聚集大范围的太阳能来加快小面积海水的蒸发速率。

2. 海水膜过滤法

膜过滤法，包括电解法和反渗透法。

（1）电解法。它的基本原理是把一个水池用半透膜分隔成三个水池，中间的是盛装海水的大型水池，两侧为小型淡水池。两个淡水池分别与电源的正负极相连接，这种半透膜特点是盐离子可渗透，水分子不可渗透。电流接通时，阳离子（Na$^+$）移向负极，阴离子（Cl$^-$）移向正极。这样就可以把大型水池中海水的盐离子转移到小水池中，使海水转变成淡水。其主要缺点是需要耗费大量电能。

（2）反渗透法。其基本原理是基于反渗透膜的特点，即水分子可透过，而盐离子不能透过，通过给咸水施加高压，让水分子通过薄膜来生产淡水。该方法的缺点是，反渗透薄膜很脆弱且易被堵塞，需要经常更换。解决方法是采用先进的复合材料，来延长反渗透膜的使用寿命。当前全球约有 30 个国家使用反渗透法生产淡水。沙特阿拉伯（淡水奇缺）拥有世界最大的反渗透工厂，每天可生产 48.5 万 m^3 淡水。美国最大的海水淡化厂，位于佛罗里达州坦帕湾，每天可生产 9.50 万 m^3 的淡水，占当地淡水供给的 10％；此外，美国还在加利福尼亚州筹建更大的海水淡化工厂。另外，反渗透法在家庭和水族馆中也得到应用。

3. 其他方法

（1）冰冻分离法。利用海水结冰后能够排除盐分的性质，通过多次冻融过程可将盐分从海水中清除出去。自然海冰的盐度大约比海水低 70％。由于冰冻分离过程需要大量的能量，因此只适于小规模应用。

（2）海冰运输法。人为地把海冰或冰山运送到缺少淡水的沿岸水域，融化后通过水泵输送到岸上。研究已证实：拖运大量南极冰山到达南半球一些海岸地区，不仅技术上可能，经济上也切实可行。

（3）盐类结晶法。盐类结晶法就是直接使海水中溶解盐分结晶，可以采用化学催化剂或嗜盐细菌去除海水中的盐分。

第三节 波　浪

一、波浪的概念

波浪是指发生在海洋、湖泊、水库等有宽敞水面的水体中的波动现象，其显著特点是水面呈周期性起伏。波浪发生时，似乎是水体向前移动，但实质上是波形的传播，而并非水质点的向前移动。

当水体表层或内部受到风力、地震等外力作用时，水质点便离开原来的平衡位置而运动，但在内力（如重力、表面张力、水压力等）作用下，水质点又有恢复到原来平衡位置的趋势。因此，水质点便在其平衡位置附近做周期性的封闭圆周运动或接近封闭的圆周运动。这种水质点在其平衡位置附近做周期性的往复运动称为水质点的振动。由于惯性作用，水质点的振动保持着并通过四周的水质点向外传播，引起水面周期性的起伏，便形成波浪。可见，波浪的实质是波形的传播，而非水质点的向前移动。水质点只在其平衡位置附近做周期性的振动，水质点的振动在水体中的传播，引起水面周期性的起伏形成波浪。

二、波浪的要素

表征波浪形状、尺度和运动特性的物理量称为波浪的要素。当一个理想的海面波浪经过某一固定点时（图 7-9），波面的最高点称为波峰，波面的最低点称为波谷。相邻两波峰（或波谷）之间的水平距离称为波长（λ），相邻两波峰（或者波谷）通过某固定点所经历的时间称为周期（T），波形传播的速度称为波速（C），显然 $C = \lambda / T$。从波峰到波谷之间的垂直距离称为波高（H），波高的一半 $a = H/2$ 称为振幅（波幅 a），是指水质点离开其平衡位置向上（或向下）的最大铅直位移。波高与波长之比称为波陡，以 $\delta = H/\lambda$ 表示。垂直于波浪传播方向、各波峰的连线称为波峰线，可以是直线、曲线，也可以高低起伏。与波锋线垂直、指向波浪传播方向的线称为波向线。

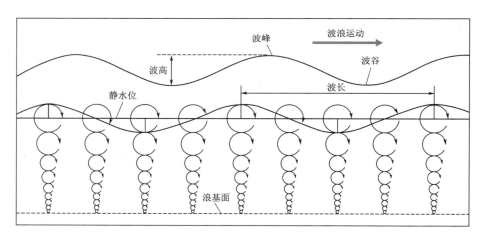

图 7-9　理想波浪及其要素

三、海洋中的波浪分类

海洋中的波浪有很多种类，引起的原因也各不相同。例如海面上的风应力，海底及海岸附近的火山、地震，大气压力的变化，日、月引潮力等。被激发的各种波动的周期可从零点几秒到数十小时以上，波高从几毫米到几十米，波长可以从几毫米到几千千米。

波浪从不同角度有不同分类方案。

（一）按成因分类

（1）风浪和涌浪。在风力的直接作用下形成的波浪，称为风浪；当风力减弱或平息后继续存在的波浪，或者风浪离开风区向远处传播的波浪称为涌浪，简称涌。

（2）内波。发生在海水的内部，由两种密度不同的海水相对作用运动而引起的波动现象称为内波。

（3）潮波。海水在潮引力作用下产生的波浪称为潮波。

（4）海啸。由火山、地震或风暴等引起的巨浪称为海啸，分地震海啸和风暴海啸两种。

（5）气压波。气压突变产生的波浪称为气压波。

（6）船行波。船行作用产生的波浪称为船行波。

（二）按水深与波长比值分类

按水深 Z 与波长 λ 的比值，波浪可分为深水波和浅水波、非常浅水波 3 类。深水波是 $Z/\lambda \geqslant 1/2$ 的波，亦称短波或表面波。浅水波是 $1/25 < Z/\lambda < 1/2$ 的波，亦称长波、有限深水波、中波等。非常浅水波是 $Z/\lambda \leqslant 1/25$ 的波。理论分析和实验研究表明，水质点的运动速度是由水面向下逐渐衰减的。如果海域的水深足够大，不影响表面波浪运动，这时发展的波浪就是深水波，反之发展的则是浅水波或非常浅水波。

（三）按波形传播性质分类

按波形传播性质，可以将波浪分为行进波和驻波 2 类。行进波亦称前进波、进行波，是指波形不断向前传播的波浪。驻波亦称立波、定振波、波漾等，是指波形不向前传播，波峰和波谷在固定地点做有节奏的周期性垂直升降交替运动的波浪。当驻波发生时，波峰和波谷随着水面的垂直升降变化而交替出现，振幅最大处称为波腹，振幅为零处称为波节（图 7 - 10）。根据波节的数目多少，驻波可分为单节定振波、双节定振波和多节定振波 3 类。

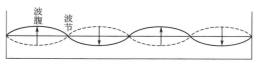

图 7 - 10　驻波的运动

（四）按作用力情况分类

（1）强制波。强制波指直接处于作用力范围内的波浪，如风浪。

（2）自由波。自由波指在作用力停止后继续存在的波浪或传播到作用力范围以外的波浪，又称余波，如涌浪。

四、波浪运动的余摆线理论

1802 年捷克学者盖尔茨涅尔（Gerstner）提出了著名的波浪余摆线理论，认为：波形，尤其余波性质的波形，犹如一条余摆线。

（一）深水余摆线波（圆余摆线波）（水深 $Z > \lambda/2$）

深水波余摆线理论是从以下几个假定条件出发的：①海是无限深广的；②海水是由许多水质点组成的，它们之间没有内摩擦力存在；③参加波动的一切水质点均做圆周轨迹运动，并且当水质点做圆周轨迹运动时，在水平方向上，它们的半径相等，在垂直方向上，则自水面以下逐渐减少，在波动前位于同一直线上的一切水质点，在波动时角速度均相等。

这样波浪发生时，水质点在其平衡位置附近运动，水质点未前进，只是波形向前传递，如此所形成的波形曲线是余摆线（图 7-11）。

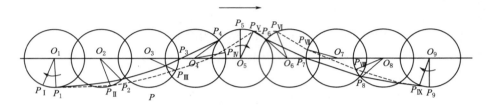

图 7-11 深水波中水质点的运动和波形的传播

水深 $Z > \lambda/2$ 的深水余摆线波具有以下特点。

（1）波浪前进时，洋面上的每个水质点都沿直径和波高相等的垂直圆形轨道运动。波峰处水质点运动方向与波浪前进方向一致，而在波谷处水质点运动方向与波浪前进方向相反。水质点在波峰处，具有正的最大水平速度，铅直速度为零；在波谷处，具有负的最大水平速度，铅直速度为零；处在平均水平面上的水质点，水平速度均为零，铅直速度达最大（峰前为正最大，峰后为负最大）。

（2）在铅直方向上，水质点运动的圆形轨道直径和波高随深度增加按指数规律减小，而波长、周期和波速不变（图 7-12）。

$$r_Z = r_0 e^{-\frac{2\pi Z}{\lambda}} \tag{7-9}$$

式中：r_Z 为 Z 水深处水质点的运动半径，m；r_0 为表面水质点运动半径，m；e 为自然对数的底数；π 为圆周率；λ 为波长，m；Z 为水深，m。

令 $Z = \lambda/2$，则 $r \approx r_0/23$，说明半个波长水深处波动已很微弱。因此，通常把 1/2 波长深处作为波浪作用下界，即波浪能量向深处传递的极限。波浪作用的下界称为波基面（浪基面）。波基面的这一特征在实际中有很多应用。例如：潜艇在浪基面以下航行，海上钻井主要部分位于浪基面以下，都能有效避

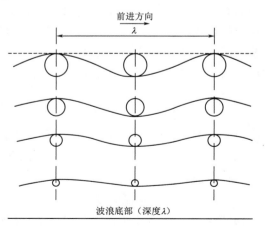

图 7-12 波浪余摆线剖面

免海上风浪的影响。据目前所知，最大波长可达 400m，甚至 824m，因此波浪的最大影响深度可达 200~400m。对于数千米的大洋，波浪只集中在洋面附近。

（3）深水波的波速（C）只与波长（λ）有关，与水深无关。

$$C=\sqrt{\frac{g}{2\pi}\lambda}\approx1.25\sqrt{\lambda} \qquad (7-10)$$

式中：g 为重力加速度，m/s^2。

（二）有限水深的余摆线波（椭圆余摆线波）（$\lambda/25<Z<\lambda/2$）

当水深小于 1/2 波长时，其波浪便为浅水波。当波浪进入浅水区以后，因受海底摩阻力的影响，波浪能量除了继续损耗外，又引起波浪能量的重新分布，波形即发生变化。其特点是：波速减小，波长变短，波高略增。波高的增加是波能集中在较浅的水深中所致，因此，波的外形就趋于尖突。这时水质点的运动轨迹也由圆形变为椭圆形，这样的波形即称为椭圆余摆线形（图 7-13）。

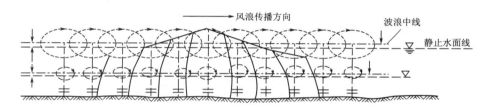

图 7-13　浅水波水质点的运动与波形的传播

浅水波中，水质点运动的椭圆轨迹的大小，在水平方向上都相同；在垂直方向上，则自水面向海底，椭圆轨道的长轴和短轴都减小，椭圆的扁率增大，在水底半短轴为零，水质点在两焦点之间做直线的往复运动。

由于受海底摩擦阻力影响，其波速（C）只与海深（Z）有关，而与波长 λ 无关，而且波长变短，波高略增，波陡变陡。

$$C=\sqrt{gZ}\approx3.13\sqrt{Z} \qquad (7-11)$$

当波浪传入水深 $Z<\lambda/25$ 的非常浅水区时，水质点运动轨迹不再是椭圆形，更不是圆形，而是在两焦点之间做往复的直线运动，这种波称为非常浅水波。

五、风浪和涌浪

（一）风浪

海面上出现的海浪大多是风浪。风浪是指在风力直接作用下引起的海面波动即风力作用引起的波浪。根据流体力学观点，当两种密度不同的介质相互接触，并发生相对运动时，在其分界面上就会产生波动。在流体力学中空气被看作是一种具有压缩性的流体，而自由水面是水和空气之间的分界面，当空气在海面上流动时，由于摩擦力作用，原接触界面成为不稳定平衡面，必须形成一定的波状界面，才能维持平衡，这种海面波动即为风成波。

风浪属强制波，往往波峰尖削，在海面上的分布很不规律，波峰线短，周期短，波形两侧不对称，迎风面坡度比背风面小，当风大时常常出现破碎现象，形成浪花。

风浪的大小主要取决于风速即风力大小。至少要有多大的风速才能产生风浪，看法不一。一般认为引起风浪的临界风速为 0.7～1.3m/s。空气在海面上的流动，借助于对海面的摩擦力而引起海面的波动，并通过对迎风波面的正压力和切应力将风能传给波浪，推动波浪的发展。

当风很弱时，海面保持平静，但当风速达到 0.25～1m/s 时，就产生毛细波，也称涟漪。对其形成起主要作用的不是重力，而是表面张力。毛细波与重力波不同之点在于毛细波越小，传播的速度越大。毛细波存在于海面很薄一层上，以后随着风力的增加，风浪也不断发展，当风速达到临界风速，即为 0.7～1.3m/s 时，已初步形成风成波。

风浪从风获得能量而生成、发展，同时又由于种种过程而消耗能量。风浪的生成、发展和消衰，取决于能量的摄取和消耗之间的对比关系。当能量的收入大于支出时，风浪就成长、发展；反之，风浪将逐渐趋于衰退。

风浪的大小不仅取决于风速（风力大小），而且还与风作用的时间（风时）、风作用的海区范围（风区）以及海区的形态特征有关，是各影响因素综合作用的结果。一般地风力越大，风区越宽广，风时越长，水深越深，风浪就越大。

一般地讲，中、高纬海区多风浪。最大风浪带发生在南半球的西风带，因为这里西风强劲而稳定，三大洋又连成一片，故有"咆哮西风带"之称。航海者们对这个区域还进行了具体区分。将 40°S～50°S 的区域叫"咆哮四十度"，因为这里几乎每天都是狂风怒号，犹如狮子咆哮一般。将 50°S～60°S 的区域称作"狂暴五十度"，因为这部分海域上经常有比"咆哮四十度"更强烈的风暴与大浪，令过往的船只强烈摇晃，航行困难。将 60°S～70°S 之间的区域称作"尖叫六十度"，这个区域内除了南美洲最南端的火地岛和南极大陆最北端的南极半岛之间的德雷克海峡，就没有其他陆地了，只有茫茫海洋，这个纬度带上，没有任何山丘阻挡盛行西风和洋流，致使这里的风暴浪潮比"咆哮四十度""狂暴五十度"更为恶劣，因而才有此名。

（二）涌浪

当风力减弱或平息后继续存在的波浪，或者风浪离开风区向远处传播的波浪称为涌浪，简称涌。所谓的"无风三尺浪"指的就是涌浪。与风浪相比，涌浪的外形均匀且规则对称，波峰线较长，近于正弦波的形状。涌浪可以将海面从一个海区吸收的风能释放到另一个海区。

涌浪在传播过程中的显著特点是波高逐渐降低，波长、周期逐渐变大，从而波速变快。这一方面由于内摩擦作用使其能量不断消耗所致，另一方面是由于在传播过程中发生弥散和角散所致。

（三）疯狗浪

疯狗浪是指单独的、自发的巨大海浪。疯狗浪有时也称巨浪、怪物浪或畸形浪，其高度很大而且形状不规则，通常出现在海浪大的海面。例如，浪高 2m 的海面上可能出现高达 20m 的疯狗浪。有人把疯狗浪的波峰形容为"水山"，形容为"海洞"。

理论上，疯狗浪的成因是不同波浪的同相位部分叠加（波的干涉）。一艘日本渔船于 2008 年因疯狗浪而倾翻，对当时海浪条件的模拟表明：一般海浪的低、高频部分可以通过干涉作用，把能量集中到某个狭窄频带，从而形成疯狗浪。

疯狗浪发生概率虽然很小，但2001年卫星连续三周都监测到了疯狗浪——全球各海域大于25m高的疯狗浪不少于10个。疯狗浪的规模和破坏力巨大，甚至威胁到海上钻井平台和船舶。2000年，美国高达17m的"巴耶纳"号调查船，在平静的海面上因突然遭遇4.6m高的疯狗浪而沉没。据统计，全球每年失踪的船只有1000余只，其中大型油轮和集装箱船约10艘，人们怀疑疯狗浪是凶手。

疯狗浪通常出现在锋面附近和岛屿的顺风区，或是强大洋流与涌浪的汇集区。例如，在非洲东南沿海"狂野海岸"，阿古拉斯海流与南极海浪相遇所形成的疯狗浪。

六、近岸波浪

（一）近岸波浪波形的变化

当波浪传到浅水区或近岸区域后，由于受地形和海底摩擦阻力影响，波浪将发生一系列的变化。深度变浅的结果是，不仅波长缩短，波速也变小，使波向线（波浪传播方向）发生转折，出现折射现象。由于能量集中于更小水体中，波高将增大，波面变陡，再加上受海底摩擦阻力影响，波峰处水深比波谷大，波峰处传播速度比波谷快，波浪的前坡陡于后坡，出现波形不对称。并随水深的变浅，波前坡进一步变陡，最后发展到波峰赶上波谷，导致波峰前倾，甚至失去平衡，倒卷和破碎，形成破碎浪。在陡立的海岸，将形成拍岸浪（图7-14）。拍岸浪有巨大的冲击力，冲刷着海岸，是改变岸线轮廓最活跃的因素。

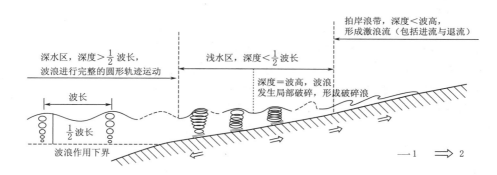

图7-14　波浪由深水区进入海岸带的变化过程

1—在同一次波浪周期运动中沉积物向陆地或向海的移动距离；

2——次完整的波浪周期运动后，沉积物的横向移动距离

（二）波浪的折射

当波浪传播方向与海岸斜交时，由于同一波列两端水深的不同，近岸一端水浅而受摩擦阻力大，波速小；而离岸较远较深的一端，受摩擦阻力小，则波速大。结果是波峰线发生转折，逐渐趋于与等深线平行。而在近岸区，等深线大致与海岸线平行，因此外海传播来的波浪接（靠）近海岸时，折射的结果是波峰线趋于与海岸平行（图7-15）。

除平直海岸外，波浪在港湾海岸也发生折射（图7-16）。港湾海岸附近的海底等深线大多与海岸平行。港湾中波浪因水深大而波速快，而伸向海中的岬角处因水深小受海底摩擦阻力影响而波速慢。这样，港湾处波峰线凸出，岬角处波峰线凹进，即波峰线与海岸

线渐趋平行。可见，波浪折射的结果，岬角上波向线辐聚使波能集中，引起岬角的侵蚀后退；港湾（海湾）内波向线辐散，波能分散，发生淤积，并成为船舶的庇护所（港湾处风平浪静）。

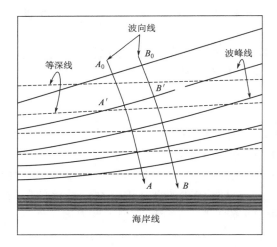

图 7-15　近岸浪的折射

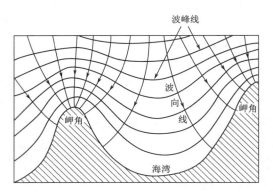

图 7-16　港湾海岸的波浪折射

七、海啸与风暴潮

（一）海啸

海啸是指海底地震、火山爆发和海底滑坡、塌陷所产生的具有超大波长和周期的海洋巨浪。水下核爆炸可以形成人造海啸。海啸的波速高达每小时 $700\sim800km$，在几小时内就能横过大洋；波长可达数百千米，可以传播几千千米而能量损失很小；在茫茫的大洋里波高不足 1m，不会造成灾害，但当到达海岸浅水地带时，波速减小、波长减短而波高急剧增加，可达数十米，形成含有巨大能量的"水墙"，瞬时侵入滨海陆地，吞噬近岸良田和城镇村庄，造成危害，生命财产遭受毁灭性灾难。海啸的英文词"Tsunami"来自日文，是港湾中的波的意思。

大部分海啸都产生于深海地震。深海发生地震时，海底发生激烈的上下方向的位移，某些部位出现猛然的上升或者下沉，使其上方的海水产生了巨大的波动，原生的海啸于是就产生了。地震几分钟后，原生的海啸分裂成为两个波，一个向深海传播，一个向附近的海岸传播。向海岸传播的海啸，受到岸边的海底地形等影响，在岸边与海底发生相互作用，速度减慢，波长变小，振幅变得很大（可达几十米），在岸边造成很大的破坏。

海啸与一般的海浪不一样，海浪一般在海面附近起伏，涉的深度不大，而深海地震引起的海啸则是从深海海底到海面的整个水体的波动，其中包含的能量惊人。

海啸是太平洋及地中海沿岸许多国家滨海地区最猛烈的海洋自然灾害之一。实际上，全球海洋都有海啸发生，只是其他地区危害相对较轻或频发程度不高。海啸主要分布在日本太平洋沿岸、夏威夷群岛、中南美和北美。中国是一个多地震国家，但海啸却不多见。

（二）风暴潮

风暴潮指由强烈大气扰动，如热带气旋（台风、飓风）、温带气旋（寒潮）等引起的海面异常升降现象，又称"风暴增水""风暴海啸""气象海啸"等。风暴潮会使受到影响的海区的潮位大大地超过正常潮位。如果风暴潮恰好与影响海区天文潮位高潮相重叠，就会使水位暴涨，海水涌进内陆，造成巨大破坏。如 1953 年 2 月发生在荷兰沿岸的强大风暴潮，使水位高出正常潮位 3m 多。洪水冲毁了防护堤，淹没土地 80 万英亩（1 英亩＝4046.86m^2），导致 2000 余人死亡。又如 1970 年 11 月 12—13 日发生在孟加拉湾沿岸地区的一次风暴潮，曾导致 30 余万人死亡和 100 多万人无家可归。

风暴潮的成因主要是大风引起的增水和天文大潮高潮的叠加。根据风暴潮性质，风暴潮可分为由温带气旋引起的温带风暴潮和由台风引起的台风风暴潮。温带风暴潮，多发生于春秋季节，夏季也时有发生。其特点是：增水过程比较平缓，增水高度低于台风风暴潮，主要发生在中纬度沿海地区，以欧洲北海沿岸、美国东海岸以及我国北方海区沿岸为多。台风风暴潮，多见于夏秋季节。其特点是：来势猛、速度快、强度大、破坏力强。凡是有台风影响的海洋国家、沿海地区均有台风风暴潮发生。

第四节　潮　汐

一、潮汐现象

潮汐现象是指海水在天体（主要是月球和太阳）引潮力作用下所产生的周期性运动，习惯上把海面铅直向涨落称为潮汐，而海水在水平方向的流动称为潮流。一般情况下，每昼夜有两次涨落，我国古代把白天出现的海水涨落称为"潮"，晚上出现的海水涨落称为"汐"，合称"潮汐"。

（一）潮汐的要素

表征海面升降的指标是潮位，即某一瞬时海面超出某一基准面的高度，又叫潮高。通常选用一个略低于当地最低低潮位的固定水平面作为潮位基准面。

在潮汐涨落过程中，当海面上涨到最高位置时，称为高潮或满潮；当海面下降到最低位置时，叫作低潮或干潮（图 7-17）。从低潮到高潮，海面不断上涨，海水涌向海岸的过程叫涨潮；从高潮到低潮，海面不断退落的过程叫落潮。当潮汐达到高潮或低潮时，海面在一段时间内既不上升，也不下降，把这种状态分别称为平潮和停潮。平潮的中间时刻，叫高潮时；停潮的中间时刻，称为低潮时。相邻二次高潮时或低潮时的时间间隔，称为潮期（潮周期）。相邻高潮与低潮的水位差，叫潮差。从低潮时到高潮时的时间间隔叫作涨潮时，从高潮时到低潮时的时间间隔则称为落潮时。一般来说，涨潮时和落潮时在许多地方并不是一样长。

（二）潮汐的类型

潮汐可分为半日潮、全日潮和混合潮三类（图 7-18）。

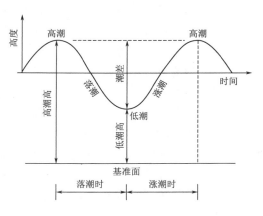

图 7-17　潮汐要素示意图

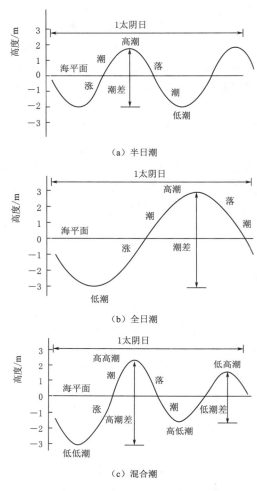

图 7-18　潮汐类型示意图

1. 半日潮

在一个太阴日（24h50min）内出现两次高潮和两次低潮，相邻两高潮和相邻两低潮的潮高几乎相等，涨潮时和落潮时十分接近，这样的潮汐称为半日潮。

2. 全日潮

半个月内连续 7d 以上每个太阴日内只出现一次高潮和一次低潮，其余太阴日出现两次高潮和两次低潮，这样的潮汐称为全日潮。

3. 混合潮

混合潮是不规则半日潮和不规则全日潮两类不规则潮汐的统称。

（1）不规则半日潮。在一个太阴日内有两次高潮和两次低潮，但两次涨、落潮的潮差和潮时均不相等。

（2）不规则全日潮。在半个月内，较多太阴日内为不规则半日潮，但有时会发生全日潮的现象，全日潮日数不超过 7d。

二、潮汐的成因

引起海洋潮汐的内因是海洋为一种具有自由表面、富于流动性的广大水体；而外因是天体的引潮力。即是说，在天体引潮力的作用下，具有自由表面而富于流动性的广大水体——海洋中便产生相对运动形成了潮汐现象。

天体引潮力是引起潮汐的原动力，主要由月球引潮力和太阳引潮力组成，其他天体的引潮力相对较小，可以忽略不计。月球引潮力和太阳引潮力的形成机理相同，故下面仅以月球引潮力为例，讨论潮汐的成因。

根据牛顿的万有引力定律：宇宙间任何两个物体之间的引力，和它们质量的乘积成正比，而和它们之间距离的平方成反比。这样，任何天体都与地球有引力关系。然而在各种天体的引力作用中，以月球的引力为最大，其次是太阳的引力。

就地-月系统而言，地球受到两个力的作用：一是月球对地球的引力，它与地月质量的乘积成正比，与它们之间距离的平方成反比；二是地球与月球围绕它们的公共质心运动所产生的惯性离心力。地球和月球各以相同的力彼此吸引，它们之所以不互相碰撞，是因为地球和月球都围绕其公共质心运动，由此产生的惯性离心力与引力平衡，使月-地系统保持平衡。

从万有引力定律可知：地面上各处所受月球引力的大小和方向都不相同，都是差别吸引，但引力方向都指向月球中心（月心）。地月公共质心一定位于地心和月心连线上。经推求，地月公共质心处在地月中心连线上离地心的距离为 $0.73r$（r 为地球半径）处，即位于地球内部。

地月系统绕其公共质心运动时，地球表面任一点都受月球的引力和地月系统绕公共质心运动所产生的惯性离心力的作用。这两者的合力便为月球引潮力。

由于地球是一个刚体，所以当地心在绕地月系统的公共质心进行旋转运动时，地球上其他各点并不是都绕地月公共质心旋转的，而是以相等的半径、相同的速度做平行的移动。即整个地球体是在平动着，并不是做同心圆的转动。

地球绕地月公共质心公转平动的结果，使得地球（表面或内部）各质点都受到大小相等、方向相同的公转惯性离心力的作用。也就是说，地球（表面或内部）各质点在平动时都做同步的圆周运动，所以各点的惯性离心力均和地心点所受的惯性离心力方向平行，都与月球对地心的引力方向相反，其各点的惯性离心力都相等，都等于月球对地心的引力。

引潮力在不同时间、不同地点都不相同。在地球上处于月球直射点的位置，吸引力大于惯性离心力，所涨的潮称为顺潮；在地球上处于月球对趾点的位置（下中天），则离心力大于引力，亦同时涨潮，称为对潮。在距直射点 90°处，则出现低潮（图 7 - 19）。地球自转一周，地面上任意一点与月球的关系都经过不同的位置，所以对同一地点来说，有时涨潮，有时落潮。

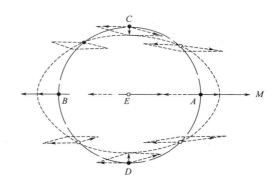

图 7 - 19　月球对地球各部分的引潮力

经推算，引潮力的大小与天体的质量成正比，而与天体到地心距离的三次方成反比。月球引潮力为太阳引潮力的 2.17 倍。所以地球表面的潮汐现象，以月球引起的潮汐为主，月球的直射点和它的对趾点，大体就是潮峰的位置。月球中天的时间，大体就是高潮的时刻，而潮汐变化的周期，是月球周日运动的周期，即太阴日。

地球表面各点，一般说来，所受引潮力的大小和方向都不同，但对于同一天体来说，上、下中天有近似的对称性。由于日、月、地球具有周期性的运动，故潮汐现象也具有周期性变化。

三、潮汐的变化规律

（一）海洋潮汐的周期性

由前面分析知道，海洋潮汐主要是由月球引潮力引起的。通常将月球引潮力引起的潮汐叫太阴潮，太阳引潮力引起的潮汐叫太阳潮。

1. 潮汐的日变

由于地球的自转，同一地点向着月球和太阳与背着月球和太阳各一次，所以一日之内将发生两次涨潮和两次落潮，又由于海洋潮汐的主体是太阴潮，所以高潮与低潮相隔时间为 1/4 太阴日，即 6h 12.5min。可见，每太阴日内发生两次高潮和两次低潮是海洋潮汐的一个基本周期。

根据潮汐的日变，可分为半日周期潮和日周期潮。

（1）半日周期潮。当月球赤纬 $\delta = 0$ 时，即月球在赤道上空，潮汐椭球如图 7-20 所示。由于地球的自转，地球上各点的海面高度在一个太阴日内将两次升到最高和两次降到最低。两次最高的高度和两次最低的高度分别相等，并且从最高值到最低值以及从最低值到最高值的时间间隔也相等，形成半日潮。潮汐高度从赤道向两极递减，并以赤道为对称，故称为赤道潮（或分点潮）。

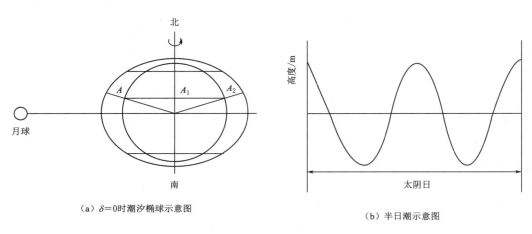

（a）$\delta = 0$ 时潮汐椭球示意图　　　　（b）半日潮示意图

图 7-20　半日周期潮

（2）日周期潮。当 δ 不为 0 时（图 7-21），不同纬度的潮型不同：在赤道为半日潮；在赤道至中纬地区为不规则半日潮（如 A 点），即在一个太阴日内也可出现两次高潮和两次低潮，但两次高潮的高度不相等，两次涨潮时也不等，形成日不等现象；在纬度 $\varphi \geqslant 90° - \delta$ 高纬地区为全日潮（如 C 点），即在一个太阴日内只有一次高潮、一次低潮。当月球赤纬 δ 增大到回归线附近时，潮汐周日不等现象最显著，这时的潮汐称为回归潮。

由于太阳赤纬变化，也能引起潮汐周日不等现象。在月球和太阳的赤纬都增大时，潮汐的周日不等现象就更加明显。

2. 潮汐的月变

由于太阳、月球和地球的会合运动，在一个朔望月（29.5306 日）内，日、月、地三者的相对位置发生变化，使得海洋潮汐以朔望月为周期变化（图 7-22）。在朔日（农历初一、新月）和望日（农历十

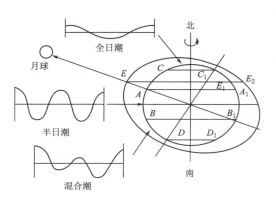

图 7-21　月球赤纬不为 0 时
潮汐椭球和潮汐类型

五、满月），太阳、月球和地球的中心几乎在一条直线上，太阳引潮力和月球引潮力最大限度地叠加，地球受到的引潮力相当于月球引潮力和太阳引潮力之和，形成高潮特高、低潮又特低，潮差最大，故称大潮。而在上弦（农历初八）和下弦（农历二十三）时，日、月、地三个天体的中心几乎成一直角位置，地球受到的引潮力相当于月球引潮力与太阳引潮力之差，合引潮力最小，形成高潮不高、低潮不低，潮差最小，所以称为小潮。可见，每朔望月内发生两次大潮和两次小潮也是潮汐的基本周期。大潮和小潮变化周期都为半个月，故称半月周期潮。

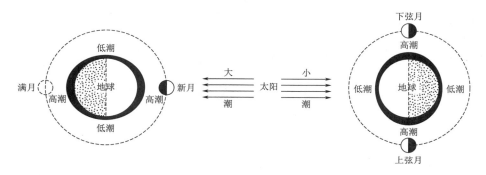

图 7-22 朔望月内的潮汐变化

月球绕地球旋转轨道为一个椭圆，地球位于椭圆内的一个焦点上。当月球运行到近地点时，引潮力要大一些，因此潮差也要大一些，这时所发生的潮汐，称为近地潮；当月球运行到远地点时，引潮力和潮差都要小一些，这时所发生的潮汐，称为远地潮。它们的变化周期为一个月，故称为月周期潮。

3. 潮汐的年变和多年变化

地球绕太阳公转，当地球运行到近日点时所产生的潮汐，要比地球运行到远日点时所产生的潮汐大，约大10%左右。近日点潮汐，称近日潮；远日点潮汐，称远日潮。它们的变化周期为一年。

月球的轨道长轴方向在不断地变化着，近地点也不断地东移，近地点的变化周期为8.85年，因此潮汐也有8.85年的长周期变化。又由于黄白交点的不断移动，其周期约为18.61年，故潮汐还有18.61年的长周期变化。

（二）地形对潮汐的影响

以上只考虑天文因素对潮汐的影响，实际上潮汐还要受当地自然地理条件的影响。各地海水对天体引潮力的反应，视海区形态而定。

物体失去外力作用后还能自行振动，该振动称为自由振动。其振动周期称为自然周期。潮汐是一种受迫振动，当受迫振动周期与海水本身的自然振动周期相接近时，便会产生共振，反应就强烈，振动就特别大；反之，振动就很小。而海水振动的自然周期与海区形态和深度有密切关系，故各海区对天体的引潮力反应也不同。例如，在雷州半岛西侧的北部湾为全日潮，而东侧的湛江港则为半日潮。又如钱塘江口，由于呈喇叭形，故常出现涌潮。其特点是潮波来势迅猛，潮端陡立，水花飞溅，潮流上涌，声闻数十里，如万马奔腾，排山倒海，异常壮观。这一奇特景观也叫怒潮。

四、潮流

海水受月球和太阳的引潮力而发生潮位升降的同时，还发生周期性的流动，这就是潮流。潮流也分为半日潮流、混合潮流和全日潮流 3 种。若以潮流流向变化分类，则外海和开阔海区，潮流流向在半日或一日内旋转 360°的，叫作回转流；近岸海峡和海湾，潮流因受地形限制，流向主要在两个相反方向上变化的，叫作往复流。此外，涨潮时流向海岸的潮流叫作涨潮流，落潮时离开海岸的潮流叫作落潮流。

潮流在一个周期里出现两次最大流速和两次最小流速。地形越狭窄，最大与最小流速的差值越大。潮流的一般流速为 4～5km/h，但在狭窄的海峡或海湾中，如我国的杭州湾，流速可达 18～22km/h。往复流最小流速为零时，称为"憩流"；憩流之后，潮流就开始转变方向。正因为潮流有周期变化，所以它只在有限的海区做往复运动或回转运动。

第五节　洋　　流

一、洋流的概念及其性质

（一）洋流的概念

洋流又称海流，通常指海洋中大规模的海水常年比较稳定地沿着一定方向（水平和垂直方向）做非周期性的流动。"非周期性流动"以区别于"潮流"。广义洋流也包括潮流。

洋流具有相对稳定的流速和流向。洋流流速的国际单位是 m/s，但航海实践中一般用 kn（节，海里/小时）表示。洋流的流向是指洋流流去的方向，被称为流向。

洋流与陆地上的河流相类同，也有一定的长度、宽度、深度、流速和流量。如世界最大的暖流墨西哥湾暖流，又称湾流，表层宽 100～150km，深 800m，最大流速 2.5m/s，流量高达每秒 8200 万 m^3，约等于世界河流流量总和的 20 倍。

（二）洋流的性质

洋流的性质通常用温度、盐度、密度来表示，主要是温度和盐度两种水文特征。它主要取决于洋流所处地理环境和水层位置。

二、洋流的成因和分类

洋流的成因及其影响因素众多而复杂。风即行星风系和大气运动所产生的切应力，是洋流的主要动力。大气压力的变化、海水密度的差异、引潮力和海水的流失均能形成洋流。此外，地转偏向力、海陆分布、海底起伏等，对洋流均有不同程度的影响。洋流按其成因可分为风海流、梯度流、补偿流和潮流四个类型。

（一）风海流

风海流又称漂流或吹流，是指风作用于海面所引起的大规模海水流动。盛行风（定常风、恒定风）经常作用于海面上，由于风对海面的摩擦力作用，以及风对波和浪迎风面所施加的压力，推动着表层海水随风漂流，并借助于水体的内摩擦作用，动量下传，上层海水带动下层海水流动，形成规模巨大的洋流，叫风海流。风海流和风浪是风作用于海面所产生的一对孪生子。世界大洋表层洋流系统，主要是风海流。风海流可分为深海风海流和浅海风海流两类。

南森（F. Nansen）于1902年观测到北冰洋中浮冰随海水运动的方向与风吹方向不一致，他认为这是由于地转效应引起的。后来由埃克曼（Ekman）从理论上进行了论证，提出了漂流理论，奠定了风生海流的理论基础。

埃克曼漂流理论的基本假定：海区无限深广，海水运动不受海底和海岸边界的影响；没有发生增减水现象，并且海水密度均匀，可认为是一个常量；不考虑地转偏向力随纬度的变化；作用在海面上的风场是均匀的，时间是足够长的。在这些假定条件下，他得出深海风海流的特性。

1. 风海流强度与风的切应力大小有密切的关系

切应力 τ_a 的表达式为

$$\tau_a = c\rho_a w^2 \approx 0.02 w^2 \tag{7-12}$$

式中：c 为系数；ρ_a 为空气密度，t/m^3 或 g/cm^3；w 为风速，m/s。

由式（7-12）可以看出，风的切应力大小与风速的平方成正比，亦即风海流强度与风速的平方成正比。

2. 风海流表面流流向偏离风向45°，偏角随深度的增加而加大

受地转偏向力（科里奥利力）作用，洋面流流向与风向不一致，在北半球偏于风向右方45°，在南半球偏于风向左方45°。该偏角与风速和流速无关，并随着深度的增加，偏角线性增大，直到某一深度，流向与表面流相反，这一深度称为摩擦深度 D，又称埃克曼深度。通常把摩擦深度 D 作为风海流的下限深度，一般为 $100 \sim 300\mathrm{m}$，可按经验公式计算确定：

$$D = \frac{7.6w}{\sqrt{\sin\varphi}} \tag{7-13}$$

式中：φ 为地理纬度，（°）。

从海面至摩擦深度处的水层称为埃克曼层。埃克曼漂流的流速矢端在空间所构成的曲线称为埃克曼螺旋，其在水平面上的投影则称为埃克曼螺线（图7-23）。

3. 风海流表层流速最大，流速随水深增加迅速减小

风海流表层流速最大。埃克曼根据大量观测资料，得到风海流表层流速 v_0 与风速 w 的经验关系

$$v_0 = \frac{0.0127w}{\sqrt{\sin\varphi}} \tag{7-14}$$

从海面向下，流速随水深增加而按指数规律递减。海面以下 Z 深度处流速的表达式为

$$v_Z = v_0 \mathrm{e}^{-\frac{\pi Z}{D}} \tag{7-15}$$

式中：v_Z 为水深 Z 处的流速，m/s。

当 $Z = D$ 时，式（7-15）可写为

$$v_Z = v_0 \mathrm{e}^{-\pi} = 0.043 v_0 \tag{7-16}$$

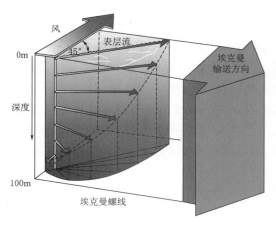

（a）立体图　　　　　　　　　　（b）投影图

图 7-23　北半球深海风海流结构（埃克曼螺旋）示意图

由此可见，摩擦深度 D 上的流速很小，仅为表面流速的 4.3% 左右。

4. 深海风海流水体输送方向偏离风向 90°

深海风海流的表面流流向偏离风向 45°，而在摩擦深度处洋流流向与表面流相反。就总体而言，风海流受到的内摩擦力为零，风海流受到风应力和地转偏向力作用，当两个力平衡时，稳定风海流的体积运输方向与风向的夹角就是 90°。即风海流的整个海水体积运输方向与风向不一致，北半球偏离风向之右 90°，南半球偏离风向之左 90°。

浅海风海流的特性，是表层风海流的流向与风向间的偏角随海水深度（Z）与摩擦深度（D）的比值（Z/D）的减小而减小。当 $Z=0.1D$ 时，风海流流向与风向一致；当 $Z=0.25D$ 时，风海流流向与风向成 21.5° 角度；当 $Z=1/2D$ 时，其夹角增大到 45°；当 $Z \geqslant 1/2D$ 时，风海流流向与风向的偏角几乎不变（为 45°）。

（二）梯度流

梯度流又称地转流，其形成类似于大气运动中的地转风。它是指当等压面发生倾斜时，海水的水平压强梯度力和水平地转偏向力达到平衡时形成的稳定海流。根据引起等压面发生倾斜的原因不同，梯度流又可分为倾斜流和密度流两种。

1. 倾斜流

倾斜流（坡度流）是指由于风力作用、气压变化、降水或大量河水注入等原因造成海面倾斜形成坡度，从而引起的海水流动。

2. 密度流

密度流是指由于海水温度、盐度的不均匀，使得海水密度分布不均匀，进而导致压力分布不均匀，海面发生倾斜而引起的海水流动，又叫热盐环流。

密度流是海水本身的密度在水平方向上分布的差异引起的。海水的密度取决于海水的温度、盐度和压力，在水平方向的分布因地而异。通常海水的盐度变化范围不大，而海水的温度差别较大，因此海水的密度主要取决于海水的温度。例如，其一海区由于接收太阳的热量多而水温升高，体积膨胀，密度变小，海面（等压面）会稍稍升高；在另一海区接收的太阳热量相对少,水温变低,体积缩小,密度相对变大,从而海面(等压面)相对变低些。两个海区间海面及其以下各层等压面产生不同程度的倾斜,即海水内部任意一个水平面(即等势面)上压力都不相同。在水平压强梯度力的作用下,海水从压力大的地方向压力小的地方流动。一旦海水开始流动,地转偏向力立即发生作用,使海水运动方向不断偏转(北半球右偏,南半球左偏),直到地转偏向力与水平压强梯度力达到平衡时形成稳定的海水流动,叫作密度流。

相邻海区由于海水密度不同,表层海水由密度小的海区流向海水密度大的海区。例如地中海-大西洋密度流的表层流向为大西洋流向地中海,红海-印度洋密度流的表层流向为印度洋流向红海,大西洋-波罗的海密度流的表层流向为波罗的海流向大西洋。

(三)补偿流

补偿流是指因某种原因造成某一海区海水流出,而由相邻海区的海水流来补充,产生的海水流动,包括水平方向的补偿和垂直方向的补偿。如信风带大陆西岸,受离岸风作用,表层海水离岸而去,深部海水上升补充形成上升流,又叫涌升流。

(四)潮流

潮流是指由日、月天体引潮力作用引起的海水周期性水平流动,与潮汐相伴而生。

此外,根据洋流的水温与其流经海区水温(环境温度)的对比关系,洋流可分为寒流与暖流。

寒流又称冷洋流,其水温低于流经海区的温度,通常从较高纬度海区流向较低纬度海区,沿途水温逐渐升高,对沿途气候具有降温减湿作用,在洋流图中,一般用蓝色箭头表示。

暖流的水温高于其流经海区的温度,通常从较低纬度海区流向较高纬度海区,水温沿途逐渐降低,对沿途气候具有增温增湿作用,在洋流图中一般用红色箭头表示。

三、大洋表层环流系统

(一)大洋表层环流模式

大洋环流(ocean circulation)是存在于大洋中的海水环流,是指在海面风力及热盐等作用下,海水从某海域向另一海域大规模非周期性流动而形成的首尾相接的相对独立的环流系统或流涡,可分为表层环流和深层环流。深层环流主要是热盐环流(密度流),表层环流主要是风生环流。

盛行风(信风、西风、极地东风等)是形成洋面流的主要动力,洋面流模式与行星风系和气压场模式密切对应(图7-24)。

1. 副热带反气旋型大洋环流

以副热带高压为中心形成亚热带环流,由于环流中心处于亚热带,环流流向与反气旋型大气环流流向一致,所以称为亚(副)热带反气旋型大洋环流,是由赤道洋流、西边界流、西风漂流、东边界流首尾相接组成的大型环流系统。

(1)赤道洋流。在南半球稳定的东南信风和北半球稳定的东北信风的驱动作用下,形成南、北赤道洋流,亦称信风漂流。赤道洋流规模宏大,自东向西流动,横贯大洋,宽度约2000km,厚度约200m,表面流速为20~50cm/s,靠近赤道一侧达50~100cm/s。由于赤道无风带的平均位置在3°N~10°N之间,因此南北赤道流也与赤道不对称。

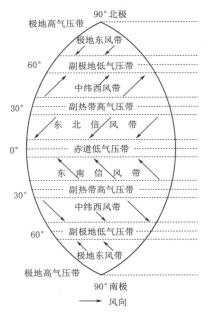

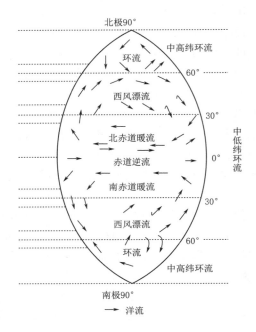

（a）全球气压带和风带分布　　　　　　（b）大洋表层洋流模式

图 7-24　全球风带和洋流模式

（2）西边界流。南、北赤道洋流流到大洋西岸受大陆阻挡南北分流，受地转偏向力作用大部分海水流向较高纬度形成西边界流。西边界流主要包括北太平洋的黑潮、南太平洋的东澳大利亚暖流、北大西洋的湾流、南大西洋的巴西暖流以及印度洋的莫桑比克暖流等，它们都是南、北半球主要反气旋式大洋环流的一部分，也是南、北赤道流的延续。西边界流来自热带洋面，水温高，流速大，是较强的暖流，将大量的热量和水汽向高纬度输送，具有赤道流的高温、高盐、高水色和透明度大等特征。

（3）西风漂流。西风漂流是指在盛行西风的吹送下，海水自西向东大规模流动所形成的洋流。在北半球，西风漂流是黑潮和墨西哥湾暖流的延续，分别称为"北太平洋暖流"和"北大西洋暖流"。在南半球因无大陆的阻挡，各大洋的西风漂流彼此沟通而连在一起，形成了横亘太平洋、大西洋和印度洋的全球性环流，但其性质为寒流。这主要是南极大陆低温、冰雪降温和强劲干冷的极地东风的降温作用而导致的。西风漂流既是南、北半球高纬海区气旋式冷水环流的组成部分，也是南、北半球反气旋式暖水环流的组成部分。

（4）东边界流。西风漂流流至大洋的东岸分支，一支主流沿着大陆的西海岸流向低纬，分别汇入南、北赤道流中，构成了大约在纬度 40°以下顺时针方向（南半球逆时针方向）的大循环。这些大洋东部的海流，称为大洋的东边界流。东边界流流幅宽广、涉及深度较浅、流速较慢，具有寒流性质。东边界流具有低温、低盐、水色低、透明度小、含氧量高、浮游生物繁盛、海水几近绿色等特点。东岸多有上升补偿流。属于这类寒流的有北太平洋的加利福尼亚寒流、南太平洋的秘鲁寒流、北大西洋的加那利寒流、南大西洋的本格拉寒流、南印度洋的西澳大利亚寒流等。

2. 赤道环流

围绕赤道低压系统形成赤道环流，北半球部分的赤道环流呈逆时针方向流动，而南半球部分的赤道环流则呈顺时针方向流动。在北半球，由北赤道流和赤道逆流构成一个逆时针旋转的环流或流涡；在南半球，由南赤道流和赤道逆流构成了一个顺时针旋转的流涡。

赤道逆流是位于南、北赤道洋流之间，与赤道无风带对应的一支洋流。南、北赤道洋流到达大洋西岸时，受大陆阻挡分支，形成自西向东流动的，具有补偿流和倾斜流性质的赤道逆流，以补充大洋东部因信风洋流带走的海水。赤道逆流自东向西逐渐加强，是一支高温低盐流。

3. 副极地气旋型大洋环流

在北半球，西风漂流到达大洋东岸后流向高纬的分支是暖流，进入极地东风带后，在极地东风和海岸的影响下，先向西然后在大洋西部折向南行，具有寒流性质。它在 40°N 附近与西风漂流汇合，构成一个反时针方向的大洋环流。该环流中心处于副极地，环流流向与气旋流向一致，故称为副极地气旋型大洋环流。这个环流的海水温度较低，特别是大洋西岸，冬季结冰，春夏多浮冰和冰山，所以这个系统也被称为冷水环流系统。

在南半球因陆地少，三大洋在西风带里相互连接，西风强劲，相应而形成自西向东的西风漂流，没有出现顺时针方向的环流。在南极大陆周围出现受极地东风影响而产生的自东向西的南极海流，这种海流常被南极岸形和其他因素影响而发生的地方性海流所切断。

北印度洋海流受季风影响，随季风的风向变化而变动，称为季风洋流。

综上所述可知，实际海洋主要环流系统的形成是盛行风带、地转偏向力、海陆岸形分布等因素共同作用的结果。

（二）世界大洋表层洋流分布概况

世界大洋表层环流结构具有以下特点：①在中低纬度的热带和亚热带海区，以南、北回归高压带为中心形成反气旋型大洋环流；②在北半球中、高纬海区，以副极地低压区为中心形成气旋型大洋环流；③在南半球中高纬海区没有气旋型大洋环流，而被西风漂流所代替；④在南极大陆形成绕极环流；⑤在北印度洋形成季风环流区。

1. 太平洋表层洋流

北太平洋中低纬海域是由北赤道流、黑潮、北太平洋暖流、加利福尼亚寒流所组成的顺时针旋转的环流系统。中高纬海域是由北太平洋暖流、阿拉斯加暖流、阿留申暖流和亲潮（寒流）所组成的逆时针旋转的环流系统。

北赤道流受东北信风驱动在 10°N～22°N 之间自东向西流动，横越太平洋。其在菲律宾群岛海岸附近分两支：一支向南转向东汇入赤道逆流；主支由台湾外侧进入东海，沿琉球群岛西侧北上，形成著名的黑潮。

黑潮是北太平洋副热带环流系统中强大的西部边界流，具有流速快、流量大、流幅窄、高温、高盐等特征。起源于吕宋岛以东海域北赤道流的主分支，挟带着北太平洋的亚热带海水，沿着菲律宾群岛北上。黑潮通过台湾东侧与石垣岛之间，沿东海大陆坡北上，穿越吐噶喇海峡，沿日本南岸东流。黑潮流速在吕宋岛东约 0.5～1.0m/s，至日本南岸可达 1.5～2.0m/s。通常，从台湾到 35°N 处这一段称为黑潮。在 35°N 附近，黑潮离开海岸向东流去，至 160°E 这一段称为黑潮续流。这一段又分为两支：一支继续流向东北，可达 40°N 附近，在那里与北方南下的亲潮寒流汇合；主支向东流，在西北太平洋海隆附近延伸成北太平暖流，流向北美洲西岸。

北太平洋洋流，到达北美西岸分为南北两支。加利福尼亚海流是北太平洋洋流的南支，流速较小，属于冷洋流。北太平洋洋流的北支，沿加拿大西海岸进入阿拉斯加湾，形成阿拉斯加暖流。阿拉斯加暖流的一部分沿阿留申群岛南下汇入北太平洋洋流，被称为阿留申海流。

白令海洋流和来自北冰洋经白令海峡流出的冷洋流一起，沿大陆东岸南流，沿途汇合了来自鄂霍次克海、千岛附近的海冰融化而成的海水南下，形成了北太平洋上水温最低的冷洋流，称为亲潮。亲潮的特点是冬春势力强，夏季势力较弱。

南太平洋中低纬海域是由南赤道流、东澳暖流、西风漂流和秘鲁寒流组成的反气旋型（逆时针方向）环流的系统。

南赤道流约在 4°N～10°S 之间自东向西流动，其主流到太平洋西部后沿澳大利亚东岸向南流动，称为东澳暖流。它在 40°S 以南与南大洋的西风漂流汇合。南太平洋的西风漂流，在南半球整个西风带上自西向东越过南太平洋到南美西岸后北上，形成秘鲁洋流，秘鲁洋流是世界大洋中行程最长的一股冷洋流。秘鲁洋流在尚未到达加拉帕戈斯群岛时，就转而向西，汇入南赤道流，构成南太平洋上的反时针洋流系统。

2. 大西洋表层洋流

北大西洋中、低纬海域是由北赤道流、墨西哥湾流、北大西洋流和加那利洋流所组成的反气旋型（顺时针方向）洋流系统。高纬海域主要是由北大西洋暖流、爱尔明格暖流、东格陵兰寒流、西格陵兰暖流和拉布拉多寒流所组成的气旋型（逆时针）环流系统。

北赤道流源于北非大陆西岸的佛得角群岛，在向西流动的过程中与南赤道流的越过赤道北上的一支圭亚那流汇合后，又在安的列斯群岛南端的近海分为两支：一支沿安的列斯群岛的外侧大致向西北方向前进，称为安的列斯海流；另一支流入加勒比海，再入墨西哥湾回旋后，经佛罗里达海峡流出，沿着北美大陆的边缘北上，在安的列斯群岛以北，与安的列斯海流汇合，形成世界大洋上最强大的暖流——墨西哥湾流，简称湾流（gulf current）。湾流沿北美海岸流至 35°N 附近后离开海岸，约在哈特拉斯角以南转入深海区。

湾流是世界上最强大的暖流。湾流的水温很高，常可达 30℃ 以上，其宽度虽不宽，但流量相当大，流量可达 60～100×10^6 m^3/s，流速最高可达 2～2.5m/s。湾流到达 40°N 附近折向东北横过北大西洋，改称北大西洋暖流，流速为 0.5～0.7m/s，它的水温仍很高，把大量的热量输送至高纬，使西、北欧冬季气温比同纬度的亚洲大陆东岸高出 10℃ 以上。

北大西洋暖流在大洋东部形成几个主要分支，分别向南或向北流去：一支从伊比利亚半岛和亚速尔群岛之间南下，称为加那利寒流；一支经挪威沿岸向北流，称为挪威暖流；一支向北，经冰岛南部转向西流，称为爱尔明格暖流。

东格陵兰海流沿格陵兰东岸南下，具有寒流性质；西格陵兰海流沿格陵兰西岸北上，具有暖流性质。拉布拉多海流是沿北美东岸南下的强冷流，发源于北极水域，水温很低，并将格陵兰的冰川崩解而成的大量冰山和流冰带往纽芬兰浅滩。

南大西洋的洋流主要是由南赤道流、巴西洋流、西风漂流和本格拉洋流组成的反气旋（逆时针）环流系统。南赤道流由几内亚湾开始，沿着4°N～10°S之间向西流动。巴西洋流是南赤道流沿南美洲东岸南下之暖流，流速以在巴西里约热内卢东北海岸最快。从此以后分支向左旋转，末端与沿阿根廷海岸北上的福克兰寒流相遇后，再汇入西风漂流。南大西洋西风漂流在接近好望角时，一部分沿非洲海岸北上，形成本格拉寒流。

3. 印度洋表层洋流

北印度洋的洋流受季风制约，是著名的季风海流区。冬季盛行东北季风，整个北印度洋洋面主要是自东向西或向西南的东北季风洋流。东北季风漂流与自西向东的赤道逆流组成一个逆时针环流。

夏季西南季风期间（5—10月），赤道逆流消失，整个北印度洋直到5°S，均为自西向东的西南季风漂流。西南季风漂流以7—8月最明显，与南赤道流构成一个顺时针环流。

南印度洋的洋流基本符合南大洋洋流模式，主要的表层海流为一逆时针方向的环流系统。南赤道流从澳大利亚西北海岸，在10°S～30°S之间自东向西横越印度洋，平均流速为0.75m/s。当它接近马达加斯加岛时，一部分洋流转为沿该岛东岸南下，称马达加斯加暖流，最后汇入西风漂流。另一部分经马达加斯加北部，遇非洲海岸分支。其北支，冬季沿坦桑尼亚海岸北上汇入赤道逆流；夏季，则沿索马里海岸北上，称为索马里海流，最大流速可达2.5m/s。其南支，沿莫桑比克海岸南下，叫莫桑比克暖流。这股海流向南流速逐渐增大，经厄加勒斯沿岸时可达2.3m/s，称厄加勒斯暖流，也是世界大洋中较稳定的强流之一。西风漂流越过南印度洋到达澳大利亚西岸后部分北上，形成西澳寒流。

4. 南极绕极环流

南大洋或南极海，是世界第五个被确定的大洋，是围绕南极洲的海洋，由南太平洋、南大西洋和南印度洋各一部分，连同南极大陆周围的威德尔海、罗斯海、阿蒙森海、别林斯高晋海等组成。

南极绕极环流为由极地东风漂流和西风漂流所组成的双圈反向环流，是世界大洋中唯一环绕地球一周的大洋环流，也是世界上流量最强大的洋流，其流量相当于强大的湾流和黑潮的总和，但流速很小，仅为黑潮的1/10。

在南大洋，在南极大陆边缘一个很狭窄的范围内，由于极地东风的作用，形成了一支自东向西绕南极大陆边缘的小环流，称为东风环流。南极绕极环流的主流是自西向东横贯太平洋、大西洋和印度洋的全球性环流，即环绕整个南极大陆并且宽阔、深厚而强劲的西风漂流。其海水具有低温、低盐、高密度特征。

四、大洋深层环流系统

大洋深层环流是由海水温度和盐度变化引起的密度差异而形成的，又称温盐环流或热盐环流。当某一海区由于温度降低或盐度增大而使表层海水的密度增大时，必然会引起海水的垂直对流，密度较大的海水下沉，直至与其密度相同的层次。若下沉海水规模宏大，必将保持其在海面所获得的温度、盐度、密度、含氧量等属性。越是接近下沉海水的中心部位，其与周围海水的混合越弱，保持其原有属性的状态越稳定。因此，追踪温度、盐度分布的核心值，就成为研究深层洋流运动的基本方法。在垂直方向上，大洋深层环流系统结构可以分为 2 个次级基本环流系统和 5 个基本水层，自上而下分别是：暖水环流系统，包括表层水和次层水；冷水环流系统，包括中层水、深层水和底层水。5 个水层海水的密度自表层向下递增。

（一）暖水环流系统

大洋暖水环流分布于南北纬 40°～50°之间的海洋表面至 600～800m 水层中，其特征是垂直涡动、对流较发达，温度、盐度具有时间变化，受气候影响明显而水温较高，因垂向上有明显的温度、盐度和密度跃层存在而可分为表层水和次层水 2 个水层。

1. 表层水

表层水一般介于洋面至 100～200m 深度，由于受大气的直接作用，温度和盐度的季节变化较大。

2. 次层水

次层水为处于表层水以下、主温跃层以上的水层，由表层水在副热带海域辐聚带下沉而形成，深度介于洋面以下 300～400m，个别海区可达 500～600m。次层水为高温高盐水，密度不大，只能下沉到表层水以下的深度上。其中大部分水量流向低纬一侧，沿主温跃层散布，在赤道辐散带上升至表层；小部分水量流向高纬一侧，在中纬度辐散带上升至表层。

（二）冷水环流系统

1. 中层水

中层水位于主温跃层之下，主要为南极辐聚区和西北辐聚区（亚北极）海水下沉形成，温度为 2.2℃，盐为 33.8×10^{-3}，密度大于次表层水。海水下沉至 800～1000m 深度，一部分水量加入南极绕极流，一部分水量向北散布进入三大洋，在大西洋可达 25°N，在太平洋可越过赤道，在印度洋可抵达 10°S。大西洋和印度洋中存在高盐中层水。北大西洋的高盐地中海水（温度为 13℃，盐度为 37×10^{-3}）由直布罗陀海峡溢出，下沉至 1000～1200m 深度上散布；印度洋中的红海高盐水（温度为 15℃，盐度为 36.5×10^{-3}）通过曼德海峡流出，在 600～1600m 深度上沿非洲东岸向南散布，与南极中层水混合。

2. 深层水

深层水介于中层水和底层水之间，在 2000～4000m 的深度上，主要在北大西洋格陵兰南部海域形成。东格陵兰流和拉布拉多寒流输送的极地水与湾流混合（盐度为 34.9×10^{-3}，温度近 3℃）后下沉，向整个洋底散布，在大洋西部接近 40°N 处与来自南极密度更大的底层水相遇，在其上向南、向东流，加入西风漂流进入印度洋和太平洋。太平洋的深层水由南大西洋的深层水与南极底层水混合而成。与大西洋具有明显分层特征不同的是，太平洋深层水在 2000m 以下温度和盐度分布均匀，温度为 1.5～2℃，盐度为 34.60×10^{-3}。大洋深层水在加入绕极环流的同时，逐渐上升，在南极辐散带可上升至海面，与南极表层水混合后，分别流向低纬和高纬，加入南极辐聚带和南极大陆辐聚带。

3. 底层水

底层水具有最大密度，沿洋底分布，主要源地是南极大陆边缘的威德尔海和罗斯海，其次为北冰洋的格陵兰海和挪威海。威德尔海水温低达 -1.9℃，盐度为 34.6×10^{-3}，在冬季结冰过程中海水密度加大，沿陆坡下沉到海底，一部分加入绕极环流，一部分向北进入三大洋，在各大洋中沿洋盆西侧向北流动，在大西洋可达 40°N 与北大西洋深层水相遇成为深层水的一部分，在印度洋可达孟加拉湾和阿拉伯海，在太平洋可达阿留申群岛。北冰洋底层水温度为 1.4℃，盐度为（34.6～34.9）×10^{-3}，几乎处于被隔绝状态，偶尔可有少量海水通过海槛溢出进入大西洋。

综上所述，世界大洋环流系统由表层环流系统和深层环流系统构成，表层环流系统为风生环流系统，受行星风系、气压场及海陆分布状况的影响和控制。大洋深层环流系统为温盐环流系统，由温度及盐度导致密度不均而引起。

五、大洋水团

（一）水团的概念与分类

1. 水团的概念

水团是指源地和形成机制相近，具有相对均匀的物理、化学和生物特征及大体一致的变化趋势，而与周围海水存在明显差异的宏大水体。水团的边界，就是水团与水团间的交界面（或交界区），实际上是水团间的过渡带或混合区，在海洋学上称为锋。锋面两侧的海水在理化特性上截然不同。锋区附近海水混合强烈，两种水团带来的营养盐类丰富，浮游生物多，因而引来大量的鱼群，往往成为著名的渔场。

水团的性质主要取决于源地所处的纬度、地理环境和海水的运动状况。水团在这些外界因素的影响下，逐渐具备某种性质，并在一定条件下达到最强，这个过程就是水团的形成过程。绝大多数水团是一定时期内在海洋表面获得其初始特征，然后因海水混合或下沉、扩散而逐渐形成的。水团形成后，其特征会因外界环境的改变而变化，最终因动力或热力效应而离开表层，下沉到与其密度相当的水层，然后通过扩散或与周围海水混合，形成表层以下的各种水团。

水团内性质相对较为均一，但是也存在空间差异。水团中水文特征最为显著的部分水体称为水团的核心。水团核心特征值的高低反映了整个水团的特征，位置的变化往往标志着水团的迁移。水团强度是水团体积和主要特征值大小的体现。

2. 水团的类型划分

水团按照不同的依据，可以有多种类型划分方法。

按照水温的差异，水团可以划分为暖水团和冷水团 2 类。暖水团的水温较高，盐度和透明度较大，有机质含量较少，含氧量较低，养分含量较少。冷水团的水温较低，盐度和透明度较小，有机质含量较多，含氧量较高，营养成分丰富。

按照理化特性垂直分布的差异，可以在 5 个基本水层的基础上，将水团划分为 5 种类型。表层水团的源地为低纬海区密度最小的表层暖水本身，具有高温、相对低盐等特征。次层水团下界为主温跃层，南北水平范围在南北极锋之间，由副热带辐聚区表层海水下沉而形成，具有独特的高盐和相对高温特征。中层水团介于洋面以下 1000～2000m 之间，由表层海水在西风漂流辐聚区下沉而形成，具有低盐特征，但地中海水、红海-波斯湾水具高盐特征。深层水团的源地在北大西洋上部但在表层以下深度上，因此贫氧是其主要特性，深度约在洋面以下 2000～4000m 的范围内。底层水团源于极地海区，具有最大密度。

此外，水团还可以依据划分的原则，在第一级的基础上进行更低级别的划分。例如，在大西洋中，可把表层水划分为南、北大西洋表层水2个水团。

（二）水团的变性

在一定条件下，水团的特性强度可逐渐降低，这一现象及其过程称为水团的变性。导致水团变性的内部因素主要是水团间的热、盐交换，外部因素主要是海水与大气间的热交换和外部条件变化而引起的温度、盐度变化。水团变性过程依其原因不同，一般可分为区域变性、季节变性和混合变性3种。

在浅海区域，海—陆和海—气之间的相互作用更为显著，地形和水流状况更为复杂，使得海水的混合加剧，浅海水团的变性特别强烈。因此，浅海水团的研究，实际上更侧重于浅海水体变性的研究。由于浅海水团远较大洋水团保守性和均一性差而变性显著，故有人主张把浅海区域的一些水体称为浅海变性水团。中国近海大部分处于中纬度温带季风区，季节变化显著，深度较小，一般不足200m，区域宽阔，岛屿众多，岸线复杂，东部海域有强大的黑潮及其分支经过，西部有众多的江河径流入海，水团及其变性更加复杂。

六、中尺度涡旋

经典风成大洋环流理论认为，在各环流体系的海流范围内，海水流动速度较快，属于海洋的强流区；而在各环流中心，流速不超过1cm/s，属于洋流的弱流区。然而20世纪70年代以来，海洋水文物理学方面一个引人注目的重大进展，就是发现海洋中存在着许多中尺度涡旋。这些中尺度涡旋不仅存在于强流区洋流的两侧，而且在环流中部的弱流区、数千米的深海处也均有发现。

（一）中尺度涡旋的概念与类型

中尺度涡旋是指海洋中直径为100～300km，寿命为2～10个月的涡旋。其厚度不等，一般为400～600m，最厚可从表层一直延伸到海底。相比于常见的肉眼可见的涡旋，中尺度涡旋直径更大、寿命更长；但其相比一年四季都存在的海洋大环流又小很多，故称其为中尺度涡旋。它类似于大气中的气旋和反气旋，故也称为天气式海洋涡旋。

中尺度涡旋的分布很广，在世界各大洋中均有发现，绝大部分发生于北大西洋，特别是百慕大附近海域和湾流区。墨西哥湾流区是中尺度涡旋发生最多的海域，平均每年有5～8个；其次是太平洋西北部海域，黑潮两侧多有分布；印度洋红海北部、苏伊士湾等处也均有发现。

按照自转方向和温度结构，中尺度涡旋可分为两种类型，一是气旋式涡旋，在北半球为逆时针旋转，中心海水自下向上运动，使海面升高，将下层冷水带到上层较暖的水中，使涡旋内部的水温比周围海水低，又称为冷涡旋；二是反气旋式涡旋，在北半球为顺时针旋转，其中心海水自上向下运动，使海面下降，携带上层的暖水进入下层冷水中，涡旋内部水温比周围水温高，又称为暖涡旋。

（二）中尺度涡旋的运动方式

中尺度涡旋的运动有自转运动、平移运动和垂直运动三种方式。中尺度涡旋会改变流经海区原有的海水运动，使得海流的方向变化多端，流速增大数倍至数十倍，并伴随有强烈的水体垂直运动。旋涡中心势能最大，越远离中心，势能越小。

第六节 海平面及其变化

一、海平面及其变化的概念

（一）海平面的概念

海平面（sea level）是地球海面的平均高度，指在某一时刻假设没有潮汐、波浪、海涌或其他扰动因素引起的海面波动，海洋所能保持的水平面。基于人类对海水表面位置的传统观念，为了确定大地测量高程的零点，人们假定在一定长的时间周期内，海水表面的平均高程是静止不动的。这个海水表面的平均高程就是平均海平面，它可以作为大地测量的基准面。陆地上各个点同这个基准面的相对高程，就是各个点的绝对高程，又叫海拔高程。

我国海平面起算点（或者叫高程零点），设在山东省青岛市海军一号码头上的验潮站内。青岛地处我国地理纬度的中段，为花岗岩地区，地壳比较稳定。海军一号码头验潮站，验潮时间长，资料连续而丰富，因此通过科学的方法计算出日平均海平面、月平均海平面、多年平均海平面，是相对稳定可靠的，当然这个测算过程是比较复杂的。经过国家权威部门的确认，我国高程零点——黄海平均海平面，在1954年就确定下来，并投入使用。在黄海平均海平面确定的同时，还在青岛观象山上，设置了水准测点，这个水准测点高出黄海平均海平面72.289m，是用特殊材料做成的，因此极为稳定。在青岛市区又建立若干副点，组成水准测点网，中国的高程测量起算零点就这样建立起来了。在观察海平面的变化中，高程零点起着非常重要的作用，它能非常准确客观地描绘出大自然的细微变化。

（二）海平面变化的概念

海平面变化是由海水总质量、海水密度和海盆形状改变引起的平均海平面高度的变化。在当今全球气候变暖背景下，由于极地冰川融化、上层海水变热膨胀等原因，全球海平面呈上升趋势。海平面上升是一种缓发性的自然灾害，已经成为海岸带的重大灾害。海平面上升将淹没滨海低地，破坏海岸带生态系统，加剧风暴潮、海岸侵蚀、洪涝、咸潮、海水入侵与土壤盐渍化等灾害，威胁沿海基础设施安全，给沿海地区经济社会发展带来多方面的不利影响。2001年，由于海平面上升，太平洋岛国图鲁瓦举国移民新西兰，成为世界上首个因为海平面上升而全民迁移的国家。如果海平面上升1m，全球将会有$500 \times 10^4 km^2$的土地被淹没，会影响世界10多亿人口和1/3的耕地。同时，根据IPCC（Intergovernmental Panel on Climate Change，联合国政府间气候变化专门委员会）第四次评估报告的结论，即使温室气体浓度趋于稳定，人为增暖和海平面上升仍会持续数个世纪。

中国沿海地区经济发达、人口众多，是易受海平面上升影响的脆弱区。2017年，国家海洋局组织开展了海平面监测、分析预测、海平面变化影响调查及评估等业务化工作，监测和分析结果表明：1980—2017年中国沿海海平面上升速率为3.3mm/a，高于同期全球平均水平；2017年中国沿海海平面为1980年以来的第四高位；高海平面加剧了中国沿海风暴潮、洪涝、海岸侵蚀、咸潮及海水入侵等灾害，给沿海地区人民生产生活和社会经济发展造成了一定影响。

对于全球海平面变化的研究，目前主要依靠验潮站或者全球海平面观测系统以及卫星高程监测。验潮数据是监测海平面变化的重要数据。目前全球分布有 2000 多个验潮站，其数据采集的时间序列从几十年到几百年不等。全球海平面观测系统（global sea level observing system，GLOSS）的核心工作网（GCN，也被称作 GLOSS 02）就是由分布在全球的 290 个验潮站组成。这些验潮站对全球海平面变化趋势和上升速率进行监测，并为长期气候变化研究提供帮助，如为 IPCC 提供数据支持等。

许多学者利用验潮站观测数据计算出 20 世纪海平面升高范围（表 7-8）。由于选取的验潮站数量和时间序列不同，结论差异很大，即使选取相同的时间段和验潮站数量，由于使用不同的模型和计算方法，得出的结果也不一样。

表 7-8　　　　　　　　　利用验潮站数据对海平面上升的估算

海平面升高/(mm/a)	误差/(mm/a)	数据时段	潮站数量	研究者或研究小组
1.43	±0.14	1881—1980 年	152	Bamett
2.27	±0.23	1930—1980 年	152	Bamett
1.2	±0.3	1880—1982 年	130	Gomitz & Lebedeff
2.4	±0.9	1920—1970 年	40	Peltier & Tushingham
1.75	±0.13	1900—1979 年	84	Trupin & Wahr
1.7	±0.5	NA	NA	Nakiboglu & Lanbeck
1.8	±0.1	1880—1980 年	21	Douglas
1.62	±0.38	1807—1988 年	213	Unal & Ghil

注　NA 表示数据缺失。

二、海平面上升的原因

海平面上升从成因看可分为气候变暖引起的全球海平面上升（也称绝对海平面上升）和区域性相对海平面上升 2 种。前者是由于全球温室效应引起气温升高，海水增温引起的水体热膨胀和冰川融化所致；后者除绝对海平面上升外，主要还由沿海地区地壳构造升降、地面下沉及河口水位趋势性抬升等所致。

影响海平面变化的因素有很多，主要有四大类：①气候变化引起海水数量和体积变化；②地壳运动引起洋盆容积变化；③大地水准面-海平面变化；④动力海平面变化。人类活动出现以前，海平面的变化主要受自然因素的影响；人类活动出现以后，海平面的变化就受到了人为因素的影响。特别是 18 世纪末工业革命后，人类大量使用化石燃料，导致向大气中排放的 CO_2 等温室气体的数量剧增，使得全球气候变暖。年平均气温上升不仅使冰川融化，增加海水数量，而且还使海水受热膨胀体积增加，因而使得全球性的绝对海平面上升。区域性的相对海平面上升的情况就更复杂，相对海平面上升不仅包括绝对海平面上升的因素，还与当地的地理构造和海洋气象条件等有关。例如地壳的垂直形变、地面沉降、厄尔尼诺、南方涛动和黑潮大弯曲现象，降水量和河流入海径流量等。

1. 全球气候变暖

全球性的气候变暖是海平面上升最根源的因素。

人类活动对环境以及人类生活本身的最明显影响出现在工业革命以后。现代工农业的迅速发展，使大气中二氧化碳（CO_2）以及其他微量气体（NO_2、CH_4 等）增加，产生温室效应，并引起全球气候变暖。这种气候变化的影响在广度上是全球性的，在深度上几乎影响到人类生活的各个方面（水利、农业、海岸防护、城市等），故称为全球性环境灾害。近百年来大气中二氧化碳及其他微量气体的增加，几乎完全是人类燃烧化石燃料（煤、石油、天然气等）、破坏热带森林、从事农业活动等所引起的。

首先，全球气候变暖使海水受热发生膨胀，就拿100m 厚的海水层来说，当温度为25℃时，水温每增加1℃，水层就会膨胀约0.5cm。海水的热膨胀是导致海平面上升最主要的因素。

其次，全球气候变暖导致格陵兰冰原和南极冰盖以及山地冰川的加速融化也是造成海平面上升的主要原因之一。据估计，格陵兰冰原过去十年平均每年融化的冰原约有 30300亿 t，南极冰盖平均每年融化 11800亿 t。由于气候原因，在 2003—2009 年，许多小型陆地冰川都加速融化，尤其高山冰川的融化速度明显超过大型冰盖。

2. 区域性地面沉降

由于区域性构造运动（包括地壳均衡运动）和地面沉降（人类过量开采地下水引起）等的差异，不同岸段的海平面变化差异显著。有的地方相对海平面的上升速率远远大于全球海平面的上升速率。例如，长江三角洲位于地壳下沉带，近 2000 年来，地壳下沉速率为 1.2mm/a，加之大量开采地下水引起的地面下沉，20 世纪海平面的上升速率为：1912—1936 年，2.5mm/a，1952—1995 年，3.1mm/a。1997 年，秦曾灏等提出今后相对海平面上升速率的预测值为 7.5～8.5mm/a。实测值和预测值（均以吴淞站为代表）都大于全球海平面上升速率。相反，也有不少地方相对海平面是下降的或海平面的上升速率小于全球海平面上升速率。

最近 100 年来，荷兰的相对海平面上升了 15～20cm，其中地面沉降是个重要因素。一方面该地区地壳最近时期以来持续下降，沉降量估计为每百年 1.5cm；另一方面是荷兰位于斯堪的纳维亚第四纪大冰盖的南缘，冰盖后退融化，陆地上覆压力减小，斯堪的纳维亚陆地回弹上升，由于地壳不均衡作用，引起荷兰等边缘地区地面沉降。

地震常使沿海地区大幅度沉降。例如，1976 年 7 月唐山地震使地震断层向海一侧地面明显沉降，最大沉降量达 1.55m（宁河），天津市沿海的汉沽、塘沽和大港一带均沉降 0.2～0.5m，天津新港震后最大沉降达 1.2m。福建沿海地震常导致海岸的明显差别升降。

人们过量开采地下水、石油、天然气等资源，也会造成地面沉降及海平面上升。英国东南部由于过量开采地下水，发生大范围地面沉降，近 2000 年间沉降约 6m，每 100 年间下沉 30cm，致使海平面上升。在古罗马时代，伦敦泰晤士河上的潮汐只达到现今的伦敦桥附近，而今潮汐已达到离伦敦桥 29km 的河流上游。伦敦约有 $78km^2$ 面积的城区经常遭受高位潮汐引起的洪水袭击，如在 1736 年，西明斯特霍曾被洪水淹没，深达 61cm；1928 年，2m 高的海潮漫过泰晤士河河堤，淹没了伦敦市中心；1953 年，因伦敦下游防洪工程缺口，洪水又一次袭击伦敦市中心。更为严重的是，目前伦敦有 $117km^2$、120 万居民位于 1953 年洪水潮位线以下地区，若防洪工程出现问题，比 1953 年更大的洪水将再次袭击伦敦，估计经济损失将达 20 亿～30 亿美元。近 2000 年间，随着伦敦地面发生下沉，该市已多次遭到海潮袭击，泛滥成灾。

目前世界范围内，凡由于过量开采地下水导致地面大量沉降的地方，相对海平面上升率均较大。例如曼谷由于过量开采地下水，1960—1982 年间当地海平面上升约 36cm，即年平均上升 15.6mm。

2015 年，美国宇航局（National Aeronautics and Space Administration，NASA）发布最新预测称，鉴于目前所知海洋因全球变暖及冰盖和冰川融化增加水量导致海洋膨胀，未来海平面将会上升至少 1m。或许在不太遥远的未来，人类需要面对城市被淹没的风险。

三、应对海平面上升的措施

海平面上升作为一种缓发性海洋灾害，其长期的累积效应将加剧风暴潮、海岸侵蚀、海水入侵、土壤盐渍化和咸潮等海洋灾害的致灾程度，淹没滨海低地、破坏生态环境，给沿海地区的经济社会发展带来严重影响。为有效应对海平面上升，国家海洋局建议沿海各地政府和相关部门，根据海平面上升评估成果对堤防加高加固；合理控制采掘行为，降低海水入侵和土壤盐渍化影响程度；加强滨海湿地、红树林、珊瑚礁等生态系统的恢复和保护，形成应对海平面上升的立体防御等。沿海城市应将海平面上升纳入城市发展与综合防灾减灾规划之中，从主动避让、强化防护和有效减灾 3 个方面做好相关工作。

（1）主动避让。在确定沿海城市布局和发展方向时，应考虑海平面上升的影响。在城市总体发展规划中，人口密集和产业密布用地的布局应主动避让海平面上升高风险区，应和海平面上升高风险区保持安全距离。

（2）强化防护。在沿海城市综合防灾规划中，防潮堤、防波堤和防潮闸等防护工程的规划设计应充分考虑海平面上升幅度，提高防护标准，保障防护对象的安全。在城市生态保护规划中，应加强对滨海植被、滩涂湿地和近岸沙坝岛礁等自然屏障的保护，避免破坏植被和大挖大填等开发活动。

（3）有效减灾。在市政与基础设施规划中，水、电、气、热、信息、交通等生命线系统建设和相应备用系统配套的规划设计，应将海平面上升因素作为依据之一。在沿海城市应急避难场所和救灾物资储备库的规划设计中，应充分考虑海平面上升的风险。

此外，要加大力度节能减排，大力推广核能、太阳能、风能、水能、潮汐能等的应用，减少乃至最终完全杜绝化石燃料的使用，严格控制 CO_2 等温室气体排放；加强海平面变化监测能力建设，加强海平面上升及影响对策研究，建立健全全球海平面变化监测网。

参 考 文 献

［1］　CHRISTOPHERSON R W. 地表系统：自然地理学导论：第 8 版［M］. 赵景峰，效存德，译. 北京：科学出版社，2017.

［2］　冯士筰，李凤岐，李少菁. 海洋科学导论［M］. 北京：高等教育出版社，2016.

［3］　高宗军，冯建国. 海洋水文学［M］. 北京：中国水利水电出版社，2016.

［4］　管华，李景保，许武成，等. 水文学［M］. 北京：科学出版社，2010.

［5］　TRUJILLO A P，THURMAN H. 海洋学导论：第 11 版［M］. 张荣华，李新正，李安春，等译. 北京：电子工业出版社，2017.

［6］ 伍光和，王乃昂，胡双熙，等．自然地理学［M］.4 版．北京：高等教育出版社，2008.

［7］ 杨殿荣．海洋学［M］.北京：高等教育出版社，1986.

［8］ 赵进平．海洋科学概论［M］.青岛：中国海洋大学出版社，2016.

［9］ 许武成．水文灾害［M］.北京：中国水利水电出版社，2018.

［10］ 黄立文，文元桥．航海气象与海洋学［M］.武汉：武汉理工大学出版社，2014.

［11］ 黄锡荃．水文学［M］.北京：高等教育出版社，1993

［12］ 陈宗镛，甘子钧，等．海洋潮汐［M］.北京：科学出版社，1979.

［13］ 吴涛，康建成，王芳，等．全球海平面变化研究新进展［J］.地球科学进展，2006，21
（7）：730 － 737.

［14］ 潘凤英，石肯群，邱淑彰，等．全新世以来苏南地区的古地理演变［J］.地理研究，1984，
3（3）：64 － 75.

［15］ 任美锷，张忍顺．最近 80 年来中国的相对海平面变化［J］.海洋学报，1993，15（5）：87 - 97.

［16］ 王卫强，陈宗镛，左军成．经验模态法在中国沿岸海平面变化中的应用研究．海洋学报
［J］.1999，21（6）：102 - 109.

［17］ 秦曾灏，李永平．上海海平面变化规律及其长期预测方法的初探［J］.海洋学报，1997，19
（1）：1 - 7.

第八章　水　资　源　概　论

水是自然环境中最活跃的因子，是一切生命活动的物质基础，是人类赖以生存和发展最宝贵的自然资源。随着人口的剧增、经济的发展以及人类物质文化生活水平的提高，全世界对水资源的需求量迅猛增长，再加上人类活动所引起的水污染日益严重，世界上许多国家和地区出现了严重的水资源危机。水资源紧缺已成为世界许多国家和地区经济发展的限制因素，引起人们的普遍关注，21世纪被誉为"水的世纪"。为了合理开发利用水资源，以实现社会经济的持续发展，迫切需要加强水资源研究。

第一节　水资源的含义与特征

一、水资源的含义

水资源是自然资源的一种。"水资源"作为官方词语第一次出现于1894年，美国地质调查局（United States Geological Survey，USGS）设立了水资源处（Water Resources Department，WRD），该水资源处的主要业务范围是地表河川径流和地下水的观测以及其资料的整编和分析等。在这里，水资源作为陆面地表水和地下水的总称。此后，随着水资源研究范畴的不断拓展，其内涵也在不断丰富和发展。

由于研究的领域不同或思考的角度不同，专家学者们对"水资源"（water resources）一词的理解差异很大，对它的"定义"有四五十种之多，被公认的主要有以下几种。

（1）《大不列颠大百科全书》将水资源解释为"全部自然界任何形态的水，包括气态水、液态水和固态水的总量"。这一解释为"水资源"赋予十分广泛的含义。实际上，资源的本质特性就是体现在其"可利用性"。毫无疑问，不能被人类所利用的不能称为资源。基于此，1963年英国的《水资源法》把水资源定义为"（地球上）具有足够数量的可用水源"。在水环境污染并不突出的特定条件下，这一概念比《大不列颠大百科全书》的定义赋予水资源更为明确的含义，强调了其在量上的可利用性。

（2）联合国教科文组织和世界气象组织（World Meteorological Organization，WMO）在1988年共同制定的《水资源评价活动——国家评价手册》中，定义水资源为："可以利用或有可能被利用的水源，具有足够数量和可用的质量，并能在某一地点为满足某种用途而被利用。"这一定义的核心主要包括两个方面，其一是应有足够的数量，其二是强调了水资源的质量。有"量"无"质"，或有"质"无"量"均不能称为水资源。这一定义比英国《水资源法》中水资源的定义具有更为明确的含义，不仅考虑水的数量，同时其必须具备质量的可利用性。

（3）苏联水文学家 O. A. 斯宾格列尔在《水与人类》著作中指出，所谓水资源，通常理解为某一区域的地表水（河流、湖泊、沼泽、冰川）和地下淡水储量。水资源分为更新非常缓慢的永久储量和年内可恢复的储量两类，在利用永久储量时，水的消耗不应大于它的恢复能力。

（4）1988年7月1日实施的《中华人民共和国水法》将水资源认定为"地表水和地下水"。

（5）1994年《环境科学词典》定义水资源为"特定时空下可利用的水，是可再利用资源，不论其质与量，水的可利用性是有限制条件的"。

（6）《中国大百科全书》在不同的卷册中对水资源也给予了不同的解释。如在大气科学、海洋科学、水文科学卷中，水资源被定义为"地球表层可供人类利用的水，包括水量（水质）、水域和水能资源，一般指每年可更新的水量资源"；在水利卷中，水资源被定义为"自然界各种形态（气态、固态或液态）的天然水，并将可供人类利用的水资源作为供评价的水资源"。

对水资源的概念及其内涵具有不尽一致的认识与理解，其主要原因在于水资源是一个既简单又非常复杂的概念。它的复杂内涵表现在：水的类型繁多，具有运动性，各种类型的水体具有相互转化的特性。水的用途广泛，不同的用途对水量和水质具有不同的要求；水资源所包含的"量"和"质"在一定条件下是可以改变的；更为重要的是，水资源的开发利用还受到经济技术条件、社会条件和环境条件的制约。正因为如此，人们从不同的侧面认识水资源，造成对水资源一词理解的不一致性及认识的差异性。

综上所述，水资源可以理解为人类长期生存、生活和生产活动中所需要的各种水，既包括数量和质量含义，又包括其使用价值和经济价值。一般认为，水资源概念具有广义和狭义之分。

广义上的水资源指地球上水圈内的所有水体（世界上一切水体），包括海洋、河流、湖泊、沼泽、冰川、土壤水、地下水及大气中的水分，都是人类宝贵的财富。按照这样理解，自然界的水体既是地理环境要素，又是水资源。但是限于当前的经济技术条件，对含盐量较高的海水和分布在南北两极的冰川，目前大规模开发利用还有许多困难。

狭义上的水资源不同于自然界的水体，它仅仅指在一定时期内，能被人类直接或间接开发利用的那一部分动态淡水水体。这种开发利用，不仅目前在技术上可能，而且在经济上合理，且对生态环境可能造成的影响也是可接受的。作为水资源的水体一般应满足下列条件：①通过工程措施可以直接取用，或通过生物措施可以间接利用；②水质要符合用水的要求；③补给条件好，水量可以逐年更新。这种水资源主要指河流、湖泊、地下水和土壤水等淡水，个别地方还包括微咸水。这几种淡水资源合起来只占全球总水量的0.77%左右，约为1065万km^3。淡水资源与海水相比，所占比例很小，但却是目前研究的重点。

这里需要说明的是，土壤水虽然不能直接用于工业、城镇供水，但它是植物生长必不可少的条件，可以直接被植物吸收，所以土壤水应属于水资源范畴。至于大气降水，它不仅是径流形成的最重要因素，而且是淡水资源的最主要甚至唯一的补给来源。

二、水资源的特征

水是自然环境的基本要素，在自然地理环境形成和发展过程中起着重要作用。水是生命的物质基础，没有水便不会有生命和人类。水是人类生存和发展所必需的物质，是社会生产最宝贵的资源，是农业的命脉、工业发展的重要条件、城镇布局的重要因素，是人类最宝贵的财富之一。水资源不仅具有一般资源的属性，而且具有许多独特的性质。

（一）储量的有限性

地球上的总水量是一定的，约 13.86 亿 km³ 即 138.6 亿亿 m³，但其中 96.5% 是含盐量较高的海水，目前不能为人类大量地直接取用。而地球上含盐量不超过 1‰ 的淡水仅占全球总储水量的 2.53%，约 0.35 亿 km³（3.5 亿亿 m³）。再加上这一微量比例的淡水中，大部分是固体冰川，被固定在地球两极和高山地带，在目前的技术水平上还难以利用；液态淡水中，又绝大部分是深层地下水，开采利用得也很少。所以目前人类容易利用的淡水有河水、淡水湖泊水、浅层地下水和土壤水等，储量为 1065 万 km³，只占全球淡水总量的 30.4%，全球总储水量的 0.77%。

总之，水资源的静态储量是极其有限的，是十分宝贵的资源。因此，我们在开发利用时，要注意节约用水和保护水资源，在日常生活中更要注意节约用水。

（二）循环再生性

以上所讲的水资源储量是静态储量。事实上，地球上的水并非静止不动，而是在不断地进行相态变化和空间位置的转移过程，存在着巨大的水分循环过程。

通过周而复始的水分循环过程，地球上各种水体相互联系转换，使得各种水资源得以恢复、更新和再生，即水资源是一种可再生的动态资源，这是水资源区别于矿产资源的重要特性。由于水循环过程是无限和连续的，所以地表水和地下水在被合理利用后，总能得到大气降水的补给。从这个意义上讲，水是一种世界性的不断更新和再生的资源，具有"取之不竭，用之不尽"的特点。

除自然再生外，还可人工再生水资源，或通过海水淡化和废水、污水净化处理来获得水资源，或通过植树造林和人工降雨促进水循环来对水资源进行人工再生。

水资源的可再生性特点表明，只要利用合理、保护得当，水资源是能够循环再现和不断更新的。

尽管水循环过程是无限的，然而在一定的时间和空间范围内，大气降水对水资源的补给却是有限的，并且各种水体循环更替周期不同，其水资源恢复量也不相同。可见，水资源是循环再生过程的无限性和具体时空再生补给水量的有限性的对立统一体。所以在开采利用时，要注意节约利用，十分珍惜和保护水资源，其开采利用量应小于循环更新量，一般不动用难以恢复的储存在地表和地下的静态储量。

（三）流动性

水资源与其他固体资源的本质区别在于其所具有的流动性，它是在循环中形成的一种动态资源，具有循环性。水循环系统是一个庞大的天然水资源系统，处在不断地开采、补给和消耗、恢复的循环之中，可以不断地供给人类利用和满足生态平衡的需要。正是由于水资源是动态资源，在川流不息地流动，若不及时加以利用，就会白白地流走。这就要求我们必须充分合理地利用水资源，使其发挥最大的效益。

（四）时空分布不均匀性（变化的复杂性）

水资源在自然界中具有一定的时间和空间分布。时空分布的不均匀性是水资源的又一特性。全球水资源的分布表现为极不均匀性。

1. 空间分布的不均匀性

由于太阳辐射、大气环流、海陆分布、地形条件和人类活动等的影响，地球上的降水、地表和地下径流分布都很不均匀。世界各大洲陆地年径流总量为 4.68 万 km^3（包括南极洲）（表 8-1），折合径流深 314mm。按大洲而论，亚洲最多（14410km^3），南美洲其次（11760km^3），再依次为北美洲（8200km^3）、非洲（4570km^3）和欧洲（3210km^3），大洋洲（2090km^3）最少。主要原因是各大洲承受降水的面积相差很大。

表 8-1　　　　　　　　　　世界各大洲年降水量与年径流量分布

大　陆 （连同岛屿）	面　积/ $10^4 km^2$	降　水　量		径　流　量		占总径流量的 百分比/%
		mm	km^3	mm	km^3	
亚洲	4347.5	741	32200	332	14410	31
非洲	3012.0	740	22300	151	4570	10
北美洲	2420.0	756	18300	339	8200	17
南美洲	1780.0	1596	28400	661	11760	25
南极洲	1398.0	165	2310	165	2310	5
欧洲	1050.0	790	8290	306	3210	7
澳大利亚	761.5	456	3470	39	300	0.6
大洋洲（各岛）	133.5	2704	3610	1566	2090	4.4
全球陆地	14902.5	798	118880	314	46850	100

注　资料来源：《中国大百科全书　水利》，1992 年。

按国家论，年径流量超过 1 万亿 m^3 的国家依次为巴西（51912 亿 m^3）、加拿大（31220 亿 m^3）、美国（29702 亿 m^3）、印度尼西亚（28113 亿 m^3）、中国（27115 亿 m^3）和印度（17800 亿 m^3）。

全球降水有随纬度增加而减少的趋势，赤道多雨带是全球降水量最多的地带，相应的径流量也最丰富。地球上约 1/3 的地区为干旱与半干旱带，这些地区降水稀少，地表很少产生径流，甚至为大面积的无流区。

中国水资源的地区差异特别明显，年降水量和径流深从东南沿海向西北内陆递减。

水资源空间分布的不均衡，使得有些国家和地区水资源丰富，有些国家和地区水资源却又贫乏。为解决区域性缺水问题，不少国家兴建了跨区域性的调水工程。如中国的"南水北调工程"。

2. 时间分配的不均匀性

水资源的时间变化具有十分复杂的表现形式：既有在确定性因素影响下的周期性变化，又有在随机性因素影响下的不重复性变化。受气候和地理因素的影响，地球上的降水在时程上的分配是不均匀的，相应的径流量变化也很大，与用水部门的需要不适应。世界上相当多的地区，尤其大陆性和季风性气候区，水资源的年内分配不均、年际变化大。海洋性气候区，水资源的季节和年际变化相对较小。如我国受大陆性季风气候影响，大部分地区冬春少雨，多春旱；夏秋多雨，多洪涝。降水量和径流量的年际变化也很大，而且常常是连续数年的多水期与连续数年的少水期交替出现。出现连续多水年时，可导致大洪涝；出现连续少水年时，可导致严重旱灾。

为解决水资源的时间分配不均匀性，需要兴建蓄水工程，丰水季节和年份蓄水供枯水季节和年份用，达到丰蓄枯用的目的。

（五）利用上的多样性和广泛性

水资源既是生产资料，又是生活资料，在国计民生中用途极其广泛，各行各业都离不开它。按利用方式不同，用水可分为以下几种。

（1）直接消耗水量：生活用水、农业灌溉、工业生产用水等都属于消耗性用水，其中有一部分回归到水体中，但数量已减少，而且水质亦发生了变化（消耗性用水）。

（2）利用水能：水力发电。

（3）利用水域环境：非消耗性用水，如航运、水产养殖、旅游、生态环境用水。

根据水资源利用上的多样性和广泛性，在开发利用时，尽量一水多用，发挥水的综合效益，避免一水单用。综合利用原则是世界各国河流开发的一项重要原则。除水力发电以外，还应同时考虑防洪、灌溉、供水、航运、水产、旅游等效益，以及水资源开发对生态和环境的影响。

（六）经济上的两重性

经济上的两重性包括两个方面。

（1）水资源具有水利和水害的双重性。"水能载舟，亦能覆舟"，水既能给人类带来福利，为国民经济建设服务，又可带来洪水、内涝等灾害，这说明水资源在经济上具有利弊两重性，这是水资源区别于其他自然资源的又一特点。直到现在，洪涝灾害依然是最主要的自然灾害。我国是洪涝灾害最严重的国家之一，占全国 1/3 的耕地、2/5 的人口和 3/5 的工农业总产值地区，有 100 多万 km^2 国土处于洪水威胁之中。1998 年仅洪涝灾害损失就达近 300 亿美元。

（2）水资源利用时，可以兴利（发电、灌溉、供水等）和除害（除洪等），但也会产生土地淹没、人口迁移、水质污染、地下水位下降等不利影响。同时，水资源的不合理开发将引起人为灾害。如垮坝事故、次生盐渍化、地面下沉、诱发地震等时有发生。

因此，在开发利用水资源时，必须严格按照自然规律和经济规律办事，统一规划，综合开发，合理利用，以达到兴利除害的双重目的。

（七）开发利用上的整体性

一方面，水由上游到下游穿流各地，因此水资源的开发无论是水量、水质或防洪、兴利等都具有上下游、左右岸及各地区、各部门间相互影响的极为复杂的关系。

另一方面，水资源又是自然环境的一部分，在长期发生发展过程中，不仅与其他资源（土地、森林等），而且与整个环境之间相互联系、相互制约。因此水资源的开发利用必将对环境和其他资源产生各种影响。世界各国在开发利用水资源的过程中，由于认识和其他方面的原因，缺少整体考虑和统一规划，造成了许多不良后果。因此必须用系统论的观点，从整体考虑，合理开发利用水资源。

第二节　全球水资源概况

地球总面积约 5.1 亿 km^2，约 3/4 的表面被水覆盖，地球上总水量约 13.86 亿 km^3（表 1-1）。其中海洋面积 3.61 亿 km^2，占地球总面积的 70.8%，全球海洋总水量约 13.38 亿 km^3，占地球总水量的 96.5%，折合水深 3700m，为咸水，除极少量水体被利用（做冷却水、海水淡化引用等）外，绝大多数不能被人类利用；陆地面积为 1.49 亿 km^2，占地球总面积的 29.2%，陆地水储量只有 0.48 亿 km^3，占地球总水量的 3.5%；大气水和生物体内的水仅 1.4 万 km^3，只占全球水储量的 0.001%。陆地水并非都是淡水（含盐量≤1g/L），全球陆地淡水总量仅 0.35 亿 km^3，占陆地水储量的 73%，占全球水储量的 2.53%。在陆地淡水中，有 69.6% 即 0.24 亿 km^3 分布在两极冰川与雪盖、高山冰川和永久冻土层中，现有技术还难以利用。目前人类容易利用的淡水有河水、淡水湖泊水、浅层地下水和土壤水等，储量为 0.1065 亿 km^3，只占全球淡水总量的 30.4%，全球总储水量的 0.77%。可见，水资源的静态储量是极其有限的，是十分宝贵的资源。

对人类最有实用意义的水资源是河川径流量和浅层地下淡水量。河川径流量包含大气降水和高山冰川融水形成的动态地表水，和由降水补给的浅层动态地下水，基本上反映了动态水资源的数量和特征，所以世界各国通常用河川径流量近似表示动态水资源量。根据水文测验资料以及与径流有关的因素推算，全世界多年平均径流总量为 4.68 万 km^3，其中河川径流量为 4.45 万 km^3，冰川径流量为 0.23 万 km^3。河川径流中有 4.35 万 km^3 流入海洋，其余 0.1 万 km^3 排入内陆湖。径流量的地区分布与人口分布并不相适应，有人居住和适合人类活动的地区，约有年径流量 1.9 万 km^3，占世界径流总量的 40.6%。

各大洲的自然条件差别很大，降水、径流的地区分布很不均匀（表 8-1）。大洋洲各岛屿的水资源最为丰富，平均年降水量达到 2700mm，年径流深超过 1500mm。南美洲的水资源也较丰富，平均年降水量为 1600mm，年径流深为 660mm，降水、径流约相当于全球陆地平均值的两倍。澳大利亚是水资源最贫乏的大陆，平均年降水量约 460mm，年径流深只有 40mm，有 2/3 的面积为无永久性河流的荒漠、半荒漠，年降水量不足 300mm。欧洲、亚洲、北美洲的水资源条件中等，年降水量和年径流深均接近全球陆地平均值。非洲有大面积的沙漠，年降水量虽然接近全球陆地平均值，但年径流深仅有 150mm，不到全球平均水平的一半。南极洲的降水量很少，年平均只有 165mm，没有一条永久性河流，然而却以冰川的形态储存了地球淡水总量的 62%。

从世界各国拥有的水资源量来看，居第一位的是巴西，其次按顺序是俄罗斯、加拿大、美国、印度尼西亚和中国。亚洲国家中年径流深最大的是印尼和日本，接近 1500mm。欧洲国家中年径流深最大的是挪威，为 1250mm。

尽管水资源是可再生资源，但受世界人口增长、人类对自然资源过度开发、基础设施投入不足等因素的影响，水资源的供应量远远不能满足人类生产和生活的需要。人类生存所必需的基本生活用水面临着短缺、卫生不达标或获取困难等问题。据联合国儿童基金会和世界卫生组织 2008 年 7 月公布的一份报告，全球有 8.84 亿人无法获得安全的饮用水，其中亚洲国家约占一半，撒哈拉以南非洲国家约占 40%。

联合国教科文组织 2009 年 3 月 12 日发布的《世界水资源开发报告》指出，人类对水的需求正以每年 640 亿 m^3 的速度增长，到 2030 年，全球将有 47% 的人口居住在用水高度紧张的地区。一些干旱和半干旱地区的水资源缺乏将对人口流动产生重大影响。

第三节　中国水资源概况

一、我国水资源量

我国地域辽阔，国土面积 960 万 km^2，约占全球陆地总面积的 6.5%；地处亚欧大陆东南部，濒临太平洋，西南地区又有全球最高最大的高原（青藏高原），因而季风气候特别显著；地势西高东低，呈阶梯状分布，地形复杂，则气候类型多样；河湖众多。据统计，流域面积在 $100km^2$ 以上的河流有 5 万多条，在 $1000km^2$ 以上的河流也有 1500 多条；有 $1km^2$ 以上的湖泊有 2300 多个，总面积 $71787km^2$，约占国土面积的 0.8%。

由于我国处于季风气候区域，受热带、太平洋低纬度上空温暖而潮湿气团的影响以及西南的印度洋和东北的鄂霍次克海的水蒸气的影响，东南地区、西南地区以及东北地区可获得充足的降水量，我国成为世界上水资源相对比较丰富的国家之一。

根据 20 世纪 80 年代初水利部对全国水资源进行的评价，全国多年平均降水总量为 61889 亿 m^3，折合降水深 648mm。通过水循环形成可更新的地表水和地下水的多年平均水资源总量为 28124 亿 m^3，其中全国多年平均地表水资源量（河川径流量）27115 亿 m^3，多年平均地下水资源量 8288 亿 m^3，两者之间的重复计算水量 7279 亿 m^3。按 1997 年人口统计，我国人均水资源量为 $2220m^3$，预测到 2030 年我国人口增至 16 亿时，人均水资源量将降到 $1760m^3$。按国际上一般承认的标准，人均水资源量少于 $1700m^3$ 为用水紧张的国家，因此，我国未来水资源的形势是严峻的。表 8-2 为 1997—2008 年中国水资源的变化。

表 8-2　　　　　　　　　　1997—2008 年中国逐年水资源量　　　　　　　　单位：亿 m^3

年　份	降水总量	地表水资源量	地下水资源量	地下与地表水资源不重复量	水资源总量
1997	58169	26835	6942	1020	27855
1998	67631	32726	9400	1291	34017
1999	59702	27204	8387	992	28196
2000	60092	26562	8502	1139	27701
2001	58122	25933	8930	935	26868
2002	62610	27243	8697	1012	28255
2003	60416	26251	8299	1209	27460
2004	56876.4	23126.4	7436.3	1003.2	24129.6
2005	61009.6	26982.4	8091.1	1070.8	28053.1

续表

年　份	降水总量	地表水资源量	地下水资源量	地下与地表水资源不重复量	水资源总量
2006	57839.6	24358.0	7642.9	972.1	25330.1
2007	57763.0	24242.5	7617.2	1012.7	25255.2
2008	62000.3	26377.0	8122.0	1057.3	27434.3
12年平均	60185.9	26486.7	8172.2	1059.5	27546.2

注　资料来源:《中国水资源公报》(1997—2008年)。

从中国大陆水资源总量的趋势看,由于环境变化,如受气候变化和人类经济活动导致的土地利用和覆被变化的影响,我国的水资源有不同程度的变化,降水和水资源数量略有减少,特别在中国北方地区(如华北地区等),水资源数量减少的趋势比较明显。北方缺水地区持续枯水年份的出现,以及黄河、淮河、海河与汉江同时遭遇枯水年份等不利因素的影响,加剧了北方水资源供需失衡的矛盾。

二、我国水资源特点

(一)水资源总量较丰富,人均和地均拥有量少,水资源供需矛盾突出

我国多年平均年水资源总量为28124亿 m^3,其中河川径流量27115亿 m^3,仅次于巴西、俄罗斯、加拿大、美国和印度尼西亚,约占全球径流总量的5.8%,居世界第6位。可见,我国水资源具有总量丰富的一面。然而,我国人口众多,耕地面积较大,我国水资源又有人均水量和地均水量贫乏的一面。按2000年12.66亿人口计算,我国人均水资源量为2220 m^3,约为人均水平的1/4,按联合国可持续发展委员会等7个有关组织在1997年对全世界153个国家和地区所做的统计,我国人均水资源量排在第121位,已被联合国列为13个贫水国家之一(图8-1)。单位国土面积水资源量29.9万 m^3/km^2,单位耕地面积水资源量1440 m^3/亩,约为世界水平的1/2。可见,无论按人均还是按地均占有水资源量,我国都是一个水资源比较贫乏的国家,以占世界7%的耕地和6%的淡水资源养活世界上22%的人口。

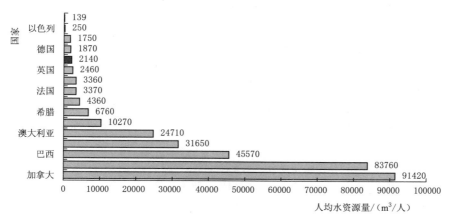

图8-1　世界部分国家人均水资源量(单位: m^3/人)

[资料来源:《联合国世界水资源开发报告(Ⅱ)》,2006年]

目前，我国水资源供需矛盾日益突出。据对全国 640 个城市调查表明，每年缺水城市达 300 多个，其中严重缺水的城市 114 个，日缺水 1600 万 t，每年因缺水造成的直接经济损失达 2000 亿元，全国每年因缺水少产粮食 700 亿～800 亿 kg。据预测，2030 年中国人口将达到 16 亿人，届时人均水资源量仅有 $1750m^3$。在充分考虑节水情况下，预计用水总量为 7000 亿～8000 亿 m^3，要求供水能力比现在增长 1300 亿～2300 亿 m^3，全国实际可利用水资源量接近合理利用水量上限，水资源开发难度极大。由此可见，我国水资源供需面临非常严峻的形势，如果在水资源开发利用上没有大的突破，在管理上不能适应这种残酷的现实，水资源很难支持国民经济迅速发展的需求，水资源危机将成为所有资源问题中最为严重的问题。

（二）水资源空间分布极不均匀，与人口、土地、生产力布局不匹配

中国的年降水量和年径流深受海陆分布、水汽来源、地形地貌等因素的影响，在空间上分布极不均匀。我国的年降水量在东南沿海地区最高，逐渐向西北内陆地区递减。从黑龙江省的呼玛到西藏东南部边界，这条东北—西南走向的斜线，大体与年均降水 400mm 和年均最大 24h 降水 50mm 的暴雨等值线一致，这是东南部湿润、半湿润地区和西北部干旱、半干旱地区的分界线。东南部的湿润和半湿润地区也是暴雨洪水的多发区。

水资源的空间分布和我国土地资源的分布不相匹配。黄河、淮河、海河三流域，土地面积占全国的 13.4%，耕地占 39%，人口占 35%，生产总值占 32%，而水资源量仅占 7.7%，人均约 $500m^3$，耕地亩均少于 $400m^3$，是我国水资源最为紧张的地区。西北内陆河流域，土地面积占全国的 35%，耕地占 5.6%，人口占 2.1%，生产总值占 1.8%，水资源量占 4.8%。该地区虽属干旱区，但因人口稀少，水资源量人均约 $5200m^3$，耕地亩均约 $1600m^3$，如果在科学指导下，合理开发利用水土资源，并安排相适应的经济结构和控制人口的增长，可以支持发展的需要，但必须十分注意保护包括天然绿洲在内的荒漠生态环境。

（三）水资源的时间分布极不均衡，年内年际变化大，水旱灾害频繁

我国位于世界著名的东亚季风区，降水和径流的年内分配很不均匀，年际变化大，少水年和多水年常常持续出现，这些特点是造成水旱灾害频繁、农业生产不稳定的主要原因。

由于季风气候影响，各地降水主要发生在夏季。雨热同期，是农业发展的一个有利条件，使我国在发展灌溉农业的同时，还有条件发展旱地农业。但由于降水季节过分集中，大部分地区每年汛期连续 4 个月的降水量占全年的 60%～80%，不但容易形成春旱夏涝，而且水资源量中大约有 2/3 是洪水径流量，形成江河的汛期洪水和非汛期的枯水。而降水量的年际剧烈变化，更造成江河的特大洪水和严重枯水，甚至发生连续大水年和连续枯水年。

旱灾对中国农业生产的威胁极大，全国各地几乎都有可能发生旱灾，但灾情差别大。全国有五个主要旱灾区，自北向南为松辽平原、黄淮海平原、黄土高原、四川盆地东部和北部、云贵高原至广东湛江一带。全国有 70% 以上的受旱面积是在这些地区，以黄淮海平原受旱最严重，受旱面积占全国受旱面积一半以上。

洪涝灾害主要发生在黄河、海河、淮河、长江、珠江、松花江、辽河等七大江河的中

下游平原地区，其中以华北平原和长江中下游平原最为严重，受灾面积占全国水灾面积3/4以上。这些地区耕地广布、人口众多、城镇密集，是中国工农业生产最发达的地区，地面高程多在江河洪水位以下，虽有大堤防护，但大洪水的威胁仍然很大，防洪任务非常繁重。

（四）水土流失和江河高泥沙含量是我国水资源的一个突出问题

由于自然条件的限制和长期以来人类活动的结果，中国森林覆盖率很低，水土流失严重。中国是世界上水土流失最为严重的国家之一。根据 2002 年公布的全国第二次遥感调查结果，中国水土流失面积 356 万 km^2，占国土面积的 37%，其中水力侵蚀面积 165 万 km^2，风力侵蚀面积 191 万 km^2，水蚀风蚀交错区面积 26 万 km^2，全国每年流失的土壤总量在 50 亿 t 左右。水土流失主要分布在长江上游的云南、贵州、四川、重庆、湖北和黄河中游地区的山西、陕西、内蒙古、甘肃和宁夏。水土流失面积分布由东向西递增，东部地区水蚀面积有 9 万 km^2，中部地区水蚀面积 49 万 km^2，西部地区水蚀面积达到了 107 万 km^2。西北地区的新疆、内蒙古、甘肃、青海成为我国风力侵蚀最为严重的地区。

水土流失造成许多河流含沙量大，泥沙淤积严重，北方河流更为突出。全国平均每年进入河流的悬移质泥沙约有 35 亿 t，其中约 20 亿 t 淤积在外流区的水库、中下游河道和灌区内。黄河是中国泥沙最多的河流，也是世界罕见的多沙河流，年平均含沙量和年输沙总量均居世界大河的首位。大量泥沙下泄，淤积江、河、湖、库，降低了我国水利设施调蓄功能和天然河道泄洪能力，加剧了下游的洪涝灾害。黄土高原地区的水土流失导致黄河下游河道 1950—1999 年淤积泥沙 92 亿 t，河床普遍抬高 2~4m。辽河干流下游部分河段河床已高于地面 1~2m，成为"地上悬河"。水土流失导致全国 8 万多座水库年均淤积泥沙 16.24 亿 m^3，洞庭湖年均淤积泥沙 0.98 亿 m^3。

从历史的观点看，江河泥沙曾创造了并继续发展着东部和中部总面积达 185 万 km^2 的广大冲积平原和山间盆地。这些地方，地势平坦，土壤肥沃，成为中华民族生存和发展的重要基地，但由于开发利用不当，也带来一系列的水旱灾害和环境问题。

（五）气候变化对我国水资源的影响

由联合国政府间气候变化专门委员会（IPCC）第四次评估报告可知，从 1906—2005 年的 100 年间，全球地表温度上升了约 0.74℃，预测再过 100 年，即发展至 2100 年左右，全球地表温度将再上升 1.1℃ 左右，全球气候变暖将对全球和区域水资源安全构成严重威胁。

在全球变暖的大背景下，我国的气候也发生了明显变化。

根据 1950—1997 年接近 50 年的降水和气温资料分析，20 世纪 80 年代华北地区持续偏旱，京津地区、海滦河流域、山东半岛 10 年平均降水量偏少 10%~15%。进入 90 年代，黄河中上游地区、汉江流域、淮河上游、四川盆地的 8 年平均降水量偏少 5%~10%，黄河花园口的天然来水量初步估计偏少约 20%，海滦河和淮河的年径流量也都明显偏少。西北内陆地区，80 年代降水量略有减少（2.5%），90 年代略有增加（8.9%）。由于高山地区冰川融水的多年调节作用，各河流出山口的多年平均流量基本持平。少数河流如新疆的阿克苏河等径流量略有增加，个别河流如河西走廊的石羊河径流量偏少。

全球气候变暖将加速大气环流和水文循环过程，将引起水资源量和空间上的分布变化，导致我国水资源短缺的问题更加突出，水环境生态问题可能会进一步恶化，而且严重洪涝和大范围干旱等极端天气灾害的发生频率和量级也可能进一步加强。因此，全球气候变化将威胁到我国的洪水安全、供水安全和水环境生态安全。

第四节　水资源转化关系

自然界的水处于不断地循环之中，全球性的水循环称为大循环，区域性的水循环称为小循环。区域性水资源评价和供水源地水资源评价主要考虑水的小循环。水的小循环表现为大气降水、地表水、地下水相互间的水量转化，即通常说的"三水"转化，如果考虑土壤水的作用关系，则称为"四水"转化关系。研究水资源转化关系，对正确评价和合理开发利用水资源，对地表水、地下水的统一管理和工农业生产的布局规划具有重要的现实意义。

一、自然水循环形成的水资源转化关系

自然界中的水资源转化过程主要表现在大气降水、地表水、土壤水和地下水之间的相互转化。大气降水是地表水、土壤水、地下水的补给来源，一个国家或地区水资源条件的优劣与降水量的多少密切相关。在一般情况下，当大气降水降落到地表时，就立即开始三个方面的转化。一是向地下入渗，进入包气带或形成土壤水、地下水；二是在地面形成坡面流，汇入河流、湖泊或水库，形成地表水；三是蒸散发返回大气。渗入岩石、土壤中的水分一部分以蒸发形式逸出地面，剩余部分又在运行中被分成蓄存和径流两部分，即渗入土壤中的水使包气带含水量不断增加，当土壤含水量达到该类土的田间持水量时，则继续进入包气带的入渗水量在重力作用下向下渗透补给地下水或形成壤中流汇入河川。降水降落到地面后，除满足截留、下渗、蒸发、填洼等损失外，超渗雨水或超蓄雨水在重力作用下形成坡面流并汇集成溪流，再由许多溪流汇集成江河。坡面流和河川径流在汇流过程中，少量的水分可由水面蒸发转入大气，在一定的地形、地貌、水文地质条件下，部分水量可下渗补给土壤水或地下水，即由地表水转化为土壤水或地下水。地下水的运动转化，一方面是在毛细作用下可以进入包气带，当地下水位埋深小于潜水蒸发临界深度时，则地下水不断地补充包气带水分的蒸发，实现地下水通过包气带向大气水的转化；另一方面，地下水流经含水层被沟谷切割的部位或其他有利的地形地貌部位，可形成泉水流转化为地表水，也可以潜流渗出的形式补给河流。总之，降水可以转化为地表水，也可以转化为土壤水和地下水；地表水、土壤水和地下水又可通过蒸发和散发转化为大气水；同时，地表水、土壤水和地下水在一定的地形地貌、水文地质条件下，相互补排，相互转化。大气降水、地表水、土壤水和地下水之间的相互联系和相互转化关系可用区域水循环概念模型（图8-2）表示。

二、人类活动对水资源转化的影响

人类活动对水资源转化的影响主要表现在两个方面：第一，人工生物措施和工程措施改变了下垫面条件，引起大气降水、径流、下渗、蒸散发等水平衡分量的变化，从而增加或减少天然产水量；第二，随着各部门用水量不断增加，大量的地表水和地下水被引用或

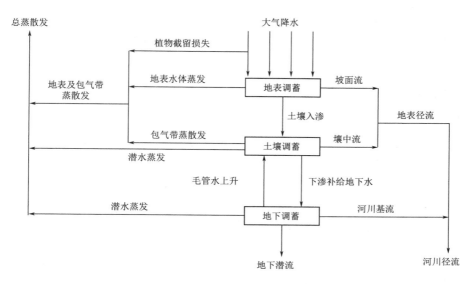

图 8-2 区域水循环概念模型

消耗，水文站实测的径流量已不能代表天然状态下的河川径流，平原区的地下水位因人工开采而降低，潜水蒸发量也随之减少。因用水消耗而减少的实测径流量，可以通过还原计算来解决。而下垫面变化对产水量的影响则非常复杂，目前不但缺乏必要的资料，且无成熟的方法能够作出定量估算。

比较容易被人类活动改变的下垫面因素有土壤、植被、潜水位、水体面积、耕地面积等。水资源的合理利用，就是通过生物措施和工程措施创造良好的下垫面条件，减少无效蒸发，增加有效蒸发，使降水量和径流量得到充分合理的利用。如平田整地，兴修梯田，可改善降水入渗条件，增加降水入渗量；大面积地种草植树，既可增加降水滞留截留量，防治水土流失，又可以减少土壤水分无效蒸发；人工修建水库，可改变地表水体和库区周围地下水水位，加速水库区地表水与大气水之间的转化，形成水库区特有的小气候条件。研究人类活动对下垫面的改变而引起对水资源转化关系的影响，主要是探讨不同下垫面条件下的水平衡要素的变化规律，更重要的是为工农业生产的健康发展和水资源的有效利用提供依据。人类对水资源的开发利用，改变了某些水体自然存在的场所，也打破了区域性的水量平衡，既影响到水资源转化的发生范围与形式，又影响到水资源转化的强度。如大量地引用地表径流灌溉农田，可使原来的河流径流量锐减甚至断流，使条带状河水与大气水、地下水间的转化变成大面积的土壤水入渗和蒸腾蒸发。尤其是干旱半干旱地区跨流域的引水提水工程，可使水资源转化关系及转化强度在区域上发生明显的重新分配。地下水的大量或超量开采，可引起地下水水位大幅度下降，可减小潜水蒸发的强度，在一定条件下还可激发地表水向地下水的入渗补给，导致地表径流、河道基流减少。如果当地地表水资源缺乏，地下水是唯一的可供水资源，则超量开采引起的地下水水位大幅度下降得不到补充，会造成水资源枯竭、生态环境恶化的后果。因此，研究人类开发利用水资源对水资源转化的影响，应着眼于各种水体之间的平衡与生态环境的关系，既要考虑水资源量在时

251

空分布上的规律性，又要考虑水资源长期开发利用的适量性和生态环境保护。

第五节　水 资 源 价 值

一、水资源价值及其构成

水资源自身所具备的两个基本属性是其价值来源的核心，即水资源的有用性和稀缺性。水资源的有用性属于水资源的自然属性，是指对于人类生产和生活的环境来讲，水资源所具有的生产功能、生活功能、环境功能以及景观功能等，这些功能是由水资源的本身特征以及其在自然界所处的地位和作用所决定的，不会因为社会外部条件的改变而发生变化或消失。水资源的稀缺性也可以理解为水资源的经济属性，它是在水资源成为稀缺性资源以后才出现的，即当水资源不再是取之不尽的资源后，由于水资源的稀缺性而迫使人类必须从更经济的角度来考虑水资源的开发利用，在经济活动中考虑到水资源的成本问题。水资源价值正是其自然属性和经济属性共同作用的结果。对于一种资源而言，如果其自然属性决定其各种功能效果极小，甚至有可能会对自然或社会造成负面影响，则无论该种资源稀缺程度多严重，其价值也必然很小。同样，对于某一具有正面功能的资源，如水资源等，其稀缺程度越大，则价值越大。

国家具有水资源的产权所有者和管理者的双重身份。从国家层次看，水资源价值体现的是产权价值和补偿价值属性；国家的活动体现的是管理者行为，并不直接从事生产活动，往往将实际生产活动委托给生产者，水资源的开发、维护体现了水资源的劳动价值属性；而对于使用者，体现的则是水资源的使用价值属性。

（一）水资源产权价值

资源无价的理念是由于忽略了资源的所有者对象，对于水资源也是如此。事实上，水资源具备产权所有者——国家，而各类用户就是水资源的需求方，这样就构成了水资源使用过程中的所有者主体和使用者主体。使用者要向所有者支付一定的费用，补偿所有者的产权收益，构成了水资源产权价值，通常以缴纳水资源费的形式兑现，这是国家水资源所有权借以实现的经济形式。

（二）水资源劳动价值

水资源劳动价值包括两部分，如图 8-3 所示。

1. 管理维护投入

为了维持水资源的使用功能，国家要进行必要的物力、财力投入和管理工作，这些投入使水资源的价值进一步增加。管理维护投入包含以下几部分。

（1）水资源前期规划管理投入。其指资源所有者为了在交易和开发利用中处于有利地位，对其所拥有资源的数量和质量的摸底，对水资源来讲，主要是水文监测、水利规划等各种前期的投入。

（2）水资源保护投入。其指为了免除水资源遭受破坏、损失，保障水资源的水质安全、数量稳定，满足水资源使用者对水资源的使用要求，水资源所有者（主要指国家）对水资源进行勘察、检测、水源防护以及其他管理工作的投入。

（3）水资源恢复投入。其指在水资源匮乏地区，为了避免水资源枯竭，当水资源开发量超过水资源自然补给量时国家要组织人工恢复和其他补源措施来补充水资源量而增加的投入。

2. 资源开发投入

水资源是大宗商品，为了供给使用者使用，国家或生产者需要进行必要的工程建设投入，将水输送到各类用水部门，包括水源工程投入、供水工程投入、管理人员费用、运输费用等，这同样构成了水资源劳动价值的一部分。

（三）水资源使用价值

水资源是被人类在生产和生活中广泛利用的资源，不仅广泛应用于农业、工业和生活，还广泛用于发电、水运、水产、旅游和环境改造等。在各种不同的用途中，有的是消耗性用水，有的则是非消耗性用水，而且对水质的要求各不相同。水资源使用过程的多用途特性，使其在不同的部门使用过程中，产出的经济效益具有差异性。多用途性是水资源有别于其他自然资源的特点，在各用水部门中，水资源对使用者的效用是不同的，导致不同需求者愿意支付的价格不同，这种特点决定了国家在制定有偿使用水资源的收费办法和收费标准时，不仅要按用途分类分别制定，也要考虑水资源每一种用途的具体特性，还要充分考虑不同用户使用水资源的具体情况，这就要求对水资源的使用价值做进一步的分析。

根据水资源使用对象的不同，水资源的使用功能主要有满足居民生活用水需求、供给产业部门生产、保持生态系统稳定、维持环境系统安全等。在各使用部门中，由于水资源对使用者的效用不同，也就决定了不同使用部门的水资源使用价值差异，水资源使用价值构成见图8-4。经济价值、社会价值可以通过市场价格来反映，但是生态价值和环境价值属于公共服务功能，很难给出定量化的评价。

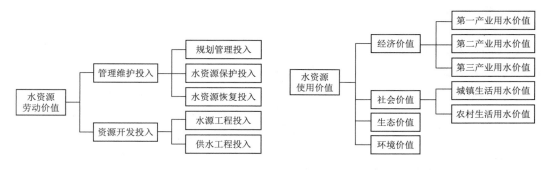

图8-3 水资源劳动价值的构成　　　　图8-4 水资源使用价值的构成

（四）水资源补偿价值

水资源具有多种效用，随着人类社会的发展，水资源由天然水循环过程演变成具有人工侧支系统的二元水循环过程，人类的用水过程改变了水资源原先的循环机制。①人类用水减少了天然生态系统的用水量，造成了一定程度的生态退化；②人工侧支用水过程（由取水—输水—用水—排水—回归5个基本环节构成的人工侧支循环路径）改变了原有的水量和水质，排出了大量的污水，造成了水环境的污染，降低了水环境的功能；③水量、

253

水质的退化会给其他用水者的利益带来一定程度的损害。为了减轻用水过程中的外部性，维持水资源的可持续利用，国家要向使用者收取适当的补偿。一方面是限制性补偿，即资源管理者通过管理手段和行政手段使资源使用的外部成本内部化，减少水资源的使用，降低水资源的外部性影响；另一方面是恢复性补偿，国家要进行必要的投入来削减水资源使用过程中的外部不经济性，减轻对管理者和其他相关方的危害，水资源补偿价值的构成见图8-5。

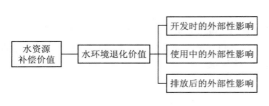

图8-5 水资源补偿价值的构成

二、水资源价值的经济特性

1. 稀缺性

经济学中稀缺性是指在既定资源禀赋与技术水平下，相对于人的欲望而言，资源的供给是不足的。作为自然资源之一的水资源，其第一大经济特性就是稀缺性，其稀缺性同时包含着物质稀缺性和经济稀缺性两个方面，并且可以相互转化。如缺水区自身的水资源绝对数量都不足以满足人们的需要，因而当地的水资源具有严格意义上的物质稀缺性，但如考虑跨流域调水、海水淡化、节水、循环使用等技术方法，水资源的稀缺性最终体现为经济稀缺性，只是所需要的生产成本相当高而已。结合水资源的自然特点，水资源的稀缺性又是动态变化的，不同地区、不同年份或季节，水资源的稀缺程度是变化的。

2. 不可替代性

水资源是一切生命赖以生存的基本条件，是生态和环境的基本要素，也是经济社会的重要生产要素，其作用与自然特质决定了水资源是人类社会生存和发展不可替代的自然资源。水资源的不可替代性不仅强化了其在自然、经济与社会发展中的重要程度，也增强其稀缺性对经济社会发展的制约程度。

3. 再生性

如果对一种资源存量的不断循环开采能够无限期地进行下去，这种资源就被定义为可再生资源。水资源是不可耗竭的可再生性资源，有三层含义。

（1）水资源消耗以后，通过水分循环逐年可以得到恢复和更新。但是水资源的再生性又不是绝对的，而是相对的、有条件的。再生时间是水资源循环周期中最重要的条件。在水资源再生的过程中，不同的淡水和海洋正常更新循环的时间是不相等的。超量抽取地下水，会使一些地下水在人为因素作用下由不可耗竭的再生性资源转为可耗竭性资源。对不可耗竭的再生性水资源的开发利用必须考虑其自然承载能力。如超过其限度就会转为可耗竭性资源或延长再生周期。不能把水资源的可再生性误认为水资源是取之不尽、用之不竭的。

（2）随着人类社会的飞速发展，在水需求量大大超过自然年资源量时，人们可通过工业手段使其人为再生。在利用天然水体本身的自净能力的基础上，同时采取生物和工程等多种措施，实现水的再生化和资源化，这是今后满足日益增长的水需求，尤其是满足超过水资源自然再生性所能提供水量之上需求的主要途径。由于人工再生成本远远高于自然再生成本，其价格的提升将使社会成本普遍提高。

（3）采用经济合理的管理程序，使同一水资源在消费过程中多次反复使用，也是一种使用过程中的再生形式。对多个非消耗性用水领域，根据不同用水标准，按科学合理的使用顺序安排消费流程，如先发电，后航运，再用于工业或农业。在水资源量一定的条件下，复用次数越多，水资源利用程度就越高，资源再生量就越大。虽然这样的消费流程所需管理难度较大，但也是水资源供求矛盾迫使人们必须走的一条路。

4. 波动性

水资源虽是可再生的，但其再生过程又呈现出显著的波动性特点，即一种起伏不定的动荡状态，是不稳定、不均匀、不可完全预见、不规则的变化。

水资源的波动性分为自然和人为两种。自然的波动性表现在水资源再生过程的空间分布和时程变化上。水资源波动性在空间上称为区域差异性，其特点是显著的地带性规律，即水资源在区域上分布极不均匀；水资源时程变化的波动性，表现在季节间、年际和多年间的不规则变化。水资源的人为波动是指人作用于水资源的行为后果，负面影响了水资源正常的再生规律，如过度开采水资源、水污染、水工程老化失修、臭氧层的破坏、环境的日益恶化等。

将水资源的自然波动和人为波动联系起来分析：水资源的自然波动，是外生不确定性，没有一个经济系统可以完全避免外生不确定性；水资源的人为波动，是内生不确定性，来源于经济行为者的决策，与经济系统本身的运行有关，是可以控制和避免的。在水资源波动过程中，外生不确定性和内生不确定性可以相互作用，应以内生确定性来平衡外生不确定性，用科学的决策、合理的规划、优质的水资源工程使水资源波动性降至最低限度。

综上所述，水资源既有稀缺性，又有不可替代性；既有再生性，又有很大的波动性，因此水资源是非常宝贵的资源，人们在开发利用过程中，应该运用经济方法，在完善水资源市场的过程中，通过价格机制的作用，使之达到资源最优或次优的经济配置。水资源再生过程的波动性对供水保证率是非常不利的。为了调节需求，价格浮动也是必然的，固定的水价是不符合自然规律和市场规律的。

三、水价、水费和水资源费

（一）水价、水费和水资源费的含义

水价即水的价格，是指水资源使用者使用单位水资源所付出的价格，是水资源使用者为获得水资源使用权和可用性需支付给水资源所有者的一定货币额。它反映了资源所有者与使用者之间的经济关系，体现了对水资源有偿使用的原则、水资源的稀缺性、所有权的垄断性及所有权和使用权的分离，其实质就是对水资源消耗进行补偿。在制定水价时，不仅要考虑水资源价值，还要考虑工程投入、污水处理、获取利润等各方面的因素。

水费是用水单位或个人按照规定向供水单位缴纳的费用。我国于1985年发布了《水利工程水费核订、计收和管理办法》（注：该文件2016年已失效），对征收水费的目的，核订水费标准的原则，水费的计收、使用和管理等作出了具体规定。水费标准应在核算供水成本的基础上，根据国家经济政策和当地水资源状况，对各类用水分别核定。

水资源费是指根据《中华人民共和国水法》第四十八条规定，直接从江河、湖泊或者地下取用水资源的单位和个人，应当按照水资源有偿使用制度的规定，向水行政主管部门缴纳的费用，从而取得取水权。

水费和水资源费是水资源用户向供水单位或水资源主管部门缴纳的水资源有偿使用的费用，而水价是其确定的基础。当水价为供水价格时，在数量上等于水费；当水价为严格意义上的水资源资产价格时，水资源费是水价中的资源水价部分。就我国现行情况来看，水费在数量上要小于水价。

（二）我国的水价制度的形成

为缓解水资源紧张状况，用经济手段进行调控是抑制用水量增长的有效手段之一，其核心就是调整水价。水价是推动节约用水的重要杠杆，利用水价调节人们的用水行为是实现水资源可持续利用的有效手段。

新中国成立以来，我国的供水行业经历了公益性无偿供水阶段（1949—1965 年）、政策性有偿供水阶段（1965—1985 年）、水价改革起步阶段（1985—1995 年）和水价改革发展阶段（1995—2003 年）。1949—1964 年，全国各地基本上实现无偿供水，不收取水费，没有水价这个概念。1965 年 10 月 13 日，国务院转批了水利电力部制定的《水库工程水费征收、使用和管理试用办法》，建立了水费制度，但这时的水费属计划经济体制下的部分成本核算回收，收费标准很低。1965—1975 年期间，大多数水利工程均不计收水费，水费征收没能步入正轨。1985 年，国务院颁布《水利工程水费核订、计收和管理办法》，规定"工业、农业和其他一切用水户，都应按规定向水利工程管理单位交付水费"，使我国进入按供水成本核算计收水费阶段。2002 年新修订的《中华人民共和国水法》（以下简称《水法》）颁布，规定使用水利工程供应的水，应当按照国家规定向供水单位缴纳水费。2003 年 7 月，国家发展和改革委员会与水利部联合发布《水利工程供水价格管理办法》，并于 2004 年 1 月 1 日在我国正式实行，规定将供水价格完全纳入市场经济的商品价格范畴，这也是我国现行的水价政策。2004 年 4 月，国务院办公厅印发了《国务院办公厅关于推进水价改革促进节约用水保护水资源的通知》，确立了水价改革的目标和原则，对水价改革进行了全面部署。2006 年 2 月，国务院令第 460 号公布了《取水许可和水资源费征收管理条例》，明确了《水法》中规定的水资源费征收制度。我国的水价体系正逐步完善，水价总体水平在逐步提高，我国水价管理工作已经进入法制化、规范化、合理化、科学化的轨道。

（三）"三元"水价

水价即供水价格，是供水价值的货币表现。供水价格是水利工程管理单位向用水户供水收费的标准，所以也称为水费标准。供水价格有理论价格和实际执行价格之分。供水价格是按照价值规律和价格形成理论计算出来的；实际执行价格，是在理论价格的基础上，根据国家经济政策和当时、当地水资源供需状况等要素综合研究制定的。

随着水资源价值理论的逐步成熟、水环境保护意识的增强和市场经济的发展，水价的构成理论也逐步完善。2000 年 10 月，水利部原部长汪恕诚在《水权和水市场——谈实现水资源优化配置的经济手段》的讲话中提出："水价有 3 个组成部分，即资源水价、工程水价和环境水价。资源水价是水资源费，卖的是使用水的权利；工程水价是生产成本和产权收益，卖的是一定量和质的水体；环境水价是水污染处理费，卖的是环境容量。三者构成完整意义上的水价。"他在 2003 年出版的《资源水利——人与自然和谐相处》一书中再次强调了这一观点。可见，水价通常由资源水价、工程水价和环境水价三部分组成，即所谓的"三元"水价：水价＝资源水价＋工程水价＋环境水价。

资源水价是体现国家作为所有权主体制定的水资源价格，包括水资源耗费的补偿，卖的是使用水的权力，不可能完全由市场竞争来决定。工程水价即供水设施的供水成本，卖的是一定量和质的水体。环境水价就是经使用的水体排出用户范围后污染了他人或公共的水环境，为污染治理和水环境保护所要付出的代价，实质上就是污水处理成本，在水价中反映为污水处理费。

（四）我国水价制定办法

水价作为一种有效的经济调控杠杆，涉及经营者、普通水用户、政府等多方因素，用户希望获得更多的低价用水，开发经营者希望通过供水获得利润，政府则希望实现其社会政治目标。但从综合的角度来看，水价制定的目的在于，在合理配置水资源、保障生态环境、景观娱乐等社会效益用水以及可持续发展的基础上，鼓励和引导合理、有效、最大限度地利用可供水资源，充分发挥水资源的间接经济社会效益。

在水价的制定中，要考虑用水户的承受能力，必须保障起码的生存用水和基本的发展用水。而对不合理用水部分，则通过提升水价，利用水价杠杆，来强迫减小、控制、逐步取消不合理用水，以实现水资源有效利用。

我国目前的水价制定主要以《水利工程供水价格管理办法》为依据，基本上是行政主管部门核算，全面实行有利于用水户合理负担的分类水价。根据用水的不同性质，统筹考虑不同用水户的承受能力，实行了分类水价体系，报经市场监督管理部门核定批准后执行。近些年来全国各地积极探索适合本地的水价管理方式，全国绝大多数省区适当下放了水价审批权，实行按区域定价和按单价工程定价相结合的管理办法。城市供水价格引入了听证会制度，水价决策的规范化、民主化和透明化程度逐步提高。

参 考 文 献

［1］ 许武成. 水资源计算与管理 ［M］. 北京：科学出版社，2011.

［2］ 左其亭，窦明，马军霞. 水资源学教程 ［M］. 北京：中国水利水电出版社，2008.

［3］ 王双银，宋孝玉. 水资源评价 ［M］. 郑州：黄河水利出版社，2008.

［4］ 李广贺，张旭，张思聪，等. 水资源利用与保护 ［M］. 北京：中国建筑工业出版社，2002.

［5］ 张立中. 水资源管理 ［M］.2 版. 北京：中央广播电视大学出版社，2006.

［6］ 何俊仕，粟晓玲. 水资源规划及管理 ［M］. 北京：中国农业出版社，2006.

［7］ 左其亭，王树谦，刘廷玺. 水资源利用与管理 ［M］. 郑州：黄河水利出版社，2009.

［8］ 何俊仕，林洪孝. 水资源概论 ［M］. 北京：中国农业大学出版社，2006.

［9］ 高桂霞. 水资源评价与管理 ［M］. 北京：中国水利水电出版社，2000.

［10］ 管华，李景保，许武成，等. 水文学 ［M］. 北京：科学出版社，2010.

［11］ 黄锡荃. 水文学 ［M］. 北京：高等教育出版社，1993.

［12］ 赵秉栋，管华. 水资源学概论 ［M］. 开封：河南大学出版社，1996.

［13］ 水利电力部水文局. 中国水资源评价 ［M］. 北京：水利电力出版社，1987.

［14］ 水利电力部水电规划设计院. 中国水资源利用 ［M］. 北京：水利电力出版社，1989.

［15］ 钱正英，张光斗．中国可持续发展水资源战略研究综合报告及各专题报告［M］．北京：中国水利水电出版社，2001．

［16］ 舒展，邸雪颖．水文与水资源学概论［M］．哈尔滨：东北林业大学出版社，2012．

［17］ 汪林，甘泓，倪红珍，等．水经济价值及相关政策影响分析［M］．北京：中国水利水电出版社，2009．

［18］ 甘泓，秦长海，汪林，等．水资源定价方法与实践研究Ⅰ：水资源价值内涵浅析［J］．水利学报，2012，43（3）：289－295．

第九章　水资源评价与管理

第一节　水资源评价概述

一、水资源评价的概念及目的意义

（一）水资源评价的概念

目前对水资源评价的概念、范围和内容，认识并不一致。联合国教科文组织/世界气象组织 1988 年《水资源评价活动——国家评估手册》中规定："水资源评价是指对资源的来源、范围、可依赖程度和质量进行确定，据此评估水资源利用和控制可能性。"联合国教科文组织/世界气象组织出版社的"国际水文学词汇"（UNESCO/WMO，1992）将水资源评价修改为："为了利用和控制而进行的水资源的来源、范围、可靠性以及质量的确定，据此评估水资源利用、控制和长期发展的可能性。"《中国资源科学百科全书·水资源学》中定义水资源评价为："按流域或地区对水资源的数量、质量、时空分布特征和开发利用条件作出全面的分析估价，是水资源规划、开发、利用、保护和管理的基础工作，为国民经济和社会发展提供水决策依据。"2006 年出版的《中国水利百科全书》进一步明确提出："水资源评价是对某一地区或流域水资源的数量、质量、时空分布特征、开发利用条件、开发利用现状和供需发展趋势作出的分析估价。它是合理开发利用和保护管理水资源的基础工作，为水利规划提供依据。"

从上述定义中可以看出，水资源评价的主要任务是科学分析区域或流域水资源的特点，准确把握其在数量、质量等方面的特性，展望水资源开发利用前景，合理开发利用和保护水资源，达到以水资源可持续利用支撑经济社会可持续发展的目标。水资源评价是在经济社会用水量持续增长、水资源开发利用程度不断提高、供需矛盾和水污染日益突出、生态环境不断退化的背景下发展起来的，其工作内容各国不尽相同，并都随着时代的前进而不断充实。水资源评价一般包括水资源数量评价、水资源质量评价和水资源利用评价及综合评价。

（二）水资源评价的目的

水资源评价一般是针对某一特定区域，在水资源调查的基础上，研究特定区域内的降水、蒸发、径流诸要素的变化规律和转化关系，阐明地表水和地下水资源数量、质量及其时空分布特点，开展需水量调查和可供水量的计算，进行水资源供需分析，寻求水资源可持续利用最优方案，为区域经济、社会发展和国民经济各部门提供服务。

1. 水资源评价是水资源合理开发利用的前提

科学地评价本地区水资源的状况，是合理开发利用水资源的前提。

2. 水资源评价是科学规划水资源的基础

合理的水资源评价，对正确了解规划区水资源系统状况、科学制订规划方案有十分重要的作用。

3. 水资源评价是保护和管理水资源的依据

水是人类不可缺少而又有限的自然资源，因此必须保护好、管理好才能兴利除害、持久受益。水资源保护和管理的政策、法规措施、具体实施方案的制定等，其根本依据就是水资源评价成果。

二、水资源评价的内容

我国的行业标准《水资源评价导则》（SL/T 238—1999）明文规定，水资源评价的内容包括水资源数量评价、水资源质量评价、水资源开发利用及其影响评价。

水资源数量评价包括收集气象、水文、土地利用、地质地貌等基本资料，对资料进行可靠性、一致性和代表性审查分析，并进行资料的查补延长。在此基础上，进行降水量、蒸发量、地表水资源量、地下水资源量和水资源总量的计算。

水资源质量评价包括查明区域地表水的泥沙和天然水化学特性，进行污染源调查与评价、地表水资源质量现状评价、地表水污染负荷总量控制分析、地下水资源质量现状评价、水资源质量变化趋势分析与预测、水资源污染危害及经济损失分析、不同质量的可供水量估算及适用性分析，为水资源利用、保护和污染治理提供依据。

水资源开发利用及其影响评价的内容包括社会经济及供水基础设施现状调查分析；对现状水资源供用水情况进行调查分析，并指出存在的问题；水资源开发利用对环境的影响；水资源综合评价；水资源价值量评价等。

水资源综合评价是在水资源数量、质量和开发利用现状评价以及对环境影响评价的基础上，遵循生态良性循环、资源永续利用、经济可持续发展的原则，对水资源时空分布特征、利用状况及与社会经济发展的协调程度所做的综合评价。水资源综合评价内容包括水资源供需发展趋势分析、评价区水资源条件综合分析和分区水资源与社会经济协调程度分析。

水资源价值量评价主要是核算水资源本身所具有的价值，内容应包括按水源、按水资源用途、按水资源质量分类核算水资源的数量和单位水资源量的价值，有条件地区可对该项进行研究评价。

三、水资源评价的要求

（一）水资源评价技术原则

水资源评价工作要求客观、科学、系统、实用，并遵循以下技术原则：①地表水与地下水统一评价；②水量水质并重；③水资源可持续利用与社会经济发展和生态环境保护相协调；④全面评价与重点区域评价相结合。

（二）水资源评价的一般要求

进行水资源评价时需要制定评价工作大纲，包括明确评价目的、评价范围、评价项目、资料收集、评价方法、预期成果等。

（1）水资源评价应以调查、收集、整理、分析利用已有资料为主，辅以必要的观测和实验工作。分析评价中应注意水资源数量评价、水资源质量评价及水资源开发利用评价之间的资料衔接。

（2）水资源评价使用的各项基础资料应具有可靠性、一致性和代表性。

（3）水资源评价应分区进行。各单项评价工作在统一分区的基础上，可根据该项评价的特点与具体要求，再划分计算区域评价单元。

（4）水资源评价成果应能够充分反映各评价水体的时程分配和空间分布规律。

（5）全国及区域水资源评价应采用日历年，专项工作中的水资源评价可根据需要采用水文年。计算时段应根据评价目的和要求选取。

（6）应根据经济社会发展需要及环境变化情况，每间隔一定时期对前次水资源评价成果进行一次全面补充修订或再评价。

四、水资源分区

为准确掌握不同地区水资源的量和质以及三水转化关系，水资源评价应分区进行。水资源数量评价、水资源质量评价和水资源利用现状及其影响评价均应使用统一分区。各单项评价工作在统一分区的基础上，可根据该项评价的特点与具体要求，再划分计算区或评价单元。

分区单元的划分，目的是把区内错综复杂的自然条件和社会经济条件根据不同的分析要求，选用相应的特征指标，通过划区进行分区概化，使分区单元的自然地理、气候、水文和社会经济、水利设施等各方面条件基本一致，便于因地制宜有针对性地进行开发利用。

水资源供需分析分区的主要原则是：①尽可能保持流域、水系的完整性；②供水系统一致，同一供水系统划在一个区内；③边界条件清楚，区域基本封闭，有一定的水文测验或调查资料可供计算和验证；④基本上能反映水资源条件在地区上的差别，自然地理条件和水资源开发利用条件基本相似的区域划归一区；⑤尽量照顾行政区划的完整性。

2004 年完成的《中国水资源及其开发利用调查评价》中，为便于按流域和区域进行水资源调配和管理，按照流域和区域水资源特点，全国共划分为 10 个水资源一级区，即松花江区、辽河区、海河区、黄河区、淮河区、长江区、东南诸河区、珠江区、西南诸河区、西北诸河区。在一级区的基础上，按基本保持河流水系完整性的原则，划分为 80 个水资源二级区。结合流域分区与行政分区，又进一步划分为 214 个三级区。

依据现行国家标准及行业标准，按建立现代化水资源信息管理系统的要求，对分区进行编码。水资源一级区按照由北向南并顺时针方向编序，水资源二级区、三级区、四级区及五级区按照先上游后下游、先左岸后右岸的顺序编码。全国水资源分区编码由 7 位大写英文字母和数字组成，其中，自左至右第 1 位英文字母是一级区代码，第 2、3 位数码是二级区代码，第 4、5 位数码是三级区代码，第 6 位数码或字母是四级区代码，第 7 位数码或字母是五级区代码（其中当四级区与五级区的数码大于 9 以后用字母顺序编码）。

水资源评价还应按行政区划进行行政分区。全国性水资源评价的行政分区要求按省（自治区、直辖市）和地区（市、自治州、盟）两级划分；区域性水资源评价的行政分区可按省（自治区、直辖市）、地区（市、自治州、盟）和县（市、自治县、旗、区）三级划分。

第二节 降水量的分析与计算

一、降水量分析计算的内容

水资源分区确定后，需要对区域降水进行分析与计算，为区域地表水资源、地下水资源评价奠定基础。降水量的分析与计算通常包括确定区域年降水量的特征值，绘制多年平均年降水量及年降水量变差系数等值线图，研究年降水量的年内分配、年际变化和地区分布规律等。具体提交的研究成果包括雨量站分布图、降水量的统计参数及频率计算表、年际及典型年内降水量分配表、连续最大 4 个月降水量占全年降水量百分比图、多年平均降水量等值线图、年降水量变差系数 C_V 值等值线图、年降水量偏态系数 C_S 与变差系数 C_V 比值分区图等。

二、降水资料的收集与审查

（一）降水资料的收集

降水资料主要是通过水文气象部门的水文站、雨量站、气象站等观测获取。近年来随着雷达探测、气象卫星云图等高新技术的发展，降水资料的获取途径有了较大发展。历年降水量资料的来源主要有国家水文部门统一刊印的《水文年鉴》、国家和各省（自治区、直辖市）刊印的《地面气候观测资料》。此外，各省（自治区、直辖市）及地区编制的水文图集、水文手册、水文特征值统计以及有关部门编写的水文、气象及水资源分析研究报告等。20 世纪 80 年代及以前的资料可在水文年鉴上摘抄，20 世纪 90 年代以后的资料可在水利等有关部门中查得。在收集降水资料时应注意以下几个问题。

（1）选用的观测站［包括水文站、雨量站、气象台（站）］要求资料可靠、系列较长、面上分布比较均匀。在降水量变化较大的地区应适当加密观测站数目。同时要注意收集部分区域之外的观测站资料，以供分析。

（2）要注意收集的各观测站降水量资料本身的同步性，还要兼顾降水量与径流量资料的同步性。

（3）应认真校对选用资料，对资料来源、质量及相关情况应详细注明，以便在计算分析时参考，包括缺测原因、观测站址迁移、数据合并和审查意见等。

（4）收集适当比例尺的地形图，作为工作底图，以进行站点分布图、各种等值线图等图件的绘制。

（5）收集区域的土壤、植被、地质、河流水系、气象、流域水利工程、区域社会经济、水资源开发利用状况等资料，以进行资料的审查、插补延长和径流量的还原计算。

（二）降水资料的可靠性审查

水资源分析计算成果的精度与合理性取决于原始资料的可靠性、一致性及代表性。原始资料的可靠性不好，就不可能使计算成果有较高精度。

资料的可靠性审查就是要鉴定原始资料的可靠程度。特大值、特小值，新中国成立之前、"文化大革命"期间数值及其他特殊数据值（序列）应作为审查的重点，不要轻易舍弃实测资料。

对降水资料的可靠性审查，一般可以从以下两个方面进行。

1. 与邻近站资料比较

本站的年降水量与同一年的其他站年降水量资料对照比较，看它是否符合一般规律。例如特大值、特小值是否显得过分突出。一旦发现某年的数值可疑，要深入仔细审查：汛期、非汛期、逐月、逐日降水量要分开审查。需要注意的是，个别地区因夏秋暴雨常具有局部性，相邻两站的降水量有可能相差较大。山区的降水量分布有时极为复杂，故发现问题后要分析测站位置、地形等影响，不要轻易下结论，以至随意抛弃原始资料。

2. 与其他水文气象要素比较

一般来说，降水与径流量有比较稳定的关系，可利用降水径流量关系（图）进行审查。但是，由于暴雨在面上分布往往很不均匀，当水文站控制面积较大时，单站的暴雨径流关系往往不能确定暴雨资料的可靠与否。

资料的可靠性审查，应贯穿水资源量计算分析的各个环节，以确保使用数据的可靠性。

（三）降水资料的一致性审查

资料的一致性是指取得的资料系列是否来自同一总体，从水文上讲，要求组成系列的每个数据具有同一成因，即一个序列中不同时期的资料成因是否相同，具体表现在测站的气候条件及周围环境是否发生变化。一般来说，大范围的气候条件在短短几十年内可以认为是相对稳定的，但是由于人类活动往往形成测站周围环境的变化，如森林采伐、农田灌溉、城市化及兴建水利工程等都会引起局部地区小气候的变化，从而导致降水和径流等水文要素的变化，使资料的一致性遭到破坏。此时，就需要对变化后的资料进行合理的修正，使其与原系列一致。另外，当观测方法改变或测站迁移造成的资料不一致性，也应进行修正。

一致性审查的方法主要可以分成两大类：一类是用来判断资料整体趋势的方法，如Mann-Kendall 非参数秩相关检验法、Spearman 秩次相关检验法、滑动平均检验法等；另一类是判断资料中跳跃成分的方法，如累积曲线法、Lee 和 Heghiman 法、有序聚类分析法和重标度极差分析法等。

（四）降水资料的代表性分析

资料系列代表性，指样本资料的统计特性能否很好地反映总体的统计特性。对水文频率计算来讲，系列的代表性是该样本对系列所在接近程度，如越接近程度越高，代表性越好，频率分析成果精度高，反之则低。

水文系列代表性的优劣，反映了系列代表总体统计特征的程度，所以系列代表性是水文设计成果质量保证的前提。

如果在一个随机系列中，有一个或几个完整的丰、枯水周期，其中又包含长系列中的最大值和最小值，各种统计特性相对稳定，则一般认为这个系列的代表性较好。

降水资料的代表性审查包括降水系列的周期分析、稳定期及代表期分析。

三、降水量等值线图的绘制

为了研究年降水量的空间变化规律，估算无资料地区各种指定频率的年降水量，必须绘制年降水量统计参数等值线图。年降水量统计参数有多年平均年降水量、年降水量变差系数和年降水量偏态系数。我国普遍采用的确定统计参数的方法是图解适线法（配线法），采用理论频率曲线为 P—Ⅲ 型曲线计算时注意，由于同步系列不长，对于特丰年、特枯年年降水量的经验频率，最好由邻近的长系列参证站论证或由旱涝历史资料分析来确定，以避免偶然性。

在绘制上述等值线图时，应主要依据下列原则和方法。

（1）根据选用站点的资料精度情况，将其划分为主要点据、一般点据和参考点据。勾绘时应以主要点据为主、一般点据为辅，并兼顾参考点据的原则进行勾绘。

（2）绘图前，要充分分析了解研究区内水汽来源、降水主要成因、冷暖锋面活动规律以及地形对降水的影响等情况，以便对降水的空间变化规律有一个初步的了解。

（3）选择资料质量好、系列完整、面上分布均匀且能反映地形变化影响的雨量站作为绘制等值线的主要依据。一般在降水量变化梯度较大的山区应尽可能多选择一些雨量站，在梯度较小的地区可以适当减小雨量站密度，在雨量站稀少的地区可增加一些资料系列较短的雨量站，经过插补延长处理后使用。

（4）选择准确、清晰有经纬度或者投影坐标且能分清高山、丘陵和平原等地形图作为工作底图。

（5）应进行等值线图的合理性检查，主要从气候、地形及其他地理条件等方面进行检查，切忌出现降水量等值线横穿山岭。此外，还可将等值线图与以往编制的等值线图进行对比分析。

四、降水量的年内分配和年际变化

降水量的时程变化主要表现在降水量的年内分配和年际变化两个方面。

（一）降水量的年内分配

降水量的年内分配主要采用以下方法。

（1）从研究区内选择出典型测站，绘制典型年降水量年内分配表以反映年内分配特征。典型年的选取通常考虑以下原则：一是年降水量接近设计频率的年降水量；二是降水量年内分配具有代表性；三是月分配过程对径流调节不利。

（2）统计研究区多年平均各月降水量或者多年平均各月降水量占年平均降水量的百分比，以表示降水量年内分配特征。

（3）统计研究区连续最大 4 个月降水量占全年降水量百分比系列，以反映年降水量集中程度和相应出现的月份。

降水的年内分配在我国大部分地区受东南季风和西南季风的影响，雨季随东南季风和西南季风的进退变化而变化。从年内降水时间上看，长江以南广大地区夏季风来得早、去得晚，雨季较长，多雨季节一般为 3—8 月或 4—9 月，汛期连续最大 4 个月的雨量约占全年雨量的 50%～60%。华北和东北地区的雨季为 6—9 月，这里是全国降水量年内分配最不均匀和集中程度最高的地区之一，汛期连续最大 4 个月的降水量可占全年降水量的 70%～80%。北方不少地区汛期 1 个月的降水量可占年降水量的半数以上。西北地区，黄河流域区连续最大 4 个月的降雨期为 6—9 月，占年降水量的 73%，内陆河流区连续最大 4 个月的降水量占年降水量的 42%～79%，变化较大，出现的月份也不集中，分布在 3—9 月间。

（二）降水量的年际变化

降水量年际变化的大小，通常用实测年降水量的最大值和最小值的比值 K_m、年降水量变差系数 C_V 值来表示。K_m 越大，说明降水量的年际变化越大；K_m 越小，说明降水量年际之间均匀、变化较小。就全国而言，年降水量变化最大的地区是华北和西北，丰水年和枯水年降水量之比一般可达 3～5 倍，个别干旱地区高达 10 倍以上。而我国南方湿润地区降水量的年际变化相对北方要小，一般丰水年降水量为枯水年的 1.5～2.0 倍。

年降水量变差系数 C_V 值与年降水量的年际变化也成正比关系，在地区上的分布也有类似情况。即广大西北地区的年降水变差系数 C_V 值是全国范围内最高的，大部分地区的 C_V 值在 0.40 以上，个别干旱盆地的 C_V 值可高达 0.7 以上。C_V 值最小的地区是我国南方十分湿润带地区，一般在 0.20 以下。受台风暴雨影响，东南沿海少数地区年降水变差系数 C_V 值也可大于 0.25。其他地区，华北、黄河中下游大部地区、东北地区年降水量 C_V 值的变化介于上二者之间。

选择长系列降水资料的代表站，根据频率分析计算，将年降水量分级：丰水年（$P_m <$ 12.5%），偏丰水年（$P_m \in [12.5\%, 37.5\%)$），平水年（$P_m \in [37.5\%, 62.5\%)$），偏枯水年（$P_m \in [62.5\%, 87.5\%)$），枯水年（$P_m \geqslant 87.5\%$），由此分析多年丰枯变化规律，旱涝周期变化，连涝连旱出现时间及变化规律。

第三节　地表水资源计算与评价

一、地表水资源量的含义及分析计算内容

地表水是陆地表面的河流、冰川、湖泊、沼泽等水体的总称。地表水资源量通常用地表水体的动态水量即河川径流量来表示。

地表水资源量的计算主要内容包括多年平均年径流量、不同频率的年径流量、河川径流量的年内分配、河川径流量的年际变化及地区分布等。

径流分析计算成果的精度与合理性取决于原始资料的可靠性、一致性和代表性。因此，需要进行资料系列的三性审查和对径流资料进行插补延长。除此之外，由于人类活动的影响，河川径流量往往已经不是天然条件下的径流量，所以，在分析计算之前还应该对其进行还原修正；因径流深和径流系数等也能反映径流量特征，故往往也是地表水资源计算分析的内容；由于一个区域往往是非封闭的，常常和外区域发生水量交换，因此在地表水资源量计算中，还需要计算区域的入境和出境水量。

二、地表水资源量的计算方法

根据区域的气候及下垫面条件，综合考虑气象站、水文站点的分布、实测资料的年限及质量等情况，河川径流量的计算可选用代表站法、等值线图法、降水径流关系法和水文比拟法等。

（一）代表站法

在研究区域内，选择一个或几个基本能够控制全区、实测径流资料系列较长并且具有

足够精度的代表站，从径流形成条件的相似性出发，将代表站的年径流量按面积比或综合修正的方法移用到整个研究区域范围内，从而推求区域多年平均及不同保证率的年径流量，这种方法称作代表站法。依据所选代表站个数和区域下垫面条件的不同而采取不同的计算形式。

1. 单一代表站

（1）若流域内能够选择一个代表站，该站控制面积与研究区域相差不大，产流条件基本相同，如图9-1(a)所示。此时，可用式（9-1）计算研究区域的逐年径流量。

$$W_{研} = \frac{F_{研}}{F_{代}} W_{代} \qquad (9-1)$$

式中：$W_{研}$、$W_{代}$分别为研究区域、代表站的年径流量，m^3；$F_{研}$、$F_{代}$分别为研究区域、代表站控制的流域面积，km^2。

（2）若研究区域内不能选择一个控制面积与研究区域面积相差不大的代表站，且上、下游产汇流条件亦有较大差别，则应采用与研究区域相似的部分代表流域（如区间径流量与相应的集水面积）推求研究区径流量，如图9-1(b)所示。此时，可用式（9-2）计算研究区域的逐年径流量。

$$W_{研} = \frac{F_{研}}{F_{区间}} (W_{代下} - W_{代上}) \qquad (9-2)$$

式中：$W_{研}$、$W_{代上}$、$W_{代下}$分别为研究区域，代表流域上游、下游断面代表站的径流量，m^3；$F_{研}$、$F_{区间}$分别为研究区域，代表流域上游、下游断面之间的面积，km^2。

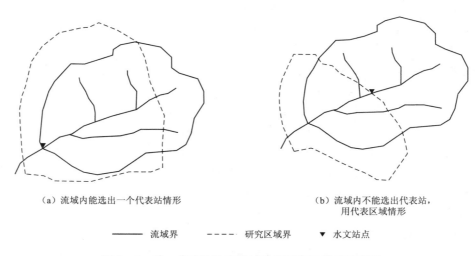

（a）流域内能选出一个代表站情形　　　　　（b）流域内不能选出代表站，用代表区域情形

———— 流域界　　- - - - 研究区域界　　▼ 水文站点

图9-1 单一代表站法中流域界和研究区域界示意图

2. 多个代表站

若研究区内气候和下垫面条件差别较大，区域内可选择两个或两个以上代表站，将研究区域按气候、地形、地貌等条件划分为两个或两个以上分区，一个分区对应着一个代表

站，先计算各分区逐年径流量，再相加得全区的逐年
径流量，如图 9-2 所示。此时，计算公式为

$$W_{研} = \frac{F_{研1}}{F_{代1}}W_{代1} + \frac{F_{研2}}{F_{代2}}W_{代2} + \cdots + \frac{F_{研N}}{F_{代N}}W_{代N}$$

$$(9-3)$$

式中：$W_{研}$、$W_{代i}$ 分别为研究区域、代表流域中第 i
个分区（代表站）的径流量，m^3；$F_{研i}$、$F_{代i}$ 分别为
研究区域、代表流域中第 i 个分区的面积，km^2。

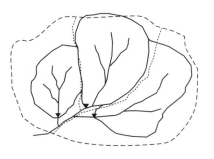

——— 流域界　　- - - - 研究区域界

········· 分区界　　▼ 水文站点

图 9-2　多个代表站法中流域界
和研究区域界示意图

　　当研究区与代表流域的自然地理条件差别过大时，
其产水条件也势必存在着明显的差异。而上述无论是单
一代表站还是多个代表站，其计算公式都只反映了面积
对年径流量的影响，为了提高精度，应考虑其他能反映
产水量大小的指标，比如采用降水量对径流量进行修正，还可以采用反映下垫面特征对径流
量影响的指标。采用降水量修正的单一代表站法时，式（9-1）应改写成下列形式：

$$W_{研} = \frac{F_{研}}{F_{代}} \frac{P_{研}}{P_{代}} W_{代}$$

$$(9-4)$$

式中：$W_{研}$、$W_{代}$ 分别为研究区域、代表站的年径流量，m^3；$F_{研}$、$F_{代}$ 分别为研究区域、代表
流域的面积（即代表站控制面积），km^2；$P_{研}$、$P_{代}$ 分别为研究区域、代表流域的年降水
量，mm。

（二）等值线图法

　　在区域面积不大且缺乏实测径流资料的情况下，可以借用包含研究区在内的较大面积
流域（代表流域）的径流量等值线来计算研究区径流量。其计算步骤如下。

　　（1）在研究区范围内，计算相邻两条等值线之间的面积 F_i。

　　（2）计算 F_i 相应的径流深 R_i，R_i 可取两条径流深等值线的平均值。

　　（3）按照式（9-5）计算研究区的径流深。

$$R = \frac{1}{F} \sum_{i=1}^{n} F_i R_i$$

$$(9-5)$$

式中：R、R_i 分别为研究区域及第 i 个分区的径流深，mm；F、F_i 分别为研究区域及第
i 个分区的面积，km^2；n 为分区个数。

　　应当指出，对于面积不同的区域，其等值线图法的计算精度是不相同的。大区域一般
均有长期实测径流资料，实际上等值线图的实用意义不大。对于中等面积区域，等值线图
有较大的实用意义，其精度一般比较高，因为等值线主要是依据中等面积代表站绘制的。
对于小面积区域（$500km^2$ 以下），等值图误差可能较大。因此，小面积区域应用等值线
图推求年径流时，应结合具体条件加以适当修正。

（三）降水径流关系法

　　选择代表流域内具有实测降水径流资料的代表站，建立降水径流相关关系。若研究区
气候、下垫面情况与代表站流域相似，则将研究区内的降水量代入代表站的降水径流相关
关系，可求得研究区的径流量。

（四）水文比拟法

在无实测径流资料的地区，可使用水文比拟法。此法的关键是选择恰当的代表流域。代表流域应与研究区域在气候一致区内，两者的面积相差不大（一般在 10%～15% 以内），影响产汇流的下垫面条件相似，且代表流域具有长期实测降水径流资料。

水文比拟法就是将代表流域的径流资料移置到研究区域上的一种方法。为了提高精度，可以用两者的面积比及降水量比对径流量加以修正，此时计算公式可参考式（9-4）。

三、出、入境水量计算

入境水量和出境水量，是针对特定区域边界而言的。入境水量是指河流流经区域边界流入区域内部的径流量；出境水量是指河流流经区域边界流出区域之外的径流量。河流的入境水量和外流域向本区的调水，都属于客水。当入境水量和出境水量相等时，该水量可叫作过路水量。而实际上，河流流入特定区域以后，一般都存在河道渗漏、水面蒸发等损失，有的河流流经岩溶地区，尤其是西南岩溶地区，经过大量的天窗、漏斗等地表岩溶的渗漏，有相当一部分转化为地下水；有的河流流经沼泽区，大量水分消耗于蒸发，甚至变成无尾河。当河流流经工农业区，也可能会从河流中引水，使得入境水量不能全部流出境外。这说明，入境水量是沿途变化的，一般情况下入境水量和出境水量并不相等。出、入境水量也需要进行年内年际变化分析。

常用的方法有代表站法和水均衡法。

（一）代表站法

1. 代表站在入境（或出境）处

（1）当区域内只有一条河流过境时，若其入境（或出境）处恰有长系列径流资料且具有足够精度的代表站，该站多年平均及不同保证率下的年径流量，即为研究区域相应的入境（或出境）水量。

（2）若入境（或出境）处的代表站径流资料系列较短，或代表性不好，应采用相关分析等方法插补延长其年径流系列，使其具有足够代表性，然后依据延长后的年径流系列计算该站多年平均及不同保证率的年径流量，最后得到研究区域相应的入境（或出境）水量。

2. 代表站不在入境（或出境）处

在大多数情况下，代表站并不恰好处于区域边界上，代表站的位置有以下两种情况。

（1）入境代表站位于区域内，其集水区面积与研究区面积有一部分相重复。这种情况，应首先计算重复面积上的逐年降水产水量，并分析该重复面积上水资源的开发利用情况，以确定河流流量的其他增加和损失量，然后从代表站相应年份的水量中予以扣除或累加入其中，即可得到入境水量。

（2）入境代表站位于区域的上游，代表站的集水区域小于实际入境边界处的集水区域。此时，应首先求出代表站至实际入境边界的区间面积上的逐年产水量，并分析该重复面积上水资源的开发利用情况，以确定河流流量的其他增加和损失量，将该区间的年水量加在代表站相应年份的径流量上或从中扣除，即可得到入境水量。

当出境代表站位于区域之内或区域边界下游时，可按照同样方法求出相应重复面积或区间面积的逐年产水量及其他增加和损失量，并从代表站对应年水量中加上或扣除相应水量，即可得到出境水量。

重复面积和区间面积产水量计算，可采用产水系数法、水量面积比值法、降水径流关系法和水文比拟法等。

3. 研究区内有几条河流出、入境

对于较大区域，可能有几条河流出、入境。这种情况下，需在各出（入）境河流上选择代表站，按上述 1 或 2 的方法分别计算各河流逐年入（出）境水量，然后将各河逐年出（入）境水量相加，即可得到区域总出（入）境水量。

（二）水均衡法

该方法是根据水量均衡原理，通过建立河流上、下游断面的水量平衡计算出、入境水量。

四、径流量年内及年际变化

径流量的年内变化分析与降水量类似。可以采用以下量反映：多年平均的月径流过程，用各月径流量多年平均值本身或其与年径流量多年平均值比值，通过柱状图或者过程线形式表示；多年平均连续最大 4 个月径流百分率，即最大 4 个月的径流总量占多年平均年径流量的百分数；枯水期径流百分率，指枯水期径流量与年径流量比值的百分数，枯水期可分别选为 5—6 月、9—10 月或 11 月至次年 4 月。还应选择典型年，分析其年内径流量变化过程。

径流量年际变化包括年际变化和多年变化过程，年际变化通常用年径流变差系数 C_V 以及最大与最小年径流比值、偏差系数 C_S 和 C_S/C_V 来表示。年径流变差系数 C_V 反映一个地区年径流的相对变化程度，以冰雪融水和地下水补给为主的河流 C_V 值较小，以雨水补给为主的河流 C_V 值较大。多年变化过程包括丰水年、平水年、枯水年的周期和连丰、连枯变化规律，可通过较长时期的观测资料分析。一般以降雨补给为主的河流，年径流的多年变化除受降雨年际变化的影响外，还受流域的地质地貌、流域面积大小、山区平原面积的相对比重影响。流域面积越大，流域降雨径流的不均匀性越大，从而各支流之间的丰枯补偿作用也越大，使年际变化减小；同时，面积越大的河流，一般基流量也越大，也能起到减缓多年变化的作用。面积太小的流域往往不闭合，此时，应注意各项径流指标的计算。

对于流域内有多个子流域的情况，可以通过各子流域水文站监测到的径流量资料分析径流量在空间上的分布特征，主要是通过多年平均年径流深及年径流变差系数 C_V 等各种等值线图来描述，比如，可以利用年内变化特征绘制各种等值线图进行分析，通过绘制各个测站的多年平均连续最大 4 个月径流百分率的等值线图可以分析径流量集中程度和相应出现的月份的空间分布。

各种等值线图需进行合理性检查。

第四节 地下水资源计算与评价

一、地下水资源量的含义及分析计算内容

地下水是水资源的重要组成部分。一般评价的地下水是指赋存于饱水带岩土空隙中的

重力水。地下水资源数量是指地下水中参与现代水循环且可以更新的动态水量。地下水可开采量是指在经济合理、技术可行且不发生因开采地下水而造成水位持续下降、水质恶化、海水入侵、地面沉降等水环境问题和不对生态环境造成不良影响的情况下，允许从含水层中取出的最大水量。地下水可开采量应小于相应地区地下水总补给量。

地下水资源数量评价内容应包括补给量、排泄量、可开采量的计算和时空分布特征分析以及人类活动对地下水资源的影响分析。

地下水资源评价中，一般要求对近期下垫面条件下多年来均浅层地下水资源数量及其时空分布特征进行全面评价：在深层承压水开发利用程度较高的地区，须进行深层承压水资源数量评价。重点评价矿化度小于 2g/L 的淡水资源。

地下水资派评价的主要内容包括：收集地形、地貌、水文地质、水文气象资料，地下水动态观测资料，地下水开发利用资料；分析和确定包括给水度、渗透系数、降水入渗补给系数、潜水蒸发系数等水文地质参数；分析确定各平原区、山丘区及水资源评价区的地下水资源量和多年平均浅层地下水资源可开采量。

二、地下水类型区的划分

《水资源评价导则》（SL/T 238—1999）规定，地下水资源数量评价必须按下列要求划分类型区。

（1）根据区域地形、地貌特征，将评价区划分为平原区、山丘区等一级类型区。

（2）根据次级地形地貌特征、地层岩性及地下水类型将山丘区划分为一般基岩山丘区、岩溶山区和黄土丘陵沟壑区；将平原区划分为山前倾斜平原区、一般平原区、滨海平原区、黄土台塬区、内陆闭合盆地平原区、山间盆地平原区、山间河谷平原区和沙漠区，称二级类型区。

（3）根据地下水的矿化度将各二级类型区划分为淡水区、微咸水区、咸水区，称二级类型亚区。

（4）根据水文地质条件将各二级类型区或二级类型亚区划分为若干水文地质单元，称计算区。

三、山丘区地下水资源的计算

山丘区地下水主要靠降雨入渗补给，由于山丘区水文地质条件复杂，观测孔少和观测资料有限，很难较正确地估算补给量。通常按地下水均衡原理，总排泄量等于总补给量，可用各项排泄量之和即总排泄量代表山丘区地下水资源量。山丘区地下水排泄量包括河川基流量、河床潜流量、山前泉水出露量、侧渗流出量、地下水实际开采净消耗量和潜水蒸发量。

（一）河川基流量

河川基流量是指河川径流量中由地下水渗透补给河水的部分，即地下水对河道的排泄量。它是一般山丘区和岩溶山区地下水的主要排泄量。

计算河川基流量，要对水文站实测的流量过程进行基流的分割。具体分割方法参见第四章第三节中流量过程线分割。

（二）河床潜流量

河床潜流量是指河流出山口处，河床被厚度较大的第四纪沉积物所覆盖，河床未能切割到基岩。这时出口断面所测的径流量不是全部的径流量，尚有一小部分以潜流形式下泄，便是河床潜流量。河床潜流量是未被水文站所测得，即未包括在河川径流量或者河川基流量中，故应做单独计算。推求河床潜流量可采用断面法（达西公式）计算，但往往缺乏资料，又因其量甚微而不做计算。计算公式为

$$Q_{潜} = KJAT \tag{9-6}$$

式中：$Q_{潜}$为河床潜流量，m^3；K为渗透系数，m/s，通常用 cm/s；J为水力坡度，可以使用河床比降代替，％；A为垂直于地下水流向的河床潜流过水断面面积，m^2；T为计算时段长度，s。

（三）山前泉水出露量

山前泉水出露量是指未计入河川基流量的那部分泉流量。可以根据调查或实测方法，确定其数量。

（四）侧渗流出量

侧渗流出量是指地下水地下径流形式向研究区外排泄的水量。采用断面法计算。

（五）地下水开采净消耗量 $Q_{净耗}$

开采地下水用于工农业生活，有一部分能又能重新回归入地下，故只计算其中的净消耗部分。一般采用开采净消耗系数法计算，计算公式为

$$Q_{净耗} = \delta Q_{开采} \tag{9-7}$$

式中：$Q_{净耗}$为地下水开采净消耗量，m^3；δ为地下水开采净消耗系数；$Q_{开采}$为地下水开采量，m^3。

根据已有资料确定山区地下水井灌回归系数 $\beta_{井}$，$1-\beta_{井}$ 即为农业开采净消耗系数。山区的工业一般都分布在县一级城镇中，调查各县（乡）工业用水的耗水率作为开采净消耗系数。对计算浅层地下水实际开采量，要分县（乡）、按不同用途进行分项统计。

（六）潜水蒸发量

潜水蒸发量是指潜水在毛细管引力的作用下向上运动所造成的蒸发量。潜水蒸发量是浅层地下水消耗的主要途径之一。潜水蒸发强度 ε 是指单位时间内单位面积上蒸发的水量体积。潜水蒸发强度的变化受包气带岩性、潜水埋深、气象和植被等因素影响。

（1）包气带岩性。不同的包气带岩性其毛管上升高度是不同的，碎石土和颗粒较粗砂毛细管较粗，毛管水上升高度小，潜水蒸发量也少；黏土毛细管较细，但由于毛管常被结合水膜堵住，毛管输水能力也较小；颗粒大小介于前两者之间的土，毛管相对上升高度较大，又有一定的输水能力，因此，潜水蒸发量往往较大。

（2）潜水埋深。根据实验研究，潜水蒸发量随埋深的增加而减小。当水位埋深大于4m，潜水蒸发量已经极其微弱了。因此，一些学者认为存在一个潜水蒸发的极限埋深。极限埋深就是潜水停止蒸发或蒸量及其微弱时潜水的埋深。

（3）气象因素。潜水蒸发随着气温增高、空气相对湿度降低而增加；随着风力增强而加强；降水量大，潜水蒸发量小。

（4）植被因素。有作物生长的季节和地区比无作物生长的季节和地区的潜水蒸发要强烈得多，据五道沟实测资料统计：埋深 0.4m 时，有作物的潜水蒸发为无作物的 2.1 倍；埋深 1.0m 时，有作物的潜水蒸发为无作物的 6.3 倍。另外，作物种类不同，潜水蒸发也

随之不同，因为不同作物根系的吸水能力和需水量是不同的。

潜水蒸发量可以按以下公式计算：

$$E = E_0 CF \qquad (9-8)$$

式中：E 为潜水蒸发量，m^3；E_0 为水面蒸发量，mm；C 为潜水蒸发系数；F 为计算区面积，m^2。

（七）地下水实际开采的净消耗量 q

浅层地下水实际开采的净消耗量 q 计算公式为

$$q = q_1(1-\beta_1) + q_2(1-\beta_2) \qquad (9-9)$$

式中：q_1、q_2 分别是农业灌溉、工业与生活的浅层地下水实际开采量，m^3；β_1、β_2 分别为井灌回归系数、工业用水回归系数。

四、平原区地下水资源的计算

一般平原区地下水及气象等资料较山区丰富，因此可以直接计算各项补给量作为地下水资源量。有条件的地区，可同时计算总排泄量进行校核。地下水开发程度较高的平原区，一般还需计算可开采量，以便为水资源供需分析提供依据。《水资源评价导则》（SLT 238—1999）规定，平原区地下水资源数量评价应分别进行补给量、排泄量和可开采量的计算。

（一）地下水补给量的计算

地下水补给量包括降水入渗补给量、河道渗漏补给量、山前侧渗补给量、渠系渗漏补给量、田间渠灌入渗补给量、井灌回归水量、越流补给量、沙漠区还应包括凝结水补给量。各项补给量之和为总补给量，总补给量扣除井灌回归补量为地下水资源量。

1. 降水入渗补给量 $Q_{降}$

降水入渗补给量是指降水入渗土壤后，形成的重力水下渗补给地下水的量。可以采用降水入渗系数法和动态分析法计算。

降水入渗系数法中，降水入渗补给量的计算公式为

$$Q_{降} = \alpha PF \qquad (9-10)$$

式中：$Q_{降}$ 为降水入渗补给量，m^3；α 为降水入渗补给系数；P 为降水量，mm；F 为计算区面积，km^2。

在平原地区，地势平坦，地下径流微弱，在一次降雨后，水平排泄和垂直蒸发都较小，地下水位的上升是降雨入渗的结果，可用下列公式表示：

$$Q_{降} = \Delta H \mu F \qquad (9-11)$$

式中：$Q_{降}$ 为降水入渗补给量，m^3；μ 为给水度；ΔH 为降雨入渗引起的地下水水位上升幅度，m；F 为计算区面积，km^2。

在山丘区，地势起伏较大，地下水位变化较大，一般不宜采用动态分析法计算。

2. 河道渗漏补给量 $Q_{河渗}$

河道渗漏补给量是指当河水位高于周围地下水位时，河水形成对两岸和河床下部地下水的补给量。有些河道常年补给地下水，比如，在山前倾斜平原上的河段，或者某些大河的下游，由于河床淤积而填高，从而河水常年补给地下水；还有些河道只在汛期补给地下水，汛期过后则排泄地下水。因此，应对每一条河流的每一个河段的水位及相应的地下水

位动态进行分析后才能确定河水补给地下水的河段及补给时间。其主要采用断面测流法和断面法（达西公式法）进行计算，断面测流法的计算公式为

$$Q_{河渗} = \left[(Q_{上} - Q_{下}) - E_0 \beta L \right] T \qquad (9-12)$$

式中：$Q_{河渗}$ 为河道渗漏补给量，m^3；$Q_{上}$、$Q_{下}$ 为河道上、下游断面河流流量，m^3/s；T 为渗漏补给时间，s；E_0 为水面蒸发量，mm/d；β 为水面宽度，m；L 为水面长度，m。

断面法的计算公式为

$$Q_{河渗} = KJLhT \qquad (9-13)$$

式中：$Q_{河渗}$ 为单侧渗漏补给量，m^3，；K 为渗透系数，m/s，通常用 cm/s；J 为垂直计算断面方向上时段平均水力坡度；L 为河渠渗漏段长度，m；h 为河道单侧含水层计算厚度，m；T 为渗漏补给时间，s。

3. 山前侧渗补给量 $Q_{侧补}$

山前侧渗补给量是指在山前地带，以地下径流的方式补给平原区浅层地下水的水量。在区域地下水资源量中占有较大的比例。例如，河北平原的山前平原区，面积 $6184km^2$，山前侧渗补给量达到 30.66 亿 m^3/a，占河北平原地下水资源量的 30%，它的重要性仅次于降水入渗补给量，具有长期稳定的供水利用价值。

一般采用断面法计算，计算公式为

$$Q_{侧补} = KJHLT \qquad (9-14)$$

式中：$Q_{侧补}$ 为山前侧向径流补给量，m^3；K 为含水层渗透系数，m/s；J 为垂直于断面方向上的水力坡度；H 为含水层厚度，m；L 为计算断面长度，m；T 为计算时段长度，s。

选择的断面位置应尽可能靠近补给边界，即山区平原界限；断面线一般选择在有水文地质钻孔控制的盆地边缘线上，而且与地下水流向垂直，计算断面根据补给边界水文地质条件、地貌条件划分若干段，依据各段参数计算；渗透参数 K 取其计算断面上控制性水文地质钻孔抽水试验成果的平均值，无资料地区，根据水文地质条件，含水层岩性等类比选用；含水层厚度 H，根据计算断面上的控制性钻孔，选取计算断面现状开采条件下含水层平均厚度。

4. 渠系渗漏补给量 $Q_{渠系}$

渠系渗漏补给量是指引水干、支渠水位高于周围地下水位，而形成对地下水的补给量，计算公式为

$$Q_{渠系} = m_{渠} Q_{渠首引} \qquad (9-15)$$

式中：$Q_{渠系}$ 为渠系渗漏补给量，m^3；$m_{渠}$ 为渠系渗漏补给系数；$Q_{渠首引}$ 为渠首引水量，m^3。

5. 田间渠灌入渗补给量 $Q_{灌渗}$

田间渠灌入渗补给量是指渠灌水进入灌渠至田间后，经包气带入渗补给地下水的量，计算公式为

$$Q_{灌渗} = \beta_{渠} Q_{灌} \qquad (9-16)$$

式中：$Q_{灌渗}$ 为田间渠灌入渗补给量，m^3；$\beta_{渠}$ 为渠灌入渗补给系数；$Q_{灌}$ 为进入田间的灌

水量，m^3。

6. 井灌回归水量 $Q_{回归}$

井灌回归水量是指机井开采的地下水进入田间后，又有部分通过包气带入渗补给地下水，故称回归水。回归水属水资源的重复利用部分，计算公式为

$$Q_{回归}＝\beta_{井}Q_{开采} \tag{9-17}$$

式中：$Q_{回归}$ 为井灌回归水量，m^3；$\beta_{井}$ 为井灌入渗补给系数；$Q_{开采}$ 为灌溉开采地下水量，m^3。

农田灌溉地下水开采量可根据计算系列各分区地下水实际开采量调查或根据灌水定额统计估算。

7. 越流补给量 $Q_{越流}$

越流指两含水层通过中间的弱透水层产生的水量交换，其中，低水位含水层接受高水位含水层的越流补给量，计算公式为

$$Q_{越流}＝\Delta HF\sigma'T \tag{9-18}$$

式中：$Q_{越流}$ 为越流补给量，m^3；ΔH 为两含水层水头差，m；σ' 为越流系数；F 为计算面积，km^2；T 为计算时段，s。

在上述各项补给量中，河道渗漏补给量、水库（湖泊、闸坝）蓄水渗漏补给量、渠系渗漏补给量、渠灌田间入渗补给量、人工回灌补给量等之和称为地表水体渗漏补给量。

（二）排泄量的计算

平原区地下水排泄量包括潜水蒸发量、河道排泄量、侧向流出量、越流排泄量、地下水实际开采量。各项排泄量之和为总排泄量。

1. 潜水蒸发量

潜水蒸发量指潜水在毛细管力作用下向上运移，通过地表蒸发与叶面散发的水量。潜水蒸发强度与气象因素、地下水埋深、包气带岩性、植被种类、耕作方式等有关。陆面蒸发能力越大、地下水埋深越浅，潜水蒸发量也越大。地下水埋深相同时，黏性土的潜水蒸发强度一般小于砂性土的潜水蒸发强度。根据地下水动态资料和地中蒸渗仪资料，按潜水蒸发系数或经验公式计算潜水蒸发量。

2. 河道排泄量

平原区地下水排入河道的水量称河道排泄量。大部分地区采用地下水动力学法计算河道排泄量。海滦河、黄河流域片的山间盆地平原区、山间河谷平原区、黄土高原台塬阶地区以及淮河流域片的一般平原区，采用分割河川基流量法计算河道排泄量。

3. 侧向流出量

以地下径流形式流出计算区的水量称为侧向流出量。计算方法同山前侧渗补给量。

4. 越流排泄量

当浅层地下水位高于当地深层地下水位时，浅层地下水向深层地下水排泄，称越流排泄。淮河流域片进行了平均年越流排泄量计算，计算结果为 2.6 亿 m^3。

5. 地下水实际开采量

地下水实际开采量是开发利用程度较高地区的一项主要排泄量。

第五节　水资源总量的分析计算

在分析计算降水量、河川径流量和地下水补给量的基础上，还需进行水资源总量的计算。多数情况下，水资源总量的计算项目包括多年平均水资源总量和不同频率水资源总量及水资源总量的年内分配过程。对于地下水开发利用较充分的地区，尚需计算地下水开采条件下的水资源总量。

一、水资源总量的概念

水资源主要是指某一地区逐年可以恢复和更新的，可以被利用的淡水资源，包括地表水、土壤水和地下水。地表水主要有河流水和湖泊水，由大气降水、高山冰川融水和地下水所补给，以河川径流、水面蒸发、土壤入渗的形式排泄。地下水为储存于地下含水层中的水量，由降水和地表水的下渗所补给，以河川径流、潜水蒸发、地下潜流的形式排泄。土壤水为存在于包气带中的水量，上面承受降水和地表水的补给，下面接受地下水的补给，主要消耗于土壤蒸发和植物散发，一般是在土壤含水量超过田间持水量的情况下才下渗补给地下水或形成壤中流汇入河川，所以它具有供给植物水分并连通地表水和地下水的作用。由此可见，降水、地表水、土壤水、地下水之间存在一定的转化关系，可以用区域水循环概念模型（图 8-2）表示。

在一个区域内，如果把地表水、土壤水、地下水作为一个整体看待，则天然情况下的总补给量为降水量，总排泄量为河川径流量、总蒸散发量、地下潜流量之和。总补给量与总排泄量之差为区域内地表、土壤、地下的蓄水变量。一定时段内的区域水量平衡公式为

$$P = R + E + U_g \pm \Delta V \tag{9-19}$$

式中：P 为降水量，m^3 或 mm；R 为河川径流量，m^3 或 mm；E 为总蒸散发量，m^3 或 mm；U_g 为地下潜流量，m^3 或 mm；ΔV 为地表水、土壤水和地下水的蓄水变量，m^3 或 mm。

在多年均衡情况下，蓄水变量可以忽略不计，式（9-19）可简化为

$$P = R + E + U_g \tag{9-20}$$

如图 8-2 所示，可将则河川径流量划分为地表径流量（R_s，包括坡面流和壤中流）和河川基流量（R_g），将总蒸散发量划分为地表蒸散发量（E_s，包括植物截留损失、地表水体蒸发和包气带蒸散发）和潜水蒸发量（E_g）。于是式（9-20）可以改写为

$$P = R_s + R_g + E_s + E_g + U_g \tag{9-21}$$

根据地下水的多年平均补给量与多年平均排泄量相等的原理，在没有外区来水的情况下，区域内地下水的降水入渗补给量（U_p）应为河川基流量、潜水蒸发量、地下潜流量等三项之和，即

$$U_p = R_g + E_g + U_g \tag{9-22}$$

把式（9-22）代入式（9-21），则得区域内降水与地表径流、地下径流（包括垂向运动）、地表蒸散发的平衡关系，即

$$P = R_s + E_s + U_p \tag{9-23}$$

将区域水资源总量（W）定义为当地降水形成的地表和地下的产水量，则有

$$W = R_s + U_p = P - E_s \tag{9-24}$$

或

$$W = R + U_g + E_g \tag{9-25}$$

式（9-24）和式（9-25）是将地表水和地下水统一考虑的区域水资源总量计算的两种公式。前者把河川基流量归并于地下水补给量中，后者把基流归并于河川径流量中，可以避免水量的重复计算。从式（9-25）看出，水资源总量中比河川径流量多了潜水蒸发量和地下潜流量两项，对闭合流域而言，地下潜流量为零，则只多了潜水蒸发量一项。由于潜水蒸发量可随着地下水开采水平的提高而逐渐被"夺取"，使之成为可开发利用的潜在水资源量，故把它作为水资源总量的组成部分。

二、水资源总量的计算

水资源总量可以利用式（9-24）和式（9-25）进行计算，也可以在分别计算地表水资源量（河川径流量）和地下水资源量（地下水补给量）的基础上，再扣除两者之间的重复计算水量来计算水资源总量。由于地表水和地下水互相联系而又互相转化，河川径流量中包括一部分地下水排泄量，地下水补给量中又有一部分来源于地表水体的入渗，故不能将地表水资源量和地下水资源量直接相加作为水资源总量，而应扣除互相转化的重复水量，即

$$W = R + Q - D \tag{9-26}$$

式中：W 为水资源总量，m^3 或 mm；R 为地表水资源量，m^3 或 mm；Q 为地下水资源量，m^3 或 mm；D 为地表水与地下水的重复计算量，m^3 或 mm。

地表水与地下水的转化形式及转化强度，在不同地貌类型区域具有不用的特点，差异比较明显。地表水与地下水的重复计算量 D，因地貌类型区地下水资源评价计算方法不同而异，因此，不同地貌类型区的水资源总量的计算方法也不相同。

（一）单一山丘区

这种类型的区域包括一般山丘区、岩溶山区、黄土高原丘陵沟壑区。地表水资源量为当地的河川径流量，地下水资源量按排泄量计算，相当于当地降水入渗补给量。地表水和地下水互相转化的重复量为河川基流量。水资源总量计算公式为

$$W_m = R_m + Q_m - R_{gm} \tag{9-27}$$

式中：W_m 为水资源总量，m^3 或 mm；R_m 为山丘区的河川径流量（地表水资源量），m^3 或 mm；Q_m 为山丘区的地下水资源量，m^3 或 mm；R_{gm} 为山丘区的河川基流量，m^3 或 mm。

一般情况下，R_{gm} 在山丘区地下水资源中占有相当大的比例，比如，在我国北方山丘区，R_{gm} 在地下水资源总量中可以占到 90% 以上。据此，在山丘区地下水资源评价中可以近似地用多年平均年河川基流量表示地下水资源量，而河川基流量全部包含在河川流量中，全部属于重复计算量，所以单一山丘区的水资源总量可以用多年平均年河川径流量代替。

山丘区河流坡度陡，河床切割较深，水文站得到的逐日平均流量过程线既包括地表径流，又包括河川基流，加之山丘区下垫面的不透水层相对较浅，河川基流基本是通过基岩裂隙水补给的。因此，河川基流量可以用分割流量过程线的方法来推求，具体方法有直线

平割法、直线斜割法、加里宁分割法等。

在北方地区，由于河流封冻期较长，10月以后降水很少，河川径流基本由地下水补给，其变化较为稳定，因此稳定封冻期的河川基流量可以近似用实测河川径流量来代替。

（二）单一平原区

这种类型区包括北方一般平原区、沙漠区、内陆闭合盆地平原区、山间盆地平原区、山间河谷平原区、黄土高原台塬阶地区。地表水资源量为当地平原河川径流量。地下水除了由当地降水入渗补给，一般还包括地表水补给（包括河道、湖泊、水库、闸坝等地表蓄水体）和上游山丘区或相邻地区侧向渗入补给。水资源总量计算公式为

$$W_p = R_p + Q_p - D_{rgp} \qquad (9-28)$$

式中：W_p 为水资源总量，m^3 或 mm；R_p 为平原区的河川径流量（地表水资源量），m^3 或 mm；Q_p 为平原区的地下水资源量，m^3 或 mm；D_{rgp} 为重复计算量，m^3 或 mm。

降水入渗补给量是平原区地下水的重要来源。据统计分析，我国北方平原区降水入渗补给量占平原区地下水总补给量的 53%，而其他各项之和占 47%。在开发利用地下水较少的地区（特别是我国南方地区），降水入渗补给中有一部分要排入河道，成为平原区河川基流，即成为平原区河川径流的重复量。平原区地表水和地下水相互转化的重复水量有降水形成的河川基流量和地表水体渗漏补给量。因此，平原区本身的水资源总量是由平原区产生的河川径流量加上由上游山丘区或相邻地区侧向渗入的水量，再加上上游山丘区来水所补给的地表水体补给量和平原区降水入渗补给量的一部分构成的。

平原降水形成的河川基流量与潜水埋深和降水入渗补给量有关，当潜水位高于河水位时，则有一部分降水入渗补给量排入河道。但在有的平原区，除降水入渗补给外，其他各项补给量在总补给量中占较大比重，排入河道的地下水量，既有降水入渗补给量，也有其他补给量。

（三）混合地貌类型区

在多数水资源分区内，往往存在两种以上的地貌类型区。如上游为山丘区（或按排泄项计算地下水资源量的其他类型区），下游为平原区（或按补给项计算地下水资源量的其他类型区）。在计算全区地下水资源量时，应先扣除山丘区地下水和平原地下水之间的重复量。这个重复量由两部分组成：一是山前侧渗量；二是山丘区河川基流对平原区地下水的补给量。后者与河川径流的开发利用情况有关，较难准确定量，一般用平原区地下水的地表水体渗漏补给量乘以山丘区基流量与河川径流量之比（$K = R_{gm}/R_m$）确定。全区地下水资源量按式（9-29）计算：

$$Q = Q_m + Q_p - (Q_k + KQ_s) \qquad (9-29)$$

式中：Q_m 为山丘区地下水资源量，m^3；Q_p 为平原区地下水资源量，m^3；Q_k 为山前侧渗流入补给量，m^3；Q_s 为地表水对平原地下水的补给量，m^3；K 为山丘区河川基流量与河川径流量的比值。

由于在全区地下水资源量计算时已经扣除了一部分重复量，所以地表水资源量与地下水资源量之间的重复量 D 为

$$D = R_{gm} + R_{gp} + (1-K)Q_s \qquad (9-30)$$

式中：R_{gm} 为山丘区河川基流量，m^3；R_{gp} 为平原区河川基流量，m^3；其他符号含义同上式。

全区水资源总量 W 按式（9-31）计算：

$$W = R + Q - [R_{gm} + R_{gp} + (1-K)Q_s] \qquad (9-31)$$

式中：R 为全区河川径流量，m^3；Q 为全区地下水资源量，m^3；其他符号意义同前。

总之，要合理地计算一个流域或一个地区水资源总量，就应当在地表水与地下水相互转化调查研究的基础上，考虑水量的重复部分，予以扣除。重复水量包括：①山区河川基流量；②平原区河川基流量；③河道渗漏、渠系渗漏、灌溉回归等补给地下水的量，为河川基流量转化为平原区地下水的重复量；④山前潜流量，为山区流入平原的地下径流量，属于地下水本身的重复计算量；⑤井灌回归量，属于平原区地下水的重复利用量。

区域水资源总量代表在当前自然条件下可用的水资源的最大潜力，由于技术、经济等方面的原因，其中有相当一部分是在现实条件不能予以充分利用的。当然，在以上水资源总量的计算中，也没有考虑通过专门的人为措施可更多地使降水转化为可用水量的情况。

三、不同频率水资源总量的计算

不同频率的水资源总量，不能用典列年法或同频率相加法进行计算，而必须首先求出区域的逐年水资源总量系列，然后通过频率计算加以确定。若资料较为充分，能够得到水资源总量系列，问题较易解决。如果受资料所限，组成水资源总量的某些分量难以逐年求得，则可用下述方法近似计算：以多年平均水资源总量为基础，借助河川径流量和降水入渗补给量系列，近似推求水资源总量系列。山丘区可用多年平均水资源总量乘以逐年的河川径流量与多年平均河川径流量的比值，得出水资源总量系列。平原区则以多年平均水资源总量乘以逐年的河川径流量与降水入渗补给量之和，再除以上述两项之和的多年平均值，得出水资源总量系列。将对应年份的山丘区与平原区水资源总量逐年相加，即可得到全区域水资源总量系列。

求得不同频率代表年的年水资源总量后，区域内各计算单元的年水资源总量及水资源量的年内分配过程，均采用实际典型年同倍比缩放法得出。缩放倍比为代表年区域水资总量与典型年区域水资源总量之比。

第六节　水资源质量及评价

水资源质量简称水质，是指天然水及其特定水体中的物质成分、物理性状、化学性质和生物特征以及对于所有可能的用水目的和水体功能，其质量的适应性和重要性的综合特征。水质直接决定着水的用途和利用价值。

一、水的性质

（一）水的主要物理性质

1. 水温

水温是表示水体冷热程度的物理量。它影响到水中生物、水体自净和人类对水的利用。在一定的限度内，适当提高水温会促进水生生物的生长发育，有利于水产养殖业的发展。但是，若水体接纳过多的热量，将会导致水的物理、化学和生物过程发生改变，进而引起水质恶化。

水体中多余的热量主要来源于工业高温废水，如热电站、核电站、冶金和焦化工业等生产中排出的废水。水温过高可造成两个方面的不良影响，第一，温度升高，水生物的活性增加，溶解氧减少。由于水温过高，水中溶解氧减少，同时水中有机物加快分解，增加氧的消耗。当水中溶解氧含量低于某一标准值时，鱼类等水生生物就难以生存。当水与周围空气处于平衡状态时，溶解氧的饱和浓度随着温度的增高而降低，而水生生物的代谢速度也随之增强。一般来说，在 0～30℃范围内，温度每升高 10℃，生物代谢速度和化学反应速度将会提高 1 倍，影响水中离子的平衡。水温升高的结果，是使得水中溶解氧减少，危及鱼类等水生生物的生存。第二，水温升高会加大水中某些有毒物质的毒性。例如，水温每升高 10℃，氰化钾的毒性将提高 1 倍。

2. 嗅味

嗅味是判断水质优劣的主要指标之一，属于感官性能指标。洁净的水是没有气味的，水受污染后会产生各种气味，饮用水水质标准和地面水环境质量标准都规定水不得有异嗅。人的嗅觉相当灵敏，即使水中某些带气味的物质浓度很低，也能嗅到。所以嗅味是一种判断水污染（尤其是有机质污染）的简单方法。用嗅味强度可评定水的污染程度，根据人对水中气味的反应，可将嗅味强度分为无嗅、极弱、微弱、明显、强烈和极强 6 个等级（表 9－1）。

表 9－1　　　　　　　　　　水体嗅味强度等级

强度等级	程度	人的反应	强度等级	程度	人的反应
0	无嗅	不发生任何气味	3	明显	易于察觉，不处理，不能饮用
1	极弱	一般不易察觉	4	强烈	嗅后使人不快，不能饮用
2	微弱	未指出前，一般不易察觉	5	极强	嗅气极强，使人恶心

3. 水色

水色是水的光学性质指标之一。纯水是一种无色透明的液体，自然界中的水之所以呈现各种颜色，是其中含有悬浮物质和浮游生物的结果。水色取决于水体的光学性质和水中所含悬浮物、浮游生物的颜色。例如，黄海之水呈青黄色，是由黄河带来的黄土泥沙决定的；海洋发生"赤潮"时水呈红色，是由海水中含有大量蓝绿藻决定的；含有各种藻类的水体呈绿色、褐色或红色；有造纸、印染废水排入的水体呈深褐色、黑色。因此，根据水的颜色，可以推测水中悬浮杂质的种类和数量。水色具有一定的地理分布规律，尤其是海水，热带多呈蓝色（1～2 号），温带、寒带多呈青绿色（3～6 号），极地多呈绿色（9～10 号）。

水色是水体对光的选择性吸收和散射作用的结果。海水对太阳光的吸收和散射均具有选择性，对可见光中的红、橙、黄光易被吸收而增温，而蓝、绿、青光散射最强，故海水多呈蔚蓝色、绿色。但沿岸海区，混浊度大，水色低，多呈黄色和棕色。

需要说明的是，要将水色和水面的颜色区别开来。水面颜色是其对光线的反射造成的，与天气状况有关，而与水的光学性质无关。当站岸上远眺水面时，映入眼帘的是水面的反射光而非水的反射光。云多浪大天气下的湖、海水面昏暗；霓虹灯下水面五光十色，均不是水的颜色。

水色通常是将水样和水色计进行比较而测得。水色计是包括各种色度标准溶液的仪器。水色计中的标准溶液由蓝、黄、褐 3 种基本颜色的溶液按一定比例配成，共有 21 种不同的色级，分别密封在 21 支无色透明玻璃管内，置于敷有白色衬里的两开盒子中，盒子的左边为 1～11 号，右边为 12～21 号，从深蓝色至褐色，依次编号。号码越小，水色越近蓝色，习惯上称水色高；号码越大，水色越近褐色，称水色低。色度的定量指标是色度，单位为度，清洁水的色度一般为 15～25 度，饮用水的色度不得超过 15 度。

4. 透明度

透明度是表示水体透明程度的物理量，即水体的能见度。也是指水体清澈的程度。它表示水体透光的能力，但不是光线所能达到的绝对深度。透明度取决于光线强弱和水中悬浮物质和浮游生物的多少。

河流、湖泊、水库和海洋等地表水体的透明度一般用透明度板来目测确定。透明度板又称"塞克板"，是直径 30cm 的白色圆盘，是测量水体透明度的一种仪器。观测时，将透明度板系在有刻度的绳上，垂直沉入水体中的可见深度（以下沉目光刚不能见深度和提起刚能见深度的平均值）作为水的透明度。

地下水的透明度一般用十字图形法测定，测定方法是将取得的地下水样装入带刻度的专用透明玻璃管内，透过水层能清晰地看到底部 3cm 粗的十字图形标记，此时的水层厚度即为透明度读数，一般以 cm 计。地下水的透明度一般分为 4 级，测定厚度大于 60cm 者为透明，30～60cm 厚度者为微混浊，30cm 深度以内能看见者为混浊，水很浅也看不见者为极混浊。

水色和透明度都是反映水体光学性质的指标，而且都受水中悬浮物、浮游生物的影响，二者之间有着一定的关系（表 9-2）。水色号码越小，水色越高，透明度也越大。分析表明，赛克板测定的透明度与水中悬浮物质的数量呈双曲线关系。

表 9-2 水色与透明度对照表

水色号	1～2	3～5	6～8	9～10	11～13
水色	蓝	青蓝	青绿	绿	黄
透明度/m	26.7	23.2	16.2	15.5	5.0

5. 电导率

电导率是物体传导电流的能力。水中的各种溶解盐类均以离子状态存在，所以水具有导电性。电导 L 是电阻 R 的倒数，即 $L=1/R$，单位为欧姆（Ω^{-1}），取电阻单位欧姆倒数之意，又称西门子（S）。将截面积为 $1cm^2$、相隔 $1cm$ 的两个电极片插入电解溶液中，测得的电导就是溶液的电导率。水的电导率高低主要取决于水中溶解盐的含量，因此可通过电导率的值间接表征水中溶解盐的含量。

纯水的电导率很小，当水中含有无机酸、碱、盐或有机带电胶体时，电导率就增加。天然水的电导率多在 $50～500\mu S/cm$ 之间，矿化水可达 $500～1000\mu S/cm$；含酸、碱、盐的工业废水电导率往往超过 $10000\mu S/cm$；海水的电导率约为 $30000\mu S/cm$。

6. 浊度

由于水中含有悬浮及胶体状态的微粒，原来无色透明的水产生浑浊现象。水的混浊程度以浊度来表示，用标准溶液作为衡量尺度，来表示水中悬浮物质的种类和数量。浊度的单位为 JTU，$1JTU=1mg/L$ 的白陶土悬浮体，用"度"来表示。浊度 1 度或称 1 杰克逊，相当于 1L 的水中含有 1mg 的 SiO_2 时所产生的混浊程度。

（二）水的主要化学性质

1. 天然水的化学组成

天然水经常与大气、土壤、岩石及生物体接触，在运动过程中，把大气、土壤、岩石中的许多物质溶解或挟持，使其共同参与了水分循环，成为一个极其复杂的体系。目前天然水体中已发现 80 多种元素。天然水中各种物质按性质通常分为三大类。

（1）悬浮物质 ［粒径 $\phi > 100m\mu m(nm) = 10^{-7}m$］。粒径 $\phi > 100nm(10^{-7}m)$ 的物质颗粒，在水中呈悬浮状态，例如泥沙、黏土、藻类、细菌等不溶物质。悬浮物的存在使天然水有颜色、变浑浊或产生异味。有的细菌可致病。

（2）胶体物质（粒径 $\phi = 1 \sim 100nm$）。粒径为 $1 \sim 100nm(10^{-7}m)$ 的多分子聚合体，为水中的胶体物质。其中无机胶体主要是次生黏土矿物和各种含水氧化物。有机胶体主要是腐殖酸。

（3）溶解物质。粒径小于 $1nm(10^{-7}m)$ 的物质，在水中成分子或离子的溶解状态，包括各种盐类、气体和某些有机化合物。

天然水中形成各种盐类的主要离子是 K^+、Na^+、Ca^{2+}、Mg^{2+} 四种阳离子和 Cl^-、HCO_3^-、SO_4^{2-}、CO_3^{2-} 四种阴离子，合称天然水中的八大离子。此外还有 Fe、Mn、Cu、F、Ni、P、I 等重金属、稀有金属、卤素和放射性元素等微量元素，水中溶解的气体有 O_2、CO_2、N_2，特殊条件下也有 H_2S、CH_4 等。

2. pH 值

pH 值是衡量的酸碱度的指标。水的酸碱度是用水中氢离子 H^+ 的浓度来表示的。水是弱电解质，水中氢离子 H^+ 和氢氧根离子 OH^- 的浓度之积为一常数。当温度为 22℃时，10^7 个水分子中有一个水分子离解而生成一个 H^+ 和一个 OH^-，此时 H^+ 和 OH^- 的浓度之积为 10^{-14}。在淡水中，H^+ 和 OH^- 的浓度相等，因而呈中性；当水中 H^+ 的浓度（表示为 ［H^+］）大于 OH^- 的浓度时，水呈酸性；当水中 H^+ 的浓度小于 OH^- 的浓度时，水呈碱性。为方便起见，通常采用 H^+ 的负对数来代替 H^+ 的浓度，即 pH 值，pH 值 $= -lg[H^+]$。当 ［H^+］$= 10^{-7}$ 时，pH 值 $= -lg10^{-7} = 7$，水呈中性；当 ［H^+］$> 10^{-7}$ 时，pH 值 < 7，水呈酸性；当 ［H^+］$< 10^{-7}$ 时，pH 值 > 7，水呈碱性。根据 pH 值的大小，可以将水划分为 5 类：pH 值 < 5，为强酸性水；pH 值 $= 5 \sim 6.5$，为弱酸性水；pH 值 $= 6.5 \sim 8$，为中性水；pH 值 $= 8 \sim 10$，为弱碱性水；pH 值 > 10，为强碱性水。天然水中的 pH 值受二氧化碳、重碳酸盐、碳酸盐平衡的影响，在 $4.5 \sim 5.8$ 范围内。水中 pH 值影响底泥中金属化合物的溶出度和悬浮物的溶解度，对水中其他物质的存在形态和各种水质控制过程都有广泛的影响。一些污染物如氰化物的毒性，随 pH 值下降而增加。因此，它是重要的水质指标之一。

3. 硬度

水的硬度是指水中钙、镁离子的含量。其中水加热至沸腾后，因脱碳酸作用而沉淀下来的钙、镁离子的含量称为暂时硬度，加热后仍不能沉淀下来的那部分钙、镁离子含量称为永久硬度，二者之和即水中钙、镁离子的总含量称为水的总硬度。水的硬度通常以"德国度"为单位。1 德国度相当于 1L 水中含有相当于 10mg 氧化钙或 7.2mg 氧化镁。若用 Ca^+、Mg^+ 的毫克当量/L 数表示，则 1 德国度等于它们的毫克当量数的 2.8 倍。根据水的硬度，可将水分为 5 级（表 9-3）。若水中 Ca^+、Mg^+ 的数量过多，水加热后会形成钙、镁的碳酸盐沉淀，即水垢，对工业锅炉极为不利，也会影响洗涤剂的效用。近年来有研究表明，水的硬度与心血管疾病（动脉硬化、高血压等）的死亡率呈负相关关系。因此，这一指标越来越引起人们的重视。

表 9-3　　　　　　　　　　　　　　　水 的 硬 度 分 级

水硬度级	硬 度		
	德国度	Ca^+、Mg^+ 毫克当量数	Ca^+、Mg^+ 含量/(mg/L)
极软水	<4.2	<1.5	<75
软水	4.2～8.4	1.5～3.0	75～150
微硬水	8.4～16.8	3.0～6.0	150～300
硬水	16.8～25.2	6.0～9.0	300～450
极硬水	>25.2	>9.0	>450

4. 矿化度

矿化度亦称全盐量，是指溶解于水中各种离子、分子和化合物的总含量（不包括悬浮物和溶解气体）。通常采用烘干法测定矿化度，即把水加热至 $105～110℃$，使水分全部蒸发，所剩残余物质的重量与水样重量之比即为水的矿化度。由于烘干过程中会有部分物质逸出，同时也可能有悬浮杂质掺入，所以烘干法所得矿化度是近似值。按照矿化度的大小，可以将水分为 5 级：矿化度 <1g/L，为淡水；矿化度为 1～3g/L，为微咸水；矿化度为 3～10g/L，为咸水；矿化度为 10～50g/L，为盐水；矿化度 >50g/L，为卤水。水的矿化度是水的化学成分的重要标志，对水质有重要影响。一般情况下，低矿化淡水常以 HCO_3^- 为主要成分，中等矿化水以 SO_4^{2-} 为主要成分，高矿化水以 Cl^- 为主要成分。矿化度越高，水质越差。

5. 碱度

碱度为水中能与强酸发生中和反应的那部分物质含量，即水中接受质子 H^+ 的物质含量。组成水中碱度的物质可以归纳为三类：强碱、弱碱及强碱弱酸盐。一般天然水和经处理后的清水中能产生碱度的物质主要有碳酸盐（CO_3^{2-}）、重碳酸盐（HCO_3^-）及氢氧化物（HO^-）。水中 HCO_3^-、CO_3^{2-}、HO^- 3 种离子浓度的总量称为总碱度。碱性物质除非含量过高，一般不会造成危害。碱度影响凝结，城市供水中要注意。

（三）水的主要生物性质

1. 细菌总数

细菌总数以单位体积水中的细菌总量表示。水体中细菌总数反映水体受细菌污染的程度。细菌总数不能说明污染的来源，必须结合大肠菌群数来判断水体污染的来源和安全程度。

2. 大肠菌群

大肠菌群是大肠菌及其他相似细菌的总称，其数量一般以每升水中大肠菌群数来表示。大肠菌群分布较广，在温血动物粪便和自然界广泛存在。调查研究表明，大肠菌群多存在于温血动物粪便、人类经常活动的场所以及有粪便污染的地方。如水体中发现了大肠菌群，说明水体已受到粪便污染，可能伴有病原微生物存在。如果水中没有大肠菌群，病源菌就不可能存在。水是传播肠道疾病的一种重要媒介，而大肠菌群被视为最基本的粪便传染指示菌群。大肠菌群的值可表明水样被粪便污染的程度，间接表明有肠道病菌（伤寒、痢疾、霍乱等）存在的可能性。

（四）天然水体的水质特征

各类水体是自然界水循环的基本载体，水中化学物质的迁移转化是自然界物质循环的重要组成部分。各类水体均有其自身的形态特征和环境条件，所以其水质形成过程和时空变化也各具特点。研究各类水体之间的水质联系及其各自的水质特征，对水质保护与控制有着重要作用。

1. 大气降水的水质特征

大气降水含有多种离子、分子及微生物和灰尘。大气水的化学成分和性质有以下特点。

（1）在天然水中，雨水的矿化度较低，杂质含量不高。雨水矿化度一般为 $20 \sim 50 mg/L$，在海滨有时超过 $100 mg/L$。在天然条件下，大气降水中的杂质含量一般不高，且随着水汽输送距离的增加而不断减小，近海和干燥地区较高。

（2）溶解气体的含量近于饱和。水汽蒸发上升及雨滴在凝结降落过程中与空气充分接触，在一定温度、压力条件下，O_2、N_2、CO_2 在降水中都近于饱和。

（3）降水普遍显酸性。空气中 CO_2 的含量为 0.03%，当雨雪中饱和的 CO_2 达到电离平衡时，其 pH 值为 5.6，故显酸性。大气降水的 pH 值小于 5.6 即为酸雨。酸雨中含有多种无机酸，绝大部分是硫酸和硝酸，它是人为排放的 SO_2 和 NO、NO_2 转化而成的。大量燃烧矿物燃料、金属冶炼和化工生产，在无净化的情况排放废气，都可能酿成酸雨危害。

（4）大气降水的水质特征基本上能够反映大气层物质组成状况，降水中的杂质含量在降水初期较大。大气中的水汽以气溶胶杂质、微尖为凝结凝华核而成为水滴、冰晶，在其降落过程中，又要洗涤近地面大气中的物质，因此大气降水的水质对披露大气污染状况很有帮助。降水中的杂质含量比水汽高，降水初期尤其如此。随着降水过程的进行，其含量逐渐减小，最终趋于"稳定"。

（5）大气降水中的物质来源广。降水中的物质来源主要有：①海面上汽包崩解和浪花卷起的泡沫飞溅弥散在空中，水滴蒸发成极细的干盐粒。每年从海面溅入大气的盐分估计有 $10^{10} t$；②风从地面吹起的扬尘；③火山爆发喷入大气的易溶物质及尘埃；④人类活动向大气排放的废气和烟尘。

2. 河流的水质特征

（1）矿化度较低，污染后易于恢复。河流与其他陆地水体相比，循环更新周期相对较短，水流与地表物质接触的时间相对较短，水面蒸发较弱，因此矿化度较低，遭受污染后易于恢复，有利于水质的保护。一般河水矿化度小于 $1g/L$，平均只有 $0.15～0.35g/L$。在各种补给水源中，地下水的矿化度比较高，而且变化大；冰雪融水的矿化度最低，由雨水直接形成的地表径流矿化度也很小。

（2）化学成分受大气降水化学成分的影响较大。在流域内水文、气象条件的影响下，河水化学成分的变化迅速。河水在流动过程中，其化学成分随着水量的增减和支流或坡面水流的汇入而变化。气象条件影响下的大气降水不仅可以改变河流的水文动态，而且也为河水增补了大气中的溶解物质。河水与大气的良好接触，使河水中经常含有大气的化学成分，在一定程度上改变了河流水质。

（3）微量气体成分受水生生物的影响。水生生物的生命活动过程为河水提供了大量有机物质及大气中所没有的微量气体成分，但是生物过程对水中离子和气体成分的作用较弱，气体成分多以分子形态存在。

（4）化学组成的时空变化较大。河水化学成分与水流的补给源密切相关。河水不仅与其他地表水之间有着交换过程，而且与地下水有着水力联系，使得其化学成分复杂多样，主要表现为河水化学组成的沿程变化和时间变化均比较大。

（5）与人类活动有密切关系。河流是人类社会的主要水源，也是人类活动频繁的场所，在许多地区还是废水的排放通道，被污染的机会多，污染物来源广泛、种类复杂。河流一旦遭受污染，既会对人类社会的水源安全产生威胁，也会对人类的生存环境形成破坏，对人类生产和生活产生重大影响。

3. 湖泊的水质特征

湖泊是陆地表面天然洼陷中流动缓慢的水体。湖泊的形态和规模、吞吐状况及所处的地理环境，造成了湖水化学成分及其动态的特殊性。湖水的化学成分和含盐量与海水、河水、地下水有明显差异。

湖水与海水的化学成分不同，其主要离子之间并无恒定的比例关系，而是因自然条件的不同而不同。不同湖泊的离子含量与比例常有很大差别，甚至同一湖泊的不同湖区也有所不同。

湖水接受河水补给，但其化学成分与河水也不同。原因是湖泊形态与河流不同，使湖水循环交替缓慢（周期长），水在湖泊中停滞的时间长；湖水面积广，蒸发量大，使矿化度增高；湖水与湖底淤泥之间存在离子交换作用，湖水中生物作用强烈。

湖水的化学成分也不同于地下水。

（1）湖水的矿化度有差异。按照矿化度，通常将湖泊分为淡水湖（<$1g/L$）、微咸水湖（$1～24.7g/L$）、咸水湖（$24.7～35g/L$）、盐湖（>$35g/L$）几种类型。

不同类型的湖泊，其地理分布具有地带性规律。在湿润地区，年降水量大于年蒸发量，湖泊多为吞吐湖，水流交替条件好，湖水矿化度低，为淡水湖。在干旱地区，湖面年蒸发量远大于年降水量，内陆湖的入湖径流全部耗于蒸发，导致湖水中盐分积累，矿化度增大，形成咸水湖或盐湖。不同地区湖泊具有不同的化学成分和矿化度。湖水与海水在化学成分上的差异，主要体现在湖水主要离子之间，无一定比例关系。

（2）湖中生物作用强烈。营养元素（N、P）在湖水、生物体、底质中循环，各地的淡水湖泊都有不同程度的富营养化的趋势。

（3）湖水交替缓慢，深水湖有分层性。随着水深的增加，溶解氧的含量降低，CO_2的含量增加。在湖水停滞区域，会形成局部还原环境，以致湖水中游离氧消失，出现H_2S、CH_4类的气体。

（4）湖泊规模对湖水化学成分有影响。湖泊规模大小会对湖水化学成分的变化产生影响，一般而言，大湖的水化学成分比小湖稳定。小湖的水质具有强烈的区域特征，大湖的水质接近于所在区域水质的平均状况。

4. 地下水的水质特征

（1）含水层地质条件是水质的主要形成因素。地下水的水质主要取决于含水层的地质条件。大气降水和地表物质的影响仅限于接近地表的含水层。随着埋藏深度的增大，温度和压力的影响随之增大，而生物的作用随之减弱。

（2）矿化度高，水质成分多样。地下水的矿化度高，水质成分具有多样性和复杂性。在特殊的地质环境条件下，某种或某些元素含量特别高，甚至使地下水成为有特殊意义的矿水。

（3）水质动态变化较小。大多数深层地下水的水质动态变化较小，化学成分较为稳定。

（4）受人类活动影响较小。地下水的水质受人类活动的影响较小，不易被污染，但一旦遭受污染，不易恢复。

5. 海洋的水质特征

（1）化学成分种类较为齐全，时间变化小。海洋是地表溶质径流的最终归宿，汇集了风化壳中所有的化学元素。海水盐度的时间变化很小，增加速度较慢，但在以后的地质时代中会进一步提高。

（2）溶解物质中Cl^-和Na^+含量最大，主要离子含量间的比例恒定。海水中的溶解物质主要以离子状态存在，其中Cl^-和Na^+的含量最大。由于海水的各种运动，海水得以充分混合，同时海水体积巨大，局部条件不会对整个海洋产生大的影响，因此海水中主要离子含量之间的比例几乎是常数，即海水组成的恒定性。

（3）海水的矿化度存在空间差异。虽然海水组成在某种程度上具有恒定性，但是海水的矿化度并非完全均一，不同海区或同一海区不同深度的矿化度不尽相同，这种变化具有一定的地理规律。

（4）溶质径流和生物沉淀作用对近海和河口水域的化学成分影响显著。海水中化学物质的平衡关系主要取决于陆地溶质径流及生物沉淀作用。生物沉淀作用在近海及海湾水域特别强烈，对氮的化合物及磷的化合物影响尤为显著。在河口地区，河水中的机械悬浮物及有机质与富含电解质的海水发生混合，会形成凝聚沉淀。

二、水体污染及主要污染物

（一）水体自净与水体污染的概念

1. 水体自净作用

各类天然水体都有一定的自净能力。污染物质进入天然水体后，经过一系列物理、化学及生物的共同作用，会使污染物在水中的浓度降低，经过一段时间后，水体往往能恢复到受污染前的状态，这种现象称为水体自净作用。水体自净作用按其机理可分为三类。

（1）物理净化。物理净化是天然水体通过扩散、稀释、沉淀和挥发等物理作用，使污染物质浓度降低的过程。

（2）化学净化。化学净化是天然水体通过分解、氧化还原、凝聚、吸附、酸碱反应等作用，使污染物质的存在形态发生变化或浓度降低的过程。

（3）生物净化。生物净化是天然水体中的生物，尤其是微生物在生命活动过程中不断将水中有机物氧化分解成无机物的过程。

物理净化和化学净化只能使污染物的存在场所与形态发生变化，从而使水体中的存在浓度降低，但并不能减少污染物的总量。而生物净化作用则不同，可使水体中有机物无机化，降低污染物总量，真正净化水体。

影响水体自净的因素很多，其中主要因素有受纳水体的地理与水文条件、微生物的种类与数量、水温、复氧能力及水体和污染物的组成、污染物浓度等。

2. 水体污染

虽然天然水体都有一定的自净能力，但是在一定的时间和空间范围内，如果污染物质大量进入天然水体并超过其自净能力，会使水体丧失其原有的利用价值而造成水体污染。水体污染是指由于污染物进入水体，其含量超过了水体的本底含量和自净能力，致使水体的水质、底质及生物群落组成发生变化，从而降低了水体的使用价值和使用功能的现象。

自然界的水的一个突出特征就是具有流动性。在流动过程中，水与水体固体边界、大气之间相接触，将溶解并获得岩石、土壤和大气中的部分物质成分。另外，人类在利用水的过程中，将部分物质成分输入水中，然后又以废水的形式将其排放到自然水体之中。水处于不断的循环之中，水的不断循环和反复利用，使污染物不断地进入水体。当污染物积累到一定的程度，就会引起水体污染。

造成水体污染的因素有自然的和人为的两种。自然因素主要是指可造成某种元素大量富集而引起水体污染的特殊地质条件，如元素氟富集于地下水和泉中，火山喷发导致区域内汞的含量增加，放射性矿床使流经其上的水流的放射性物质作用的增加，干旱地区风蚀作用使水中悬浮物质的增加，河口区海水对淡水的侵入使水的盐分的增加等。人为因素是指可产生并向水体排放"三废"（废水、废气、废渣）从而引起水体污染的人类活动。"三废"之中，废水是水体的主要污染源，主要来源有工业废水、农业废水和生活污水三类。这三类污染源各具特点，对水体的污染程度和类型不尽相同，治理难度也有区别。工业废水中的污染物主要来源于工业生产流程，并随废水通过排污管道排入水体。工业废水量大而集中，种类繁多，成分复杂，可形成的水体污染的类型也多种多样，对其收集相对容易,但处理困难。农业废水中的污染物主要是农药和化肥,并随雨水或灌溉水进入水体,造成水体污染。农业废水量大而分散,种类很少,成分单一,处理容易,但收集困难。生活污水量小而集中,种类较少,收集和处理相对较为容易。生活污水的一个突出特征是含有大量的细菌、病毒等致病微生物,可造成慢性流行病的感染和传播。

（二）水体污染的分类

根据引起水体污染的物质的性质,水体污染可分为物理污染、化学污染和生物污染三类。物理污染是指污染物进入水体所引起的水的物理性状的改变,如水温、水色、透明度、味道、嗅味、导电性、放射性等的改变。化学污染是指污染物进入水体所引起的水的化学性质的改变,如酸碱度、硬度、矿化度、溶解氧量、重金属含量、无机物质成分、有机物质成分等的改变。化学污染种类多,毒性大,能引起人体急性、亚急性和慢性中毒。生物污染是指排入水体的病原微生物对水体的污染,如大肠杆菌、细菌等引起的污染。

根据污染源的特征,水体污染可分为点源污染和面源污染两类。点源污染主要是指工业废水和生活污水所引起的污染,其排放量和排放方式在很大程度上受到人为的控制。面源污染主要是指农业废水所引起的污染,其污染物的具体发生地不易明确,只能指出大致发生范围,且污染物的运移在时空上是不连续的和不确定的,故而难以控制。

（三）水体污染的危害

水质优劣与人体健康、工农业生产和环境质量密切相关,水体污染可对人类社会形成多方面的危害,危害程度取决于污染物的浓度、毒性、排放总量、排放地点与时间等多种要素。

1. 对人体健康的危害

水质污染对人体健康的危害大致可以分为三种情况。

（1）引起传染疾病的蔓延。水源一旦受到携带大量细菌的生活污水或一些工业废水的污染,就会引起多种疾病的传播。通过水媒介而传播的疾病称为介水传染病,如婴儿腹泻、肝炎、伤寒、副伤寒、痢疾、腺病、霍乱、麦纳丝虫病等。上述病菌在水中的生存能力很强,而且许多水生生物会帮助病原菌、病原虫分裂繁殖。由于水的流动性大、流域面广,所以容易造成疾病的蔓延。1897年德国汉堡因饮用水带有传染病菌,造成了16000人患病、9000人死亡的重大水污染事件。

（2）引起人的急性中毒。生活污水和工农业废水中的污染物种类很多,其中有些是剧毒物质,如氰化钾、有机磷、砷等,饮用水或食品中含有少量此类物质就能够使人急性中毒,甚至死亡。水体中的物质有的是会产生相互作用的。

（3）引起人的慢性中毒。人们由于长期食用被污染的水和食品而受到的各种间接危害就是水污染引起的慢性中毒,它的潜在危害很大。许多污染物,如汞、镉、铅、铬、滴滴涕等,在水环境中的含量极低,不易被人类发现,但是经过食物链的富集,就会在生物体内积累起来,久而久之就会引起人体慢性中毒。

2. 对工农业生产的危害

水质污染对工农业生产的危害主要表现在两个方面。

（1）影响产品质量。水质下降会造成某些工业产品质量的下降,与水质关系密切的产品尤其如此，如罐头、酒类、印刷品等。许多例子表明，一些地区的农产品因受到水污染的影响而质量下降，水产品受到水的污染味道变差，一些污水灌溉区的农产品因含有有害物质而不能食用。

（2）造成生产损失。水体污染会对一些生产过程产生多方面的影响，从而造成生产损失。例如，水的硬度升高会影响蒸汽锅炉，制革、纺织等工业的生产，水的酸性增大会腐蚀船只、桥梁，水的含盐量增高会影响农作物的正常生长，从而给生产带来损失。

3. 对生态环境的危害

水体污染对生态环境的破坏也有多方面的表现。例如，蛋白质、脂肪、木质素等需氧有机物虽属无毒有机物，但在氧化分解过程中会消耗水中的溶解氧，形成厌氧环境，产生甲烷、氨和硫化氢等有害物质，使水体变黑发臭，还可导致鱼类及其他水生生物因缺氧而死亡、赤潮和蓝藻暴发等水体污染事件。水中固体悬浮物增多不仅淤塞河道、妨碍航运、洪水季节造成泛滥，而且影响水源利用。悬浮物质能够截断光线、减少生产植物的光合作用，并能伤害鱼类。固体悬浮还会增大水体的混浊度，破坏城乡景观，恶化人类生活环境，降低水体的旅游价值。

（四）水体中主要污染物

水体中的污染物种类繁多，可从不同的角度进行分类。根据污染物的化学性质和毒性，可以简单地分为无机无毒物、无机有毒物、有机无毒物和有机有毒物。根据治理方式的一致性，大致可将水体污染物分为以下几类。

1. 固体物质

水中所有残渣的总和称为总固体（TS），总固体包括溶解物质（DS）和悬浮固体物质（SS）。水样经过过滤后，滤液蒸干所得的固体即为溶解性固体（DS），滤渣脱水烘干后即是悬浮固体（SS）。固体残渣根据挥发性能可分为挥发性固体（VS）和固定性固体（FS）。将固体在 $600℃$ 的温度下灼烧，挥发掉的量即是挥发性固体（VS），灼烧残渣则是固定性固体（FS）。溶解性固体表示盐类的含量，悬浮固体表示水中不溶解的固态物质的量，挥发性固体反映固体中有机成分的量。

固体物质是水体含盐量、悬浮物质多少的标志。水中含有过多的盐量，将会影响生物细胞的渗透压和生物的正常生长；含有过多的悬浮固体，将会可能造成水道淤塞；挥发性固体是水体有机污染的重要来源。

2. 需氧污染物

生活污水和某些工业废水中所含的碳水化合物、蛋白质、脂肪、木质素等有机化合物在微生物作用下，最终将分解为简单的无机物，如二氧化碳和水。这些物质在分解过程中，需要消耗大量的氧，故称需氧污染物。水中需氧污染物过多，将会造成水中溶解氧缺乏，影响鱼类等水生生物的正常生活。需氧污染物是水体中经常和普遍存在的污染物质，主要来源于生活污水、牲畜污水及食品、造纸、制革、印染、焦化、石化等工业废水。从排放量来看，生活污水是这类污染物的主要来源。

实际工作中，一般采用以下指标来表示需氧污染物的含量。

（1）溶解氧（dissolved oxygen，DO）。溶解氧是指溶解于水中的分子态氧，通常用每升水中所含氧气的毫克数表示。水中溶解氧主要来源于水生植物的光合作用和大气。它是水生物生存的基本条件。水中溶解氧含量多，适于微生物生长，水体的自净能力也强。当 DO 含量低于 4mg/L 时，可导致鱼类便窒息死亡。水中缺氧时，厌氧细菌繁殖，水体将会变臭。水中 DO 值越高，表明水质越好。

（2）生化需氧量。生化需氧量是"生物化学需氧量"（biochemical oxygen Demand）的简称，常记为 BOD，表示水中有机污染物经微生物分解所需的氧量，以 mg/L 为单位。微生物的活动与温度有关，测定 BOD 时，一般以 20℃作为标准温度。在这样的温度条件下，一般生活污水中的污染物完成分解过程需要 20d 左右。为了省时，一般以 5d 作为标准测定时间，测得的 BOD 称为五日生化需氧量（BOD_5）。BOD 间接反映了水中可被微生物分解的有机物总量，其值越高，水中需氧有机物越多，水质越差。

（3）化学需氧量（chemical oxygen demand，COD）。化学需氧量是指用化学氧化剂氧化水中有机污染物时所需的氧量。目前常用的氧化剂为重铬酸钾和高锰酸钾。由于水中各种有机物进行化学反应的难易程度不同，COD 只是表示在规定条件下可被氧化物质的耗氧量总和。如果废水中有机质的组分相对稳定，那么 COD 与 BOD 之间应有一定的比例关系。

（4）总有机碳（total organic carbon，TOC）。总有机碳是指水体中有机物含碳的总量。水中有机物的种类很多，目前还不能全部进行分离鉴定。常以 TOC 表示。TOC 是一个快速检定的综合指标，它以碳的数量表示水中含有机物的总量。由于它不能反映水中有机物的种类和组成，因而不能反映总量相同的总有机碳所造成的不同污染后果。

3. 含氮化合物

水质分析中的含氮化合物是指水中氨氮、亚硝酸盐氮、硝酸盐氮的含量，是判断水体有机物污染的重要指标。氮是生命的基础，故含氮化合物在环境学中又被称为植物营养物。但是含氮化合物也给人类生活带来负面影响。含氮化合物可导致空气污染，水体中含氮化合物过多可引起水体污染。过多的氮进入水体，可导致水体富营养化。饮用水中硝酸盐过高，进入人体后被还原为 NO_2^-，直接与血液中血红蛋白作用生成甲基球蛋白，引起血红蛋白变性，对 3 岁以下的幼儿的危害尤为严重。亚硝酸盐在人体中可与仲胺、酰胺等发生反应，生成致癌的亚硝基化合物。

4. 油类污染物

随着石油的广泛使用，油类物质对水体的污染越来越严重，其中海洋受到的油类污染最为严重。水体中有类污染物主要来源于船舶石油运输，少量来源于海底石油开采、大气石油烃的沉降以及炼油、榨油、石化、化学、钢铁等工业的废水。油类进入水体后所造成的危害是明显的。油的比重小于水，不会与水混合，往往以油膜的形式漂浮于水面，阻止氧向水中扩散，并促使厌氧条件的形成和发展，导致水环境恶化，影响水生生物的正常生长。油类会黏附于固体表面，石油类污染物在岸边积累，降低海滨环境的实用价值和观赏价值，破坏海滨设施，并可影响局部地区的水文气象条件，降低海洋的自净能力。油类可黏附于鸟类的羽毛上和鱼鳃上，使鸟类丧失飞行能力，使鱼类因缺氧而窒息。

5. 酚类污染物

酚是一种具有特殊臭味和毒性的有机污染物质，主要来源于炼焦、石化、木材加工、制药、印染、纤维、橡胶回收等工业的废水。另外，动物粪便也是水体酚类污染物的重要来源。进入水体的酚属于可分解有机物，其中挥发性酚更易分解。因此，在可能的条件下，合理利用含酚废水是可能的，但必须以不造成其他污染为前提。高浓度含酚废水必须经过处理后才能排入天然水体。水体受到酚污染后，会严重影响水产品的产量、质量和人体健康。

6. 氰化物

氰是碳和氮两种元素的化合物，化学式 $(CN)_2$，结构式 $N\equiv C-C\equiv N$。无色带苦杏仁味的剧毒气体。

氰化物特指带有氰基（CN）的化合物，其中的碳原子和氮原子通过叁键相连接。这一叁键给予氰基以相当高的稳定性，使之在通常的化学反应中都以一个整体存在。通常为人所了解的氰化物都是无机氰化物，俗称山奈（来自英语音译"cyanide"），是指包含氰根离子（CN^-）的无机盐，可认为是氢氰酸（HCN）的盐，常见的有氰化钾和氰化钠。另有有机氰化物，是由氰基通过单键与另外的碳原子结合而成，如乙腈、丙烯腈、正丁腈等。

氰化物的来源较广，主要来源于含氰废水，如电镀、焦炉和高炉的煤气洗涤冷却水、化工厂的含氰废水以及选矿废水。日常生活中，桃、李、杏、枇杷等含氢氰酸，其中以苦杏仁含量最高，木薯亦含有氢氰酸。氰化物是剧毒物质，一般人只要一次误服 0.1g 左右氰化钠或氰化钾就会中毒死亡，敏感的人甚至吃 0.06g 就可以致死，水中含量达 0.3～0.5mg/L 即可使鱼类死亡。

7. 重金属

重金属主要是指汞、镉、铅、铬及类金属砷等生物毒性显著的重元素，也指具有一定毒性的一般金属，如锌、铜、钴、镍、锡等，目前最为关注的是汞、镉和铬。天然水体中重金属含量很低，大量的重金属来源于化石燃料燃烧、采矿和冶炼。从毒性及对生物体的危害看，重金属污染表现出三个特点，一是天然水中只要有微量重金属即可产生毒性效应；二是水体中的某些重金属可在微生物的作用下转化为毒性更大的金属化合物，如汞可以转化为甲级汞；三是重金属可以通过食物链的生物放大作用，逐级在高级的生物体内成千万倍地富集。

三、水质评价

（一）水质评价的概念与类型

水资源质量评价又称水环境质量评价，简称水质评价，是指根据水体的用途，选定恰当的指标，按照对应用途的质量标准，采用一定的评价方法对水资源质量进行定性或定量的评定和描述。水质评价是水质保护的基础性工作，可以简明、定量地反映水体污染的状况，指出水体污染的程度、主要污染物的来源、污染的时空分布规律和发展趋势，为水环境保护规划与管理、水质控制与保护提供科学依据。

由于评价对象、目的和范围的不同，水质评价有不同的类型。

按照评价的时间，可将水质评价分为水质回顾评价、水质现状评价和水质影响评价三种类型。水质回顾性评价是指根据过去的资料对历史上某时期的水质状况进行的评价，旨在回顾水质的历史状况，分析水质的发展变化规律，总结以往水质管理与保护、水污染治理的经验和教训，为今后的水质保护工作提供科学依据。水质现状评价是指根据目前的水质资料对水质的现状进行的评价，旨在找出目前水质方面的主要问题，为合理开发水资源、制订水环境保护规划、确定水质保护途径与措施提供科学依据。水质影响评价亦称水质预断评价，是指根据区域社会经济发展规划，或结合具体的工程建设项目设计方案，对社会发展、区域开发活动或工程项目建设等可能导致的水质影响所做出的预测和评估，其目的是在保证国民经济不断增长的前提下，控制和减少新建与扩建工程项目对水体的污染及破坏，为制订科学合理的水资源开发利用规划和水质管理与保护规划、工程项目的可行性论证决策等提供科学依据。虽然水质评价有回顾评价、现状评价和影响评价之分，但是从本质上说，前二者均属于水质影响评价的范畴，可归入水质影响评价。因此，如不做特别说明，通常所称谓的水质评价一般指的是水质影响评价。

此外，还有其他一些分类方法。按照评价的用途，可将水质评价分为饮用水水质评价、渔业用水水质评价、灌溉用水水质评价、工业用水水质评价、工业排放废水水质评价、游泳和风景游览水体水质评价等。按照评价的目的，可将水质评价分为防治污染的水污染评价和（如河流污染评价、湖泊富营养化评价等）为合理开发利用水资源的水资源质量评价。按照评价的水体类型，可将水质评价分为河流水质评价、湖泊水质评价、水库水质评价、潮汐河口和海洋水质评价、地下水水质评价、湿地水质评价等。按照参评要素的多少，可将水质评价分为单要素水质评价和水质综合评价。按照评价的方法，可将水质评价分为水质物理化学参数评价和水质生物学评价。按照选择的参评参数多少，可将水质评价分为单要素水质评价和多要素水质综合评价。按照评价的对象，可将水质评价分为水体质量评价、底泥评价和水体污染源评价。

水质评价的类型和目的不同，选择的参数和标准亦不尽相同。实际工作中，应根据评价对象的实际情况，综合考虑存在的主要水环境问题、经济社会发展的具体要求和所具备的条件，选择适当的评价要素和方法。

（二）水质标准

水质标准是国家、部门或地区规定的各种用水或排放水在物理、化学、生物学性质方面所应达到的要求，或对水体中污染物和其他物质的最高容许浓度所做的强制性规定。

由于社会经济各部门对水的利用目的不同，水参与人们生产生活的方式各异，因此，不同部门对水质要求也不一致，对水的质量标准也不尽相同。如饮用水主要考虑对人体健康是否有害；农田用水及水生养殖不仅要求保证其产量，也必须保证产品的质量；工业用水对水质要求差异更大，主要在于用水目的、过程和工艺及环节不同，有的符合一般水质标准即可，有的则要求经过高级处理才能使用，如此等等，均须避免因水质问题而产生危害。所以水质好坏的评价，通常按水的物理性质、化学成分、气体及生物等方面的检测分析结果来进行。由于水的成分十分复杂，为适用于各种供水目的，就必须制定出各种成分含量的一定界限，这种数量界限叫水质标准。

国家乃至地方规定的各种用水标准，都是按照各种用水部门的实际需要制定的，它是水质评价的基础。目前我国颁布的水质标准和行业标准已有几十种，如《地表水环境质量标准》（GB 3838—2002）、《地下水质量标准》（GB/T 14848—2017）、《生活饮用水卫生标准》（GB 5749—2006）、《污水综合排放标准》（GB 8978—1996）、《渔业水质标准》

（GB 11607—1989）、《农业灌溉水质标准》（GB 5084—1992）等。

1. 《地下水质量标准》（GB/T 14848—2017）

根据我国地下水质量、状况和人体健康风险，同时参照生活饮用水、工业用水、农业用水水质要求，根据各组分含量高低，将地下水质量划分为五类。

Ⅰ类：地下水化学组分含量低，适用于各种用途。

Ⅱ类：地下水化学组分含量较低，适用于各种用途。

Ⅲ类：地下水化学组分含量适中，主要适用于集中式生活饮用水水源及工业、农业用水。

Ⅳ类：地下水化学组分含量较高，以农业和工业用水质量要求以及一定水平的人体健康风险为依据，除适用于农业和部分工业用水外，适当处理后可作生活饮用水。

Ⅴ类：地下水化学组分含量高，不宜作为生活饮用水水源，其他用水可根据使用目的选用。

2. 《地表水环境质量标准》（GB 3838—2002）

为保护地表水环境，控制水污染，我国依据地表水水域环境功能和保护目标，按功能高低依次划分为五类：

Ⅰ类：主要适用于源头水、国家自然保护区。

Ⅱ类：主要适用于集中式生活饮用水水源地一级保护区、珍贵鱼类保护区、鱼虾产卵场地、仔稚幼鱼的索饵场等。

Ⅲ类：主要适用于集中式生活饮用水水源地二级保护区、鱼虾类越冬场、洄游通道、水产养殖区等渔业水域及游泳区。

Ⅳ类：主要适用于一般工业用水区及人体非直接接触的娱乐用水区。

Ⅴ类：主要适用于农业用水区及一般景观要求水域。

该标准是由国家环境保护局批准实施的国家标准（GB 3838—2002），适用于中华人民共和国领域内江、河、湖泊、运河、渠道、水库等具有使用功能的地表水域。它既是水域环境保护的标准，也是某些水域现状功能划分和水质评价的依据。

3. 《海水水质标准》（GB 3097—1997）

按照海水的用途和保护目标，将海水水质划分为四类（同一水域兼有多种功能的依主导功能划分类别，其水质目标可高于或等于主导功能的水质要求）。

Ⅰ类：适用于海洋渔业水域、一级水产养殖场、珍稀濒危海洋生物资源保护区。

Ⅱ类：适用于二级水产养殖场、海水浴场、人体直接接触海水的海上娱乐场与运动场，供食用的海盐盐场。

Ⅲ类：适用于一般工业用水、海滨风景游览区。

Ⅳ类：适用于港口水域、海上及沿岸作业区。

4. 其他水资源质量评价标准

其他水资源质量评价标准可在全国标准信息公共服务平台网站（http：//std. samr. gov. cn/）上查询。

（三）水质评价的一般程序

1. 水环境背景值调查

水环境背景值是指水环境要素在未受污染影响的情况下，其水环境要素的原始含量以及水环境质量分布的正常值。它反映水环境质量的表观原始状态，各地区的背景值不同。目前，在全球环境受到人为干扰的情况下，要寻找绝对不受外源物质影响的背景值，是非常难做到的。因此，背景值实际上只是一个相对的概念，只能是相对不受人为影响情况下环境要素的基本化学组成。

2. 污染源调查与评价

通过污染源调查与评价，研究污染源与污染物的特点、途径、变化规律，找出水体的主要污染源和污染物，从而确定水质监测与评价项目。

3. 水质现状调查与监测

根据水质评价目的，分析评价水体的水质特性和水质的主要影响因素，确定水质指标，制订水质调查与监测方案，利用仪器设备实时监控水质状况并获取水质数据，或从水质数据库中获取历史水质数据。

4. 确定评价标准

水质评价标准是进行水质评价的主要依据，应根据水体用途和评价目的选择相应的评价标准。对于一般地面水的评价，可选用地面水环境质量标准；海洋评价可选用海洋水质标准；专业用途水体评价，可分别选用生活饮用水卫生标准、渔业水质标准、农田灌溉水质标准、工业用水水质标准以及有关流域或地区制定的各类地方水质标准等。对于底质，目前还缺乏统一评价标准，通常可参照清洁区土壤自然含量调查资料或地球化学背景值来拟定。

5. 按照一定的数学方法进行评价

选择评价方法是水质评价重要流程之一，好的水质评价方法会得到一个更为准确、符合实际的评价结果。评价方法的种类繁多，常用的有生物学评价法、以化学指标为主的水质指数评价法、模糊数学评价法等。

6. 评价结论

计算得出水质评价等级，并通过评价方法分析找出污染水环境的主要因子，判断污染趋势并提出防治对策。

（四）水质评价方法

1. 水质现状评价的方法

水质现状评价的方法有多种，大致可以分为直观描述法和模型评价法两类。

直观描述法是根据各种水质要素监测因子的实测值与评价标准的比较结果，用检出率、超标率、平均超标倍数和最大超标倍数等指标，直接描述水质污染程度，以说明水质的现状。虽然此类方法过于简单，并具有一定的局限性，但是在因不能选用合适的评价模型和分级依据而造成评价工作困难时，仍不失为一类较为有效的基本评价方法。

20 世纪 60 年代以来，数学模型被广泛应用于水质现状评价。此类评价方法用各种污染物的相对污染值进行数学归纳和统计，得出一个简单的数值，用以代表水质的污染程度，并以此作为水质污染分级和分类的依据。目前应用于水质现状评价的数学模型很多，如污染指数、模糊综合评判模型、熵、神经网络系统等，其中污染指数法应用较广。

将水质监测值换算为各种形式的污染指数，并将其与评价标准值对应的指数值进行比较，这种评价方法称为污染指数法。污染指数有单因子污染指数和综合污染指数两类，其中前者又称为某污染物的分指数，用于进行单项污染物的评价；后者用于水质综合评价。实质上二者是水质综合评价的两个步骤。在进行水质综合评价时，首先计算各种污染物的分指数，即进行单要素评价；然后在单要素评价结果的基础上，计算水质的综合污染指数，即进行水质综合评价。污染指数的定义很多，在我国影响较大的就有数十种。虽然各种污染指数的定义和形式各不相同，但是它们的物理意义大致相同。单因子污染指数的计算通式为

$$P_i = \frac{C_i}{S_i} \qquad (9-32)$$

式中：P_i 为 i 污染物的分指数；C_i 为 i 污染物的实测浓度值；S_i 为 i 污染物的评价标准。

水环境质量指数是无量纲数，表示污染物在水环境中实际浓度超过评价标准的程度，即超标倍数。P_i 的数值越大表示该单项的环境质量越差。计算得各种污染物的分指数后，即可进行综合污染指数的计算，计算方法常用的有加和、算术平均值、加权平均值、均方根、兼顾极值的均方根等。

（1）简单加和式多因子指数（叠加法、均权叠加法）计算公式为

$$P = \sum_{i=1}^{n} P_i \qquad (9-33)$$

式中：P_i 为 i 污染物的分指数；n 为参与评价的污染物数目。

（2）均值型多因子指数计算公式为

$$P = \frac{1}{n} \sum_{i=1}^{n} P_i = \frac{1}{n} \sum_{i=1}^{n} \frac{C_i}{S_i} \qquad (9-34)$$

式中：P_i 为 i 污染物的分指数；n 为参与评价的污染物数目；C_i 为 i 污染物的实测浓度值；S_i 为 i 污染物的评价标准。

（3）计权型多因子指数计算公式为

$$P = \frac{1}{n} \sum_{i=1}^{n} W_i P_i = \frac{1}{n} \sum_{i=1}^{n} W_i \frac{C_i}{S_i} \qquad (9-35)$$

式中：W_i 为 i 污染物的权重系数，且 $\sum_{i=1}^{n} W_i = 1$，其余符号意义同前。

（4）均方根型多因子指数计算公式为

$$P = \sqrt{\frac{1}{n} \sum_{i=1}^{n} P_i^2} \qquad (9-36)$$

式中：P_i 为 i 污染物的分指数，n 为参与评价的污染物数目。

（5）兼顾极值型多因子指数——N. L. Nemerow（内梅罗）指数计算公式为

$$P = \sqrt{\frac{(\mathrm{Max}P_i)^2 + (\mathrm{Ave}P_i)^2}{2}} \qquad (9-37)$$

式中：$MaxP_i$ 为各单因子水环境质量指数中最大者，$AveP_i$ 为各单因子水环境质量指数的平均值。内梅罗指数特别考虑了污染最严重的因子，内梅罗环境质量指数在加权过程中避免了权系数中主观因素的影响，是目前仍然应用较多的一种环境质量指数。

2. 水质影响评价的方法

水质影响评价的方法有多种，常用的主要有模式计算法、类比调查法、模拟实验法三种。

模式计算法主要用于污染物浓度的预测，该方法通过选用或建立合适的数学模型，模拟污染物在水体中的迁移规律，对污染物可能形成的浓度分布情况及其对水质的影响进行预测。此类方法是我国水质影响评价中应用最多的一种方法。

类比调查法的做法是，选择与被评价项目类似的已建成投产并积累有较为完整资料的工程项目作为类比对象，通过对类比对象所造成的水环境影响及多年来积累的水环境影响因素资料的调查分析，来类推被评价项目投产后可能产生的水环境影响，推断所采取的环境工程措施的可行性及可能出现的环境问题，对被评价项目的水环境影响进行评价。类比调查法简便易行，如果类比对象选择得当，评价结果是比较可靠的。

模拟实验法的做法是，在实验室乃至更大规模上进行类似条件下的工艺实验，以验证某些工艺或工程设计、设备的实际效果。在水质影响评价中，常采用扩散实验、水体自净能力实验、污染物在水体中的降解实验等模拟实验方法。进行模拟实验时，应注意使选用的模拟条件尽量符合工程设计的实际情况。

第七节　水资源开发利用及其影响评价

水资源利用评价是水资源评价中的重要组成部分，是水资源综合利用和保护规划的基础性前期工作，其目的是增强流域或区域水资源规划的全局观念和宏观指导思想。

一、水资源各种功能的调查分析

在水资源基础评价中已包括了对评价范围内水资源的各种功能潜势的分析，在此基础上如何提出各种功能的开发程序，则是水资源规划中应考虑的问题。但在这之前，应当结合不同地区、不同河段的特点，并结合影响范围内的社会、经济情况，对水资源各种功能要求解决的迫切程度，进行调查评价，并在此基础上提出开发的轮廓性意见。水资源规划中应考虑：分析评价范围内水资源各种功能潜势（供水、发电、航运、防洪、养殖等），以及各种功能开发顺序，既结合不同地区不同河段的特点，同时考虑影响范围内经济、社会、环境情况，对水资源各功能要求解决的迫切程度进行调查评价。

二、水资源开发程度的调查分析

水资源开发程度的调查分析是指对评价区域内已有的各类水工程及措施情况进行调查了解，包括各种类型及功能的水库、塘坝、引水渠首及渠系、水泵站、水厂水井等，包括其数量和分布。各种功能的开发程度常指其现有的供出能力与其可能提供能力的比值。如供水的开发程度是指当地通过各种取水引水措施可能提供的水量和当地天然水资源总量的比值。水力发电的开发程度是指区域内已建的各种类型水电站的总装机容量和年发电量，与这个区域内可能开发的水电装机容量和可能的水电年发电量之比等。通过调查了解工程布局的合理性及增建工程的必要性。

三、可利用水量分析

可利用水量是指在经济合理、技术可行和生态环境容许的前提下，通过各种工程措施可能控制利用的不重复的一次性最大水量。水资源可利用量为水资源合理开发的最大可利用程度。

可利用水量占天然水资源量的比例不断提高。由于河川径流的年际变化和年内季节变化，加之可利用水量小于河道天然水资源量（河川径流量），在天然情况下有保证的河川可利用水量是很有限的。为了增加河川的可利用水量，人们采用了各种类型的拦水、阻水、滞水、蓄水工程等措施，并且随着人类掌握的技术知识和技术能力的不断提高，可利用水量占天然水资源量的比例也在不断提高。

各河流水文规律不同，其可利用水量的比例也是不同的。洪水水量占全年河川径流流量的比例大的，其合理可利用水量占天然水资源量的比例也要小些。在中国，南方的河流如长江、珠江等大河由于水量丰沛，且相对来讲年际变化和年内变化都比北方河流小，且在当前社会经济发展阶段，引用水量相对于河川径流量来说所占比例不是太大，其可利用水量还有相当潜力。

按国际惯例，为保护工程下游生态，可利用水量与河川径流量之比例不应超过 40％。在进行可利用水量估计时，应当以各河的水文情况为前提，结合河流特点和当前社会经济能力及技术水平来进行，不能一概而论。

第八节　水　资　源　管　理

水资源是基础性的自然资源和战略性的经济资源，是生态与环境的控制因素。世界各国在经济社会发展中都面临着缺水、水污染和洪涝灾害等水问题，尤其是在水资源的开发利用过程中所造成的一系列负面效应，使水问题对人类的生存发展构成越来越大的威胁，促使人们在深刻反省自己对水的行为的同时，认识到必须强化对水资源的管理，提高开发利用水资源的水平和保护水资源的能力，才能保障经济社会实现健康持续发展。

一、水资源管理的含义与内容

关于水资源管理的含义，不同学者从不同角度有多种界定，目前尚无明确公认的定义。《中国大百科全书》在不同的卷中对水资源管理也有不同的解释。

在《中国大百科全书　水利》中，水资源管理的定义是：水资源开发利用的组织、协调、监督和调度。运用行政、法律、经济、技术和教育等手段，组织各种社会力量开发水利和防治水害；协调社会经济发展与水资源开发利用之间的关系，处理各地区、各部门之间的用水矛盾；监督、限制不合理的开发水资源和危害水源的行为；制订供水系统和水库工程的优化调度方案，科学分配水量。

在《中国大百科全书　环境科学》中，水资源管理的定义为：为防止水资源危机，保证人类生活和经济发展的需要，运用行政、技术、立法等手段对淡水资源进行管理的措施。水资源管理工作的内容包括调查水量，分析水质，进行合理规划、开发和利用，保护水源，防止水资源衰竭和污染等；同时也涉及水资源密切相关的工作，如保护森林、草原、水生生物，植树造林，涵养水源，防止水土流失，防止土地盐渍化、沼泽化、沙化等。

1996年，联合国教科文组织国际水文计划工作组将可持续水资源管理定义为：支撑从现在到未来社会及其福利而不破坏他们赖以生存的水文循环及生态系统的完整性的水的管理与使用。

总之，水资源管理是一个动态的概念，不同时代、不同环境条件和不同角度下，水资源管理的内涵和外延均有不同。水资源管理（water resources management）的内容包括：对水资源分配、开发、利用和保护的组织、协调、监督和调度等方面的实施，包括运用行政、法律、经济、技术和教育等手段，组织开发利用水资源和防治水害；协调水资源的开发利用与经济社会发展之间的关系，处理各地区、各部门间的用水矛盾；监督并限制各种不合理开发利用水资源和危害水源的行为；制订水资源的合理分配方案，处理好防洪和兴利的调度原则，提出并执行对供水系统及水源工程的优化调度方案；对来水量变化及水质情况进行监测与相应措施的管理等。简而言之就是通过行政、法律、经济、技术和教育等手段，规范人类一切水事活动，合理开发、充分利用水资源，并使其得到适时补偿和恢复，达到水量不枯竭，水质不污染的可持续发展状态，并使水环境处于良性循环状态，从而获得最大的经济效益、社会效益和环境效益。

二、水资源管理的原则

水资源管理是由国家水行政主管部门组织实施的、带有一定行政职能的管理行为，它对一个国家和地区的生存和发展具有极为重要的作用。关于水资源管理的原则，不同学者从不同角度进行了多方面的诠释。水利部提出了"五统一，一加强"基本管理原则，即坚持实行统一规划，统一调度，统一发放取水许可证，统一征收水资源费，统一管理水量水质，加强全面服务的基本管理原则。加强水资源管理，应遵循以下原则。

（一）坚持依法治水管水的原则

1988年1月21日第六届全国人大常务委员会通过《中华人民共和国水法》（简称原《水法》）是新中国第一部管理水事活动的基本法，并于2002年8月29日第九届全国人大常务委员会第二十九次会议通过修订的《中华人民共和国水法》（简称《水法》），是中国水资源管理的重要的法律依据，标志着中国依法治水、管水、用水、保护水进入了一个新阶段。国家还先后颁布了《中华人民共和国水土保持法》《中华人民共和国水污染防治法》《中华人民共和国防洪法》和《河道管理条例》《取水许可制度实施办法》等一系列水法律、法规以及地方性水法规和地方政府规章等，都是我国水资源管理的法律依据。

（二）坚持水是国家资源的原则

水资源属国家所有，即全民所有，水资源的所有权由国务院代表国家行使。中华人民共和国水利部成立于1949年10月，是中华人民共和国国务院主管水行政的组成部门；也是中华人民共和国成立最早的政府部门之一，几经改革，并于1988年4月，国务院恢复设立水利部。尽管水是一种世界性的不断更新和再生的资源，然而在一定的时间和空间范围内，大气降水对水资源的补给却是有限的，所以在水资源管理观念上，首先应该认识水资源是一种有限的宝贵资源，必须精心管理，节约利用，倍加珍惜和保护。

（三）坚持可持续发展原则

实现经济社会的可持续发展，必须建立在资源可持续利用的基础上，可持续发展原则已成为世界各国在资源配置和使用中普遍遵循的准则之一。可持续原则是指实现水资源系统与经济系统和生态系统协调发展，通过自然再生能力的可持续保障经济发展的可持续，实现代际的资源分配公平。可持续发展原则可进一步分为效率原则、公平原则、可持续原则、共同性原则等。

1. 效率原则

随着水资源需求的不断增长，水资源逐渐成为一种稀缺资源。为实现稀缺资源价值最大化，在水资源的配置和使用中要遵循水资源配置和使用的高效率原则。效率包括水资源的配置效率和使用效率两方面。配置效率体现了水资源在不同行业、不同用途之间的分配制度的科学性和合理性，不同用水主体间量的比例所产生的综合效益的差异。按照经济学观点，配置效率是指资源利用的边际效益在用水各部门中都相等，以获取最大的社会效益，即水资源配置达到帕累托最优。使用效率是指某个用水主体的投入产出比，反映用水主体的用水行为和用水技术，目的是追求单位资源的最大生产率。水资源使用效率受制于用水主体的技术水平和节水意识，因此，可以运用价格杠杆和定额管理制度，约束用水主体的用水行为，以实现水资源使用的高效率。

2. 公平原则

水资源持续利用要求既满足当代人用水需要，又不损害满足后代人用水的需要。公平原则主要包括三个方面：一是代内公平，即同一流域全体社会成员具有平等享用该流域水资源的权利，在流域之间通过调水活动重新分配水资源也应该保证不同流域之间社会成员利益分配的公平性。水资源应满足不同区域和社会各阶层的利益要求，它要求不同区域（上下游、左右岸）之间的协调发展，以及发展效益或资源利用效益在同一区域内社会各阶层中的公平分配。二是代际公平，人类活动（包括水事活动和其他活动）可能改变水文循环过程中的某些环节而引起水资源再生能力的变化。如果人类活动能维持水资源的再生能力，使后代人得到不减少的可利用水量满足其需要，就认为是给后代人提供了同等利用水资源的机会，实现了代际利用水资源的公平性。维持和改善水文循环的每一个环节的正常运行，这样才能满足后代对水质和水量的要求，保持人类社会的永久生存和持续发展。三是生态公平，指人与自然，与其他生物之间有平等享用水资源的权利。

3. 可持续原则

可持续原则已成为世界各国在资源配置和使用中普遍遵循的准则之一。可持续原则是指实现水资源系统与经济系统和生态系统协调发展，通过自然再生能力的可持续保障经济发展的可持续，实现代际的资源分配公平。它要求近期与远期之间、当代与后代之间在水资源的利用上有一个协调发展、公平利用的原则，而不是掠夺性地开采和利用，甚至破坏，即当代人对水资源的利用，不应使后一代人正常利用水资源的权利受到破坏。

4. 共同性原则

鉴于世界各国历史、文化和发展水平的差异，可持续发展的具体目标、政策和实施步骤不可能是唯一的。但是，可持续发展作为全球发展的总目标，所体现的公平原则和可持续原则，则是应该共同遵从的。要实现可持续发展的总目标，就必须采取全球共同的联合行动,认识到我们的家园——地球的整体性和相互依赖性。从根本上说,贯彻可持续发展就是要促进人类之间及人类与自然之间的和谐。

（四）坚持水资源统一管理的原则

《水法》第十二条规定:"国家对水资源实行流域管理与行政区域管理相结合的管理体制。"水资源统一管理的核心是水资源的权属管理。《水法》明确规定,水资源属于国家所有,水资源的所有权由国务院代表国家行使。为了实现全国水资源的统一管理和监督,国务院水行政主管部门应当制定全国水资源的战略规划,对水资源实行统一规划、统一配置、统一调度,统一实行取水许可制度和水资源有偿使用制度等。县级以上地方人民政府水行政主管部门按照规定的权限,负责本行政区域内水资源的统一管理和监督工作。

（五）坚持开源节流并重,节流优先治污为本的原则

《水法》规定国家厉行节约用水,大力推行节约用水措施,推广节约用水新技术、新工艺,发展节水型工业、农业和服务业,建立节水型社会。各级人民政府应当采取措施,加强对节约用水的管理,建立节约用水技术开发推广体系,培育和发展节约用水产业;国家对水资源实施总量控制和定额管理相结合的制度,根据用水定额、经济技术条件以及水量分配方案确定的可供本行政区域使用的水量,制订年度用水计划,对本行政区域内的年度用水实行总量控制;各单位应当加强水污染防治工作,保护和改善水质,各级人民政府应当依照水污染防治法的规定,加强对水污染防治的监督管理。

中共二十大做出"深入推进水环境污染防治"重大部署,提出"统筹水资源、水环境、水生态治理,推动重要江河湖库生态保护治理,基本消除城市黑臭水体。"

三、水资源管理的工作流程

水资源管理的工作目标、流程、手段差异较大,受人为作用影响的因素较多,而从水资源配置的角度来说,其工作流程基本类似,可概括如图9-3所示。

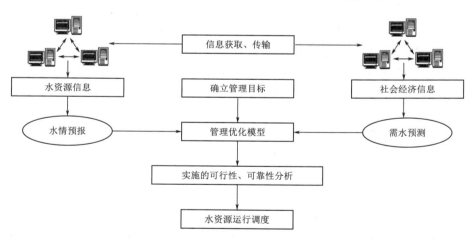

图9-3 水资源管理一般工作流程

（一）确定管理目标

在开展水资源管理工作之前,首先要确立管理的目标和方向,这是管理手段得以实施的依据和保障。

（二）信息获取与传输

信息获取与传输是水资源管理工作得以顺利开展的基础条件。通常需要获取的信息有水资源信息、社会经济信息等。水资源信息包括来水信息、用水信息及水资源数量和质量等。社会经济信息包括与水有关的工农业生产变化、技术革新、人口变动、水污染治理及水利工程建设等。

同时，需要对信息进行处理，及时将预测结果传输到决策中心。资料的采集可以运用自动测报技术；信息的传输可以通过无线通信设备或网络系统来实现。

（三）建立管理优化模型，寻求最优管理方案

根据研究区的经济社会条件、水资源条件、生态系统状况、管理目标，建立该区水资源管理优化模型。通过对该模型的求解，得到最优管理方案。

（四）实施的可行性、可靠性分析

对选择的管理方案实施的可行性、可靠性进行分析。可行性分析包括技术可行性、经济可行性以及人力、物力等外部条件的可行性；可靠性分析，是对管理方案在外部和内部不确定因素的影响下实行的可靠度、保证率的分析。

（五）水资源运行调度

水资源运行调度是对传输的信息，在通过决策方案优选、实施可行性、可靠性分析之后，作出的及时调度决策。

四、水资源的权属管理

水资源与其他许多自然资源不同，多数自然资源附着于土地上，并随土地的所有权而转移，但水资源却因其具有从高处流向低处的天然属性，并能通过自然界水分循环作用而在以年为周期的期限内不断补充更新，土地的边界不能控制其流动范围，因此即便是土地私有制的国家，也不能把河流中的水据为己有，使得水资源的权属问题比较复杂，在开发利用中出现一些矛盾。

《中华人民共和国宪法》第九条规定："矿藏、水流、森林、山岭、草原、荒地、滩涂等自然资源，都属于国家所有，即全民所有"。《水法》第三条规定："水资源属于国家所有。水资源的所有权由国务院代表国家行使。农村集体经济组织的水塘或由农村集体经济组织修建管理的水库中的水，归各农村集体经济组织使用。"第六条规定："国家鼓励单位和个人依法开发、利用水资源，并保护其合法权益。开发、利用水资源的单位和个人有依法保护水资源的义务。"水资源权属关系的明确界定，为合理开发、持续利用水资源奠定了必要的基础，也为水资源管理提供了法律依据，能规范和约束管理者和被管理者的权利与行为。

（一）水权的内涵

由于研究者研究目的和需求不同，水权的概念有多种理解，甚至存在重大分歧。目前主要有三种观点：一种观点认为，水权是指水资源所有权、水资源使用权、水产品与服务经营权等与水资源有关的一组权利的总称。例如，姜文来先生在《水权基本理论研究》一文中提出："水权是指在水资源稀缺条件下人们有关水资源的权利的总和（包括自己或他人受益或受损的权利），其最终可以归结为水资源的所有权、经营权和使用权。"水利部原部长汪恕诚于2000年10月22日在中国水利学会第一届学术年会暨第七届二次理事会上所作的报告：《水权和水市场——谈实现水资源优化配置的经济手段》也持这种观点，他指出:"什么是水权?最简单的说法是水资源的所有权和使用权。"这种观点具有一定的代表性。另一种观点认为,水权是指水资源的使用权或者收益权,不包括水资源的所有权。例如,崔建远认为,水权是独立于水资源所有权的一种权利。裴丽萍认为,水权是水资源的非所有人依照法律的规定或者合同的约定所享有的对水资源的使用权或收益权,水权并非指对地下水或地表水资源的所有权。还有一种观点认为,水权的概念有广义、狭义之分,广义的水权概念是包括水资源的所有权、使用权、收益权、经营权等在内的一组权利。狭义的水权概念又分为两种对立的观点:一是认为水权仅指水资源的使用权、收益权。二是认为水权应是水资源所有权的简称,理由在于对水的占有、使用、收益和处分只是水的所有权的内容,是所有权的派生权利。

综上所述,水权也称水资源产权,是水资源所有权和各种用水权利与义务的行为准则或规则。具体地讲,水权是指在水资源开发、利用、治理、管理和保护等过程中,调节个人之间、地区之间、部门之间以及个人、集体和国家之间使用水资源行为的一套规范规则。从民法意义上来讲,所有权是财产权的一种,它包括四项权能,即占有权、使用权、收益权、处分权。水资源产权或水权,是水资源所有权、水资源使用权、水产品与服务经营权等与水资源有关的一组权利的总称。水资源的国家所有制决定了水资源管理和保护的主体是国家,对所有权各项权能的行使决定了中央政府可以主导流域内地区间水的分配,可以实施跨流域和跨地区的调水工程,可以采取行政的、经济的等各种手段来保护、管理水资源。国家可以通过行使使用收益权,通过建立水资源有偿使用机制,而将使用权转让给市场主体,并可以允许市场主体依法进行使用权的有偿流转。

(二)水权制度的基本内容

水权制度是界定、配置、调整、保护和行使水权,明确政府之间、政府和用水户之间以及用水户之间的权、责、利关系的规则,是从法制、体制、机制等方面对水权进行规范和保障的一系列制度的总称。水权制度体系由水资源所有权制度、水资源使用权制度、水权流转制度三部分内容组成。

1. 水资源所有权制度

《水法》明确规定"水资源属于国家所有。水资源的所有权由国务院代表国家行使。"国务院是水资源所有权的代表,代表国家对水资源行使占有、使用、收益和处分的权利,国家对所有权的享有和行使,可以排除任何组织和个人的干涉。随着水资源紧缺和水污染形势的发展,实行省际水量分配、跨流域调水,以及水污染防治,都涉及省际的利益分配,必须强化国家对水资源的宏观管理。地方各级人民政府依法负责本行政区域内水资源的统一管理和监督,并服从国家对水资源的统一规划、统一管理和统一调配的宏观管理。

水权制度建设必须坚持国家对水资源实行宏观调控的原则,突出国家的管理权能和职责。其主要内容包括:①建立水资源统一管理制度,制定国家对水资源实行总量控制和定额管理的管理办法;②建立全国水资源开发利用规划管理制度,包括全国水资源开发利用近期和中长期规划,流域综合规划和水资源规划、水长期供求计划、河流分水方案等;③建立流域水资源分配的协商机制;④建立区域用水矛盾的协调仲裁机制;⑤建立水资源价值核算制度,包括对水资源的经济、环境和生态价值进行评估的制度,对水资源的调查评价,对水资源可利用量估算,对水资源演变情势分析等制度;⑥制定对水资源的国家宏观管理体制、流域管理体制和区域水管理体制的规定，对水资源配置统一决策、监管的体制和机制方面的规定。

2. 水资源使用权制度

根据《水法》的有关规定，建立水权初始配置机制、对各类水使用权分配的规范以及水量分配方案。根据《水法》第四十七条，国家对用水实行总量控制和定额管理相结合的制度规定，确定各类用水户的合理用水量，为分配水权奠定基础。水权分配应遵循的原则是：①首先保障人的基本生活用水；②遵循优先权原则，即水源地优先、用水现状优先、用水效率优先等；③优先权的确定要根据社会、经济发展和水情变化而有所变化，同时在不同地区根据当地特殊需要，确定分配次序。

要做到科学、合理地分配水权，必须建立两套指标，即水资源的宏观控制指标和微观定额体系。根据全国、各流域和各行政区域的水资源量和可利用量，制定水资源宏观控制指标，对各省级区域进行水量分配，进而再向下一级行政区域分配水量。根据水权理论和经济发展制定分行业、分地区的万元国内生产总值用水定额指标体系，以逐步接近国际平均水平为总目标，加强管理，完善法制，建设节水防污型社会。通过建立微观定额体系，制定出各行业生产用水和各行政区域生活用水定额，并以各行各业的用水定额为主要依据核算用水总量，在区域水资源量以及区域经济发展和生态环境情况的基础上，科学地进行水量分配。

水资源使用权制度主要包括以下内容。

（1）水权分配。水权分配包括：①建立初始水权配置机制，制定初始水权分配总则，明确初始水权配置的条件、机制和程序，建立全国重要河流初始水权的分配机制。重点工作是研究初始水权的界定。②建立用水总量宏观控制指标体系。对各省级区域进行水量分配，进而再向下一级行政区域分配水量；合理确定跨流域河流水量在各行政区域的流域水量分配方案。③建立用水定额指标体系。合理确定各类用水户的用水量，为分配水权奠定基础。制定各行业生产用水和各行政区域生活用水定额，并以各行各业的用水定额为主要依据核算用水总量，在区域水资源量以及区域经济发展和生态环境情况的基础上，科学地进行水量分配。④制定水权分配的协商制度。建立利益相关者利益表达机制，实现政府调控和用水户参与相结合的水权分配的协商制度。⑤建立对各类水使用权分配的规范以及水量分配方案。⑥建立生态用水管理制度，强化生态用水的管理，确保生态环境用水的需求，避免被其他用水挤占。⑦制定干旱期动态配水管理制度、紧急状态用水调度制度。规定特殊条件下水量分配办法，对特殊条件和年份（如干旱年）各类用水的水权和水量进行调整和分配。

（2）取水管理。取水管理包括：①抓紧《取水许可制度实施办法》的修订工作。②制定取水许可监督管理办法。对取得取水许可的单位和个人进行监督管理，包括对水使用中用途、水质等方面的监督管理。③制定国际边界河流和国际跨界河流取水许可管理办法。对于向国际边界河流和国际跨界河流申请取水的行为进行许可管理，包括取水限额、取水河段、水质要求等。④制定水权终止管理规定，明确规定水权的使用期限和终止时间。⑤建立水资源有偿使用制度，尽快出台全国水资源费征收管理条例。为了对全国水资源费的价格、收取和管理进行统一规定，并指导地方对水资源费的征收、管理和使用。应制定出台全国性的水资源费征收管理条例，各地根据全国水资源费征收管理条例规范并修订地方水资源费的征收和管理实施办法。

（3）水资源和水环境保护。建立水权制度的核心之一是提高用水效率和效益、有效保护水资源。应尽快完善水资源节约和保护制度，建设节水防污型社会。水资源和水环境保护包括：①制定全国节约用水管理法律法规，建立节水型社会指标体系。②保护水环境，加强提高水环境承载能力的制度建设。完善环境影响评价制度、水功能区划管理及保护制度，建立并实施生态用水和河道基流保障制度以及区域水环境容量分配制度。③完善控制排污的制度。依据有关法律法规，建立和完善排污浓度控制与总量控制相结合的制度、边界断面水质监测制度、入河排污口管理制度、污染事件责任追究制度、污染限期治理制度、排污行为现场检查制度以及其他各项排污管理制度。④完善地下水管理及保护制度。为保护地下水资源，要充分考虑代际公平原则，不能破坏地下水平衡。要完善地下水水位和水质监测、开采总量控制、限采区和禁采区的划定及管理、超采区地下水回补等方面的制度。

（4）权利保护。根据国家有关物权的法律法规，规范政府和用户、用户和用户间的关系，维护国家权益，保护水权拥有者权利。

（5）水价形成机制。水价是优化水资源配置的重要手段，在水资源短缺的情况下，用水者取得水权要付出代价，即取得水权的机会成本。这个代价包括其他用水者和其他用水类别减少用水的损失。通过调整水价来配置水资源，是依靠经济杠杆，通过调整人们的经济利益关系来自觉调整用水数量和结构，实现水资源优化配置。水价形成机制包括：①贯彻落实《水利工程供水价格管理办法》。②修订《城市供水价格管理办法》。对目前的《城市供水价格管理办法》进行修订，供水成本中必须考虑水资源费。

3. 水权流转制度

水权流转即水资源使用权的流转，目前主要为取水权的流转。水权流转不是目的，而是利用市场机制对水资源优化配置的经济手段，由于与市场行为有关，它的实施必须有配套的政策法规予以保障。水权流转制度包括水权转让资格审定、水权转让的程序及审批、水权转让的公告制度、水权转让的利益补偿机制以及水市场的监管制度等。影响范围和程度较小的商品水交易更多地由市场主体自主安排，政府进行市场秩序的监管。

（1）水权转让方面。水权转让方面的水权流转制度包括：①制定水权转让管理办法。对水权转让的条件、审批程序、权益和责任转移以及对水权转让与其他市场行为关系的规定，包括不同类别水权的范围、转让条件和程序、内容、方式、期限、水权计量方法、水权交易规则和交易价格、审批部门等方面的规定。②规范水权转让合同文本。统一水权转让合同文本格式和内容。③建立水权转让协商制度。水权转让是水权持有者之间的一种市场行为，需要建立政府主导下的民主协商机制。政府是水权转让的监管者。④建立水权转让第三方利益补偿制度。明确水权转让对周边地区、其他用水户及环境等造成的影响进行评估、补偿的办法。⑤实行水权转让公告制度。水权转让主体对自己拥有的多余水权进行公告，有利于水权转让的公开、公平和效率的提高，公告制度要规定公告的时间、水量水质、期限、公告方式、转让条件等内容。

（2）水市场建设方面。水市场是通过市场交换取得水权的机制或场所。水市场的建立需要有法律法规的保障。在我国，水市场还是新生事物，需要进一步发展和培育。水市场的发展需要相应的法律、法规和政策的支持、约束和规范。水市场建设方面的水权流转制度包括：①国家出台水市场建设指导意见。明确水市场建设、运行和管理的机构，建立水市场运行规则和相关管理、仲裁机制以及包括价格监管等交易行为监管机制。②探索水银行机制。借鉴国外经验，用银行机制对水权进行市场化配置。探索建立水银行，制定水银行试行办法，通过水银行调蓄、流转水权。

五、水资源管理方法

水资源管理是在国家实施水资源可持续利用，保障经济社会可持续发展战略方针下的水事管理，涉及水资源的自然、生态、经济、社会属性，影响水资源复合系统的诸方面，因而，管理方法必须采用多维手段、相互配合、相互支持，才能达到水资源、经济、社会、环境协调持续发展的目的。法律、行政、经济、技术、宣传教育等综合手段在管理水资源中具有十分重要的作用，依法治水是根本，行政措施是保障，经济调节是核心，技术创新是关键，宣传教育是基础。

（一）水资源管理的法律手段

1. 水资源法律管理的内涵与特点

法律手段是管理水资源及涉水事务的一种强制性手段。水资源管理的法律方法就是通过制定并贯彻执行各种水法规来调整人们在开发利用、保护水资源和防治水害过程中产生的多种社会关系和活动。即国家或地方政府为合理开发利用和监督保护水资源，防治水害和水环境恶化而制定的水资源管理法规。把水资源管理的政策、措施、办法用法律的形式固定下来，用以规范社会一切水事活动，以取得社会一致遵守的效力，做到依法管水、用水和治水。《中华人民共和国水法》的颁布实施是我国依法管水的重要标志。

水法有广义和狭义之分，狭义的水法就是指《中华人民共和国水法》。广义的水法是指调整在水的管理、保护、开发、利用和防治水害过程中所发生的各种社会关系的法律规范的总称。它包括国家法律、行政法规、国家水行政主管机关颁布的规章和地方性法规等法律规范。水资源管理的法规体系就是现行的有关调整各种水事关系的所有法律、法规和规范性文件组成的有机整体。水法规体系的建立和完善是水资源管理制度建设的关键环节和基础保障。

水资源管理的法律方法有以下特点：一是权威性和强制性。包括水资源法规在内的一切法规均由国家权力机关制定和颁布，并以国家机器的强制力为其坚强后盾，具有法律的严肃性，任何组织和个人都必须无条件遵守，不得对法规执行进行阻挠和抵制。二是规范性和稳定性。水资源的有关法规与所有法律一样，文字表述严格准确。其解释权在相应的立法、司法和行政机构。同时法律法规一经颁布实施，就会在一定时期内有效，不会经常变动。

2. 水资源法律管理的作用

法律的作用是指法律对人们的行为、社会生活和社会关系发生的影响。任何法律都具有规范作用和社会作用，法律的规范作用表现为指引、评价、预测、强制和教育五个方面，法的社会作用是法为实现一定的社会目的（尤其是维护一定阶级的社会关系和社会秩序）而发挥的作用。水资源管理的法规体系同样具有规范作用和社会作用，其主要作用是借助国家强制力，对水资源开发、利用、保护、管理等各种行为进行规范，解决与水资源有关的各种矛盾和问题，实现国家的管理目标。其主要表现在以下几个方面。

（1）维护了正常的管理秩序。由于水法规规定了参与水资源开发、利用、管理和保护等各个方面的职责、权利和义务，从而减少了管理中的矛盾，保证了管理的有效实施。

（2）强化了管理系统的稳定性。法律手段的特点在于其具有规范性、稳定性和强制性，从而避免了随意性、主观性或长官意志的干扰。

（3）有效调节各种管理之间的关系。水法规不仅规定了各种管理因素在整个水资源管理活动中的权利和义务，而且通过各种约束，保证管理对象各种关系的协调。

（4）不断推进管理系统的发展。水资源管理的法律方法不仅能提高管理的效率，而且能增加管理系统的功效，推动管理系统的发展。

总之，水资源管理一方面要靠立法，把国家对水资源开发利用和管理保护的要求、做法，以法律形式固定下来，强制执行，作为水资源管理活动的准绳；另一方面还要靠执法，有法不依，执法不严，会使法律失去应有的效力。水资源管理部门应主动运用法律武器管理水资源，协助和配合司法部门与违反水资源管理的法律法规的犯罪行为做斗争，协助仲裁；按照水资源管理法规、规范、标准处理危害水资源及其环境问题，对严重破坏水资源及其环境的行为提起公诉，甚至追究法律责任；也可依据水资源管理法规对损害他人权利、破坏水资源及其环境的个人或单位给予批评、警告、罚款、责令赔偿损失等。依法管理水资源和规范水事行为是确保水资源实现可持续利用的根本所在。

3. 我国的水资源法规体系

中国古代有关水资源管理的法规最早可追溯到西周时期。在我国西周时期颁布的《伐崇令》中规定："毋坏屋、毋填井、毋伐树木、毋动六畜。有不如令者，死无赦。"这大概是我国古代最早颁布的关于保护水源、动物和森林的法令。此后，我国历代封建王朝都曾颁布过类似的法令。历代著名的法典如《唐六典》《唐律疏义》《水部式》等都有水法规可考。在1930年颁布了《河川法》，1942年颁布了《水利法》等。

新中国成立后，国家在水资源管理方面颁布了大量具有行政法规效力的规范性文件，如1961年颁布的《关于加强水利管理工作的十条意见》、1965年颁布的《水利工程水费征收使用和管理试行办法》、1982年颁布的《水土保持工作条例》等。1984年颁布的《中华人民共和国水污染防治法》是中华人民共和国的第一部水法律。1988年颁布实施的《中华人民共和国水法》)是新中国第一部管理水事活动的基本法，并于2002年8月29日第九届全国人大常务委员会第二十九次会议通过修订的新《中华人民共和国水法》)，是中国水资源管理的重要的法律依据，标志着中国依法治水、管水、用水、保护水进入了一个新阶段。国家还先后颁布了《中华人民共和国环境保护法》（1979年试行，1989年通过，2014年修订）、《中华人民共和国水土保持法》（1991年通过，2011年修订）、《中华人民共和国水污染防治法》（1984年通过，1996年第一次修正，2008年修订，2017年第二次修正）、《中华人民共和国防洪法》（1997年通过，2016年第三次修正）和《中华人民共和国河道管理条例》（1988年通过，2011年第一次修订，2017年第二次修订）、《取水许可制度实施办法》（1993年）等一系列水法律、法规以及地方性水法规和地方政府规章等，都是我国水资源管理的法律依据。

（二）水资源管理的行政手段

1. 水资源行政管理的内容和作用

行政管理（administration management）是运用国家权力对社会事务的一种管理活动。水资源行政管理，是通过行政手段对水资源管理的行为，主要指国家和地方各级水行政管理部门，依据国家行政机关职能配置和行政法规所赋予的组织和指挥权力，对水资源及其环境管理工作制定方针、政策，建立法规、颁布标准，进行监督协调，实施行政决策和管理，是进行水资源管理活动的体制保障和组织行为保障。通过行政手段可以上情下达和下情上报，维持水资源管理工作的运转。水资源行政管理主要包括以下内容。

（1）水行政主管部门贯彻执行国家水资源管理战略、方针和政策，并提出具体建议和意见，定期或不定期向政府或社会报告本地区的水资源状况及管理状况。

（2）组织制定国家和地方的水资源管理政策、工作计划和规划，并把这些计划和规划报请政府审批，使之具有行政法规效力。

（3）运用行政权力对某些区域采取特定管理措施，如划分水源保护区，确定水功能区、超采区、限采区，编制缺水应急预案等。

（4）对严重污染破坏水资源及环境的企业、交通等要求限期治理，甚至勒令其关、停、并、转、迁。

（5）对易产生污染、耗水量大的工程设施和项目，采取行政制约方法，如严格执行《建设项目水资源论证管理办法》《取水许可制度实施办法》等，对新建、扩建、改建项目实行环保和节水"三同时"原则。

（6）鼓励扶持水资源保护和节约用水的活动。

（7）调解水事纠纷。行政手段一般带有一定的强制性和准法制性，行政手段既是水资源日常管理的执行渠道，又是解决水旱灾害等突发事件的强有力组织者和执行者。只有通过有效力的行政管理才能保障水资源管理目标的实现。

由于水资源属于国家所有。这就需要政府机构对水资源采取强有力的行政管理方法，负责指导、控制、协调各用水部门的水事活动。水资源的行政管理手段必须依据水资源的客观规律，结合当地水资源的分布情况、开发利用现状和未来的供需分析，制定正确的行政决定、规定、条例等，使水资源的管理更加符合当地具体情况。

2. 水资源行政管理的不足

水资源行政管理方法也存在一些不足：一是行政方法往往要求管理对象无条件服从，若运用不好就会脱离实际的主观主义和简单的命令主义；二是行政方法是一种无偿的行政统辖关系，单一运用行政方法管理水资源会助长水资源的无偿调拨。

（三）水资源管理的经济手段

水资源管理的经济手段，就是以经济理论作为依据，由政府制定各种经济政策，运用有关的经济政策作为杠杆，来间接调节和影响水资源的开发、利用、保护等水事活动，促进水资源可持续利用和经济社会可持续发展。

水资源管理的经济手段的主要方法包括：一是制定合理的水价、水资源费（或税）等各种水资源价格标准；二是制定水利工程投资政策，明确资金渠道，按照工程类型和受益范围、受益程度合理分摊工程投资；三是建立保护水资源、恢复生态环境的经济补偿机制，任何造成水质污染和水环境破坏的，都要缴纳一定的补偿费用，用于消除危害；四是采取必要的经济奖惩制度，对保护水资源及计划用水、节约用水等各方面有功者实行经济奖励，而对破坏水资源，不按计划用水，任意浪费水资源以及超标排放污水等行为实行严厉的罚款；五是培育水市场，允许水资源使用权的有偿转让。

水资源经济管理的目的在于，贯彻资源有偿使用和合理补偿的指导思想，把水资源作为一种商品纳入整个经济运行结构之中，通过经济杠杆调控国民经济各行业对水资源进行合理开发和充分利用，控制对水的浪费和破坏，并监督保护水环境和生态，促使资源-环境-经济协调稳定发展。其具体措施在于将水资源作为商品对待，有偿使用，有偿排污，通过水资源价格和水价的调整，对过度用水达到有效抑制，使水资源在新的供求关系基础上达到动态平衡。同时，经济手段获取充分资金，实现以水养水，促进水资源进一步开发并进行水环境治理和保护。水资源的经济管理还有助于提高社会和民众的节水意识和环境意识，对于遏止水环境恶化，缓解水资源危机均有重要作用。

（四）水资源管理的技术手段

技术手段是充分利用科学技术是第一生产力的道理，运用既能提高生产率，又能提高水资源开发利用率，减少水资源消耗，对水资源及其环境的损害能控制在最小限度的技术以及先进的水污染治理技术等，来达到有效管理水资源的目的。运用技术手段，实现水资源开发利用及管理保护的科学化，包括以下内容。

（1）制定水资源及其环境的监测、评价、规划、定额等规范和标准。

（2）根据监测资料和其他有关资料对水资源状况进行评价和规划，编写水资源报告书和水资源公报。

（3）推广先进的水资源开发利用技术和管理技术。

（4）组织开展相关领域的科研和科研成果的推广应用等。

许多水资源政策、法律、法规的制定和实施都涉及许多科学技术问题，所以，能否实现水资源可持续利用的管理目标，在很大程度上取决于科学技术水平。因此，管好水资源必须以科教兴国战略为指导，依靠科技进步，采用新理论新技术新方法，实现水资源管理的现代化。

（五）水资源管理的宣传教育手段

宣传教育既是水资源管理的基础，也是水资源管理的重要手段。水资源科学知识的普及、水资源可持续利用观的建立、国家水资源法规和政策的贯彻实施、水情通报等，都需要通过行之有效的宣传教育来达到。同时，宣传教育还是保护水资源、节约用水的思想发动工作，充分利用道德约束力量来规范人们对水资源的行为。通过报纸、杂志、广播、电视、展览、专题讲座、文艺演出等各种传媒形式，广泛宣传教育，使公众了解水资源管理的重要意义和内容，提高全民水患意识，形成自觉珍惜水、保护水、节约用水的社会风尚，更有利于各项水资源管理措施的执行。

参 考 文 献

［1］ 许武成．水资源计算与管理［M］．北京：科学出版社，2011．

［2］ 左其亭，窦明，马军霞．水资源学教程［M］．北京：中国水利水电出版社，2008．

［3］　王双银，宋孝玉．水资源评价［M］．2版．郑州：黄河水利出版社，2014.

［4］　张立中．水资源管理［M］．2版．北京：中央广播电视大学出版社，2006.

［5］　何俊仕，粟晓玲．水资源规划及管理［M］．北京：中国农业出版社，2006.

［6］　左其亭，王树谦，刘廷玺．水资源利用与管理［M］．郑州：黄河水利出版社，2009.

［7］　王腊春，史运良，曾春芬，等．水资源学［M］．南京：东南大学出版社，2014.

［8］　水利部水资源水文司．水资源评价导则：SL/T 238—1999［S］．北京：中国水利水电出版社，1999.

［9］　水利电力部水文局．中国水资源评价［M］．北京：水利电力出版社，1987.

［10］　姜文来，唐曲，雷波，等．水资源管理学导论［M］．北京：化学工业出版社，2005.

［11］　陈家琦，王浩，杨小柳．水资源学［M］．北京：科学出版社，2002.

［12］　何俊仕，林洪孝．水资源概论［M］．北京：中国农业大学出版社，2006.

［13］　高桂霞．水资源评价与管理［M］．北京：中国水利水电出版社，2000.

［14］　林洪孝．水资源管理理论与实践［M］．北京：中国水利水电出版社，2003.

［15］　舒俊杰，柯学莎．水资源管理经济手段的选择与运用［J］．人民长江，2007，38（11）：105-107.

第十章 人类活动的水文效应

由于自然或人为因素，地理环境发生改变，从而引起水循环和水量平衡要素、过程、水文情势发生变化，称为水文效应。其中，由各种人类活动对水循环、水量平衡要素及水文情势的影响或改变称为人类活动的水文效应，是目前水文效应研究的重点。

人类活动对水文情势的影响可分直接与间接两类。直接影响是指人类活动使水循环要素的量或质、时空分布直接发生变化，如兴建水库、跨流域引水工程、作物灌溉、城市供水或排水等，均直接使水循环和水资源的量、质发生变化。间接影响指人类活动通过改变下垫面状况、局地气候，以间接方式影响水循环各要素。例如植树造林、发展农业、城市化等。

不同方式的人类活动都会对水循环产生不同程度的影响，而水循环的改变又会导致自然环境的变化。不同的人类活动，其水文效应的影响规模、变化过程及变化性质上的逆转与否等均有不同。例如跨流域引水、大型水库等水利工程措施，这类活动时间短、范围小，但可突然改变水循环要素，而且一旦改变，将发生持久变化，长期而不可逆转地存在下去。而植树造林、城市化等长期的人类活动，其水文效应是渐变的，且对水文要素的影响也是逐渐加重的。这种变化可能是朝着有利于人类的方向发展，也有可能朝着不利的方向发展。弄清人类活动水文效应的机理、过程与强度，对于水利工程规划与设计、水资源开发与利用、社会与经济发展规划编制等均具有重大意义。

第一节 水利工程和水土保持工程的水文效应

人类为了兴水利、除水害和保护生态环境，兴建了众多的水利工程和水土保持工程。据统计，我国共建有大、中、小型水库约 8.6×10^4 座，总库容 $5542 \times 10^8 \text{m}^3$，排灌站 $7 \times 10^8 \text{hp}$，水电站装机容量 0.2kW，机电井 0.2×10^8 余眼；几十年来，我国建立基本农田 $0.13 \times 10^8 \text{hm}^2$，营造水土保持林 $0.43 \times 10^8 \text{hm}^2$、经果林 $470 \times 10^4 \text{hm}^2$、草场 $430 \times 10^4 \text{hm}^2$，建成数百万座小型水保工程。这些水利和水保工程的兴建与运转，在防洪、灌溉、发电、航运、供水、水产养殖、水土保持等方面发挥了巨大的经济、社会和生态等综合效益。同时，水利和水保工程的运行，也会改变河流、湖泊等自然态的水沙过程，产生水文效应。但是，在众多的水保和水利工程中，由于性质、规模的不同，它们产生的水文效应也不尽相同。

一、水土保持措施的水文效应

水土保持措施为防治水土流失，保护、改良与合理利用水土资源，改善生态环境所采取的工程、植物和耕作等技术措施与管理措施的总称。工程措施、生物措施和农业措施是水土保持的主要措施。

（一）水土保持工程措施的水文效应

水土保持工程措施是指为防治水土流失危害，保护和合理利用水土资源而修筑的各项工程设施，包括治坡工程（各类梯田、台地、水平沟、鱼鳞坑等）、治沟工程（如淤地坝、拦沙坝、谷坊、沟头防护等）和小型水利工程（如水池、水窖、排水系统和灌溉系统等）。

1. 坡面防护工程

坡面防护工程主要作用是稳定坡面，蓄水保土，改良土壤，为恢复植被和农业生产服务。坡面防护工程主要针对坡面水流及其导致的土壤侵蚀。坡面防护工程的作用机制，一是通过改变坡面地形因子，如坡长、坡度、糙率等，降低坡面水流流速，减轻土壤侵蚀强度，阻止沟谷侵蚀出现；二是通过就地拦蓄雨水及融雪水，增加土壤下渗，减少径流量，为农作物、牧草以及林木增加可利用的土壤水分；三是将未能就地拦蓄的坡地径流引入小型蓄水工程，作为灌溉或人畜饮水水源。另外，在有重力侵蚀危险的坡地上，修筑排水工程或支撑建筑物可以防止滑坡。

梯田是一种基本的水土保持工程措施，也是坡地发展农业的重要措施之一。梯田可以改变地形，拦蓄雨水，增加下渗量，切断和减少地表径流，有效地蓄水挡沙，控制水土流失，因此梯田是根治坡地水流失的主要措施。梯田拦蓄径流的作用主要表现在以下三个方面：第一，坡地改为梯田后，地面坡度大大降低，这样就减缓了水流速度，延长了汇流历时，增加了降雨的入渗损失量。第二，坡地改为梯田后，土壤在结构及质地方面均会得到改善，土壤的下渗能力及蓄水能力会有所增强。根据黄土高原陕西米脂试验区的观测成果，对于一场降雨，水平梯田较坡地蓄水能力要增加 2.52％，相当于多拦蓄 7.83mm 的雨量。第三，带埂的梯田会起到小拦蓄坝的作用，拦蓄一定的地表径流。据分析，一般带地埂的梯田一次暴雨可拦蓄 20～100mm，不带地埂的梯田只能拦蓄 10～20mm。

2. 沟道防护工程

为固定沟床，拦蓄泥沙，防止或减轻山洪及泥石流灾害而在山丘区沟道中修筑的沟头防护、谷坊、拦沙坝、淤地坝、小型水库、护岸工程等，统称为沟道防护工程。沟通防护工程主要包括沟头防护工程、沟床固定工程。

沟头防护工程的主要作用在于防止沟头的溯源侵蚀，减少侵蚀沟在长度上的发展，或者通过减少进入沟道的水量，减轻沟谷侵蚀程度。

沟床固定工程的主要作用如下：一是阻止沟谷侵蚀的发展。通过稳定沟床和沟坡，抬高侵蚀基准面，减小沟道水流纵向坡度，防止沟道底部下切和边坡坍塌，从而阻止沟谷侵蚀进一步发展；二是蓄水、拦沙、灌溉、防洪，为沟道利用打下基础。如淤地坝可以拦蓄泥沙、淤地造田，拦蓄的径流可以防洪和灌溉。拦沙坝是以拦挡山洪以及泥石流中固体物质为主要目的，防治泥沙灾害的拦挡建筑物，是荒沟治理的主要工程措施。在水土流失沟道内修筑拦沙坝，可提高坝址处的侵蚀基准，减缓坝上游淤积段河床比降，加宽河床，并使流速和径流深减小，从而大大减弱水流的侵蚀能力。同时，淤积物淤埋上游两岸坡脚，由于坡面比降降低，坡长减小，坡面冲刷作用和岸坡崩塌减弱，最终趋于稳定。

（二）水土保持生物措施的水文效应

水土保持生物措施是指为防治水土流失，保护与合理利用水土资源，采取造林种草及管护的方法，增加植被覆盖率，维护和提高土地生产力的一种水土保持措施，又称植物措施或林草措施。其主要包括造林、种草和封山育林、育草；保土蓄水，改良土壤，增强土壤有机质抗蚀力等方法的措施。

森林的水文效应主要体现在林冠和枯枝落叶层对降水的植物截留、蒸散发、下渗、土壤蓄水、坡面汇流等流域蓄渗与坡面漫流过程的影响，以及在河网汇流中洪峰流量、洪峰涨率、峰现时间的相应响应。

1. 森林的截留作用

森林把降水分为林冠截留量、透过雨量和树干茎流三部分。降雨期间，部分雨量被树冠、树干、林下灌木和草本层层截留，在雨后消耗于蒸发。一般地，森林的郁闭度大、叶面积指数高、林分结构好、雨前树冠较干，则截留量大；同时，雨量大、雨强小、历时长的降雨有利于林冠截留。对于一次降雨而言，截留的水量是很小的。据有关资料，一次降雨期间，植物截留量大致在 0.3～7mm。但在一年中截留水量可达到年降水量的 25％～30％。

2. 森林对流域蒸散发的影响

林地蒸散发是植被截留蒸发、植物散发和土壤蒸发的总和。森林比裸地可吸收更多的太阳辐射能，树木根系可深达 1.5～3.0m，这就给植物散发提供了更多的水分。因此，在林地总蒸发中，植物散发量所占比重最大。有研究表明，每公顷森林每天要从地下吸收 70～100t 水，其中大部分被蒸腾到大气中。一般而言，植物蒸散量要大于海水蒸发量 50％，大于土壤蒸发量 20％。由于森林中处于遮蔽状态，一般情况下，气温低、湿度大、风速小、紊动扩散受限制，加之森林地土壤有枯枝落叶覆盖，土壤疏松，非毛管性孔隙多，阻滞了土壤水分向大气散发，所以森林内土壤直接蒸发所占比重最小，小于相近自然条件下无森林地土壤的直接蒸发量，一般只相当于无森林地的 2/5～4/5。在缺乏地表水的干旱地区，植物的生长势必加大蒸发量，可通过纵深的根系抽出深层的地下水而蒸发掉。

3. 森林对流域径流调蓄的影响

森林发育的根系和枯枝落叶层的腐殖质可促使土壤团粒化，进而使相当深的土层变得疏松，孔隙率增大，特别是使输送重力水的大孔隙增加，加之林冠和枯枝落叶层能有效地削弱雨滴对土壤的冲刷，保持了孔隙的畅通，从而增强了土壤的渗透性能。同时，森林本身具有高度的吸水与透水能力，阻滞坡面漫流，延长汇流过程，增加下渗量。此外，森林根深叶茂，能长期保持较大的蒸散发强度，使相当深的土层较为干燥，甚至引起地下水位下降，这就为接纳更多的下渗雨水创造了有利条件。森林地能促进雨水大量渗入地下而形成地下水，并以泉的形式流出地面，久不枯竭，具有很大的天然调蓄功能，故有"绿色水库"之称。

总之，森林的生长可增大地表糙度，延长汇流时间，增加入渗，减少了一次降水过程的地表径流量，增加了地下径流量，削减和延缓了洪峰流量，增加枯水径流量，从而使河川径流的年内分配趋于均匀。干旱、半干旱地区，年蒸发力大于年降水量，气候干燥，实际蒸发量远小于蒸发能力，森林纵深的根系势必加大蒸发量，从而使年径流减少。据测定，当黄土高原的森林覆盖率为 15％～20％时，减少年径流 24％～45％；森林覆盖率达到 90％以上时，可减少年径流 60％～70％。

（三）水土保持农业措施的水文效应

水土保持农业措施是农地广泛应用的水土保持方法，农业措施通过加强土壤抗蚀条件，增强水分入渗量，起到蓄水保土功效。水土保持农业措施主要包括水土保持耕作措施、水土保持栽培技术措施、土壤培肥技术、旱作农业技术等内容。

在坡耕地上沿等高线进行横坡耕作，在犁沟平行等高线方向会形成许多"蓄水沟"，能有效地拦蓄地表径流，增加土壤水分入渗率，减少水土流失，有利于作物生长发育，从而达到增产。大量观测资料表明，在坡耕地上如果不是横坡耕作而是顺坡耕作，遇到暴雨后所形成的地表径流即沿着犁沟底顺坡冲刷流失大量肥沃表土，造成土壤肥力下降和土壤含水率减少，使农作物的生长和发育受到损害，最后导致产量降低。

沟垄耕作改变了坡地小地形，将地面耕成有沟有垄，使地面受雨面积增大，减少了单位面积上的受雨量。利用沟垄的拦蓄作用，有效地减少径流量和冲刷量，增加了土壤含水率，减少了土壤养分的流失，有较好的保水、保土保肥和增产的效果。

其余水保农业措施如合理轮作、间作、套作、深耕，合理密植等，也会引起一定的水文条件变化。

二、跨流域调水的水文效应

兴建跨流域调水工程的主要目的，是将丰水地区的部分水量调到较干旱缺水的地区，以满足人类生产和生活的需要。但是大规模调水工程的运行，会扰乱江河湖泊水沙的时空分布规律，其至对水量平衡产生深刻影响。以大规模、多目标、远距离为特点的现代调水工程，在国外是 20 世纪中期以来陆续提出来的。目前世界上已建成或正在兴建有多个大型调水工程，如巴基斯坦 1960—1970 年兴建的"西水东调"工程，调水总量达 $148 \times 10^8 \mathrm{m}^3$；苏联 1962—1972 年兴建的额尔齐斯河调水工程，调水量为 $22 \times 10^8 \mathrm{m}^3$；美国 1961—1971 年兴建的加利福尼亚州"北水南调"工程，输水管道长达 900km，调水总量 $52 \times 10^8 \mathrm{m}^3$；北美洲跨国调水工程，从阿拉斯加和加拿大西北部调水到加拿大中部、美国西部和墨西哥北部，年调水量达 $1375 \times 10^8 \mathrm{m}^3$；苏联欧洲部分的"北水南调"工程，调水量为 $310 \times 10^8 \mathrm{m}^3$。正在建设中的中国南水北调工程，也是世界上规模最大的跨流域调水工程。

中国的南水北调工程分别从长江上、中、下游调水，以适应西北、华北各地的发展需要。该工程分东、中、西三条调水线路，即南水北调西线工程、中线工程和东线工程，合称南水北调工程，建成后与长江、淮河、黄河、海河相互连接，构成中国水资源"四横三纵、南北调配、东西互济"的总体格局。

南水北调东线工程利用京杭大运河调长江水北上，实施后可基本解决天津市，河北黑龙港运东地区，山东鲁北、鲁西南和胶东部分城市的水资源紧缺问题，并具备向北京供水的条件。该工程可使江苏、安徽、山东、河北、天津五省（直辖市）净增供水量 $143.3 \times 10^8 \mathrm{m}^3$，其中生活、工业及航运用水 $66.56 \times 10^8 \mathrm{m}^3$，农业用水 $76.76 \times 10^8 \mathrm{m}^3$。南水北调中线工程规划通过人工开挖运河和卫河，调汉水和长江水北上，分 3 个阶段建设实施。近期工程计划 2010 年前后建成,从汉江丹江口水库引水,年均调水量 $95 \times 10^8 \mathrm{m}^3$;后期工程预计 2030 年完成,进一步扩大引汉规模,年均调水量达 $130 \times 10^8 \mathrm{m}^3$;远景设想从长江三峡水库调水。南水北调中线工程运行后,可为京、津及豫、冀沿线城市增加生活、工业用水 $64 \times 10^8 \mathrm{m}^3$,农业用水 $30 \times 10^8 \mathrm{m}^3$,缓解京、津、华北地区的水资源紧缺局面。南水北调西线工程规划在长江上游通天河、长江支流雅砻江和大渡河上游筑坝建库,通过隧洞穿越巴颜喀拉山,调水入黄河。该工程是补充黄河水资源不足、解决我国西北地区干旱缺水、促进黄河治理开发的重大战略工程。

跨流域调水对环境影响的过程,大体可归纳为如下的模式:调水→改变原有的水文情势→自然环境的变化→社会经济的变化。跨流域调水的水文效应可分 3 个影响区来分析:水量输出区主要是由于水量减少,从而于枯水季节在引水口以下会导致泥沙的沉积,河道特性改变,河水自净能力减弱,河口海水入侵加剧等;输水通过区的水文效应,是由输水环境效应、渗水环境效应、阻水环境效应和蓄水环境效应等一系列水文环境效应引起的,调水后将抬高输水线两侧和蓄水体周围的地下水位,加重土壤盐碱化,并给水质、湖泊水域环境和水生生物带来一定的影响;水量输入区的水文效应是由外水大量引入造成的,可能导致地下水位升高、水溶盐的积累、蒸发量增加、土壤次生盐渍化和农田小气候的变化等。

三、水库等蓄水工程的水文效应

水库水文效应指水库与其水文因素和它们变化过程之间的相互影响,也指水库蓄水体与其周围环境的相互作用、相互影响,又称水库水文影响。水库既是一个自然综合体,又是一个经济综合体,具有多方面的功能,例如调节河川径流、防洪、供水、灌溉、发电、渔业、航运、木材浮运、旅游、改善环境等,具有重要的社会、经济和生态意义。

水库的建设是将陆地生态系统改变为水域生态系统,从一个狭窄的河流转变为开阔的水体,这一转变必将对水库周围的自然地理环境产生影响。库区由陆地转变为水域,将会导致库区与大气的热量、水分交换等发生改变,从而改变库区周围的气候环境。水库对河川径流、地下径流和坝后土壤水分影响也较为明显。

(一)水库对降水和蒸发的影响

大型水库是一个庞大的水体,水的热容量比较大,加上宽阔的水面和四周的群山,在一定程度上会形成小气候。夏季水库水面温度通常比陆地低,冬季则相反,但年平均水温和库区气温都比建库前有所升高;库区水面风速加大,也有利于蒸发;库区建成前绝大部分为陆地,蓄水后成为水面,蒸发量变大,故就全年而言水库建成后增大了蒸发水量。这部分增大的蒸发水量常称为水库的蒸发损失。流域内大量中小型蓄水工程的总和相当于一个大型水库。例如,20 世纪 50 年代末建成的新安江水库(又称千岛湖),使该区从一个狭窄的河流变成一个面积 $394 \mathrm{km}^2$ 的水库,水量平衡发生了变化,蒸发量由 1951—1958 年建库前的 720mm 变为 1965—1972 年建库后的 775mm,库区蒸发量增加了 55mm;湖泊周围地势高处降水增加,影响范围一般为 8~9km,最大不超过 60~80km。建库后,库区年平均气温升高 0.4~0.8℃,温度年较差减小,常年多晨雾,无霜期延长 25d,库周植被也发生了相应的变化,湖面风速增大 30%,并且风向发生改变,白天由湖面吹向陆地,夜晚由陆地吹向湖面,库区雷雨现象相对减少,甚至消失。

（二）水库对径流的影响

水库蒸发损失和渗漏损失使径流量减少，且对径流的时程分配影响极大。蓄水工程的特点是具有径流调节作用，可以缓和来水与需水之间的矛盾。由于水库的调节作用，下游河谷的水位及流量变化基本上受人工控制，原有天然河道水流特性大部分丧失，而成为半人工河流。洪水期间，水库削减洪峰、滞蓄洪水总量的作用非常显著。水库一般多具有多年、年、季及月、日等调节方式，水库的调节程度（调节系数）越高，库区水位变化越缓和；反之，则变化急剧。

（三）水库对地下水的影响

水库蓄水后，库区周围以及渠道两岸的地下水因接受补给而抬高水位，如官厅水库刚建成蓄水，库区上游的地下水位便急剧抬高并导致几个村庄、几千亩土地沼泽化，大量果树死亡，农业减产，直至做了大量的排水工程并相应地改变耕作制度后才有所改善。地下水位的抬高使"三水"转化更趋频繁，从而影响一定范围内的产流规律。例如降雨后的初损量会减小、陆面蒸发会增大等。库区地下水位的抬高还会造成渗漏，它主要包括坝身、坝基和库区渗漏三方面。这部分水最终到达坝址下游地区并回归河道，故对下游河道测流断面并非损失，对坝址断面的径流量而言是需要还原的。据一些水库的观测，这部分损失水量与水库的蓄水量有关。

（四）水库对泥沙的影响

水库工程从多方面影响泥沙冲淤的规律。水库建成后，入库径流所挟带的泥沙因流速减小而沉积，修建在多沙河流上的水库，其淤积的末端可以延伸到上游很远处，如三门峡水库 1960 年运行后，淤积末端延伸到坝前 230km 以上的河道，使河床抬高 1～5m，由于淤积迅速发展，上游潼关河床抬高，几年之内竟使水库面临报废的危险，严重地威胁关中平原和西安市的安全，最后只得改建，增加排沙设施，减少发电装机容量，改变水库运行方式。

水库下泄的清水，由于具有相当大的挟沙能力，加剧了对下游河道的冲刷，造成河岸崩坍。例如，埃及的尼罗河原来平均每年挟带 0.6 亿～1.8 亿 t 泥沙淤积在下游两岸，修建阿斯旺高坝以后，泥沙大部分在水库中淤积，使进入地中海的泥沙大为减少，海岸冲刷，因得不到泥沙淤积的补偿，原来的河口泥沙自然平衡被破坏，致使海岸迅速后退，海岸的沙丘体无规则地扩散又使岸边的许多村庄被淹。

第二节　城市化的水文效应

城市化又称都市化或城镇化，是指一个地区的人口在城镇和城市相对集中的过程，包括农业人口非农业化、城市人口规模不断扩张，城市用地不断向郊区扩展，城市数量不断增加以及城市社会、经济、技术变革进入乡村的过程。根据联合国人口署的预测，2030年世界上每个发展中国家或地区的城市化率都将超过 50%；2050 年将有 2/3 的人口居住在城市。目前全球正处于城镇化快速发展期，由此引发的城市水问题愈发突出。

城市化水文效应是指城市化引起的水文变化及其对环境的影响或干扰，即城市化过程中人类活动对水循环、水量平衡要素及水文情势的影响及反馈。水资源紧张、雨洪径流增加、洪涝灾害频繁、水污染严重是城市化水文效应的直接反映。城市化的水文效应主要表现在以下几个方面（图 10-1）：城市化对城市地区水循环过程的影响，包括城市下垫面条件改变造成的蒸散发、降水、径流特征变化；城市化对水量平衡的影响；城市化对水环境的影响，包括城市化对地表水质、地下水质的影响及对水土流失的影响；城市化对水资源的影响，主要为用水需求量的增加以及由于污染而造成的水的去资源化。

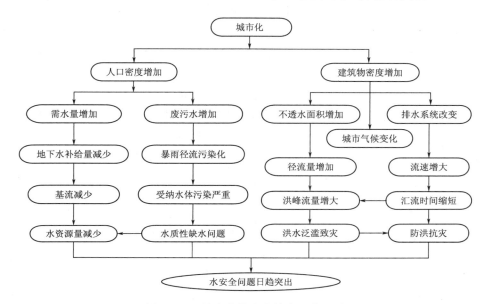

图 10-1　城市化的水文效应及其后果

一、城市化对降水的影响（雨岛效应）

多数学者研究认为，城市化有使城区及其下风方向降水增多的效应。由于城市热岛效应，热能促使城市大气层结变得不稳定，容易形成对流性降水；城市参差不齐的建筑物对气流有机械阻障、触发湍流和抬升作用，使云滴绝热升降凝结形成降水；城市特殊的下垫面对天气系统的移动还有阻滞作用，增长城市降水持续时间；城市空气污染，凝结核丰富，也有利于降水的生成。在上述因子的共同作用下，往往使城市降水多于郊区。

Gedzelman 等、Champollion 等、Bottyan 和 Unger、Nadir 基于城区和郊区的气温观测数据分别研究了美国纽约、法国巴黎、匈牙利塞巨、苏丹喀土穆等城市的热岛效应，发现纽约城市热岛效应最强，城区和郊区的气温差最高可达 8℃。张景哲等、周淑贞对北京、上海的"热岛效应"做了系统研究。受城市气候的热岛效应、凝结核效应以及高层建筑物阻碍效应影响，城市"雨岛效应"明显。周淑贞等研究表明北京市 1981—1987 年平均城区年降水量比郊区要多 9%，广州市 20 世纪 80 年代平均降水量市区比郊区多 9.3%，上海市 1960—1989 年市区汛期年平均降水量比周围郊区多 3.3%～9.2%。刘湛沉指出，济南市城市化进程中导致明显的"雨岛效应"，1998—2003 年城区降水量明显增加。许有鹏、李娜等对长江三角洲地区研究结果得出类似的结论，城市化导致城区年降水量和高强度降水增多。

目前，城市化对降水的影响程度仍然存在争议，在国际上关于城市"雨岛效应"有 2

个基本观点：①城市化导致城区高强度降水增加；②城市化及其工业污染产生的气溶胶导致城区降水减少。第二种观点的代表性人物是 Daniel，他基于 NOAA AVHRR 数据和历史降水数据分析得出"城市化和工业污染导致区域降水量减少"的结论。

二、城市化对径流的影响

城市化过程中森林、农田、湿地等不断转化成居住用地、工业用地或商业用地，城市地区不透水面积增加。这种下垫面硬化过程一方面使下渗量、截留量、蒸发量、基流和地下水位减少或降低，从而影响流域产流；另一方面与河流渠化、防洪堤坝等水利工程措施共同作用使河道结构、河网形态改变，从而影响河道汇流。产汇流的变化使城市化地区降水-径流过程不同于天然水系。

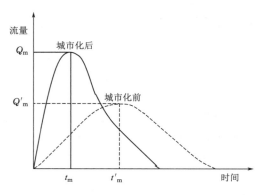

图 10-2　相同暴雨及滞洪条件下
城市化对汇流的影响

城市化后，由于地表径流量增大，汇入河网的速度加快，加之城市排水系统管网化增加了排水能力，河道汇流的水力效应也相应增强，进而引起城区河道内的汇流速度加快，洪峰流量急剧增大，行洪历时缩短，峰现时间提早，使洪水过程线呈现峰高坡陡的特征（图 10-2）。Espey 等的研究表明：城市化地区洪峰流量为城市化前的 3 倍，涨峰历时缩短 1/3，由暴雨径流量产生的洪峰流量为城市化前的 2～4 倍。

与天然区域相比，城市区域年径流量的变化，是由城市用水过程扰乱了地表、地下天然径流之间的循环过程而引起的，这种改变在城市边界以外区域有一定程度的恢复。例如，城市不透水面积的扩大，使径流总量增加，同时也使地下水的下渗补给量减少，继而导致地下水对河流补给量的减少。因此，市区径流量的增加必然引起城市边界外地区径流量的减少。如果城市开采的地下水与供水河道有水力联系，而排水又回流于该河流，则可引起当地河道流量的较大变化，但是流域出口断面的总径流量不会有大的变化。

如果城市有从外流域引水或从与本流域河流没有水力联系的地下水提水，则本流域河道的径流量会明显增加。城市区域年径流量的增加量主要有两项，一是城市区域降雨量增加而引起的径流增量，约为 10%；二是径流系数增大所引起的径流增量，约为 15%。因此，城市区域的年径流量一般比天然流域要大。如果城市供水系统包括深层地下水或从外流域引水，则年径流量增加量等于引入水量减去引水和供水系统的损失量。城市区域年径流量的一般表达式为

$$R = R_0 + R' - R'' + C\Delta P \pm \Delta E - L \qquad (10-1)$$

式中：R 为城市区域年径流量，m^3 或 mm；R_0 为非城市流域径流量，m^3 或 mm；R' 为从外流域引水量或从与给定河流不存在水力联系的含水层开采的地下水量，m^3 或 mm；R'' 为输送到流域外或直接排入大海的地下水道排水量，m^3 或 mm；C 为年径流系数；ΔP 为城市区域降水的增量，m^3 或 mm；ΔE 为城市化所引起的蒸发变化，m^3 或 mm；L 为

供水排水系统的损失水量，m^3 或 mm。

第三节　人类活动水文效应的研究方法

人类活动水文效应定量分析的基本原理，是建立在水循环一系列基本理论和方法之上的。目前国内外有关人类活动水文效应的研究方法主要有三类，即水量平衡法、对比分析法和流域水文模拟法。

一、水量平衡法

水量平衡法的基本原理是利用水量平衡方程，分析主要水文要素受人类活动影响后的差异和变化。多年平均状况下的流域水量平衡方程为

$$R_0 = P_0 - E_0 \tag{10-2}$$

受人类活动影响后的降水 P'、径流深 R' 和流域蒸发 E' 仍然满足式（10-2），即

$$R' = P' - E' \tag{10-3}$$

一般情况下，人类活动对降水的影响较小，在水资源评价中，假定降水 P 不变，比较式（10-2）和式（10-3），则有

$$R_0 - R' = E' - E_0 \tag{10-4}$$

要鉴别人类活动对径流的影响，可直接分析受人类活动影响后天然径流的变化，如在水资源评价中的调查还原法，其计算公式为

$$W_天 - W_实 = W_灌 + W_工 + W_{库蒸} + W_{库渗} \pm W_{库蓄} \pm W_{引水} \pm W_{分洪} \tag{10-5}$$

式中：$W_天$ 为天然水量；$W_实$ 为实测水量；$W_灌$ 为灌溉耗水量；$W_工$ 为工业耗水量；$W_{库蒸}$ 为水库水面蒸发量与相应的陆地地面蒸发量的差值；$W_{库渗}$ 为水库渗漏量；$W_{库蓄}$ 为水库蓄水量；$W_{引水}$ 为跨流域引水量；$W_{分洪}$ 为河道分洪水量。

该方法概念清晰，具有明确的物理意义，可逐项评价人类活动对径流的影响，而且还能与用水量分析有机地结合在一起。但是，该方法所需资料多、工作量大。因此，也可直接分析流域蒸发的变化，间接求得径流的变化。

二、对比分析法

对比分析法主要有两类具体方法。

第一类方法，根据实验流域和代表流域所取得的资料，分析不同人类活动的水文效应，建立各类活动与水文要素变化（或影响水文要素变化的气象或下垫面因素）之间的关系。例如，安徽省五道沟径流实验站对坡水区排水工程的径流、洪峰流量等的影响进行了实验观测与分析，提出了河网系数 φ 与洪峰流量 Q_m 的关系式，即

$$Q_m = 0.137 R^{0.5} \varphi^{0.6} F^{0.88} \tag{10-6}$$

式中：R 为净雨深；F 为流域面积；φ 为河网系数。

根据式（10.6），就可估算出排水工程对洪峰流量的影响。另外，该实验站还提出了沟渠密度与地下水消退之间的关系以及对潜水蒸发的影响等成果，为相似地区评价排水工程的水文效应提供了依据与方法。

第二类方法，将本站受人类活动影响前后的资料进行对比分析，一般采用趋势法和相关分析法两种方法。趋势法是利用本站实测资料系列的累积或差积曲线的趋势，来鉴别人

类活动影响的显著性与量级。该法直观简单、应用方便，但使用该法时应注意气候条件变化的影响。相关分析法又包括本站资料相关分析和相似流域资料相关分析两种。本站相关分析即用受人类活动影响前的资料分析径流与其影响因素间的关系，常见的有降水径流相关及多元回归分析等。如山东省水文总站提出的年降水径流关系的形式为

$$R = K(P_{汛} f_{0.25} + P_{枯}^{0.75}) - C \tag{10-7}$$

式中：R 为年径流深，mm；$P_{汛}$、$P_{枯}$ 分别为汛期与枯期降水量，mm；f 为连续最大 15 天降水量与 $P_{汛}$ 的比值，即 $f = P_{15}/P_{汛}$；K、C 为经验系数。

应用式（10.7），只要用未受人类活动影响或影响很小的资料率定参数，就可以推算受人类活动影响期间径流量的变化。相似流域分析是用本站受人类活动影响前的资料与参证流域同期资料进行相关分析，然后用参证流域的资料来推求本站的水文要素，从而鉴别人类活动的水文效应。这里要求参证流域的资料具有一致性，即未受人类活动的影响。

三、流域水文模拟法

流域水文模拟是基于对水文现象的认识，分析其成因及其与各要素之间的关系，以数学方法建立一个模型，来模拟流域水文变化过程。该方法一方面用人类活动影响前或影响很小的资料率定模型中的参数，再对率定的参数进行检验，然后用率定的模型来推求自然状况下的径流过程，并与实测资料进行对比，以此来鉴别人类活动对径流的影响；另一方面，也可改变模型中对下垫面条件变化较敏感的参数，逐年拟合受人类活动影响后的资料，并分析该参数的变化规律，用以预测未来的水文情势。

目前国内外应用的流域水文模型很多，我国使用较多的是超蓄产流模型和国外研究都市化或工业化水文效应的串并联模型。超蓄产流模型的原理是根据蓄满产流模型的概念，将蓄水容量曲线改为附图的形式，并根据蓄满产流的相关参数，建立关系式，研究人类活动改变直接产流面积的水文效应。应用该模型除了模拟自然状况下流域水文过程外，还可直接研究人类活动（增加或减少流域的水面及不透水面积）改变流域直接产流面积的水文效应及模拟人类活动（排水、开采地下水等）对流域地下水影响后的实际水文过程。

由德国 Karlsruhe 大学提出的串并联水文模型的思路是，按流域下垫面的性质，将下垫面分成透水与不透水两部分，并认为在不透水面积上，降水后除表面湿润损失和蒸发外，全部成为直接径流 $I_v(t)$；在透水面积上，当满足初损后，一部分成为径流 $I_u(t)$，另一部分仍为损失。这两种径流（I_v、I_u）分别进入各自的串联水库，经水库调蓄后，再相加计算得到流量过程 $Q_e(t)$。其数学表达式为

$$Q_c(t) = Q_v(t) + Q_u(t) = \int_0^I [I_v(t)h_1(t-\tau) + I_u(t)h_2(t-\tau)]\mathrm{d}\tau \tag{10-8}$$

其中
$$I_v(t) = I(t)\alpha$$

$$I_u(t) = \begin{cases} 0 & , \quad t < I_A \\ I(t)\dfrac{\displaystyle\int_{I_A}^{I_E} Q(t)\mathrm{d}t}{\displaystyle\int_{I_A}^{I_E} I(t)\mathrm{d}t} - I'_v(t) & , \quad t \geqslant I_A \end{cases} \tag{10-9}$$

$$h(t) = \frac{t^{(n-1)}}{K^n \Gamma(n)} e^{-t/K} = \begin{cases} h_1(t) = \dfrac{t^{(n_1-1)}}{K_1^n \Gamma_1(n_1)} e^{-t/K_1} \\ h_2(t) = \dfrac{t^{(n_2-1)}}{K_2^n \Gamma_2(n_2)} e^{-t/K_2} \end{cases} \qquad (10-10)$$

式中：α 为不透水面积占流域面积的比；I_A 为初损时段数；I_E 为汇流结束时的时段数；$I_v'(t)$ 为相应时段的直接径流；$I(t)$ 为降水过程；n_1、K_1 和 n_2、K_2 分别为不透水与透水部分线性水库的个数与滞时。

该模型经德国鲁尔河 4 个站的应用，效果很好。并用 Emscher 和 Lippe 流域 10 个站的资料对参数进行了区域综合，其相关方程为

$$\alpha = 0.032B^{1.58} \qquad (10-11)$$

$$K_1 = 0.38 + 0.0037A \qquad (10-12)$$

$$n_1 = 0.20A^{0.57}K_1^{-1} \qquad (10-13)$$

$$K_2 = 3.60A^{0.14}S^{-0.47} \qquad (10-14)$$

$$n_2 = (2.0 + 0.42A^{0.57})K_2^{-1} \qquad (10-15)$$

式中：B 为流域内不透水面积（建筑面积、水面等）；A 为流域面积；S 为河道的平均比降。

应用该模型不仅可以鉴别人类活动（特别是都市化与工业化）对径流的影响，而且可将受人类活动影响前后的资料转换为指定 α 值的一致性系列以及预测不同规划水平下的水文情势。

参 考 文 献

[1] 管华，李景保，许武成，等. 水文学 [M]. 2 版. 北京：科学出版社，2015.

[2] 黄锡荃. 水文学 [M]. 北京：高等教育出版社，1993.

[3] 余新晓. 水文与水资源学 [M]. 3 版. 北京：中国林业出版社，2016.

[4] 文俊. 水土保持学 [M]. 北京：中国水利水电出版社，2010.

[5] 王双银，宋孝玉. 水资源评价 [M]. 郑州：黄河水利出版社，2008.

[6] 薛丽芳. 面向流域的城市化水文效应研究 [D]. 徐州：中国矿业大学，2009

[7] 刘家宏，王浩，高学睿，等. 城市水文学研究综述 [J]. 科学通报，2014，59（36）：3581-3590.

[8] 徐光来，许有鹏，徐宏亮. 城市化水文效应研究进展 [J]. 自然资源学报，2010，25（12）：2171-2178.

[9] 顾大辛，谭炳卿. 人类活动的水文效应及研究方法 [J]. 水文，1989（5）：61-64.

[10] 张升堂，拜存有. 人类活动的水文效应研究综述 [J]. 水土保持研究，2004，11（3）：317-319.

附　　表

附表 1　皮尔逊Ⅲ型频率曲线的离均系数 Φ_P 值表

C_S	$P/\%$														
	0.01	0.1	0.2	0.33	0.5	1	2	5	10	20	50	75	90	95	99
0	3.72	3.09	2.88	2.71	2.58	2.33	2.05	1.64	1.28	0.84	0	−0.67	−1.28	−1.64	−2.33
0.1	3.94	3.23	3.00	2.82	2.67	2.40	2.11	1.67	1.29	0.84	−0.02	−0.68	−1.27	−1.62	−2.25
0.2	4.16	3.28	3.12	2.92	2.76	2.47	2.16	1.70	1.30	0.83	−0.03	−0.69	−1.26	−1.59	−2.18
0.3	4.38	3.52	3.24	3.03	2.86	2.54	2.21	1.73	1.31	0.82	−0.05	−0.70	−1.24	−1.55	−2.10
0.4	4.61	3.67	3.36	3.14	2.95	2.62	2.26	1.75	1.32	0.82	−0.07	−0.71	−1.23	−1.52	−2.03
0.5	4.83	3.81	3.48	3.25	3.04	2.68	2.31	1.77	1.32	0.81	−0.08	−0.71	−1.22	−1.49	−1.96
0.6	5.05	3.96	3.60	3.35	3.13	2.75	2.35	1.80	1.33	0.80	−0.10	−0.72	−1.20	−1.45	−1.88
0.7	5.28	4.10	3.72	3.45	3.22	2.82	2.40	1.82	1.33	0.79	−0.12	−0.72	−1.18	−1.42	−1.81
0.8	5.50	4.24	3.85	3.55	3.31	2.89	2.45	1.84	1.34	0.78	−0.13	−0.73	−1.17	−1.38	−1.74
0.9	5.73	4.39	3.97	3.65	3.40	2.96	2.50	1.86	1.34	0.77	−0.15	−0.73	−1.15	−1.35	−1.66
1.0	5.96	4.53	4.09	3.76	3.49	3.02	2.54	1.88	1.34	0.76	−0.16	−0.73	−1.13	−1.32	−1.59
1.1	6.18	4.67	4.20	3.86	3.58	3.09	2.58	1.89	1.34	0.74	−0.18	−0.74	−1.10	−1.28	−1.52
1.2	6.41	4.81	4.32	3.95	3.66	3.15	2.62	1.91	1.34	0.73	−0.19	−0.74	−1.08	−1.24	−1.45
1.3	6.64	4.95	4.44	4.05	3.74	3.21	2.67	1.92	1.34	0.72	−0.21	−0.74	−1.06	−1.20	−1.38
1.4	6.87	5.09	4.56	4.15	3.83	3.27	2.71	1.94	1.33	0.71	−0.22	−0.73	−1.04	−1.17	−1.32
1.5	7.09	5.23	4.68	4.24	3.91	3.33	2.74	1.95	1.33	0.69	−0.24	−0.73	−1.02	−1.13	−1.26
1.6	7.31	5.37	4.80	4.34	3.99	3.39	2.78	1.96	1.33	0.68	−0.25	−0.73	−0.99	−1.10	−1.20
1.7	7.54	5.50	4.91	4.43	4.07	3.44	2.82	1.97	1.32	0.66	−0.27	−0.72	−0.97	−1.06	−1.14
1.8	7.76	5.64	5.01	4.52	4.15	3.50	2.85	1.98	1.32	0.64	−0.28	−0.72	−0.94	−1.02	−1.09

C_S	P/%														
	0.01	0.1	0.2	0.33	0.5	1	2	5	10	20	50	75	90	95	99
1.9	7.98	5.77	5.12	4.61	4.23	3.55	2.88	1.99	1.31	0.63	−0.29	−0.72	−0.92	−0.98	−1.04
2.0	8.21	5.91	5.22	4.70	4.30	3.61	2.91	2.00	1.30	0.61	−0.31	−0.71	−0.895	−0.949	−0.989
2.1	8.43	6.04	5.33	4.79	4.37	3.66	2.93	2.00	1.29	0.59	−0.32	−0.71	−0.869	−0.914	−0.945
2.2	8.65	6.17	5.43	4.88	4.44	3.71	2.96	2.00	1.28	0.57	−0.33	−0.70	−0.844	−0.879	−0.905
3.0	10.35	7.15	6.20	5.51	4.96	4.05	3.15	2.00	1.18	0.42	−0.39	−0.62	−0.658	−0.665	−0.667
3.1	10.56	7.26	6.30	5.59	5.02	4.08	3.17	2.00	1.16	0.40	−0.4	−0.6	−0.639	−0.544	−0.645
3.2	10.77	7.38	6.39	5.66	5.08	4.12	3.19	2.00	1.14	0.38	−0.4	−0.59	−0.621	−0.625	−0.625
3.3	10.97	7.49	6.48	5.74	5.14	4.15	3.21	1.99	1.12	0.36	−0.4	−0.58	−0.604	−0.606	−0.606
3.4	11.17	7.60	6.56	5.80	5.20	4.18	3.22	1.98	1.11	0.34	−0.41	−0.57	−0.587	−0.588	−0.588
3.5	11.37	7.72	6.65	5.86	5.25	4.22	3.23	1.97	1.09	0.32	−0.41	−0.55	−0.570	−0.571	−0.571
3.6	11.57	7.83	6.73	5.93	5.30	4.25	3.24	1.96	1.08	0.30	−0.41	−0.54	−0.555	−0.556	−0.556
3.7	11.77	7.94	6.81	5.99	5.35	4.28	3.25	1.95	1.06	0.28	−0.42	−0.53	−0.540	−0.541	−0.541
3.8	11.97	8.05	6.89	6.05	5.40	4.31	3.26	1.94	1.04	0.26	−0.42	−0.52	−0.525	−0.526	−0.526
3.9	12.16	8.15	6.97	6.11	5.45	4.34	3.27	1.93	1.02	0.24	−0.41	−0.506	−0.512	−0.513	−0.513
4.0	12.36	8.25	7.05	6.18	5.50	4.37	3.27	1.92	1.00	0.23	−0.41	−0.495	−0.500	−0.500	−0.500
4.1	12.55	8.35	7.13	6.24	5.54	4.39	3.28	1.91	0.98	0.21	−0.41	−0.484	−0.488	−0.488	−0.488
4.2	12.74	8.45	7.21	6.30	5.59	4.41	3.29	1.90	0.96	0.19	−0.41	−0.473	−0.476	−0.475	−0.476
4.3	12.93	8.55	7.29	6.36	5.63	4.44	3.29	1.88	0.94	0.17	−0.41	−0.462	−0.465	−0.465	−0.465
4.4	13.12	8.65	7.36	6.41	5.68	4.46	3.30	1.87	0.92	0.16	−0.40	−0.453	−0.455	−0.455	−0.455
4.5	13.30	8.75	7.43	6.46	5.72	4.48	3.30	1.85	0.90	0.14	−0.40	−0.444	−0.444	−0.444	−0.444
4.6	13.49	8.85	7.50	6.52	5.76	4.50	3.30	1.84	0.88	0.13	−0.40	−0.435	−0.435	−0.435	−0.435
4.7	13.67	8.95	7.56	6.57	5.80	4.52	3.30	1.82	0.86	0.11	−0.39	−0.426	−0.426	−0.426	−0.426
4.8	13.85	9.04	7.63	6.63	5.84	4.54	3.30	1.80	0.84	0.09	−0.39	−0.417	−0.417	−0.417	−0.417
4.9	14.04	9.13	7.70	6.68	5.88	4.55	3.30	1.78	0.82	0.08	−0.38	−0.408	−0.408	−0.408	−0.408
5.0	14.22	9.22	7.77	6.73	5.92	4.57	3.30	1.77	0.80	0.06	−0.379	−0.400	−0.400	−0.400	−0.400
5.1	14.40	9.31	7.84	6.78	5.95	4.58	3.30	1.75	0.78	0.05	−0.374	−0.392	−0.392	−0.392	−0.392

附表 2　皮尔逊Ⅲ型频率曲线模比系数 K_P 值表

C_V \ $P/\%$	0.01	0.1	0.2	0.33	0.5	1	2	5	10	20	50	75	90	95	99
\(1\) $C_S = C_V$															
0.05	1.19	1.16	1.15	1.14	1.13	1.12	1.11	1.09	1.07	1.04	1.00	0.97	0.94	0.92	0.89
0.10	1.39	1.32	1.30	1.28	1.27	1.24	1.21	1.17	1.13	1.08	1.00	0.93	0.87	0.84	0.78
0.15	1.61	1.50	1.46	1.43	1.41	1.37	1.32	1.26	1.20	1.13	1.00	0.90	0.81	0.77	0.67
0.20	1.83	1.68	1.62	1.58	1.55	1.49	1.43	1.34	1.25	1.17	0.99	0.86	0.75	0.68	0.56
0.25	2.07	1.86	1.80	1.74	1.70	1.63	1.55	1.43	1.33	1.21	0.99	0.83	0.69	0.61	0.47
0.30	2.31	2.06	1.97	1.91	1.86	1.76	1.66	1.52	1.39	1.25	0.98	0.79	0.63	0.54	0.37
0.35	2.57	2.26	2.16	2.08	2.02	1.91	1.78	1.61	1.46	1.29	0.98	0.76	0.57	0.47	0.28
0.40	2.84	2.47	2.34	2.26	2.18	2.05	1.90	1.70	1.53	1.33	0.97	0.72	0.51	0.39	0.19
0.45	3.13	2.69	2.54	2.44	2.35	2.19	2.03	1.79	1.60	1.37	0.97	0.69	0.45	0.33	0.10
0.50	3.42	2.91	2.74	2.63	2.52	2.34	2.16	1.89	1.66	1.40	0.96	0.65	0.39	0.26	0.02
0.55	3.72	3.14	2.95	2.82	2.70	2.49	2.29	1.98	1.73	1.44	0.95	0.61	0.34	0.20	−0.06
0.60	4.03	3.38	3.16	3.01	2.88	2.65	2.41	2.08	1.80	1.48	0.94	0.57	0.28	0.13	−0.13
0.65	4.36	3.62	3.38	3.21	3.07	2.81	2.55	2.18	1.87	1.52	0.93	0.53	0.23	0.07	−0.20
0.70	4.70	3.87	3.60	3.42	3.25	2.97	2.68	2.27	1.93	1.55	0.92	0.50	0.17	0.01	−0.27
0.75	5.05	4.13	3.84	3.63	3.45	3.14	2.82	2.37	2.00	1.59	0.91	0.46	0.12	−0.05	−0.33
0.80	5.40	4.39	4.08	3.84	3.65	3.31	2.96	2.47	2.07	1.62	0.90	0.42	0.06	−0.10	−0.39
0.85	5.73	4.67	4.33	4.07	3.86	3.49	3.11	2.57	2.14	1.66	0.88	0.37	0.01	−0.16	−0.44
0.90	6.16	4.95	4.57	4.29	4.06	3.66	3.25	3.67	2.21	1.69	0.86	0.34	−0.04	−0.22	−0.49
0.95	6.56	5.24	4.83	4.53	4.28	3.84	3.40	2.78	2.23	1.73	0.85	0.31	−0.09	−0.27	−0.55
1.00	6.96	5.53	5.09	4.76	4.49	4.02	3.54	2.88	2.34	1.76	0.84	0.27	−0.13	−0.32	−0.59
1.05	7.38	5.83	5.35	5.01	4.72	4.21	3.69	2.98	2.41	1.78	0.82	0.22	−0.17	−0.37	−0.63
1.10	7.80	6.14	5.62	5.25	4.94	4.40	3.84	3.08	2.47	1.81	0.80	0.19	−0.21	−0.41	−0.67

C_V \ $P/\%$	0.01	0.1	0.2	0.33	0.5	1	2	5	10	20	50	75	90	95	99
(2) $C_S = 1.5 C_V$															
0.05	1.19	1.16	1.15	1.14	1.13	1.12	1.10	1.08	1.05	1.04	1.00	0.97	0.94	0.92	0.89
0.10	1.40	1.33	1.31	1.29	1.27	1.24	1.21	1.17	1.13	1.08	1.00	0.93	0.87	0.84	0.78
0.15	1.63	1.51	1.47	1.44	1.42	1.37	1.32	1.26	1.19	1.12	1.00	0.90	0.81	0.77	0.68
0.20	1.88	1.70	1.65	1.60	1.57	1.51	1.44	1.35	1.26	1.16	1.00	0.86	0.75	0.69	0.58
0.25	2.14	1.91	1.83	1.78	1.73	1.65	1.56	1.44	1.33	1.20	0.99	0.3	0.69	0.62	0.49
0.30	2.42	2.12	2.03	1.96	1.90	1.80	1.68	1.53	1.40	1.25	0.98	0.79	0.63	0.55	0.40
0.35	2.71	2.35	2.23	2.15	2.07	1.95	1.81	1.62	1.46	1.28	0.97	0.75	0.58	0.49	0.33
0.40	3.02	2.58	2.44	2.34	2.25	2.10	1.94	1.72	1.53	1.32	0.96	0.71	0.52	0.42	0.25
0.45	3.35	2.83	2.66	2.54	2.44	2.26	2.07	1.82	1.60	1.35	0.95	0.68	0.47	0.36	0.18
0.50	3.70	3.08	2.89	2.75	2.64	2.43	2.21	1.92	1.67	1.39	0.94	0.64	0.41	0.30	0.11
055	4.06	3.35	3.13	2.97	2.84	2.60	2.35	2.02	1.73	1.42	0.93	0.60	0.36	0.25	0.06
060	4.44	3.63	3.38	3.19	3.04	2.78	2.50	2.12	1.80	1.46	0.91	0.56	0.31	0.19	0.00
0.65	4.84	3.92	3.64	3.42	3.25	2.95	2.64	2.22	1.87	1.49	0.90	0.52	0.27	0.14	−0.04
0.70	5.25	4.22	3.90	3.67	3.48	3.12	2.79	2.32	1.94	1.52	0.88	0.48	0.22	0.09	−0.08
0.75	5.68	4.53	4.17	3.91	3.70	3.32	2.87	2.42	2.00	1.55	0.87	0.45	0.18	0.05	−0.12
0.80	6.13	4.85	4.46	4.16	3.93	3.52	2.96	2.53	2.07	1.58	0.85	0.41	0.14	0.01	−0.16
0.85	6.60	5.18	4.75	4.42	4.16	3.72	3.19	2.63	2.19	1.61	0.83	0.37	0.10	−0.02	−0.19
0.90	7.09	5.52	5.05	4.69	4.40	3.92	3.42	2.74	2.21	1.65	0.80	0.33	0.06	−0.06	−0.22
0.95	7.58	5.87	5.37	4.96	4.50	4.12	3.58	2.84	2.27	1.67	0.78	0.30	0.02	−0.09	−0.24
1.00	8.09	6.23	5.68	5.24	4.91	4.33	3.74	2.95	2.33	1.69	0.76	0.27	−0.02	−0.13	−0.26
1.05	8.62	6.60	5.01	5.53	5.17	4.54	3.91	3.05	2.39	1.71	0.74	0.24	−0.05	−0.16	−0.27
1.10	9.16	6.98	6.34	5.82	5.43	4.76	4.08	3.16	2.45	1.74	0.74	0.21	−0.08	−0.19	−0.29

C_V \ $P/\%$	0.01	0.1	0.2	0.33	0.5	1	2	5	10	20	50	75	90	95	99
(3) $C_S = 2C_V$															
0.05	1.20	1.16	1.15	1.14	1.13	1.12	1.11	1.08	1.06	1.04	1.00	0.97	0.94	0.92	0.89
0.10	1.42	1.34	1.31	1.29	1.27	1.25	1.21	1.17	1.13	1.08	1.00	0.93	0.87	0.84	0.78
0.15	1.67	1.54	1.48	1.46	1.43	1.33	1.33	1.26	1.20	1.12	0.99	0.90	0.81	0.77	0.69
0.20	1.92	1.73	1.67	1.63	1.59	1.52	1.45	1.35	1.26	1.16	0.99	0.86	0.75	0.70	0.59
0.25	2.22	1.96	1.87	1.81	1.77	1.67	1.58	1.45	1.33	1.20	0.98	0.82	0.70	0.83	0.52
0.30	2.52	2.19	2.08	2.01	1.94	1.83	1.71	1.54	1.40	1.24	0.97	0.78	0.64	0.56	0.44
0.35	2.86	2.44	2.31	2.22	2.13	2.00	1.84	1.64	1.47	1.28	0.98	0.75	0.59	0.51	0.37
0.40	3.20	2.70	2.54	2.42	2.32	2.15	1.98	1.74	1.54	1.31	0.95	0.71	0.53	0.45	0.30
0.45	3.59	2.98	2.80	2.65	2.53	2.33	2.13	1.84	1.60	1.31	0.93	0.67	0.48	0.40	0.26
0.50	3.98	3.27	3.05	2.88	2.74	2.51	2.27	1.94	1.67	1.33	0.92	0.64	0.44	0.34	0.21
0.55	4.42	3.58	3.32	3.12	2.97	2.70	2.42	2.04	1.74	1.41	0.90	0.59	0.40	0.30	0.16
0.60	4.85	3.89	3.59	3.37	3.20	2.89	2.57	2.15	1.80	1.44	0.89	0.56	0.35	0.26	0.13
0.65	5.53	4.22	3.89	3.64	3.44	3.09	2.74	2.25	1.87	1.47	0.87	0.52	0.31	0.22	0.10
0.70	5.81	4.56	4.19	3.91	3.68	3.29	2.90	2.36	1.94	1.50	0.85	0.49	0.27	0.18	0.08
0.75	6.33	4.93	4.52	4.19	3.93	3.50	3.06	2.46	2.00	1.52	0.82	0.45	0.24	0.15	0.06
0.80	6.85	5.30	4.84	4.47	4.19	3.71	3.22	2.57	2.06	1.54	0.80	0.42	0.21	0.12	0.04
0.85	7.41	5.69	5.17	4.77	4.46	3.93	3.39	2.68	2.12	1.56	0.77	0.39	0.18	0.10	0.03
0.90	7.93	6.08	5.51	5.07	4.74	4.15	3.56	2.78	2.19	1.58	0.75	0.35	0.15	0.08	0.02
0.95	8.59	6.48	5.86	5.38	5.02	4.38	3.74	2.89	2.25	1.60	0.72	0.31	0.13	0.07	0.01
1.00	9.21	6.91	6.22	5.70	5.30	4.61	3.91	3.00	2.30	1.61	0.69	0.29	0.11	0.05	0.01
1.05	9.86	7.35	6.59	6.03	5.59	4.84	4.08	3.10	2.35	1.62	0.66	0.26	0.09	0.04	0.01
1.10	10.52	7.79	6.97	6.37	5.88	5.08	4.26	3.20	2.41	1.63	0.64	0.23	0.07	0.03	0

C_V ＼ $P/\%$	0.01	0.1	0.2	0.33	0.5	1	2	5	10	20	50	75	90	95	99
(4) $C_S = 2.5C_V$															
0.05	1.20	1.16	1.15	1.14	1.14	1.12	1.11	1.08	1.07	1.04	1.00	0.97	0.94	0.92	0.89
0.10	1.43	1.35	1.31	1.29	1.28	1.25	1.22	1.17	1.13	1.08	1.00	0.93	0.88	0.84	0.79
0.15	1.70	1.55	1.50	1.47	1.44	1.39	1.34	1.26	1.20	1.12	0.99	0.89	0.82	0.77	0.70
0.20	1.97	1.76	1.70	1.65	1.61	1.54	1.46	1.35	1.26	1.16	0.98	0.86	0.76	0.70	0.61
0.25	2.29	2.00	1.92	1.85	1.79	1.70	1.60	1.45	1.33	1.20	0.97	0.82	0.70	0.64	0.54
0.30	2.62	2.25	2.14	2.05	1.98	1.86	1.73	1.55	1.40	1.24	0.96	0.78	0.65	0.58	0.47
0.35	3.00	2.53	2.39	2.27	2.19	2.03	1.87	1.65	1.47	1.27	0.95	0.75	0.60	0.53	0.41
0.40	3.38	2.81	2.64	2.50	2.40	2.21	2.02	1.75	1.54	1.30	0.94	0.71	0.55	0.47	0.36
0.45	3.82	3.12	2.91	2.75	2.62	2.40	2.17	1.85	1.60	1.33	0.92	0.67	0.51	0.43	0.32
0.50	4.26	3.44	3.19	3.00	2.85	2.59	2.32	1.96	1.67	1.36	0.90	0.63	0.47	0.39	0.29
0.55	4.75	3.79	3.50	3.27	3.10	2.79	2.48	2.07	1.73	1.39	0.88	0.60	0.43	0.35	0.26
0.60	5.25	4.14	3.81	3.54	3.35	3.00	2.64	2.17	1.80	1.42	0.86	0.56	0.39	0.32	0.24
0.65	5.80	4.52	4.14	3.88	3.61	3.21	2.81	2.27	1.86	1.44	0.83	0.53	0.36	0.30	0.23
0.70	6.36	4.90	4.47	4.13	3.88	3.43	2.98	2.39	1.92	1.46	0.81	0.50	0.33	0.27	0.22
0.75	6.96	5.31	4.82	4.44	4.16	3.66	3.15	2.49	1.98	1.47	0.78	0.46	0.31	0.26	0.21
0.80	7.57	5.73	5.18	4.76	4.44	3.89	3.33	2.60	2.04	1.49	0.75	0.43	0.28	0.24	0.21
0.85	8.22	6.17	5.55	5.09	4.73	4.12	3.50	2.70	2.10	1.50	0.72	0.40	0.27	0.23	0.21
0.90	8.88	6.61	5.93	5.43	5.03	4.36	3.68	2.80	2.15	1.50	0.70	0.37	0.25	0.22	0.20
0.95	9.59	7.09	6.33	5.78	5.34	4.60	3.86	2.90	2.20	1.51	0.67	0.35	0.24	0.21	0.20
1.00	10.30	7.55	6.73	6.13	5.65	4.85	4.04	3.01	2.25	1.52	0.64	0.33	0.23	0.21	0.20
1.05	11.05	8.04	7.14	6.49	5.97	5.10	4.22	3.11	2.29	1.52	0.61	0.61	0.22	0.20	0.20
1.10	11.80	8.54	7.56	6.85	6.29	5.35	4.41	3.21	2.34	1.52	0.58	0.29	0.21	0.20	0.20

C_V \ $P/\%$	0.01	0.1	0.2	0.33	0.5	1	2	5	10	20	50	75	90	95	99
(5) $C_S = 3C_V$															
0.05	1.20	1.17	1.15	1.14	1.14	1.12	1.11	1.08	1.07	1.04	1.00	0.97	0.94	0.92	0.89
0.10	1.44	1.35	1.32	1.30	1.29	1.25	1.22	1.17	1.13	1.08	0.99	0.93	0.88	0.85	0.79
0.15	1.71	1.56	1.51	1.48	1.45	1.40	1.35	1.26	1.20	1.12	0.99	0.8	0.82	0.78	0.70
0.20	2.02	1.79	1.72	1.67	1.63	1.55	1.47	1.36	1.27	1.16	0.98	0.86	0.76	0.71	0.62
0.25	2.35	2.05	1.95	1.88	1.82	1.72	1.61	1.46	1.34	1.20	0.97	0.82	0.71	0.65	0.56
0.30	2.72	2.32	2.19	2.10	2.02	1.89	1.75	1.56	1.40	1.23	0.96	0.78	0.66	0.60	0.50
0.35	3.12	2.61	2.46	2.33	2.24	2.07	1.90	1.66	1.47	1.26	0.94	0.74	0.61	0.55	0.46
0.40	3.56	2.92	2.73	2.58	2.46	2.26	2.05	1.76	1.54	1.29	0.92	0.70	0.57	0.50	0.42
0.45	4.04	3.26	3.03	2.85	2.70	2.46	2.21	1.87	1.60	1.32	0.90	3.67	0.53	0.4	0.39
0.50	4.55	3.62	3.34	3.12	2.96	2.67	2.37	1.98	1.67	1.35	0.88	0.64	0.49	0.44	0.37
0.55	5.09	3.99	3.66	3.42	3.21	2.88	2.54	2.08	1.73	1.36	0.86	0.60	0.46	0.41	0.36
0.60	5.66	4.38	4.01	3.71	3.49	3.10	2.71	2.19	1.79	1.38	0.83	0.57	0.44	0.39	0.35
0.65	6.26	4.81	4.36	4.03	3.77	3.33	2.88	2.29	1.85	1.40	080	0.53	0.41	0.37	0.34
0.70	6.90	5.23	4.73	4.35	4.06	3.56	3.05	2.40	1.90	1.41	0.78	0.50	0.39	0.36	0.34
0.75	7.57	5.68	5.12	4.69	5.36	3.80	3.24	2.50	1.96	1.42	0.76	0.48	0.38	0.35	0.34
0.80	8.26	6.14	5.50	5.04	4.66	4.05	3.42	2.61	2.01	1.43	0.72	0.46	0.36	0.34	0.34
0.85	9.00	6.62	2.95	5.04	4.98	4.29	3.59	2.71	2.06	1.43	0.69	0.44	0.35	0.34	0.34
0.90	9.75	7.11	6.33	5.75	5.30	4.54	3.78	2.81	2.10	1.43	0.67	0.42	0.35	0.34	0.33
0.95	10.54	7.62	6.76	6.13	5.62	4.80	3.96	2.91	2.14	1.43	0.64	0.39	0.34	0.34	0.33
1.00	11.53	8.15	7.20	6.51	5.98	5.05	4.15	3.00	2.18	1.42	0.61	0.38	0.34	0.34	0.33
1.05	12.20	8.68	7.66	5.90	6.31	5.32	4.34	3.10	2.21	1.41	0.58	0.37	0.34	0.33	0.33
1.10	13.07	9.24	8.13	7.31	6.65	5.57	4.53	3.19	2.23	1.40	0.56	0.36	0.34	0.33	0.33

附表2 皮尔逊Ⅲ型频率曲线模比系数 K_P 值表

C_V \ $P/\%$	0.01	0.1	0.2	0.33	0.5	1	2	5	10	20	50	75	90	95	99
(6) $C_S = 3.5C_V$															
0.05	1.20	1.17	1.16	1.15	1.14	1.12	1.11	1.09	1.07	1.04	1.00	0.97	0.94	0.92	0.89
0.10	1.45	1.36	1.33	1.31	1.29	1.26	1.22	1.17	1.13	1.08	0.99	0.93	0.88	0.85	0.78
0.15	1.73	1.58	1.52	1.49	1.46	1.41	1.35	1.27	1.20	1.12	0.99	0.89	0.82	0.78	0.69
0.20	2.06	1.82	1.74	1.69	1.64	1.56	1.48	1.36	1.27	1.16	0.98	0.86	0.76	0.72	0.59
0.25	2.42	2.09	1.99	1.91	1.85	1.74	1.62	1.46	1.34	1.19	0.96	0.82	0.71	0.66	0.56
0.30	2.82	2.38	2.24	2.14	2.06	1.92	1.77	1.57	1.40	1.22	0.95	0.78	0.57	0.61	0.53
0.35	3.26	2.70	2.52	2.39	2.29	2.11	1.92	1.67	1.47	1.26	0.93	0.74	0.62	0.57	0.52
0.40	3.75	3.04	2.82	2.66	2.53	2.31	2.08	1.78	1.53	1.28	0.91	0.71	0.58	0.53	0.50
0.45	4.27	3.40	3.14	2.94	2.79	2.52	2.25	1.83	1.60	1.31	0.89	0.67	0.55	0.50	0.47
0.50	4.82	3.78	3.48	3.24	3.06	2.74	2.42	1.99	1.66	1.32	0.86	0.64	0.52	0.48	0.44
0.55	5.41	4.20	3.83	3.55	3.34	2.96	2.58	2.10	1.72	1.34	0.84	0.60	0.50	0.46	0.37
0.60	6.66	4.62	4.20	3.68	3.62	3.20	2.76	2.20	1.77	1.35	0.81	0.57	0.48	0.45	0.30
0.65	6.73	5.08	4.58	4.22	3.92	3.44	2.94	2.36	1.83	1.36	0.78	0.55	0.46	0.44	0.26
0.70	7.43	5.54	4.98	4.56	4.23	3.68	3.12	2.41	1.88	1.37	0.75	0.53	0.45	0.44	0.21
0.75	8.16	6.02	5.38	4.92	4.56	3.92	3.30	2.51	1.92	1.38	0.72	0.50	0.44	0.43	0.16
0.80	8.94	6.53	5.81	5.29	4.87	4.18	3.49	2.61	1.97	1.36	0.70	0.49	0.44	0.43	0.13
0.85	9.75	7.05	6.25	5.67	5.20	4.43	3.67	2.70	2.00	1.36	0.67	0.47	0.44	0.43	0.10
0.90	10.60	7.59	6.71	6.06	5.54	4.69	3.86	2.80	2.04	1.35	0.64	0.46	0.43	0.43	0.08
0.95	11.46	8.15	7.18	6.47	5.89	4.95	4.05	2.89	2.06	1.34	0.61	0.45	0.43	0.43	0.06
1.00	12.37	8.72	7.65	6.86	6.25	5.22	4.23	2.97	2.09	1.32	0.59	0.45	0.43	0.43	0.04
1.05	13.31	9.31	8.13	7.27	6.60	5.49	4.41	3.05	2.11	1.29	0.56	0.44	0.43	0.43	0.02
1.10	14.28	9.91	8.62	7.69	6.97	5.76	4.59	3.13	2.13	1.28	0.54	0.44	0.43	0.43	

C_v　$P/\%$	0.01	0.1	0.2	0.33	0.5	1	2	5	10	20	50	75	90	95	99
(7) $C_S=4C_V$															
0.05	1.21	1.17	1.16	1.15	1.14	1.12	1.11	1.08	1.06	1.04	1.00	0.97	0.94	0.92	0.89
0.10	1.46	1.37	1.34	1.31	1.30	1.26	1.23	1.18	1.13	1.08	0.99	0.93	0.88	0.85	0.80
0.15	1.76	1.59	1.54	1.50	1.47	1.41	1.35	1.27	1.20	1.12	0.98	0.89	0.82	0.78	0.72
0.20	2.10	1.85	1.77	1.71	1.66	1.58	1.49	1.37	1.27	1.16	0.97	0.85	0.77	0.72	0.65
0.25	2.49	2.13	2.02	1.94	1.87	1.76	1.64	1.47	1.34	1.19	0.96	0.82	0.72	0.67	0.60
0.30	2.92	2.44	2.30	2.18	2.10	1.94	1.79	1.57	1.40	1.22	0.94	0.78	0.68	0.63	0.56
0.35	3.40	2.78	2.60	2.45	2.34	2.14	1.95	1.68	1.47	1.25	0.92	0.74	0.64	0.59	0.54
0.40	3.92	3.15	2.92	2.74	2.60	2.36	2.11	1.78	1.53	1.27	0.90	0.71	0.60	0.56	0.52
0.45	4.49	3.54	3.25	3.03	2.87	2.58	2.28	1.86	1.59	1.29	0.87	0.68	0.58	0.54	0.51
0.50	5.10	3.96	3.61	3.35	3.15	2.80	2.46	2.00	1.65	1.30	0.84	0.64	0.56	0.53	0.51
0.55	5.76	4.39	3.99	3.68	3.44	3.04	2.63	2.10	1.70	1.31	0.82	0.62	0.54	0.52	0.50
0.60	6.45	4.85	4.38	4.03	3.75	3.29	2.81	2.21	1.76	1.32	0.79	0.59	0.52	0.51	0.50
0.65	7.18	5.34	4.78	4.38	4.07	3.53	2.99	2.31	1.80	1.32	0.76	0.57	0.51	0.50	0.50
0.70	1.95	5.84	5.21	4.75	4.39	3.78	3.18	2.41	1.85	1.32	0.73	0.55	0.51	0.50	0.50
0.75	8.76	6.36	5.65	5.13	4.72	4.0	3.36	2.50	1.88	1.32	0.71	0.54	0.51	0.50	0.50
0.80	9.62	6.90	6.11	5.53	5.06	4.30	3.55	2.60	1.91	1.30	0.68	0.53	0.50	0.50	0.50
0.85	10.49	7.46	6.58	5.93	5.42	4.55	3.74	2.68	1.94	1.29	0.65	0.52	0.50	0.50	0.50
0.90	11.41	8.05	7.06	6.34	5.77	4.82	3.92	2.76	1.97	1.27	0.63	0.51	0.50	0.50	0.50
0.95	12.37	8.65	7.55	6.75	6.13	5.09	4.10	2.84	1.99	1.25	0.60	0.51	0.50	0.50	0.50
1.00	13.36	9.25	8.05	7.18	6.50	5.37	4.27	2.92	2.00	1.23	0.59	0.50	0.50	0.50	0.50
1.05	14.38	9.87	8.57	7.62	6.87	5.63	4.46	3.00	2.01	1.20	0.57	0.50	0.50	0.50	0.50
1.10	15.43	10.52	9.10	8.05	7.25	5.91	4.63	3.06	2.01	1.18	0.56	0.50	0.50	0.50	0.50

附表 2　皮尔逊Ⅲ型频率曲线模比系数 K_P 值表

C_V \ $P/\%$	0.01	0.1	0.2	0.33	0.5	1	2	5	10	20	50	75	90	95	99
(8) $C_S = 5C_V$															
0.05	1.21	1.17	1.16	1.15	1.14	1.13	1.11	1.09	1.07	1.04	1.00	0.97	0.94	0.92	0.89
0.10	1.48	1.38	1.35	1.33	1.30	1.27	1.23	1.18	1.13	1.08	0.99	0.93	0.88	0.85	0.80
0.15	1.81	1.63	1.57	1.53	1.49	1.43	1.36	1.27	1.20	1.12	0.98	0.89	0.82	0.79	0.73
0.20	2.19	1.91	1.82	1.75	1.70	1.60	1.51	1.38	1.27	1.15	0.97	0.85	0.77	0.74	0.68
0.25	2.63	2.22	2.10	2.00	1.93	1.80	1.66	1.48	1.34	1.18	0.95	0.81	0.74	0.69	0.65
0.30	3.13	2.57	2.40	2.27	2.17	2.00	1.82	1.58	1.40	1.21	0.93	0.78	0.69	0.66	0.62
0.35	3.68	2.95	2.74	2.57	2.44	2.21	1.99	1.69	1.46	1.23	0.90	0.75	0.67	0.64	0.61
0.40	4.28	3.36	3.09	2.88	2.72	2.44	2.16	1.80	1.52	1.24	0.88	0.72	0.64	0.62	0.60
0.45	4.94	3.81	3.47	3.22	3.01	2.68	2.34	1.90	1.56	1.25	0.85	0.69	0.63	0.61	0.60
0.50	5.65	4.28	3.87	3.57	3.32	2.92	2.52	2.00	1.62	1.26	0.82	0.67	0.61	0.60	0.60
0.55	6.40	4.77	4.28	3.93	3.65	3.17	2.71	2.11	1.67	1.26	0.79	0.65	0.61	0.60	0.60
0.60	7.21	5.29	4.72	4.31	3.98	3.43	2.89	2.20	1.71	1.25	0.77	0.63	0.61	0.60	0.60
0.65	8.07	5.83	5.18	4.71	4.32	3.69	3.08	2.30	1.73	1.24	0.74	0.62	0.60	0.60	0.60
0.70	8.96	6.40	5.66	5.10	4.68	3.95	3.26	2.38	1.76	1.22	0.71	0.62	0.60	0.60	0.60
0.75	9.90	7.00	6.14	5.52	5.03	4.22	3.44	2.46	1.79	1.20	0.68	0.61	0.60	0.60	0.60
0.80	10.89	7.60	6.64	5.94	5.40	4.50	3.61	2.54	1.80	1.18	0.67	0.6	0.60	0.60	0.60
0.85	11.91	8.23	7.16	6.48	5.77	4.76	3.80	2.61	1.81	1.15	0.65	0.60	0.60	0.60	0.60
0.90	12.97	8.88	1.69	6.81	6.15	5.03	3.97	2.66	1.81	1.13	0.64	0.60	0.60	0.60	0.60
0.95	14.07	9.55	8.22	7.27	6.53	5.30	4.14	2.72	1.81	1.10	0.63	0.60	0.60	0.60	0.60
1.00	15.22	10.20	8.77	7.73	6.92	5.57	4.30	2.77	1.80	1.06	0.62	0.60	0.60	0.60	0.60
1.05	16.39	10.92	9.33	8.19	7.31	5.82	4.47	2.81	1.79	1.03	0.62	0.60	0.60	0.60	0.60
1.10	17.61	11.63	9.89	8.66	7.69	6.09	4.61	2.85	1.77	0.99	0.61	0.60	0.60	0.60	0.60

C_V ＼ $P/\%$	0.01	0.1	0.2	0.33	0.5	1	2	5	10	20	50	75	90	95	99
(9) $C_S = 6C_V$															
0.05	1.22	1.18	1.16	1.15	1.41	1.13	1.11	1.09	1.06	1.04	1.00	0.97	0.94	0.93	0.91
0.10	1.51	1.40	1.36	1.34	1.31	1.8	1.24	1.18	1.13	1.08	0.99	0.93	0.88	0.86	0.81
0.15	1.86	1.66	1.60	1.55	1.51	1.45	1.38	1.28	1.20	1.12	0.98	0.89	0.83	0.81	0.76
0.20	2.28	1.96	1.86	1.79	1.73	1.63	1.52	1.38	1.27	1.15	0.96	0.85	0.78	0.75	0.71
0.25	2.77	2.31	2.16	2.06	1.98	1.83	1.69	1.48	1.33	1.17	0.94	0.82	0.75	0.72	0.69
0.30	3.33	2.69	2.50	2.36	2.24	2.05	1.86	1.59	1.40	1.19	0.92	0.78	0.72	0.69	0.67
0.35	3.95	3.11	2.87	2.68	2.53	2.28	2.03	1.69	1.45	1.21	0.89	0.76	0.70	0.68	0.67
0.40	4.63	3.57	3.25	3.02	2.83	2.52	2.21	1.80	1.50	1.22	0.86	0.73	0.68	0.67	0.67
0.45	5.39	4.06	3.66	3.38	3.15	2.77	2.39	1.90	1.54	1.22	0.83	0.71	0.68	0.67	0.67
0.50	6.10	4.58	4.10	3.76	3.48	3.02	2.58	2.00	1.59	1.21	0.80	0.69	0.67	0.67	0.67
0.55	7.03	5.12	4.56	4.16	3.83	3.28	2.76	2.09	1.62	1.20	0.78	0.69	0.67	0.67	0.67
0.60	7.94	5.70	5.04	4.56	4.18	3.55	2.94	2.18	1.65	1.18	0.75	0.68	0.67	0.67	0.67
0.65	8.90	6.30	5.53	4.97	4.54	3.82	3.12	2.25	1.66	1.16	0.73	0.68	0.67	0.67	0.67
0.70	9.92	6.92	6.05	5.41	4.91	4.09	3.30	2.33	1.67	1.13	0.71	0.67	0.67	0.67	0.67
0.75	10.98	7.56	6.57	5.85	5.29	4.36	3.47	2.39	1.68	1.10	0.70	0.67	0.67	0.67	0.67
0.80	12.08	8.23	7.11	6.30	5.67	4.63	3.64	2.44	1.67	1.07	0.69	0.67	0.67	0.67	0.67
0.85	13.24	8.91	7.76	6.76	6.06	4.89	3.80	2.49	1.66	1.08	0.68	0.67	0.67	0.67	0.67
0.90	14.43	9.61	8.22	7.22	6.45	5.16	3.96	2.53	1.65	1.00	0.68	0.67	0.67	0.67	0.67
0.95	15.68	10.33	8.80	7.68	6.33	5.42	4.10	2.56	1.62	0.96	0.67	0.67	0.67	0.67	0.67
1.00	16.94	11.07	9.38	8.15	7.22	5.68	4.25	2.59	1.59	0.93	0.67	0.67	0.67	0.67	0.67
1.05	18.27	11.82	9.97	8.62	7.62	5.94	4.38	2.61	1.56	0.89	0.67	0.67	0.67	0.67	0.67

附表3　三点法用表——S 与 C_S 关系表

（1）$P=1-50-90\%$

S	0	1	2	3	4	5	6	7	8	9
0	0	0.03	0.05	0.07	0.40	0.12	0.15	0.17	0.20	0.23
0.1	0.26	0.28	0.31	0.34	0.36	0.39	0.41	0.44	0.47	0.49
0.2	0.52	0.54	0.57	0.59	0.62	0.65	0.67	0.70	0.73	0.76
0.3	0.78	0.81	0.84	0.86	0.89	0.92	0.94	0.97	1.00	1.02
0.4	1.05	1.08	1.10	1.13	1.16	1.18	1.21	1.24	1.27	1.30
0.5	1.32	1.36	1.39	1.42	1.45	1.48	1.51	1.55	1.58	1.61
0.6	1.64	1.68	1.71	1.74	1.78	1.81	1.84	1.88	1.92	1.95
0.7	1.99	2.03	2.07	2.11	2.16	2.20	2.25	2.30	2.34	2.39
0.8	2.44	2.50	2.55	2.61	2.67	2.74	2.84	2.89	2.97	3.05
0.9	3.14	3.22	3.33	3.46	3.59	3.73	3.92	4.14	4.44	4.90

例：当 $S=0.43$ 时，$C_S=1.13$。

（2）$P=3-50-97\%$

S	0	1	2	3	4	5	6	7	8	9
0	0	0.04	0.08	0.11	0.14	0.17	0.20	0.23	0.26	0.29
0.1	0.32	0.35	0.38	0.42	0.45	0.48	0.51	0.54	0.57	0.60
0.2	0.63	0.66	0.70	0.73	0.76	0.79	0.82	0.86	0.89	0.92
0.3	0.95	0.98	1.01	1.04	1.08	1.11	1.14	1.17	1.20	1.24
0.4	1.27	1.30	1.33	1.36	1.40	1.43	1.46	1.49	1.52	1.56
0.5	1.59	1.63	1.66	1.70	1.73	1.76	1.80	1.83	1.87	1.90
0.6	1.94	1.97	2.00	2.04	2.08	2.12	2.16	2.20	2.23	2.27
0.7	2.31	2.36	2.40	2.44	2.49	2.54	2.58	2.63	2.68	2.74
0.8	2.79	2.85	2.90	2.96	3.02	3.09	3.15	3.22	3.29	3.37
0.9	3.46	3.55	3.67	3.79	3.92	4.08	4.26	4.50	4.75	5.21

（3）$P=5-50-95\%$

S	0	1	2	3	4	5	6	7	8	9
0	0	0.04	0.08	0.12	0.16	0.20	0.24	0.27	0.31	0.35
0.1	0.38	0.41	0.45	0.48	0.52	0.55	0.59	0.63	0.66	0.70
0.2	0.73	0.76	0.80	0.84	0.87	0.90	0.94	0.98	1.01	1.04
0.3	1.08	1.11	1.14	1.18	1.21	1.25	1.28	1.31	1.35	1.38
0.4	1.42	1.46	1.49	1.52	1.46	1.59	1.63	1.66	1.70	1.74
0.5	1.78	1.81	1.85	1.88	1.92	1.95	1.99	2.03	2.06	2.10
0.6	2.13	2.17	2.20	2.24	2.28	2.32	2.36	2.40	2.44	2.48
0.7	2.53	2.57	2.62	2.66	2.70	2.76	2.81	2.86	2.91	2.97
0.8	3.02	3.07	3.13	3.19	3.25	3.32	3.38	3.46	3.52	3.60
0.9	3.70	3.80	3.91	4.03	4.17	4.32	4.49	4.72	4.94	5.43

（4）P＝10－50－95%

S	0	1	2	3	4	5	6	7	8	9
0	0	0.05	0.10	0.15	0.20	0.24	0.29	0.34	0.38	0.43
0.1	0.47	0.52	0.56	0.60	0.65	0.69	0.74	0.78	0.83	0.87
0.2	0.92	0.96	1.00	1.04	1.08	1.13	1.17	1.22	1.26	1.30
0.3	1.34	1.38	1.43	1.47	1.51	1.55	1.59	1.63	1.67	1.71
0.4	1.75	1.79	1.83	1.87	1.91	1.95	1.99	2.02	2.06	2.10
0.5	2.14	2.18	2.22	2.25	2.30	2.34	2.38	2.42	2.46	2.50
0.6	2.54	2.58	2.62	2.66	2.70	2.74	2.78	2.82	2.86	2.90
0.7	2.95	3.00	3.04	3.08	3.13	3.18	3.24	3.28	3.33	3.38
0.8	3.44	3.50	3.55	3.61	3.67	3.74	3.80	3.87	3.94	4.02
0.9	4.11	4.20	4.32	4.45	4.59	4.75	4.96	5.20	5.56	—

附表4　三点法用表——C_S 与有关 Φ 值的关系表

C_S	$\Phi_{50\%}$	$\Phi_{1\%}-\Phi_{99\%}$	$\Phi_{3\%}-\Phi_{97\%}$	$\Phi_{5\%}-\Phi_{95\%}$	$\Phi_{10\%}-\Phi_{90\%}$
0	0	4.652	3.762	3.290	2.564
0.1	−0.017	4.648	3.756	3.287	2.560
0.2	−0.033	4.645	3.750	3.284	2.557
0.3	−0.055	4.641	3.743	3.278	2.550
0.4	−0.068	4.637	3.736	3.273	2.543
0.5	−0.084	4.633	3.732	3.266	2.432
0.6	−0.100	4.629	3.727	3.259	2.522
0.7	−0.116	4.624	3.718	3.246	2.510
0.8	−0.132	4.620	3.709	3.233	2.498
0.9	−0.148	4.615	3.692	3.218	2.483
1.0	−0.164	4.611	3.674	3.204	2.468
1.1	−0.179	4.606	3.656	3.185	2.448
1.2	−0.194	4.601	3.638	3.167	2.427
1.3	−0.208	4.595	3.620	3.144	2.404
1.4	−0.223	4.590	3.601	3.120	2.380
1.5	−0.238	4.586	3.582	3.090	2.353
1.6	−0.253	4.586	3.562	3.062	2.326
1.7	−0.267	4.587	3.541	3.032	2.296
1.8	−0.282	4.588	3.520	3.002	2.265
1.9	−0.294	4.591	3.499	2.974	2.232
2.0	−0.307	4.594	3.477	2.945	2.198
2.1	−0.319	4.603	3.469	2.918	2.164
2.2	−0.330	4.613	3.440	2.890	2.130
2.3	−0.340	4.625	3.421	2.862	2.095

C_S	$\Phi_{50\%}$	$\Phi_{1\%}-\Phi_{99\%}$	$\Phi_{3\%}-\Phi_{97\%}$	$\Phi_{5\%}-\Phi_{95\%}$	$\Phi_{10\%}-\Phi_{90\%}$
2.4	−0.350	4.636	3.403	2.833	2.060
2.5	−0.359	4.648	3.385	2.806	2.024
2.6	−0.367	4.660	3.367	2.778	1.987
2.7	−0.376	4.674	3.350	2.749	1.949
2.8	−0.383	4.687	3.333	2.720	1.911
2.9	−0.389	4.701	3.318	2.695	1.876
3.0	−0.395	4.716	3.303	2.670	1.840
3.1	−0.399	4.732	3.288	2.645	1.806
3.2	−0.404	4.748	3.273	2.619	1.772
3.3	−0.407	4.765	3.259	2.594	1.738
3.4	−0.410	4.781	3.245	2.568	1.705
3.5	−0.412	4.796	3.225	2.543	1.670
3.6	−0.414	4.810	3.216	2.518	1.635
3.7	−0.415	4.824	3.203	2.494	1.600
3.8	−0.416	4.837	3.189	2.470	1.570
3.9	−0.415	4.850	3.175	2.446	1.536
4.0	−0.414	4.863	3.160	2.422	1.502
4.1	−0.412	4.876	3.145	2.396	1.471
4.2	−0.410	4.888	3.130	2.372	1.440
4.3	−0.407	4.901	3.115	2.348	1.408
4.4	−0.404	4.914	3.100	2.325	1.376
4.5	−0.400	4.924	3.084	2.300	1.345
4.6	−0.396	4.934	3.067	2.276	1.315
4.7	−0.392	4.492	3.050	2.251	1.286
4.8	−0.388	4.949	3.034	2.226	1.257
4.9	−0.384	4.955	3.016	2.200	1.229
5.0	−0.379	4.961	2.997	2.174	1.200
5.1	−0.374		2.978	2.148	1.173
5.2	−0.370		2.960	2.123	1.145
5.3	−0.365			2.098	1.118
5.4	−0.360			2.072	1.090
5.5	−0.356			2.047	1.063
5.6	−0.350			2.021	1.035